职业教育技能型人才培养实用教材

制图基础

李程春 苏 艳 朱 萍 主 编

人民交通出版社

北 京

内 容 提 要

本书为职业教育技能型人才培养实用教材。全书由基础篇、机械篇和土木篇三部分组成。基础篇主要介绍制图基础知识与技能、正投影法及三视图、基本体的三视图及表面取点、轴测图、立体表面的交线、组合体;机械篇主要介绍机件的常用表达方法、标准件与常用件、零件图、装配图;土木篇主要介绍标高投影、图样画法、钢筋混凝土识图基础、建筑施工图、建筑结构施工图、给水排水施工图、道路与交通制图和识图、桥梁制图与识图、隧道与涵洞制图与识图。本书在编写时考虑到学科的系统性及参考方便,教学中可根据不同专业不同学时数进行取舍,适用面广,内容新颖。

本书适合高职高专及职业院校本科学生使用,也可供相关技术人员参考。

图书在版编目(CIP)数据

制图基础/李程春,苏艳,朱萍主编. —北京:人民交通出版社股份有限公司,2025.5. —ISBN 978-7-114-20430-2

Ⅰ. TB23

中国国家版本馆 CIP 数据核字第 202522YE37 号

Zhitu Jichu

书　　名:制图基础
著 作 者:李程春　苏　艳　朱　萍
责任编辑:时　旭
责任校对:赵媛媛
责任印制:张　凯
出版发行:人民交通出版社
地　　址:(100011)北京市朝阳区安定门外外馆斜街 3 号
网　　址:http://www.ccpcl.com.cn
销售电话:(010)85285911
总 经 销:人民交通出版社发行部
经　　销:各地新华书店
印　　刷:北京市密东印刷有限公司
开　　本:787 × 1092　1/16
印　　张:21.75
字　　数:511 千
版　　次:2025 年 5 月　第 1 版
印　　次:2025 年 5 月　第 1 次印刷
书　　号:ISBN 978-7-114-20430-2
定　　价:59.00 元
(有印刷、装订质量问题的图书,由本社负责调换)

前言 PREFACE

工程图样作为工程技术界的通用语言,其规范化表达与创新性应用能力已成为现代工程技术人才培养的核心基础。随着《中国制造2025》战略深入实施和“交通强国”建设加速推进,工程制图技术正面临前所未有的变革机遇:机械制造领域向智能化、精密化发展,智能网联汽车零部件设计复杂度显著提升;交通基础设施建设规模持续扩大,装配式桥梁与隧道工程的图样标准化需求日益凸显;建筑产业现代化进程加快,三维空间表达技术的重要性与日俱增。在这一背景下,2020年教育部等九部门联合印发的《职业教育提质培优行动计划(2020—2023年)》特别强调“要构建跨专业共享的基础课程体系,开发适应复合型人才培养的新型教材”。

本教材由云南交通运输职业学院基础教学部机械制图教研室、汽车学院、公路学院、马克思主义学院的骨干教师联合编撰,整合交通、机械、土木三大专业领域的制图教学经验,结合课程思政,以“夯实基础、强化规范、服务专业”为宗旨,构建了“基础理论—专业图示—工程应用”三位一体的教学内容体系。教材严格对标《技术制图》《机械制图》等最新国家标准,致力于培养具有“规范意识、空间思维、跨专业视野”的新时代工程技术人才。

一、教材开发背景与定位

1. 产业需求驱动

据中国工程机械工业协会2024年度报告显示,行业对具备多专业图样识读能力的复合型技术人才需求增长率达23%,传统单一专业的制图教材已无法满足现代工程项目协同设计需要。

2. 教学改革要求

针对高职院校“2+1”人才培养模式改革,本教材将基础理论学时压缩,新增典型工程案例模块,实现“课岗直通”的教学目标。

二、内容体系架构

教材采用“三横三纵”矩阵式结构。

1. 横向专业覆盖

(1)机械专业模块:突出轴类零件、箱体类零件表达方法;

(2)交通专业模块:强化道路线形图、桥梁构造图识读;

(3)土木专业模块:重点解析建筑平立剖面图协同绘制。

2. 纵向能力进阶

(1)基础层:制图规范、几何作图、投影理论;

(2)专业层:剖视图、标准件、专业图样;

(3)综合层:跨专业图纸会审、竣工图修改。

三、核心特色与创新

1. 多维思政融合体系

构建"行业楷模-民族工业-标准演变"三位一体的课程思政框架。

(1)多章节设置"课程思政"内容,如讲述港珠澳大桥创新技术等制图故事;

(2)通过"中国几何作图发展历程彰显文化自信"专题、"滇缅公路"专题,培养学生的民族自豪感。

2. 跨专业协同教学资源

(1)独创"专业图样对比学习法":将滑动轴承装配图(机械)、桥梁桥台(交通)、钢结构节点图(土木)进行对比教学;

(2)开发"一图多读"思维:同一组合体三视图在三个专业的不同解读思维;

(3)建立"工匠精神"案例集:收录机械、交通、土木工程实例里的"工匠精神"案例,分别插入三个模块相应内容。

3. 虚实结合的训练系统

配套"制图过程可视化"系统,如几何作图过程动画呈现(二维码扫码)、典型机械/交通/土木图表(二维码扫码)。

四、教学应用建议

本教材设计弹性教学路径:

1. 机械类专业

建议侧重模块一至模块十,重点强化零件图/装配图。

2. 交通类专业

建议侧重模块一至模块六、模块十七至模块十九,重点强化路线图/结构图。

3. 土木类专业

建议侧重模块一至模块六、模块十一至模块十六,突出建筑图/结构图。

有给排水专业知识需求的,可加上模块十六。

本书由云南交通运输职业学院的李程春、苏艳、朱萍担任主编,由云南交通运输职业学院的田丽华、东润龙、姜丽、张良华、王忠敏、刘云鑫担任副主编,参与编写的还有云南交通运输职业学院的陈源、李坤静、张赫、王超、杨苏莉、王玉娜、康敏艳、陈静。具体编写分工如下:苏艳、东润龙等编写模块一、模块二、模块四,东润龙等编写模块三、模块五、模块六,朱萍编写模块七、模块九,田丽华编写模块八、模块十,李程春编写模块十一至模块十六,姜丽编写模块十七至模块十九,动画图形的绘制工作由李程春、东润龙、姜丽完成,思政案例的开发由李坤静、张赫、杨苏莉、王玉娜、康敏艳完成。

在教材编写过程中,编写团队作为机械制图、工程制图课程建设主要成员,将十余年教学改革成果系统融入教材,特别是创新提出的"专业共性强化、个性需求引导"的制图基础课教学模式,必将成为培养复合型工程技术人才的重要基石,为推进我国工程技术教育高质量发展作出应有贡献。

限于编者水平,书中难免存在不足之处,恳请各界专家批评指正。

编　者

2025 年 1 月

数字资源索引

续上表

目录 CONTENTS

机 械 篇

土　木　篇

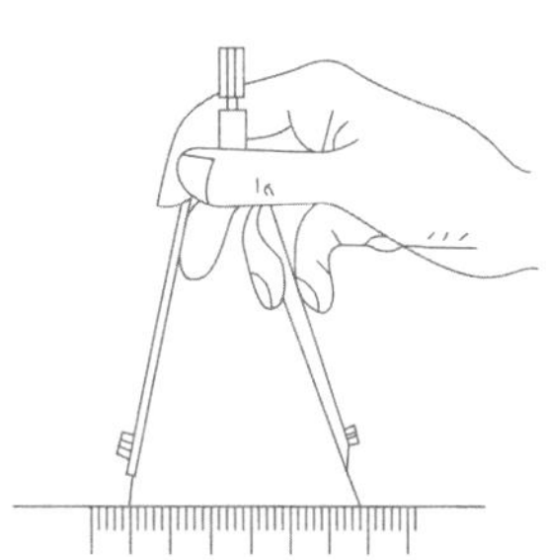

绪论

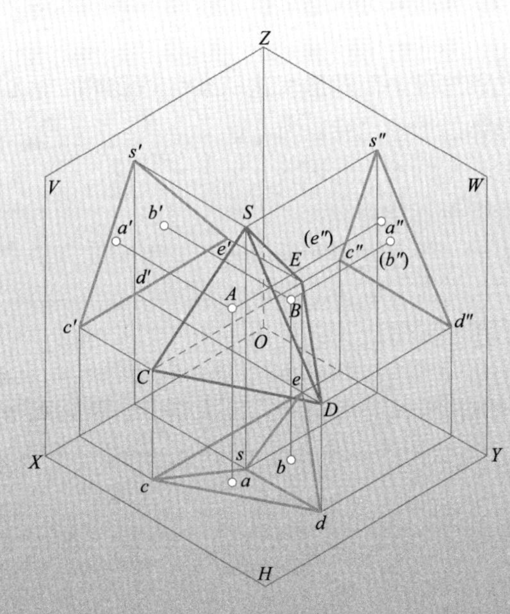

一、本课程的性质和任务

(一)本课程的性质

工程图样是工程与产品技术信息的载体,是工程界表达、交流技术思想的语言,机械工程、土木工程的设计、制造及施工都离不开工程图样。学习本课程的目的是使机械类专业和土木工程类专业的学生掌握工程图样表达理论和技术,培养学生绘制和阅读机械及土木工程专业图样的能力。所以本课程是机械类专业和土木工程类专业的一门通识类技术基础课。本课程属于技术基础课,仅能为学生的绘图和读图能力打下一定的基础,相关的专业知识还有待在后续课程、生产实习、课程设计和毕业设计中继续培养和提高。

(二)本课程的主要任务

(1)培养学生使用绘图仪器绘制机械及土木工程图样和阅读机械及土木工程专业图样的能力。

(2)培养学生用投影法以二维平面图形表达三维空间形状的能力。

(3)培养学生对空间形体的形象思维能力。

(4)培养学生的工程意识和标准化意识。

(5)培养学生创造性构型设计能力。

(6)培养学生认真负责的工作态度和严谨细致的工作作风。

二、本课程的内容结构

本课程的内容分为基础篇、机械篇和土木篇三大部分。基础篇培养学生贯彻执行最新国家标准,掌握徒手绘图、仪器绘图等多种绘图方法的绘图能力基础,掌握绘制点、线、面、体及其相对几何关系投影图的投影理论基础,基本体和组合体的造型过程和方法的构型方法基础,掌握绘制和阅读组合体的投影图、标注组合体尺寸的方法以及表示机械和土木工程形体的图样画法。机械篇的内容包括机件的常用表达方法、标准件与常用件、零件图、装配图。土木篇的内容包括标高投影、图样画法、钢筋混凝土识图基础、建筑施工图、建筑结构施工图、给水排水施工图、道路与交通制图与识图、桥梁制图与识图、隧道与涵洞制图与识图。其中,基础篇的内容是机械类专业和土木工程类专业的必学内容,机械篇的内容是机械类专业的必学内容,土木篇的内容是土木工程类专业的必学内容。本书中其余的相关专业图可由任课教师作为选学内容按需取舍。

三、本课程的学习方法

本课程理论严谨、实践性强、与工程实践有密切联系,所以应该理解投影理论,重视理论联系实际,加强实践性教学,认真地完成一定数量的绘图与读图的习题和作业,由浅入深地反复通过由物画图和由图想物的实践理解投影理论,用投影法表达三维空间形状,增强工程意识、标准化意识、创新意识和贯彻执行国家标准的意识。了解初步的专业知识,训练仪器绘图的操作技能,与培养空间形体的形象思维能力,绘制、阅读机械类专业图及土木工程专业图的能力,掌握科学的思维方法,紧密地结合起来。

本课程紧密结合专业内容拓展了课程思政的图、文、视频等内容,制作成二维码;制图专业绘制的动画也制作成二维码。学生用手机扫码,即可观看课程思政和绘制图样的内容,增强了课程的互动性和可读性。

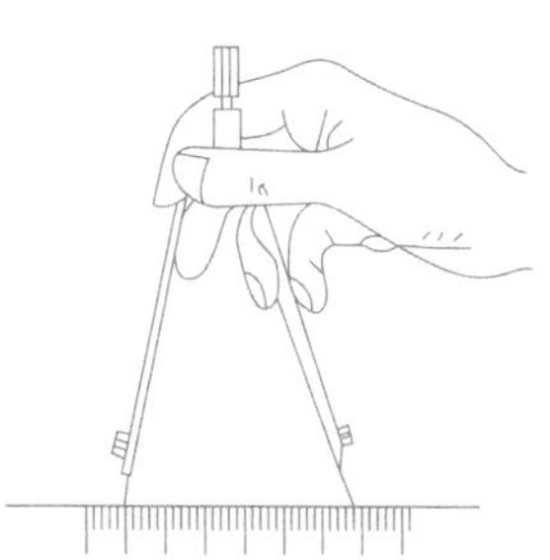

基础篇

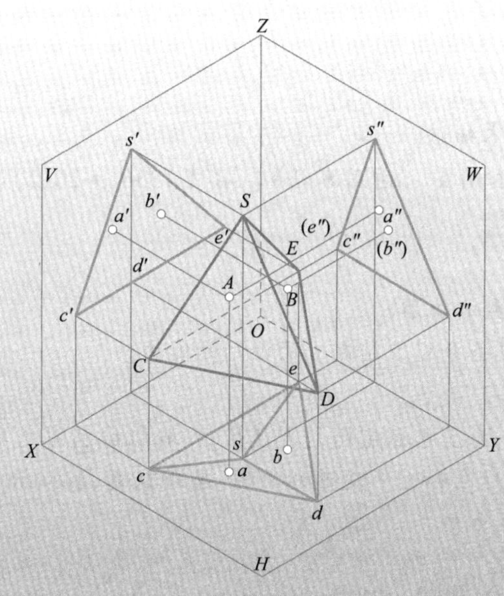

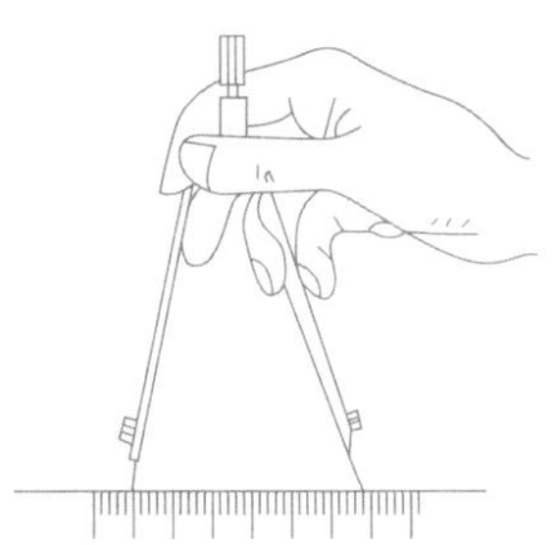

模块一
制图基础知识与技能

学习目标

❖ 知识目标

1. 学习有关图样的基本知识。

2. 熟悉国家标准《技术制图　通用术语》(GB/T 13361—2012)中图幅、比例、字体、图线、尺寸注法的基本规定。

❖ 技能目标

1. 能正确使用绘图工具和仪器。

2. 能绘制几何图形,具备分析及绘制平面图形的能力。

❖ 素养目标

1. 在制图教学活动中,感受机械制图的严谨性,体验机械制图之美。

2. 初步形成遵守国家标准和生产规范的习惯,展现认真、扎实的学习态度和作风,以及严谨求实、规范仔细的作图素质。

中国古建筑平面图绘制中的文化魅力

图在人类社会的文明进步和推动现代科学技术的发展中起到了重要作用。我国工程图学的发展和科学技术中的各门学科一样,都有着悠久的历史。今天的工程图学以及计算机图学,正是由过去的工程图学发展而来的。图样是生产中设计、制造和技术交流的重要技术文件和主要技术资料。机械制图中的图样如同语言、文字一样,是人们表达和交流技术的工具之一。为了便于指导生产和对外进行技术交流,国家质量监督检验检疫总局和国家标准化管理委员会联合颁布了国家标准《技术制图　通用术语》(GB/T 13361—2012)和《机械制图　图样画法　图线》(GB/T 4457.4—2002),国家标准对图样的表达和画法作出了统一规定。在绘制、应用技术图样时,必须掌握和遵守国家标准的有关规定。

第一节　常用绘图工具及仪器的使用

虽然目前的技术图样已经越来越多地由计算机绘制，但尺规绘图仍然是工程技术人员必备的基本技能，也是学习和巩固图学理论知识不可忽略的训练方法。正确使用绘图工具对提高制图速度和图面质量有重要作用，因此必须熟练掌握。

中国古代的制图工具及文化含义

一、图板、丁字尺、三角板

图板是用于铺放、固定图纸的一块的光滑矩形木板。丁字尺由尺头和尺身两部分组成。尺身的上部为工作边，与图板配合使用，主要用来画水平线或垂直线。使用时，将尺头的内侧边紧贴于图板的导向边，上下移动丁字尺，自左向右画出不同位置的水平线，如图 1-1 所示。

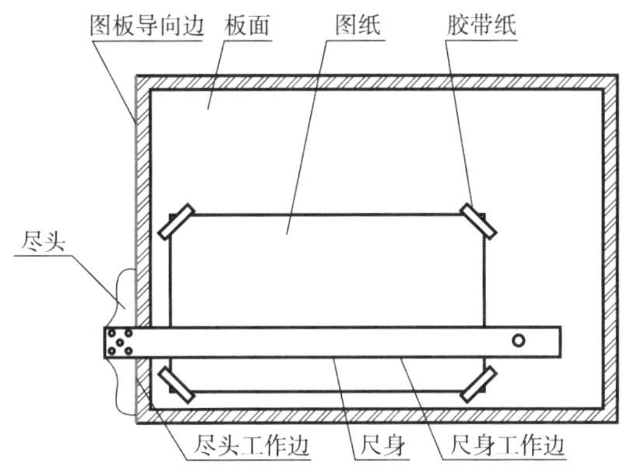

图 1-1　图板和丁字尺

一副三角板由 45°等腰直角三角板和 30°、60°直角三角板各一块组成。利用三角板的不同角度与丁字尺配合，可画垂直线及 15°倍角的倾斜线，如图 1-2a）所示；用两块三角板配合可画任意角度的平行线，如图 1-2b）所示。

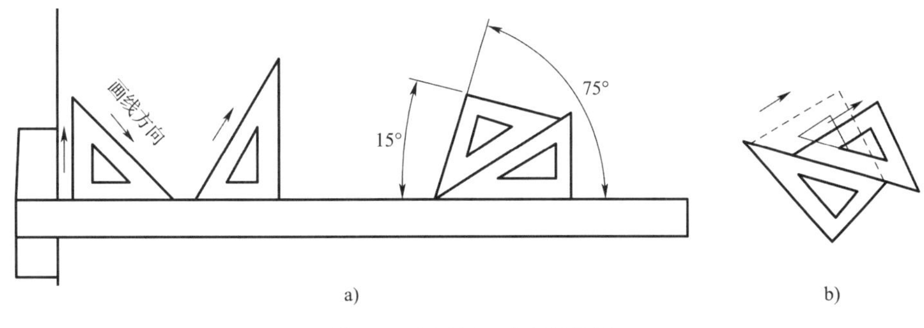

图 1-2　丁字尺和三角板的使用

二、铅笔

在绘制机械图样时要选择专用的绘图铅笔，一般需要准备以下几种型号的绘图铅笔：

(1)2B、B或HB——用来画粗实线。

(2)HB——用来画细实线、点画线、双点画线、虚线和写字。

(3)H或2H——用来画底稿。

H前的数字越大，铅芯越硬，画出来的图线就越淡；B前的数字越大，铅芯越软，画出来的图线就越黑。用于画粗实线的铅笔和铅芯应磨成矩形断面，其余的磨成圆锥形，如图1-3所示。

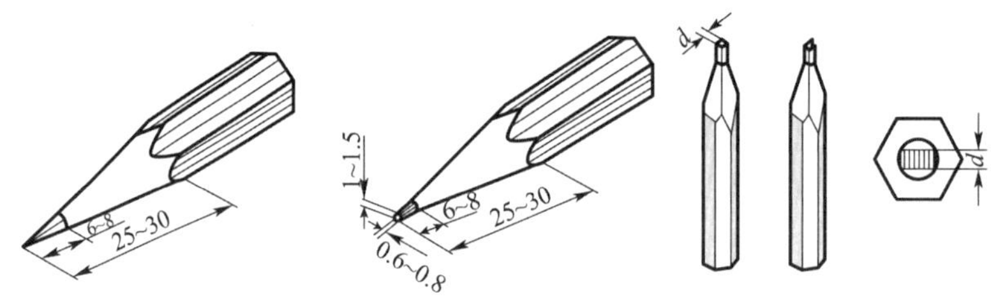

图1-3 铅笔的削法

三、圆规和分规

圆规、分规是绘图的常用工具，主要有以下几种，如图1-4所示。

圆规是画圆和圆弧的工具。安装时调整铅芯的长度，使针尖略长于铅芯，以便在画圆或圆弧时，将针尖插入图纸，以针尖为圆心。铅芯端头削成夹角为20°左右的锐角，斜面安装在圆规的外侧。铅芯的安装如图1-5所示。

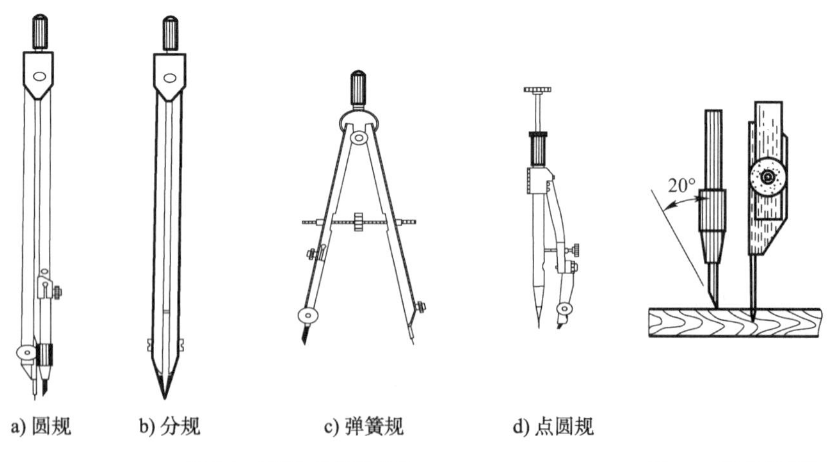

图1-4 圆规、分规的分类

图1-5 铅芯的安装

使用圆规时，应尽可能使针尖和铅芯插腿垂直于纸面。量取半径，用右手握住圆规头部，将针尖对准圆心插入图纸，左手按住图纸，匀速顺时针旋转圆规，画出所需圆或圆弧。画大圆时，可用延伸杆来扩大其直径。圆规的使用如图1-6所示。

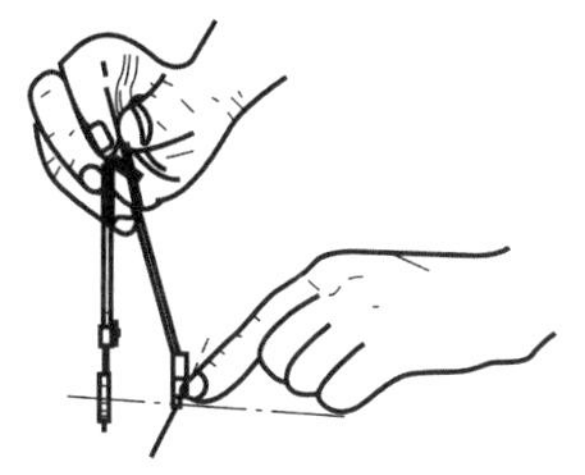
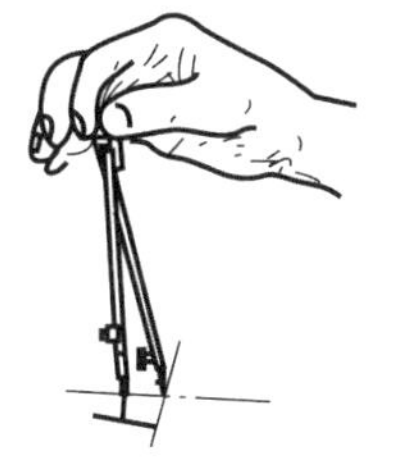
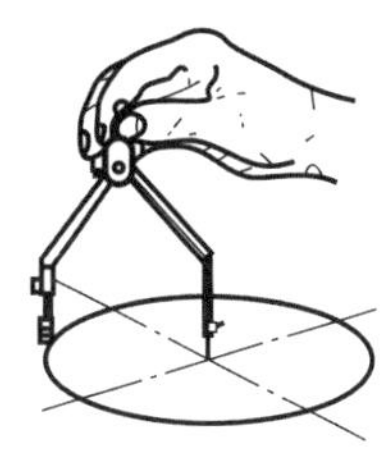

图 1-6　圆规的使用

分规是用来量取尺寸和等分线段的工具。为了准确地度量尺寸,分规两腿端部的针尖应平齐,如图 1-7 所示。用分规在尺子上或图上量取尺寸或线段的方法及等分线段的方法如图 1-8 所示。等分线段时,将分规两针尖调整到所需的距离,然后用右手拇指和食指捏住分规手柄,使分规两针尖沿线段交替旋转前行等分线段。

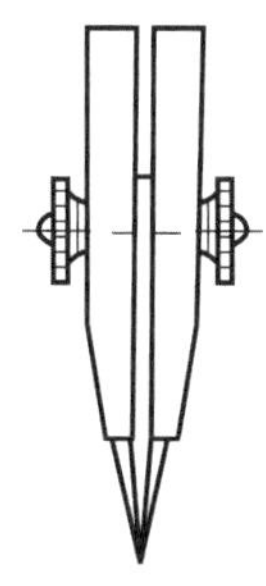

图 1-7　分规两腿的调整

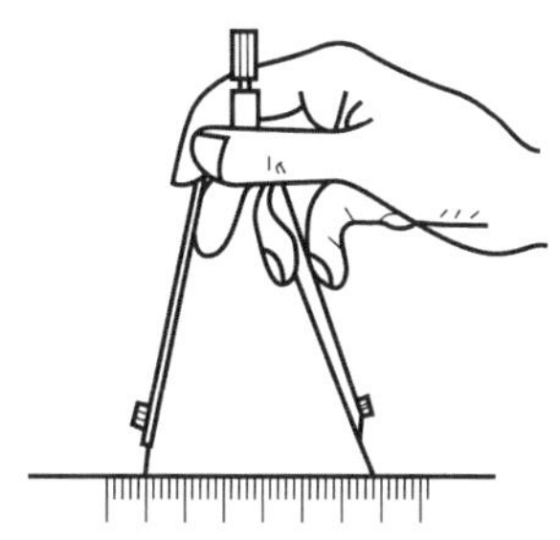
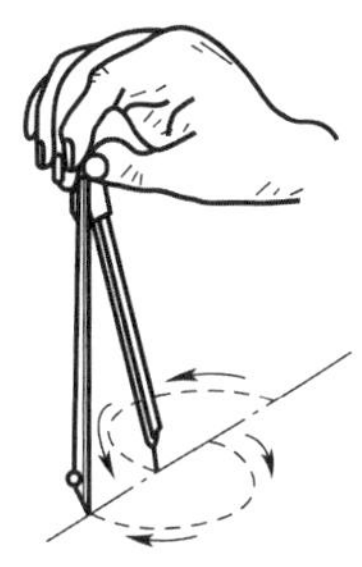

图 1-8　分规量取尺寸或线段及等分线段

四、其他绘图工具

比例尺有三棱式比例尺[图 1-9a)]和板式比例尺[图 1-9b)]两种。比例尺的尺面上有各种不同比例的刻度。在用不同比例绘制图样时,只需要在比例尺上的相应比例刻度上直接量取[图 1-9c)],省去麻烦的计算,能加快绘图的速度。

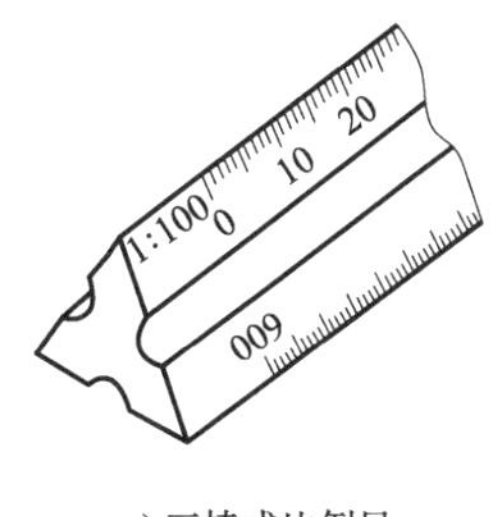

a) 三棱式比例尺

b) 板式比例尺

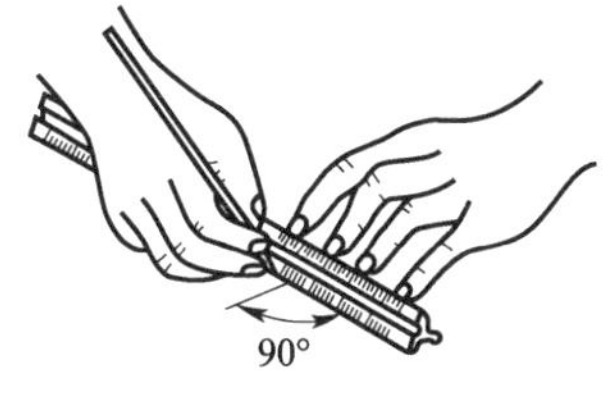

c) 比例尺的使用

图 1-9　比例尺

绘图模板是一种快速绘图工具,上面有多种镂空的常用图形、符号或字体等,能够方便地绘制针对不同专业的图案,如图 1-10a) 所示。使用时,笔尖应紧靠绘图模板,才能使画出的图形整齐、光滑。

量角器用来测量角度,如图 1-10b) 所示。

擦图片是用来防止擦去错误线条或多余线条时把有用的线条也擦去的一种防护工具,

如图 1-10c)所示。

a) 绘图模板

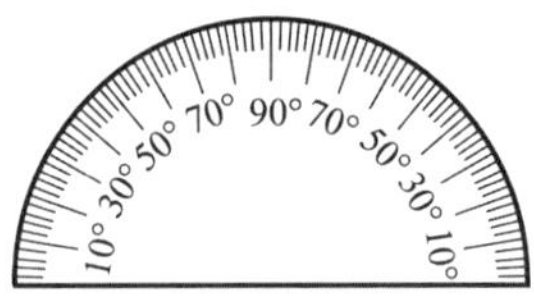

b) 量角器

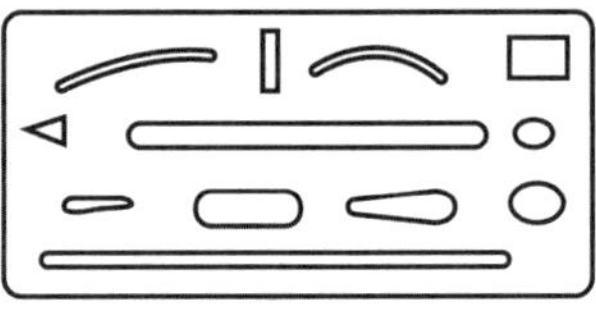

c) 擦图片

图 1-10　其他绘图工具

另外,在绘图时,还需要准备削笔刀、橡皮、固定图纸用的塑料透明胶纸、磨铅笔用的砂纸以及清除图画上橡皮屑的小刷子等。

第二节　国家标准的基本规定

中国绘图国家标准发展历程与时代精神

国家标准(简称国标)编号由三部分组成,即标准代号、标准顺序编号和批准年号。国家标准中的每一个标准都有标准代号,如 GB/T 14689—2008,其中“GB”为国家标准代号,它是“国标”汉语拼音的缩写,“T”表示推荐性标准(如果不带“T”,则表示为国家强制性标准),“14689”为该标准的顺序编号,“2008”表示该标准是 2008 年颁布的。

我国于 1959 年颁发了《机械制图》(GB 12259)。为适应经济和科学技术的发展,加强与世界各国的技术交流,依据国际标准化组织(ISO)制定的相应国际标准,《技术制图》和《机械制图》的相关标准先后作了多次修订。国家标准的内容十分丰富和广泛,本书仅就机械制图和技术制图中的常用制图规范予以介绍。

一、图纸幅面及格式

(一)图纸幅面

为了合理利用图纸和便于图样管理,《技术制图　图纸幅面和格式》(GB/T 14689—2008)规定了五种标准图纸的幅面,其代号分别为 A0、A1、A2、A3、A4。绘图时应优先选用表 1-1 中的幅面尺寸。其中,A0 幅面最大,A4 幅面最小。A0 幅面以长边对折一半可得到 A1 幅面,A1 幅面以长边对折一半可得到 A2 幅面,其余以此类推,A0 幅面可得到 16 张 A4 幅面。必要时,也允许以基本幅面的短边的整数倍加长幅面。

幅面尺寸及图框尺寸(单位:mm)　　表 1-1

幅面代号	A0	A1	A2	A3	A4
$B \times L$	841 × 1189	594 × 841	420 × 594	297 × 420	210 × 297
a	25				
c	10			5	
e	20		10		

(二)图框格式

《技术制图 图纸幅面和格式》(GB/T 14689—2008)规定图框格式分为留装订边和不留装订边两种,可根据图样的实际情况选择横放或竖放,如图 1-11 和图 1-12 所示,其尺寸均符合表 1-1 中的规定。无论图纸是否装订,都必须用粗实线画出图框,但应注意,同一产品的图样只能采用一种格式。

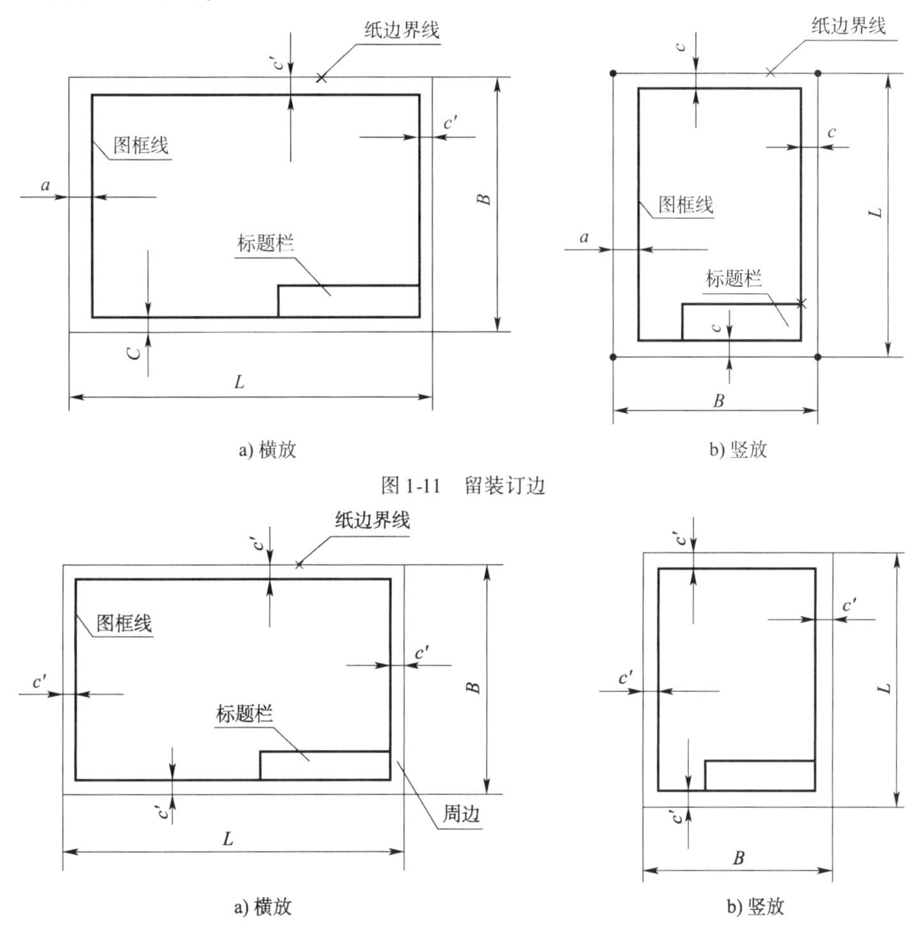

a) 横放　　b) 竖放

图 1-11　留装订边

a) 横放　　b) 竖放

图 1-12　不留装订边

二、标题栏

《技术制图　标题栏》(GB/T 10609.1—2008)规定每张图样上都应有标题栏,放在图纸的右下角,用来填写图样的综合信息,其格式及尺寸如图 1-13 所示。标题栏中文字方向必须与读图方向一致,即标题栏中的文字方向为读图方向。

在学校的制图作业中,标题栏也可采用图 1-14 所示的简化形式。

三、比例

图样中机件要素的线性尺寸与实际机件相应要素的线性尺寸之比称为比例,即比例 =

图形中线性尺寸大小:实物上相应线性尺寸大小。

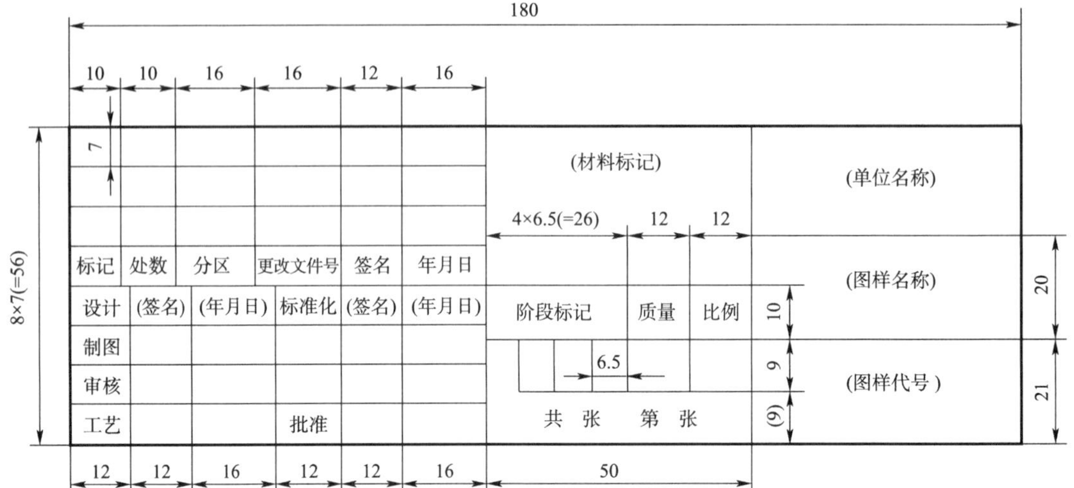

图 1-13　国家标准规定的标题栏

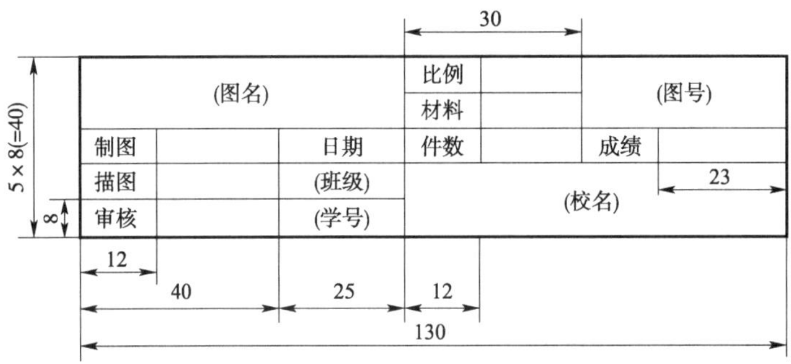

图 1-14　简化的标题栏

《技术制图　比例》(GB/T 14690—1993)规定,比例一般分为原值比例、缩小比例及放大比例三种类型。绘制图样时,尽可能采用原值比例,以便从图中看出实物的大小。根据需要也可采用放大比例或缩小比例。不论采用何种比例,图中所注尺寸数字仍为机件的实际尺寸,与图形的比例及角度无关,如图 1-15 所示。

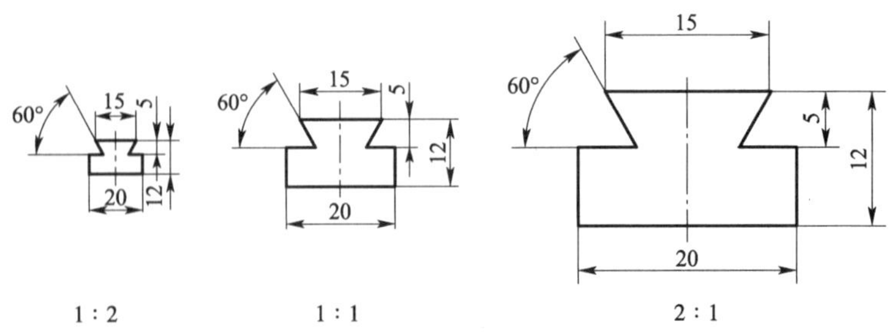

图 1-15　不同比例画出的图形

绘制同一机件的各个视图应采用相同的比例,并在标题栏中统一填写比例。当某个视图采用了不同的比例时,必须在该图形的上方加以标注。常用的比例见表 1-2,应优先采用第一系列。

常用的比例系列　　表 1-2

种类	第一系列	第二系列
原值比例	1∶1	—
放大比例	2∶1　5∶1 1×10^n∶1　2×10^n∶1 5×10^n∶1	2.5∶1　4∶1 2.5×10^n∶1　14×10^n∶1
缩小比例	1∶2　1∶5 1∶10　1∶2×10^n 1∶5×10^n 1∶1×10^n	1∶1.5　1∶1.25　1∶3 1∶1.5×10^n　1∶2.5×10^n 1∶3×10^n　1∶4×10^n 1∶6×10^n

注：n 为正整数。

四、字体

图样中除图形外，还需用汉字、数字和字母等进行标注或说明，它们是图样的重要组成部分。《技术制图　字体》(GB/T 14691—1993)规定，字体包括汉字、数字及字母。

图样中书写的字体必须端正、笔画清楚、排列整齐、间隔均匀。

字体的号数即字体的高度(单位为 mm)，有 20、14、10、7、5、3.5、2.5、1.8 八种，字体的宽度约等于字体高度的 2/3。数字及字母的笔画宽度约为字高的 1/10。

汉字应采用长仿宋字体，并应采用国家正式公布的简化字。汉字要求写得整齐匀称。书写长仿宋体的要领为横平竖直、注意起落、结构匀称、填满方格。图 1-16 为长仿宋体字示例。

数字及字母有直体和斜体之分。在图样中通常采用斜体。斜体字的字头向右倾斜，与水平线成 75°角。数字和字母的笔画粗度约为字高的 1/10。字母、罗马数字、阿拉伯数字示例如图 1-17 所示。

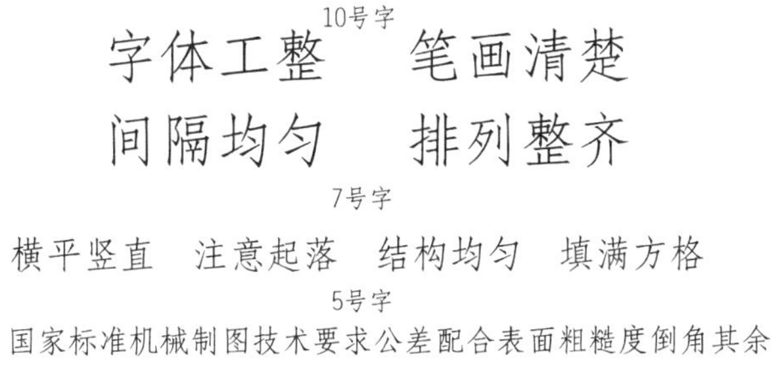

10号字

字体工整　笔画清楚

间隔均匀　排列整齐

7号字

横平竖直　注意起落　结构均匀　填满方格

5号字

国家标准机械制图技术要求公差配合表面粗糙度倒角其余

图 1-16　长仿宋字体示例

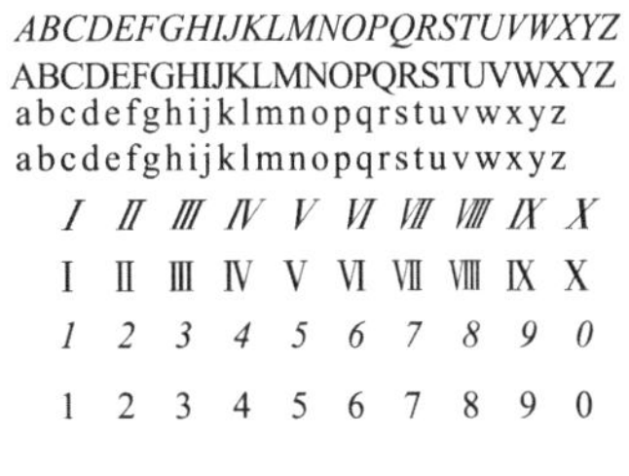

ABCDEFGHIJKLMNOPQRSTUVWXYZ

ABCDEFGHIJKLMNOPQRSTUVWXYZ

abcdefghijklmnopqrstuvwxyz

abcdefghijklmnopqrstuvwxyz

Ⅰ Ⅱ Ⅲ Ⅳ Ⅴ Ⅵ Ⅶ Ⅷ Ⅸ Ⅹ

Ⅰ Ⅱ Ⅲ Ⅳ Ⅴ Ⅵ Ⅶ Ⅷ Ⅸ Ⅹ

1 2 3 4 5 6 7 8 9 0

1 2 3 4 5 6 7 8 9 0

图 1-17　字母、罗马数字、阿拉伯数字示例

五、图线

(一)基本线型

《机械制图　图样画法　图线》(GB/T 4457.4—2002)规定，图线有 3 粗 6 细且共 9 种，

见表 1-3。

基本线型及应用　　表 1-3

图线名称	线型	线宽	一般应用
粗实线		d	(1)可见轮廓线。 (2)螺纹牙顶线。 (3)螺纹终止线、齿顶圆线
细实线		$d/2$	(1)尺寸线、尺寸界线。 (2)剖面线、重合断面轮廓线。 (3)可见过渡线、引出线、螺纹牙底线
细虚线		$d/2$	(1)不可见轮廓线。 (2)不可见过渡线
细点画线		$d/2$	(1)轴线。 (2)对称中心线。 (3)分度圆(线)
波浪线		$d/2$	(1)断裂处边界线。 (2)局部剖视的分界线
双折线		$d/2$	(1)断裂处边界线。 (2)视图与局部剖视图的分界线
细双点画线		$d/2$	(1)相邻辅助零件的轮廓线。 (2)可动零件的极限位置的轮廓线、轨迹线
粗虚线		d	允许表面处理的表示线
粗点画线		d	有限定范围表示线(特殊要求)

(二)图线宽度

在机械图样中采用粗、细两种线宽,它们之间的比例为 2∶1。粗线的宽度为 d,应根据图形的大小和复杂程度,在以下系列参数中选择:0.13mm、0.18mm、0.25mm、0.35mm、0.5mm、0.7mm、1mm、1.4mm、2mm。通常情况下,粗线的宽度可在 0.5～2mm 的范围内选择,细线的宽度为 $d/2$。在同一张图样中,同类图线的宽度应一致。图 1-18 所示为常用几种图线的综合应用举例。

(三)图线的画法

(1)同一张图样中同类图线的宽度应基本一致。虚线、点画线及双点画线的线段长度和间隔应各自大致相等。

(2)绘制圆的对称中心线时,圆心应为线段的交点。中心线应超出图形 2～5mm。点画线和双点画线的首末两端应是线段而不是点,如图 1-19 所示。

(3)两条平行线(包括剖面线)之间的距离不得小于 0.7mm。

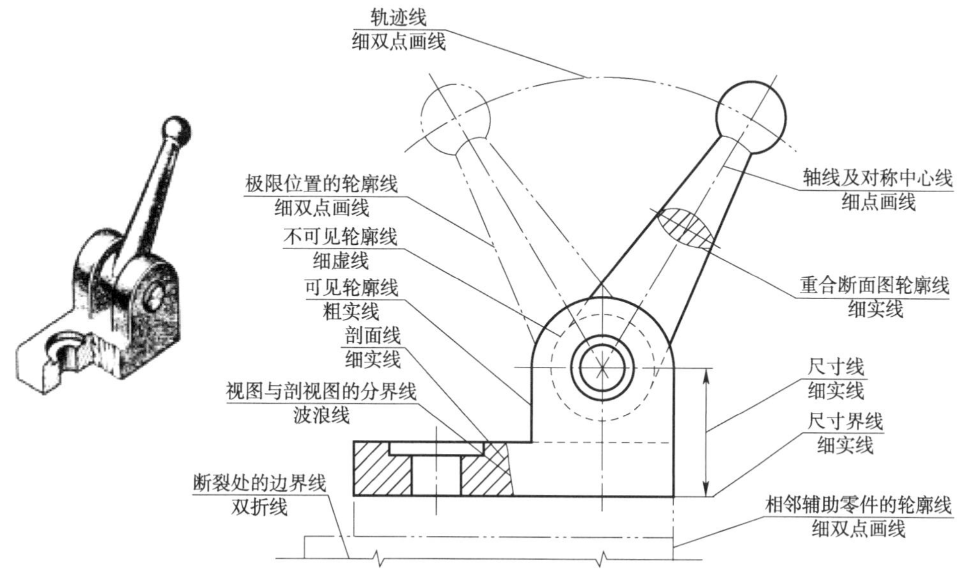

图 1-18　常用几种图线的综合应用举例

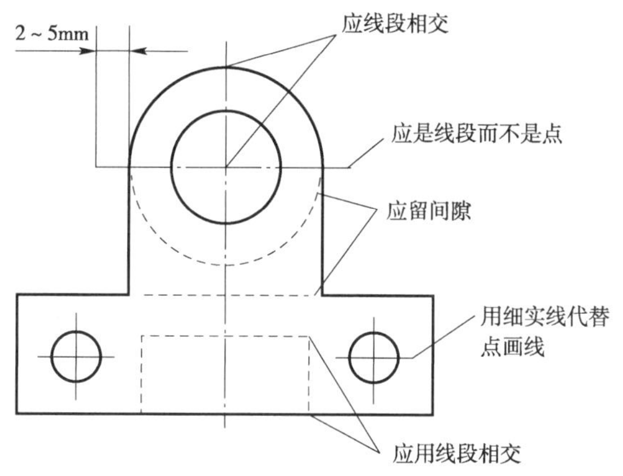

图 1-19　图线画法的注意事项

(4)虚线、点画线、双点画线相交时,应该是线段相交。当虚线是粗实线的延长线时,连接处应留出空隙,如图 1-20 所示。

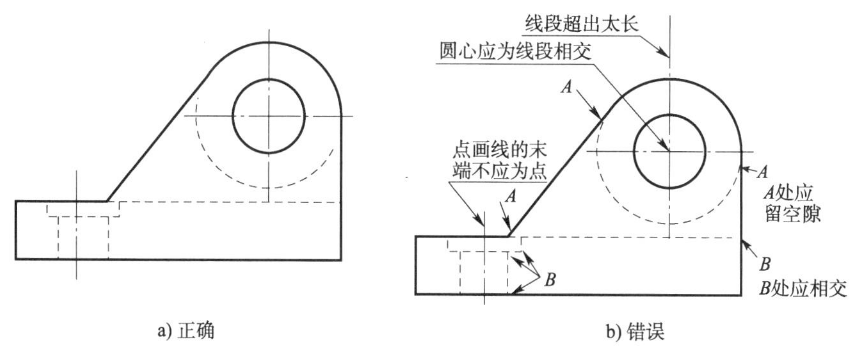

图 1-20　图线交接处的画法

(5)在较小的图形上绘制点画线或双点画线有困难时,可用细实线代替。当各种线型重合时,应按粗实线、虚线、点画线的优先顺序画出。

六、尺寸标注

图样是依照机件的结构形状和尺寸大小按适当比例绘制的,图形只能反映物体的结构形状,物体的真实大小要靠所标注的尺寸来体现。在图样中,除需要表达机件的结构形状外,还需要标注尺寸。《机械制图　尺寸注法》(GB/T 4458.4—2003)规定了图样中标注尺寸的规则和方法,绘图时必须严格遵守。

(一)标注尺寸的基本规则

(1)机件的真实大小应以图样上所注的尺寸数值为依据,与图形的大小(所采用的比例)和绘图的准确度无关。

(2)图样中的尺寸以毫米为单位时,不需要标注计量单位的代号或名称。如果采用其他单位,则必须注明相应的计量单位的代号或名称。

(3)图样中所标注的尺寸为该图样所示机件的最后完工尺寸,否则应另加说明。

(4)机件的每个尺寸,一般只标注一次,并应标注在反映该结构最清晰的图形上。

(二)尺寸标注的组成

一个完整的尺寸由尺寸界线、尺寸线、尺寸终端(箭头或斜线)和尺寸数字组成,如图1-21所示。

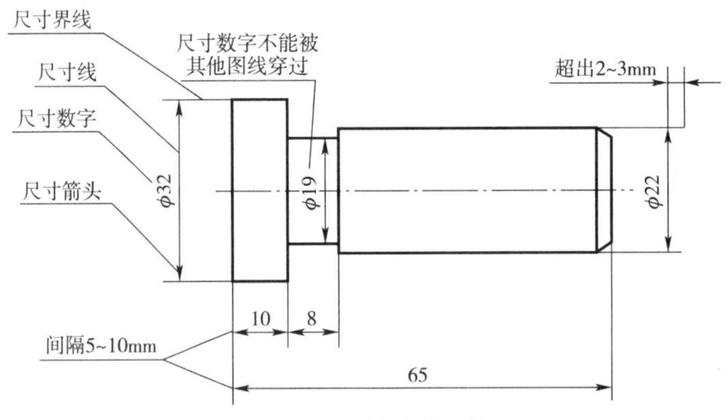

图1-21　尺寸标注的组成

1.尺寸界线

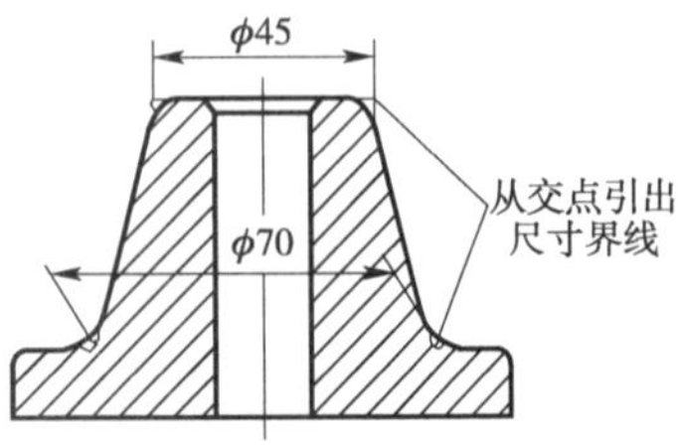

图1-22　尺寸界线的标注

尺寸界线表示尺寸的度量范围,用细实线绘制,并应由图形的轮廓线、轴线、对称中心线处引出,也可利用轮廓线、轴线或对称中心线作为尺寸界线。当表示曲线轮廓上各点的坐标时,可将尺寸线或其延长线作为尺寸界线。尺寸界线一般应与尺寸线垂直,并超出尺寸线2~3mm,必要时允许倾斜,但两条尺寸线必须相互平行,如图1-22中的ϕ70。

2. 尺寸线

尺寸线表示尺寸度量的方向,用细实线绘制。尺寸线必须单独画出,不能用其他图线代替,一般也不得与其他图线重合或画在其延长线上。标注线型尺寸时,尺寸线必须与所标注的线段平行。在同一张图样中,尺寸线与轮廓线以及尺寸线与尺寸线之间的距离应大致相当,一般以不小于5mm为宜。尺寸线的标注如图1-23所示。

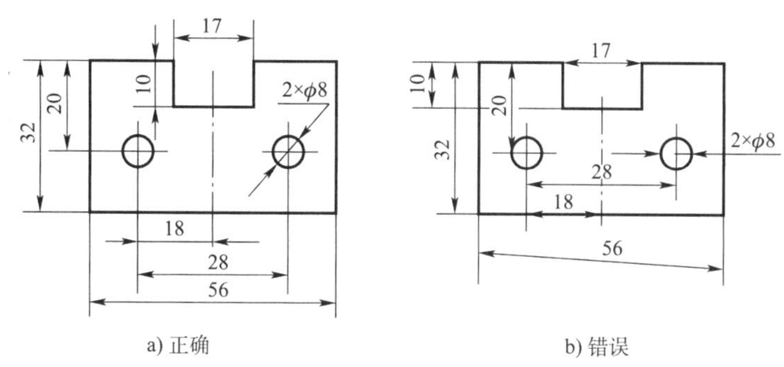

图1-23　尺寸线的标注

3. 尺寸终端

尺寸终端有箭头和斜线两种形式,如图1-24所示。箭头的形式如图1-24a),其尖端应与尺寸界线接触,箭头长度约为粗实线宽度的6倍。斜线终端如图1-24b)所示,用细实线绘制,必须在尺寸线与尺寸界线相互垂直时才能使用,方向以尺寸线为基准,逆时针旋转45°画出。

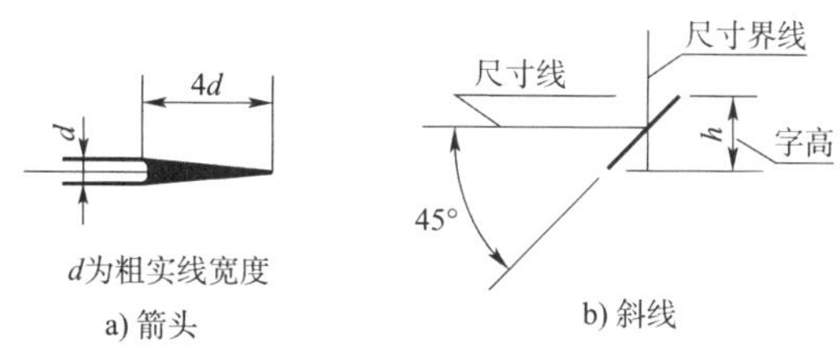

图1-24　尺寸线终端

当采用箭头终端形式,遇到位置不够画出箭头时,允许用圆点或斜线代替箭头,如图1-25所示。

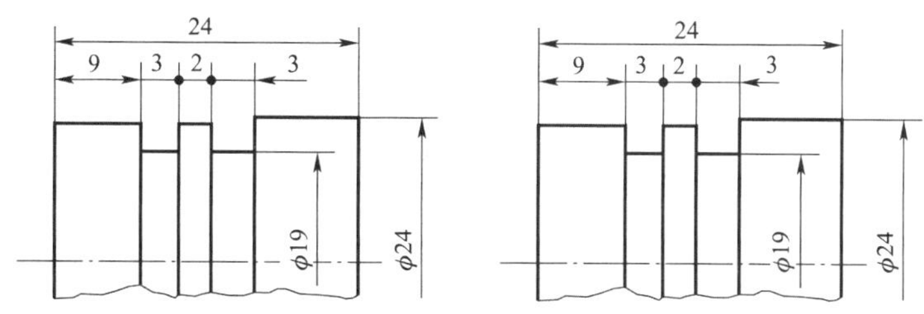

图1-25　用圆点或斜线代替箭头

4. 尺寸数字

尺寸数字用来标注机件的实际尺寸大小。线性尺寸的数字一般应注写在尺寸线的上方,或注写在尺寸线的中断处。尺寸数字不可被任何图线穿过,如图 1-21 所示。

线性尺寸的数字方向一般应按图 1-26a)所示方向注写,即水平方向的尺寸数字字头朝上,垂直方向的尺寸数字字头朝左,倾斜方向的尺寸数字字头有朝上的趋势。应避免在图示 30°范围内标注尺寸,当无法避免时,可按图 1-26b)的形式标注。

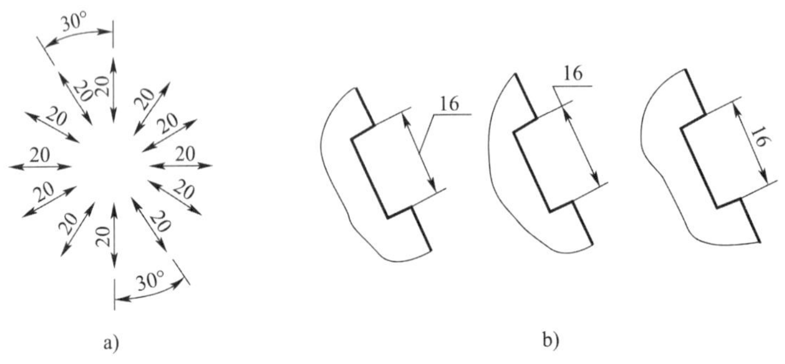

图 1-26　线性尺寸的数字方向

(三)常用尺寸注法

在实际绘图中,尺寸标注的形式很多,常用尺寸的标注方法见表 1-4。

常用尺寸的标注方法　　表 1-4

尺寸种类	图例	说明
圆和圆弧		(1)在直径、半径尺寸数字前,分别加注符号“ϕ”“R”。 (2)尺寸线应通过圆心(对于直径)或从圆心画出(对于半径)
大圆弧		(1)需要标明圆心位置,但圆弧半径过大,在图纸范围内又无法标出其圆心位置时,用左图。 (2)不需要标明圆心位置时,用右图
角度		(1)尺寸界线沿径向引出,尺寸线为以角度顶点为圆心的圆弧。 (2)尺寸数字一律水平书写,一般写在尺寸线的中断处,也可注在外部或引出标注
小尺寸和小圆弧		(1)位置不够时,箭头可画在外部,允许用小圆点或斜线代替两个连续尺寸间的箭头。 (2)特殊情况下,标注小圆的直径允许只画一个箭头;有时为了避免产生误解,可将尺寸线断开

续上表

尺寸种类	图例	说明
对称尺寸		对称机件的图形如只画出一半或略大于一半，尺寸线应略超过对称中心线或断裂线，此时只在靠尺寸界线的一端画出箭头
球体		一般应在"ϕ"或"R"前面加注符号"S"。但在不致引起误解的情况下，也可不加注
弧长和弦长		(1)尺寸界线应平行于该弦的垂直平分线。 (2)表示弧长的尺寸线用圆弧，同时在尺寸数字上加注"⌒"

(四)标注尺寸的符号及缩写词

尺寸标注常用符号及缩写词见表 1-5。

尺寸标注常用符号及缩写词　　表 1-5

名词	直径	半径	球直径	球半径	厚度	正方形	45°倒角	深度	沉孔或锪平	埋头孔	均布
符号或缩写词	ϕ	R	Sϕ	SR	t	□	C	↧	⌴	⌵	EQS

第三节　几何作图

机件的形状虽然多种多样，但任何平面图形都可以看成由一些简单几何图形组成。几何作图是依据给定条件，准确绘出预定的几何图形。常用的几何作图有等分线段、等分圆周作正多边形、斜度与锥度、圆弧连接等。

中国几何作图发展历程彰显文化自信

一、等分线段

等分线段的作图过程

已知线段 *AB*,现将其等分成五份,作图过程如图 1-27 所示。

(1)过 *AB* 线段的一个端点 *A* 作一条与其成一定角度的射线 *AC*,然后在此线段上用分规截取五等份,如图 1-27a)所示。

(2)将最后的等分点 5 与线段 *AB* 的另一端点 *B* 连接,然后过各等分点作 5*B* 的平行线,与原线段 *AB* 的交点即为所需的等分点,如图 1-27b)所示。

二、等分圆周作正多边形

三等分圆周及作正三边形

(一)三等分圆周及作正三边形

如图 1-28 所示,以 1 点为圆心,以 *R* 为半径画圆弧,交圆 *O* 于 3、4 点,连接 2、3、4 点即得圆的内接正三边形。以 2 点为圆心,用同样的作图方法可作出反向的正三边形,如图 1-28 所示。

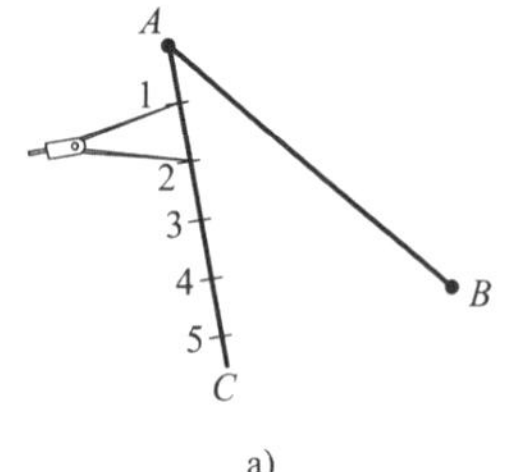

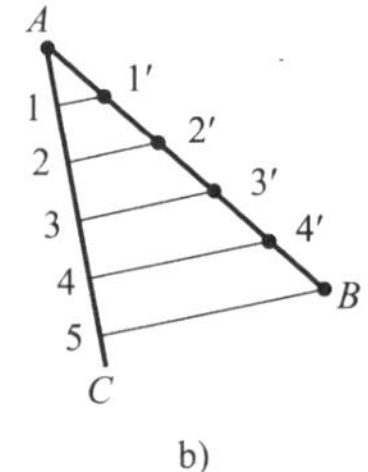

图 1-27　等分线段的作图过程

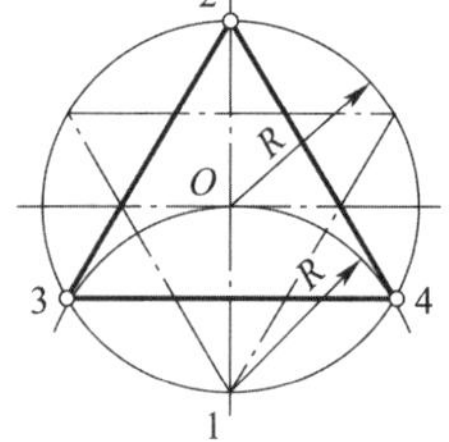

图 1-28　三等分圆周

(二)五等分圆周及作正五边形

如图 1-29 所示,平分半径 *OB* 得点 *M*,以 *M* 为圆心,以 *MC* 为半径画圆弧,与 *OA* 交于点 *N*,以 *CN* 为边长等分圆周得 *E*、*F*、*G*、*H* 点,各点依次连线即得正五边形。

五等分圆周及作正五边形

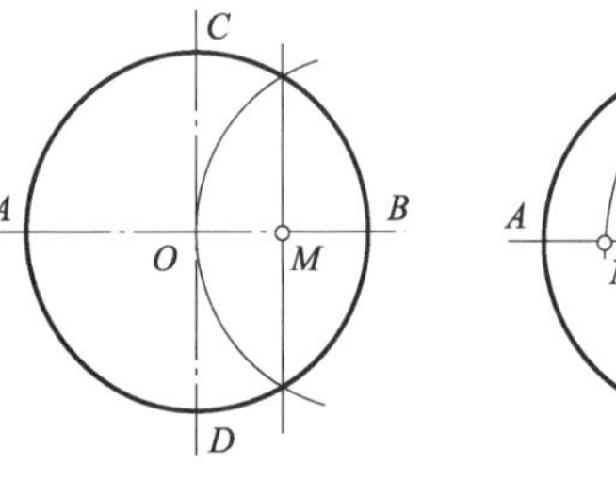

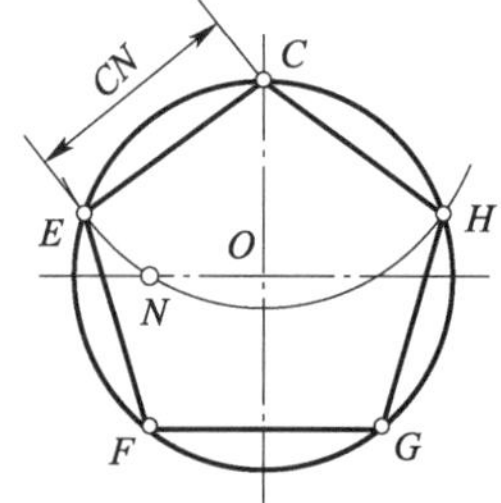

图 1-29　五等分圆周

(三)六等分圆周及作正六边形

六等分圆周及作正六边形

已知一半径为 *R* 的圆,六等分圆周及作正六边形。用圆规作图,分别以圆的直径两端 *A* 和 *D* 为圆心,以 *R* 为半径画弧交圆周于 *B*、*F*、*C*、*E* 点,依次连接 *A*、*B*、*C*、*D*、*E*、*F*、A,即得所求正六边形,如图 1-30a)所示;用 30°和 60°三角板与丁字尺配合,也可作圆内接正六边形或外切正六边形,如图 1-30b)所示。

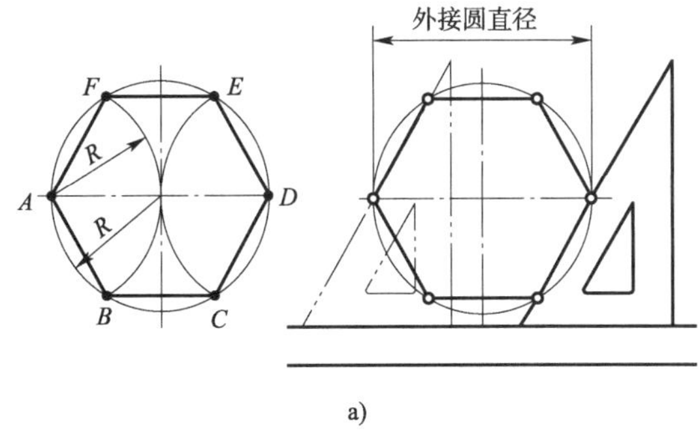

a)

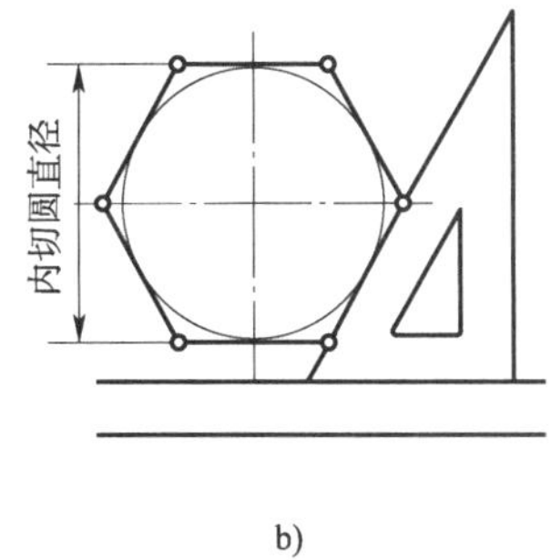

b)

图 1-30　六等分圆周

三、斜度与锥度

（一）斜度

斜度是指一条直线相对另一条直线或一个平面相对另一个平面的倾斜程度，如图 1-31a）所示，其大小用两直线（或平面）夹角 α 的正切来表示，通常以 $1:n$ 的形式标注，即 $\tan\alpha = BC:AB = H:L = 1:n$。

标注斜度时，在数字前应加注符号"∠"，符号"∠"的指向应与直线或平面倾斜的方向一致，如图 1-31b）所示，其中 h 为字高。

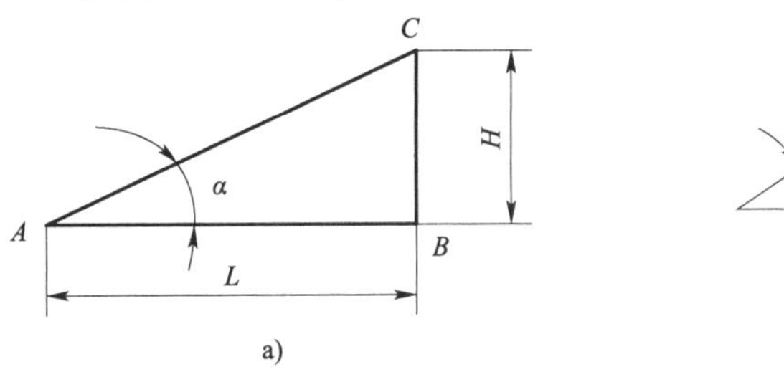

图 1-31　斜度的表示及符号

如图 1-32 所示，斜度为 1：6 的方斜垫圈的作图方法如下：

（1）过点 A 作 $CA \perp AB$，且 AC 为 10mm。

（2）以 A 为起点，以任意长为一个单位在 AB 上截取 6 个单位的等分点。

（3）以 6 点为起点作垂直方向的 1 个单位的等分点 1。

（4）连接 $A1$，作 $CD /\!/ A1$，即得所求斜度为 1：6 的斜线 CD。

方斜垫圈的斜度为 1：6，其作图方法及标注方法如图 1-32 所示。

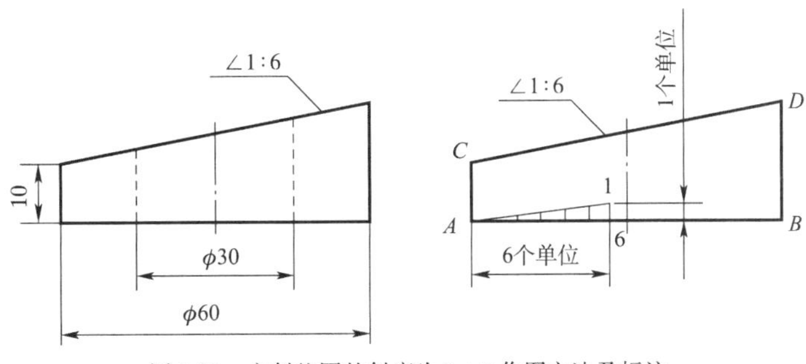

图 1-32　方斜垫圈的斜度为 1：6 作图方法及标注

(二)锥度

锥度是指正圆锥的底圆直径 D 与该圆锥高度 L 之比；而对于圆台，锥度为两底圆直径之差 D-d 与圆台高度 l 之比，即锥度 $=2\tan\alpha=D:L=(D-d):l=1:n$（其中，$\alpha$ 为 1/2 锥顶角），如图 1-33a)所示。

锥度在图样上的标注形式为 $1:n$，且在此之前加注符号“◁”，如图 1-33b)所示。符号尖端方向应与物体锥顶方向一致。

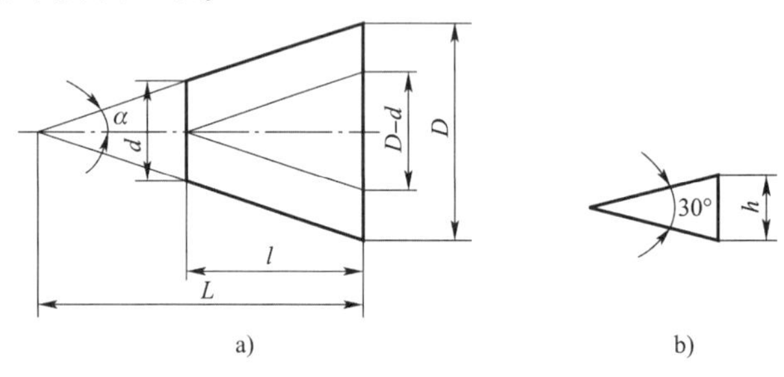

图 1-33　锥度的表示及符号

若要求作一锥度为 1 : 5 的圆台锥面，且已知底圆直径、圆台高度，则其作图方法及标注如图 1-34所示。以 D 为起点，以任意长为一个单位在 DC 上截取 5 个单位的等分点；再以 D 点为起点在竖直方向分别取半个等分点，连线得 1 : 5 的锥度线，分别过已知点 A、B 作 1 : 5 的锥度线的平行线，即得所求锥度为 1 : 5 的圆台锥面，标注方法如图 1-34 所示。

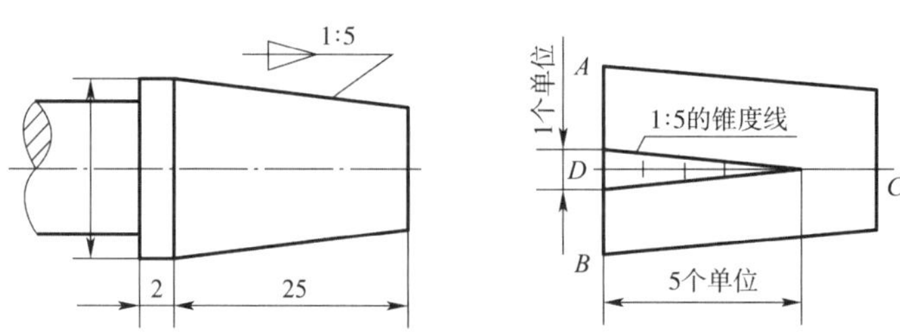

图 1-34　圆台锥面的锥度为 1 : 5 的作图方法及标注

四、圆弧连接

在工作和生活中，经常见到外部轮廓非常圆滑的零件，如图 1-35 所示。机械图样中的大多数图形也是由直线与圆弧、圆弧与圆弧连接而成的。用线段(圆弧或直线段)光滑连接两条已知线段(圆弧或直线段)称为圆弧连接。圆弧连接可以用圆弧连接两条已知直线、两已知圆弧或一条直线和一条圆弧，也可用直线连接两条圆弧，如图 1-36 所示。

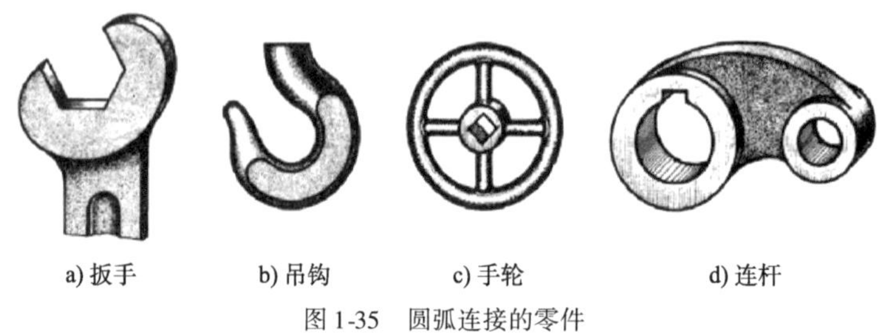

a) 扳手　b) 吊钩　c) 手轮　d) 连杆

图 1-35　圆弧连接的零件

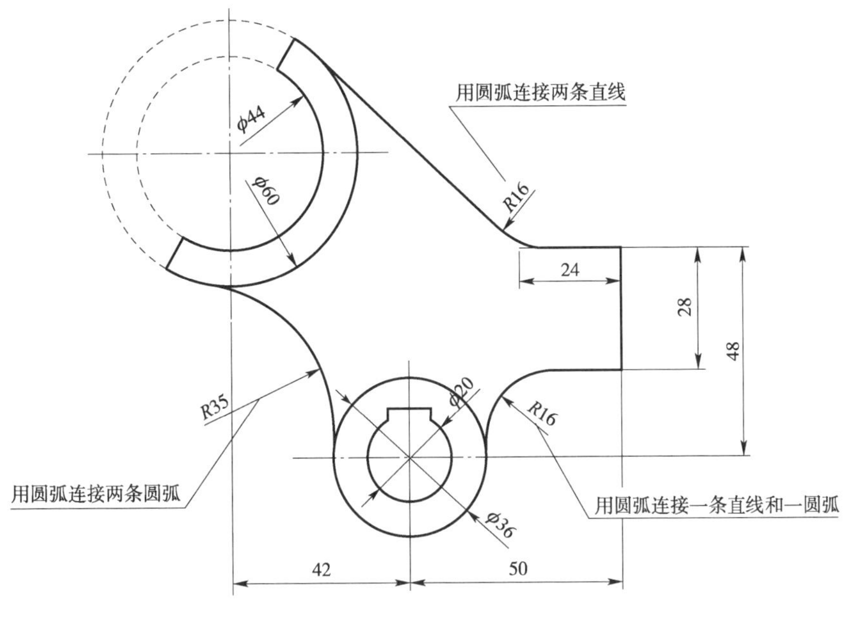

图 1-36　圆弧连接的分类

连接圆弧需要光滑连接已知直线或圆弧，光滑连接也就是要在连接点处相切。为了保证相切，必须准确地作出连接圆弧的圆心和切点。

(一)圆弧连接两条已知直线

用半径为 R 的连接圆弧，连接两条已知直线，作图过程如图 1-37 所示，其步骤为：

(1)求连接弧的圆心。作与两条已知直线分别相距 R 的平行线，交点 O 即为连接圆弧圆心。

(2)求连接弧的两个切点。从圆心 O 分别向两条直线作垂线，垂足 a、b 即为切点。

(3)以 O 为圆心、以 R 为半径，在 a、b 两个切点之间作圆弧，此圆弧即为所求的连接圆弧。

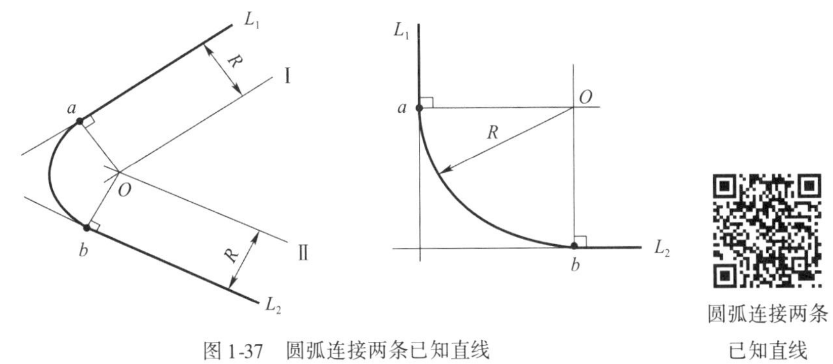

图 1-37　圆弧连接两条已知直线

(二)圆弧连接已知直线和圆弧

用半径为 R 的连接圆弧，连接半径为 R_1 的圆弧和直线 L，作图过程如图 1-38 所示，其步骤为：

圆弧连接已知直线和圆弧

(1)求连接弧的圆心。作直线 L 的平行线 L_1,两条平行线间的距离为 R。

(2)以 O_1 为圆心,以 $R+R_1$ 为半径画弧,与直线 L_1 交于点 O,点 O 即为连接弧 R 的圆心。

(3)求连接圆弧的两个切点。从点 O 向直线 L 作垂线,得垂足 a,连接两圆心 O、O_1,与已知圆弧交于点 b。点 a、b 即为所求的切点。

(4)以 O 为圆心,以 R 为半径作圆弧 ab,该弧即所求的连接圆弧。

(三)圆弧连接两已知圆弧

1. 外连接

外连接两相切圆弧的圆心在切点的两侧。确定连接圆弧的圆心时,利用已知圆弧的圆心作同心圆,半径相加,作图过程如图 1-39 所示,其步骤为:

两已知圆弧的外连接

(1)求连接圆弧的圆心。以 O_1 为圆心,以 $R+R_1$ 为半径画弧,以 O_2 为圆心,以 $R+R_2$ 为半径画弧,圆弧的交点 O 即为连接圆弧的圆心。

(2)求连接圆弧的两个切点。连接 O、O_1 交一圆弧于点 a,连接 O、O_2 交另一圆弧于点 b。点 a、b 即所求切点。

(3)以 O 为圆心,以 R 为半径画圆弧 ab,该弧即所求的连接圆弧。

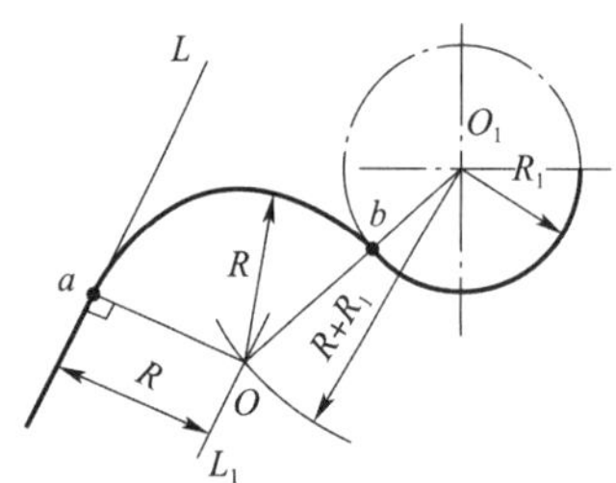

图 1-38　圆弧连接已知直线和圆弧

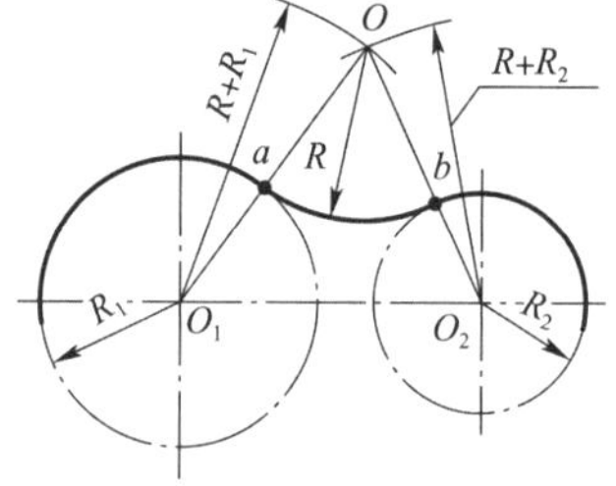

图 1-39　两已知圆弧的外连接

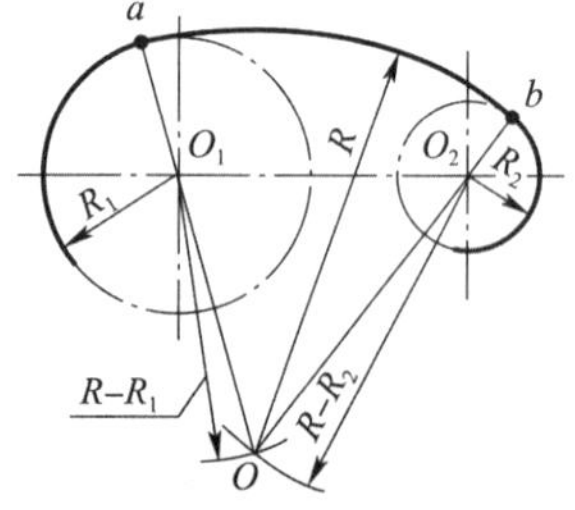

图 1-40　两已知圆弧的内连接

2. 内连接

内连接两相切圆弧的圆心在切点的同一侧。确定连接圆弧的圆心时,利用已知圆弧的圆心作同心圆,以连接圆弧的半径减去已知圆弧的半径作为半径,作图过程如图 1-40 所示,其步骤为:

(1)求连接弧的圆心。以 O_1 为圆心,以 $R\text{-}R_1$ 为半径画弧,以 O_2 为圆心,以 $R\text{-}R_2$ 为半径画弧,两圆弧的交点 O 即连接弧的圆心。

两已知圆弧的内连接

(2)求连接弧的两个切点。连接 O、O_1 并延长交一圆弧于点 a,连接 O、O_2 并延长交另一圆弧于点 b,点 a、b 即所求切点。

(3)以 O 为圆心,以 R 为半径画圆弧 ab,该弧即所求的连接圆弧。

第四节 平面图形的分析和绘制

平面图形是由一些几何图形和一些线段组成的，分析平面图形就是根据图形及其尺寸标注，分析各几何图形和线段的形状、大小以及它们之间的相对位置。

一、平面图形的尺寸分析

(一)尺寸基准

标注尺寸的起点，称为尺寸基准。分析尺寸时，首先要找到尺寸基准。通常以图形的对称轴线、较大圆的中心线、图形轮廓线作为尺寸基准。一个平面图形具有两个坐标方向的尺寸，每个方向至少要有一个尺寸基准。尺寸基准常常也是画图的基准。画图时，要从尺寸基准开始画，如图 1-41 所示。

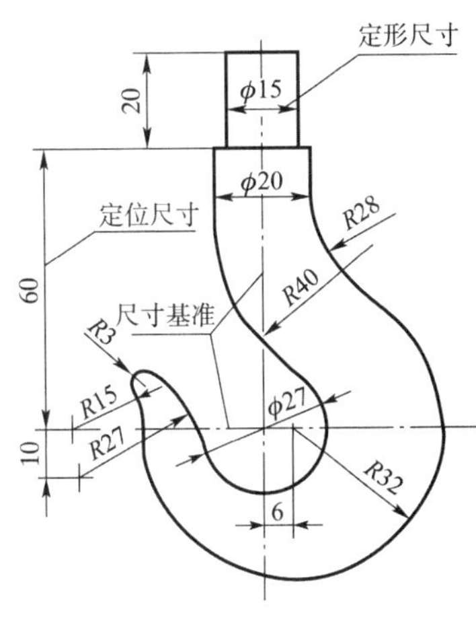

图 1-41 吊钩平面图形尺寸分析

(二)尺寸分类

根据尺寸的作用，平面图形中的尺寸可分为定形尺寸和定位尺寸两类。

1. 定形尺寸

确定平面图形中几何元素大小的尺寸称为定形尺寸，如圆的直径、圆弧的半径、直线的长度、角度的大小等，如图 1-41 中的 $\phi27$、$R32$ 等。

2. 定位尺寸

确定平面图形中几何元素间相对位置的尺寸称为定位尺寸，如圆心、封闭线框、线段等在平面图形中的位置尺寸，如图 1-41 中的 6mm、10mm、60mm。

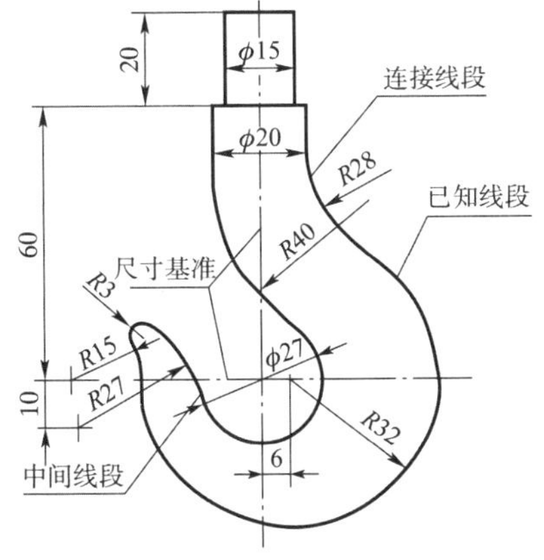

图 1-42 吊钩平面图形线段分析

二、平面图形的线段分析

根据图中所给定的尺寸，线段分为已知线段、中间线段、连接线段三类。

(一)已知线段

已知线段有足够的定形尺寸和定位尺寸，是能直接画出的线段，如图 1-42 中的线段 $\phi27$、$R32$ 等。

(二)中间线段

中间线段有定形尺寸，但缺少一个定位尺寸，必须依

吊钩平面图形的作图步骤

靠与其一端相邻线段的连接关系才能画出，如图 1-42 中的线段 $R15$、$R27$。

(三) 连接线段

连接线段只有定形尺寸，而无定位尺寸(或不标任何尺寸，如公切线)，也必须依靠其两端线段的连接关系才能确定画出，如图 1-42 中的线段 $R3$、$R28$、$R40$。

三、平面图形的绘图方法与步骤

一般从图形的基准线画起，再按已知线段、中间线段、连接线段的顺序作图。对圆弧来说，先画已知圆弧，再画中间圆弧，最后画连接圆弧。

以图 1-43 所示手柄为例，作图步骤如下：

(1) 画出图形的基准线，画出已知线段，如图 1-43a) 所示。

(2) 画中间线段。大圆弧 $R48$ 是中间圆弧，圆心位置尺寸只有一个垂直方向是已知的，水平方向位置根据圆弧 $R48$ 与圆弧 $R8$ 内切关系画出，如图 1-43b)、图 1-43c) 所示。

手柄的作图步骤

(3) 画连接线段。圆弧 $R40$ 只给出半径，但它通过中间矩形右端的一个顶点与圆弧 $R48$ 外切，所以它是连接线段，应最后画出，如图 1-43d)、图 1-43e) 所示。

(4) 校核作图过程，擦去多余的作图线，描深图形，如图 1-43f) 所示。

(5) 标注尺寸。标注尺寸要完整、清晰，遵守国家标准的规定。

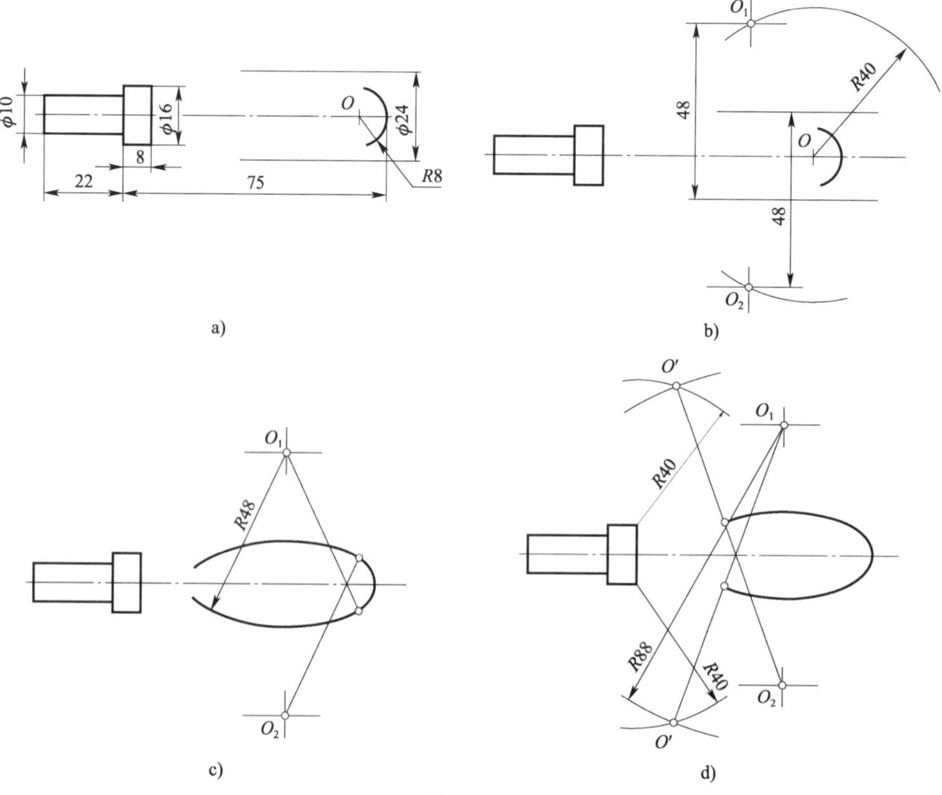

图 1-43

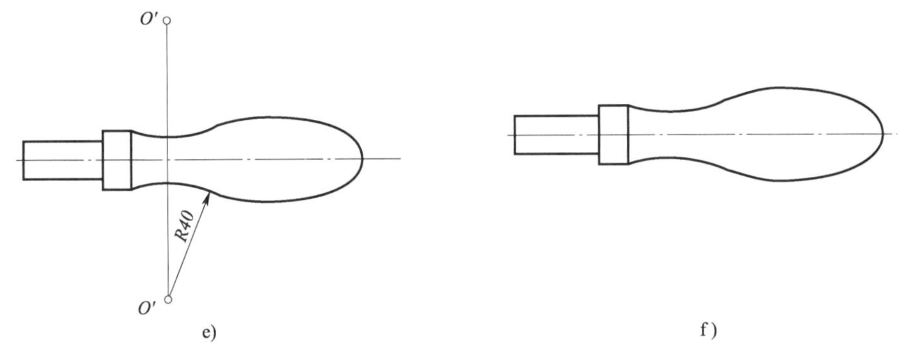

图 1-43　手柄的作图步骤

通过绘制图 1-44 所示示例来实际体会平面图形绘制的主要步骤,如图 1-45 所示。

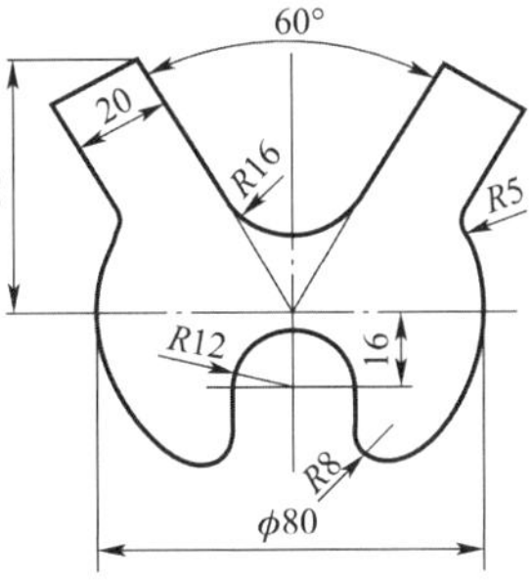

图 1-44　平面图形绘制示例

平面图形的绘制步骤

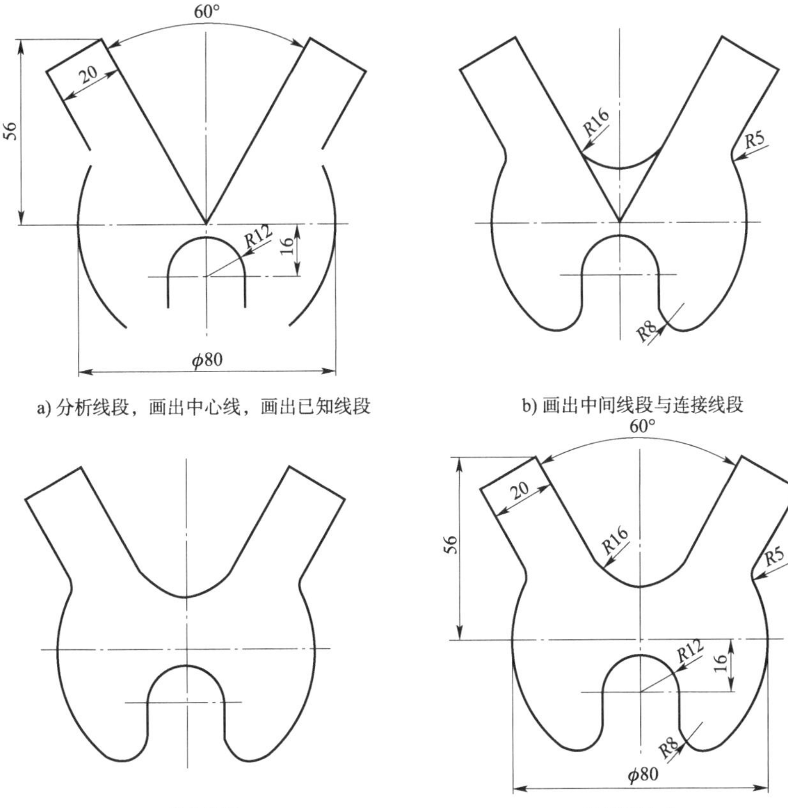

a) 分析线段，画出中心线，画出已知线段

b) 画出中间线段与连接线段

c) 检查描深

d) 标注尺寸

图 1-45　平面图形的绘制步骤

习题

一、填空题

1. 图纸的基本幅面代号有五种，最大的是________，最小的是________。

2. 比例是指图中________与________之比。图样上标注的尺寸应是机件的________尺寸，与所采用的比例及角度________关。1∶2 是________比例。

3. 图框线用________线绘制，可见轮廓线用________线绘制，不可见轮廓线用________线绘制，尺寸线、尺寸界线用________线绘制。

4. 标注尺寸时，以________为单位，一个尺寸只标注________次。一个完整的尺寸一般由________、________、________和尺寸终端组成。在标注同方向并联尺寸时，应遵循小尺寸标注在________，大尺寸标注在________的原则。

5. 尺寸按其作用可分为________尺寸和________尺寸。决定几何形状、大小的尺寸叫作________尺寸，决定几何体相对位置的尺寸叫作________尺寸。

6. 平面图形中的线段有________、________和________三种。

二、选择题

1. 标题栏位于图纸的（　　）。

A. 右上角　　B. 右下角　　C. 正中间　　D. 左下角

2. 比例为 1∶2 的图形长为 20mm，则实物长为（　　）。

A. 10mm　　B. 20mm　　C. 30mm　　D. 40mm

3. 某产品用放大一倍的比例绘图，在标题栏比例项中应填（　　）。

A. 放大一倍　　B. 1×2　　C. 2/1　　D. 2∶1

4. 标注球面尺寸的直径应在尺寸数字前面标注（　　）。

A. R　　B. SR　　C. ϕ　　D. Sϕ

5. 直径尺寸标注在圆内时其尺寸线必须经过（　　）。

A. 圆弧　　B. 圆心　　C. 外圆　　D. 内圆

6. 图样中书写汉字字体号数，即字体（　　）。

A. 宽度　　B. 高度　　C. 长度　　D. 厚度

7. 斜度符号是（　　）。

A.　　B. 　　C.　　D. ∠

8. 锥度符号是（　　）。

A. 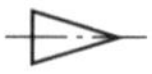　　B. 　　C. 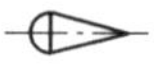　　D.

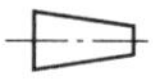

9. 作平面图形的顺序是（　　）。

A. 基准、已知线段、中间线段、连接线段

B. 已知线段、基准、连接线段、中间线段

C. 中间线段、基准、连接线段、已知线段

D. 中间线段、已知线段、连接线段、基准

10. 标注尺寸的起点，称为（　　）。

A. 尺寸基准　　B. 尺寸数字　　C. 尺寸符号　　D. 尺寸号码

三、判断题

1. 同一张图样上,同类图线的宽度应基本一致。（　　）
2. 不论用何种比例绘图,角度均按实际大小绘制。（　　）
3. 绘图铅笔中 B 级较硬,H 级较软。（　　）
4. 图样上所标注的尺寸数值、比例与作图的准确程度有关。（　　）
5. 标注直径时,必须加注“ϕ”符号,不得省略。（　　）
6. 标注尺寸时,各尺寸线应避免交叉或重叠。（　　）
7. 机械制图中,汉字的字体为长仿宋体。（　　）
8. 同一个机件如用不同的比例画出,其图形大小不同,但图上标注的尺寸数值相同。（　　）

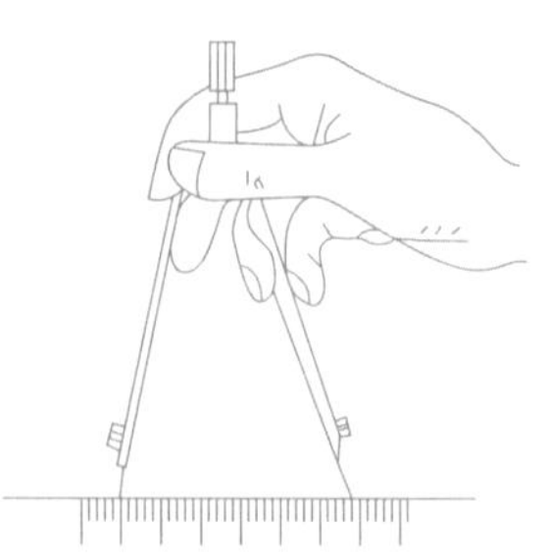

模块二
正投影法及三视图

学习目标

※ 知识目标

1. 掌握投影法的概念、分类和正投影的特性。
2. 掌握建立三投影面体系的方法，清楚三视图的形成过程。

※ 技能目标

1. 能正确应用投影规律画图。
2. 具备对立体表面几何元素进行投影分析的能力。

※ 素养目标

1. 培养空间想象能力，领略空间想象的奇妙，激发对科学技术的好奇心与求知欲。
2. 培养学习兴趣，形成积极主动的学习态度，保持健康的身心状态和积极乐观的生活、学习态度。

在机械产品的设计、制造过程中，一般用图样来表达机器的零部件结构形状。这些图样都是按照不同的投影方法绘制出来的，机械图样是采用正投影方法绘制的。本模块主要介绍投影法的基本知识、物体的三视图以及组成物体的基本几何元素——点、线、面的投影特性和投影规律。

第一节 投影法概述

投影法中的
马克思主义辩证法

投影是指物体在光线照射下将其形状投射到一个平面上。该平面上得到的影像也称为物体的“投影”，如图 2-1 所示。

投影法是指投射线通过物体向选定的面投射，并在该面上得到图形的方法。

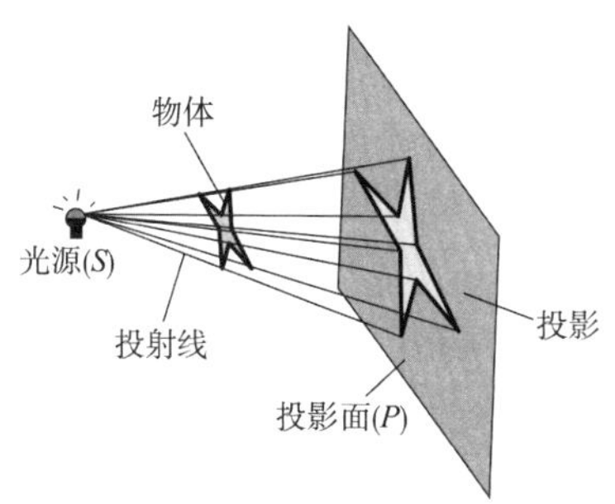

图 2-1　光线照射下的物体的投影

一、投影法的分类

按照投射线相互之间的关系和投影面方向的不同，可以将投影法分为中心投影法（投影线从同一点出发的投影）和平行投影法（投影线相互平行的投影）。平行投影法又包括正投影法[图 2-2a）]和斜投影法[图 2-2b）]。

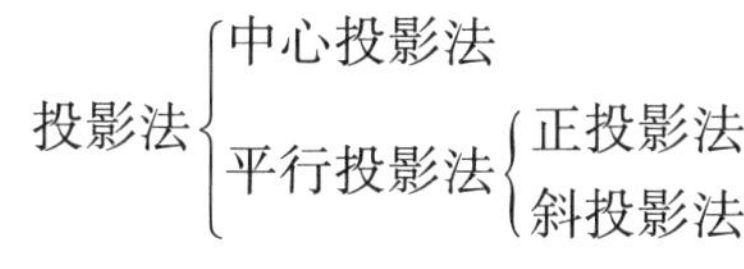

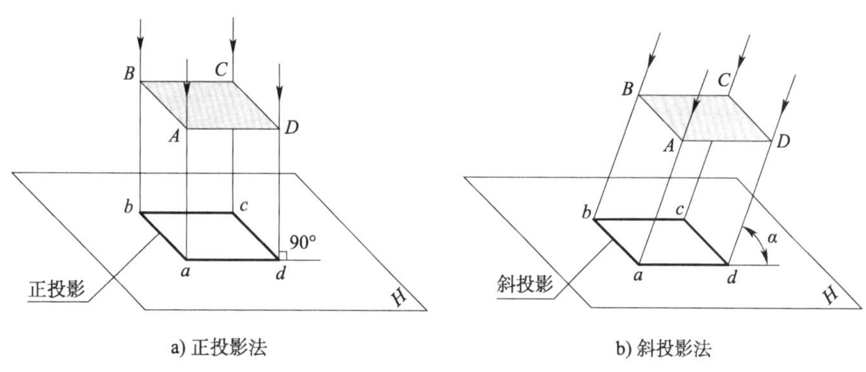

a) 正投影法　　b) 斜投影法

图 2-2　平行投影法

（1）正投影法：平行投射线与投影面垂直，称为正投影法。

（2）斜投影法：平行投射线与投影面倾斜，称为斜投影法。

二、正投影的基本性质

（一）真实性

当物体上的直线或平面与投影面平行时，投影反映实长或实形，如图 2-3 所示。

（二）积聚性

当物体上的直线或平面与投影面垂直时，在投影面上的投影积聚为一点或一条直线，如图 2-4 所示。

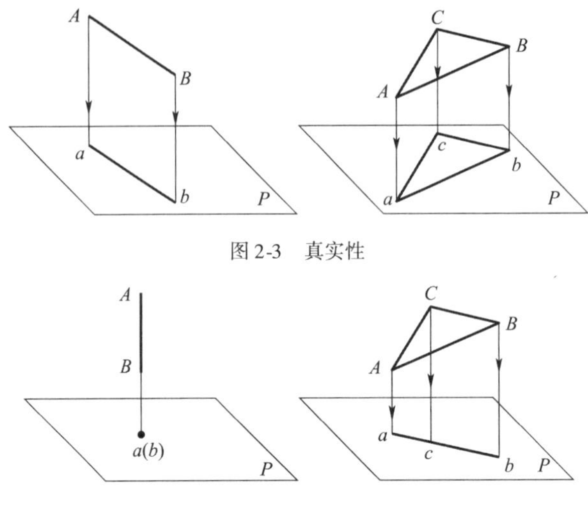

图 2-3　真实性

图 2-4　积聚性

(三)类似性

当物体上的直线或平面与投影面倾斜时,其投影的长度缩短或面积变小,但投影的形状仍与原来的形状类似,如图 2-5 所示。

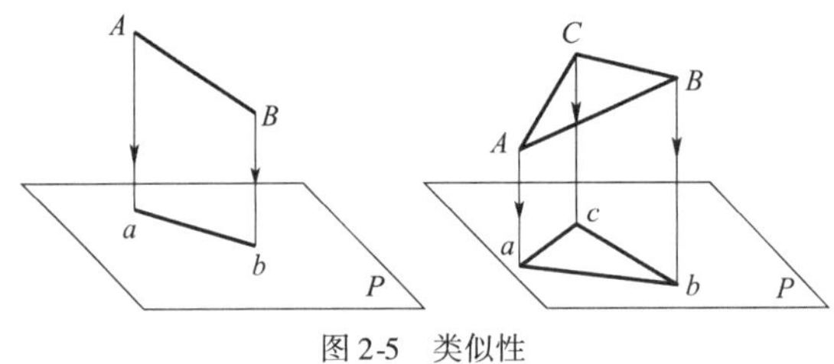

图 2-5　类似性

第二节　三视图的形成及其投影规律

一、三投影面体系

一般情况下,用正投影法得到的单面投影是不能完全、准确地表达物体的全部形状和结构的。如图 2-6 所示,三个不同结构的物体的单面投影相同。因此,通常把物体放在三个互相垂直的平面所组成的投影面体系中,从三个不同方向向三个投影面投射。由这三个互相垂直的平面所组成的投影面体系称为三投影面体系,如图 2-7 所示,具体如下:

(1)正立放置的 *V* 面,称为正立投影面,简称正立面。

三视图与《中国制造 2025》

(2)水平放置的 *H* 面,称为水平投影面,简称水平面。

(3)侧立放置的 *W* 面,称为侧立投影面,简称侧立面。

三投影轴的交点 O 称为投影轴原点,投影面的交线称为投影轴,即 OX、OY、OZ:

(1)*OX* 轴。*V* 面和 *H* 面的交线,代表长度方向。

(2) *OY* 轴。*H* 面和 *W* 面的交线,代表宽度方向。

(3) *OZ* 轴。*V* 面和 *W* 面的交线,代表高度方向。

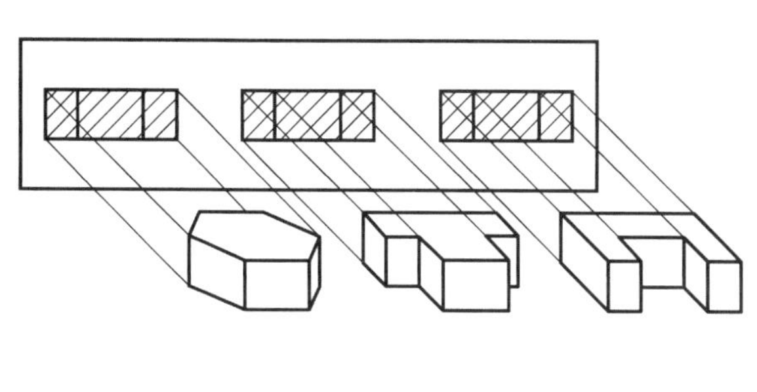

图 2-6　单面投影

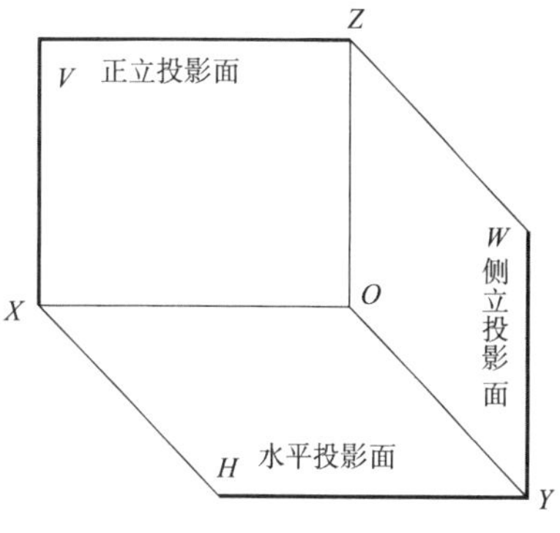

图 2-7　三投影面体系

二、三视图的形成

将物体放在三投影面体系中,物体的位置处在人与投影面之间,然后将物体对各个投影面进行投影,得到三个视图,这样才能把物体的长、宽、高三个方向,上下、左右、前后六个方位的形状表达出来,如图 2-8a)所示。

(1)主视图:从前往后投影,在正立投影面(*V* 面)上所得到的视图。

(2)俯视图:从上往下投影,在水平投影面(*H* 面)上所得到的视图。

(3)左视图:从左往右投影,在侧立投影面(*W* 面)上所得到的视图。

在实际作图中,为了画图方便,需要将三个投影面在一个平面(纸面)上表示出来。

规定:正立投影面不动,将水平投影面绕 *OX* 轴向下旋转 90°,将侧立投影面绕 *OZ* 轴向右旋转 90°,如图 2-8b)所示,分别重合到正立投影面上,如图 2-8c)所示。注意:水平投影面和侧立投影面旋转时,*OY* 轴被分为两部分,分别用 *OYH*(在 *H* 面上)和 *OYW*(在 *W* 面上)表示。投影的大小与视图无关,故以后画图时,不必画出投影面的范围,这样可使三视图更加清晰,如图 2-8d)所示。

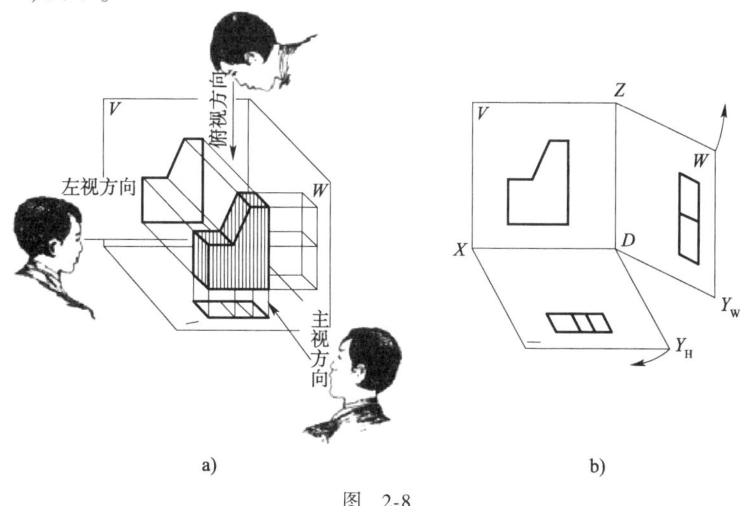

a)　　b)

图　2-8

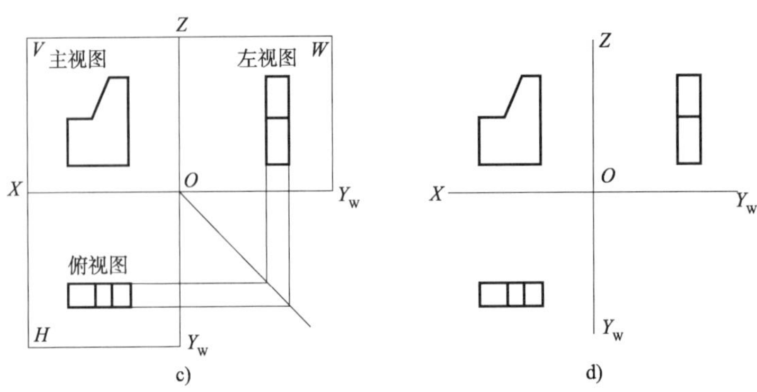

图 2-8　三视图的形成

三、三视图的方位关系

物体有长、宽、高三个方向的尺寸，有上下、左右、前后六个方位关系，如图 2-9a）所示。六个方位在三视图中的对应关系如图 2-9b）所示，具体如下：

（1）主视图反映了物体上、下、左、右四个方位关系。

（2）俯视图反映了物体前、后、左、右四个方位关系。

（3）左视图反映了物体上、下、前、后四个方位关系。

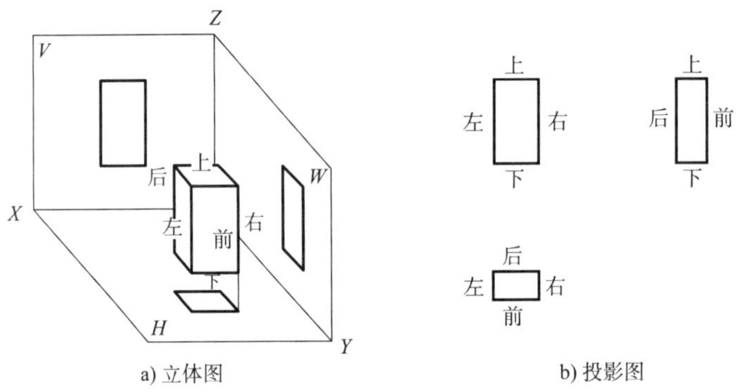

图 2-9　三视图的方位关系

四、三视图的投影规律

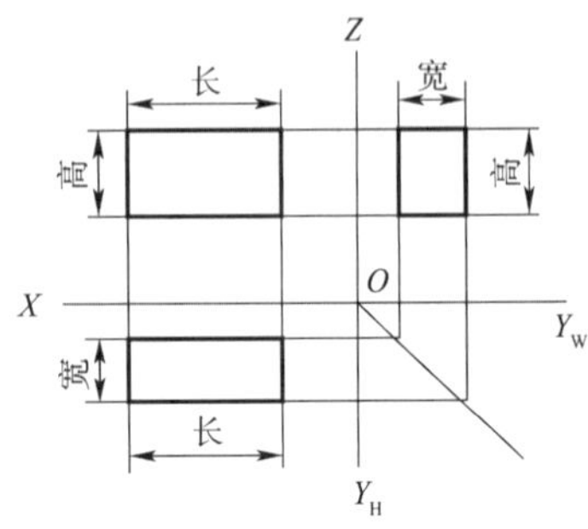

图 2-10　三视图的投影规律

从图 2-10 可以看出，一个视图只能反映两个方向的尺寸。由此可以归纳出三视图的投影规律：

（1）主视图、俯视图“长对正”（等长）。

（2）主视图、左视图“高平齐”（等高）。

（3）俯视图、左视图“宽相等”（等宽）。

三视图的投影规律反映了三视图的重要特性，也是画图和读图的依据。无论是整个物体还是物体的局部，其三面投影都必须符合这一规律。

第三节　立体表面几何元素投影分析

点、线、面是构成空间形体的立体表面几何元素,点是最小的元素。

一、点的投影

人生如同点的投影

(一)点的三面投影规律

点的投影仍为点,且空间点在一个投影面上有唯一的投影。

在三投影面体系中,过空间点 A 分别向 H、V、W 三个投影面投射,得到点 A 的三个投影 a、a'、a'',分别称为点 A 的水平投影、正面投影和侧面投影。空间点及其投影的标记规定为:空间点用大写拉丁字母表示,如 A、B、C……水平投影用相应的小写字母表示,如 a、b、c……;正面投影用相应的小写字母加一撇表示,如 a'、b'、c'……侧面投影用相应的小写字母加两撇表示,如 a''、b''、c''……点的三面投影如图 2-11a)所示。

如图 2-11b)所示,将投影面展开后,点的三个投影在同一平面内,得到点的三面投影图。注意:投影面展开后,同一条 OY 轴旋转后出现了两个位置。

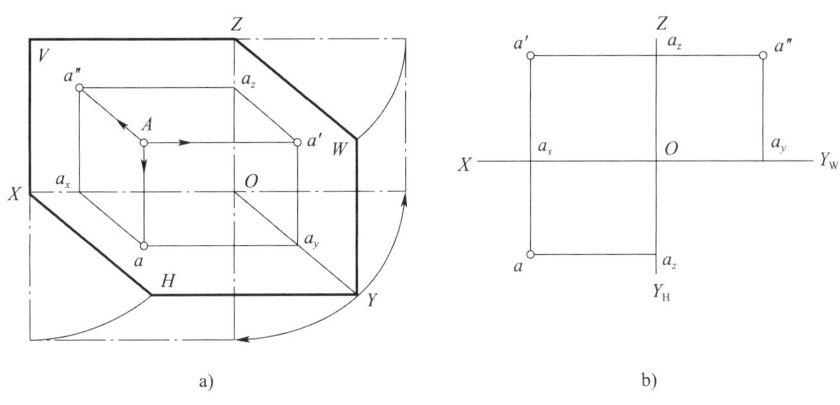

图 2-11　点的三面投影

由于投影面相互垂直,所以三投影线也相互垂直,可得出点在三投影面体系中的投影规律:

(1)点的正面投影和水平投影的连线垂直于 OX 轴,即 $a'a \perp OX$。

(2)点的正面投影和侧面投影的连线垂直于 OZ 轴,即 $a'a'' \perp OZ$。

(3)点的水平投影到 OX 轴的距离等于点的侧面投影到 OZ 轴的距离,即 $aaX = a''aZ$。可以用过原点且与水平方向成 45°角的直线反映该关系。

(二)点的直角坐标

如果把三投影面体系看作一个直角坐标系,把投影面 H、V、W 作为坐标面,投影轴 X、Y、Z 作为坐标轴,则点 A 的直角坐标(x、y、z)便是 A 点分别到 W、V、H 面的距离。点的每一个投影由其中的两个坐标决定:V 面投影 a' 由 XA 和 ZA 确定,H 面投影 a 由 XA 和 ZA 确定,W

面投影 a''由 YA 和 ZA 确定。点的任意两个投影包含了点的三个坐标，因此根据点的三个坐标值以及点的投影规律，就能作出该点的三面投影图，也可以由点的两面投影补画出点的第三面投影，如图 2-12 所示。

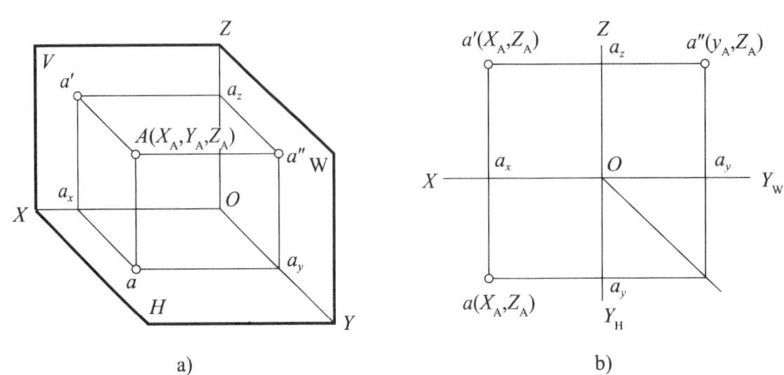

图 2-12　点的两面投影求第三投影

例 2-1　已知空间点 A 的坐标(15,10,20)，求作点 A 的三面投影。

解：(1)画出投影轴，并标出相应的符号，如图 2-13a)所示。

(2)从原点 O 沿 OX 轴向左量取 $x=15$，得 ax；然后过 ax 作 OX 的垂线，由 ax 沿该垂线向下量取 $y=10$，即得点 A 的水平投影 a；向上量取 $z=20$，即得点 A 的正面投影 a'，如图 2-13b)。

(3)由 a,a'作出 a''，如图 2-13c)所示。

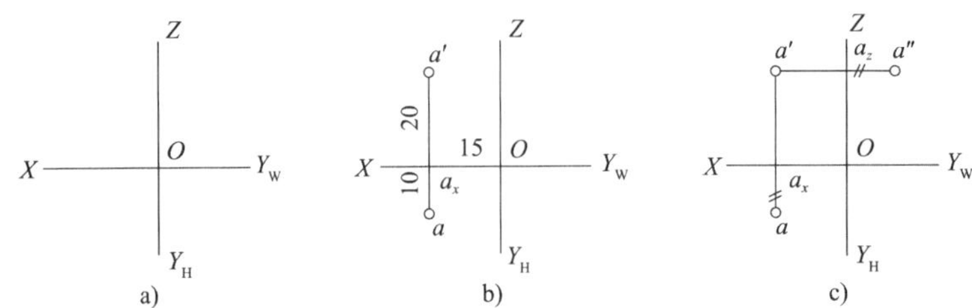

图 2-13　已知点的坐标作投影图

(三)两点的相对位置与重影点

1. 两点的相对位置

两点的相对位置是指空间两点的上、下、前、后、左、右的位置关系。这种位置关系可以通过两点的同面投影的相对位置或坐标的大小来判断，如图 2-14 所示。

(1)两点的左、右位置由 X 坐标差确定，X 坐标值大者在左，故点 A 在点 B 的右面。

(2)两点的前、后位置由 Y 坐标差确定，Y 坐标值大者在前，故点 A 在点 B 的后面。

(3)两点的上、下位置由 Z 坐标差确定，Z 坐标值大者在上，故点 A 在点 B 的上面。

2. 重影点

当空间两点处在同一投射线上时，它们在与该投射线垂直的投影面上的投影将相互重合，这样的投影称为两点在该投影面上的重影点。如图 2-15 所示，C、D 两点同时向 H 面投影时,其投影将相互重合,即 $c(d)$ 为一对重影点。

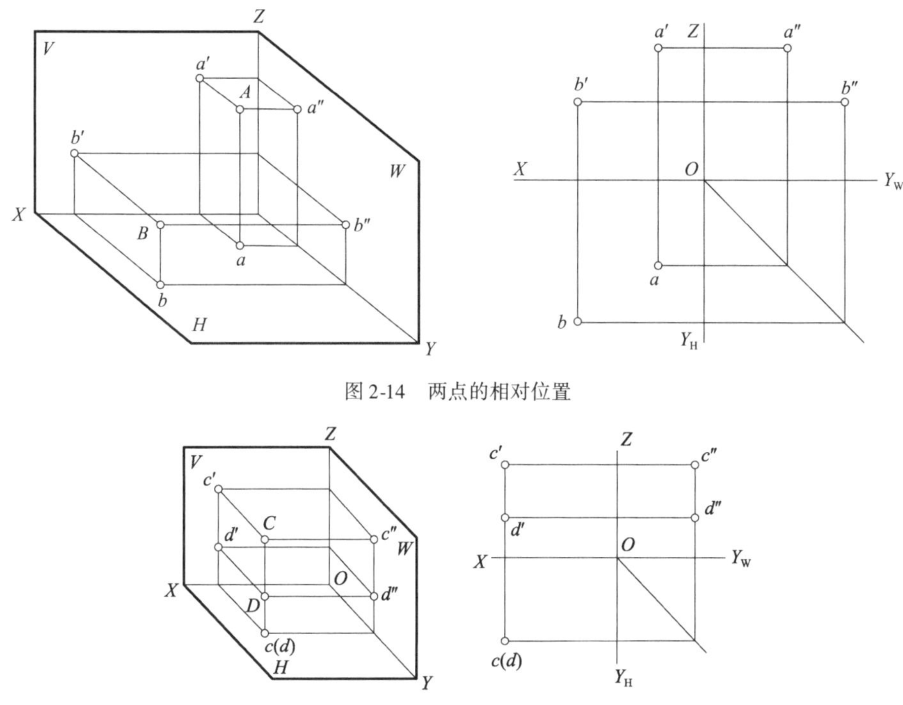

图 2-14　两点的相对位置

图 2-15　重影点

两点在某一投影面上的投影重合后,即产生了可见性的问题。在某投影面上重影的两点中,距离该投影面较远的点为可见,而距离该投影面较近的点为不可见。也可以说,比较两点在该投影面内所不能够反映的那一个坐标值的大小,坐标值大者为可见,坐标值小者为不可见。图 2-15 中,C、D 两点在 H 面上的投影 $c(d)$ 为一对重影点,因为 C 点较 D 点距 H 面远,因此 c 可见,d 不可见。一般把不可见的投影加一括号,如(d)。

二、直线的投影

(一)直线对一个投影面的投影特性

直线对单一投影面的投影特性取决于直线与投影面的相对位置,如图 2-16 所示。

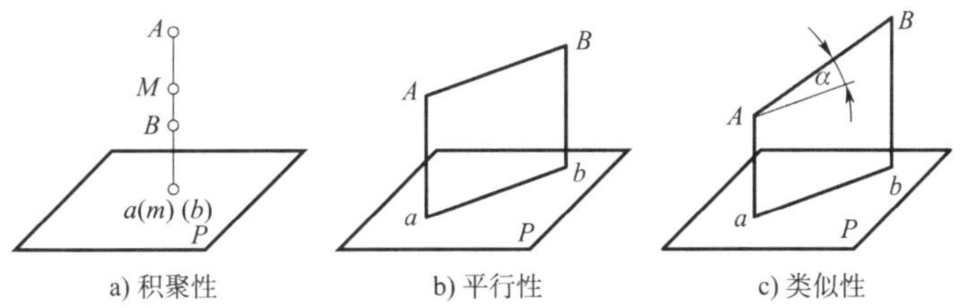

a) 积聚性　　b) 平行性　　c) 类似性

图 2-16　直线对一个投影面的投影特性

1. 积聚性

直线垂直于投影面时,其投影积聚为一点,表现出积聚性,如图 2-16a)所示。

2. 真实性

直线平行于投影面时，其投影仍为直线，且投影长度等于实长，表现出真实性，如图 2-16b）所示。

3. 类似性

直线倾斜（既不平行，也不垂直）于投影面时，其投影仍为直线，且投影长度小于实长，表现出类似性，如图 2-16c）所示。

（二）直线三面投影的形成

直线的投影一般仍为直线，两点可以唯一确定一条直线，所以在绘制直线的投影图时，只要作出直线上任意两点的投影，然后连接这两点的同面投影，即可得到直线的三面投影图。如图 2-17a）所示，分别作直线 *AB* 两端点 *A*、*B* 点在三个投影面上的投影，将 *A*、*B* 两点的同名投影分别相连，即可得到直线的投影。展开后的直线三面投影如图 2-17b）所示。

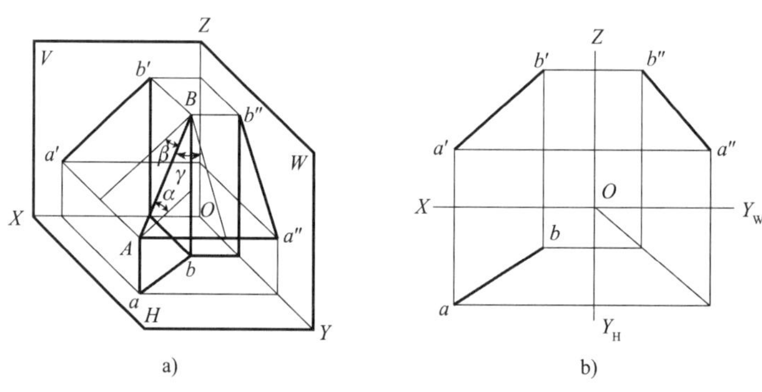

图 2-17　直线投影的形成

（三）各种位置直线的投影特性

空间直线相对于一个投影面有平行、垂直、倾斜三种位置。根据相对于投影面的位置不同，直线分为投影面平行线、投影面垂直线、一般位置直线三种。

1. 投影面平行线

平行于一个投影面，倾斜于另外两个投影面的直线称为投影面平行线。投影面平行线可分为水平线、正平线、侧平线。

（1）水平线。平行于 *H* 面，同时与 *V* 面、*W* 面倾斜的直线。

（2）正平线。平行于 *V* 面，同时与 *H* 面、*W* 面倾斜的直线。

（3）侧平线。平行于 *W* 面，同时与 *H* 面、*V* 面倾斜的直线。

根据表 2-1 可概括出投影面平行线的投影特性：

（1）投影面平行线在其所平行的投影面上的投影，反映实长；它与投影轴的夹角分别反映直线对另外两个投影面的夹角。

（2）在另外两个投影面上的投影，分别平行于相应的投影轴。

投影面平行线的投影特性　　表 2-1

名称	立体图	投影图	投影特性
水平线	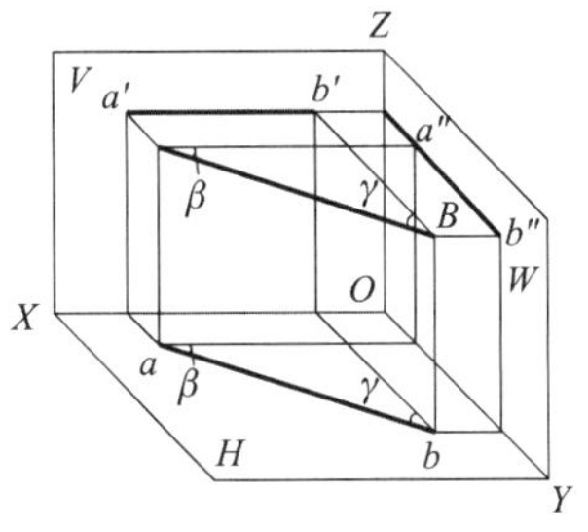	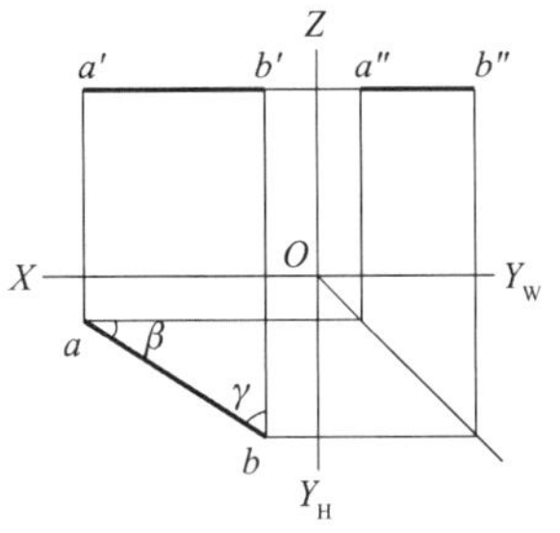	(1)水平投影 ab 反映实长，并反映倾角 β 和 γ。 (2)正面投影 $a'b'$ // OX 轴，侧面投影 $a''b''$ // OY_W 轴
正平线	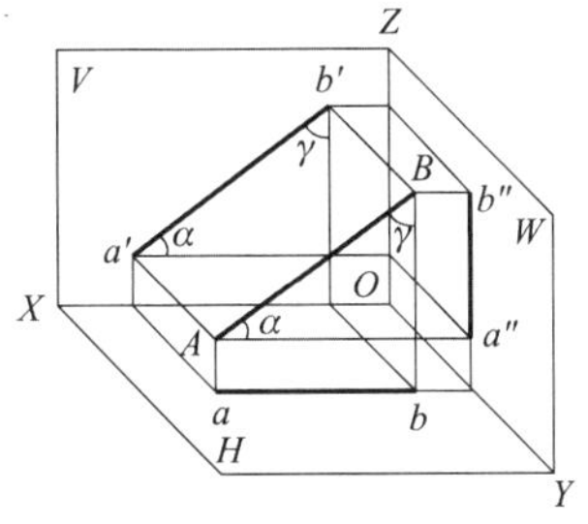	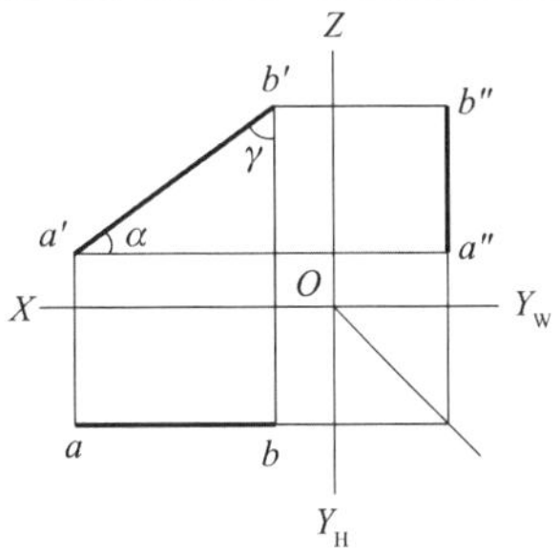	(1)正面投影 $a'b'$ 反映实长,并反映倾角 α 和 γ。 (2)水平投影 ab//OX 轴,侧面投影 $a''b''$//OZ 轴
侧平线	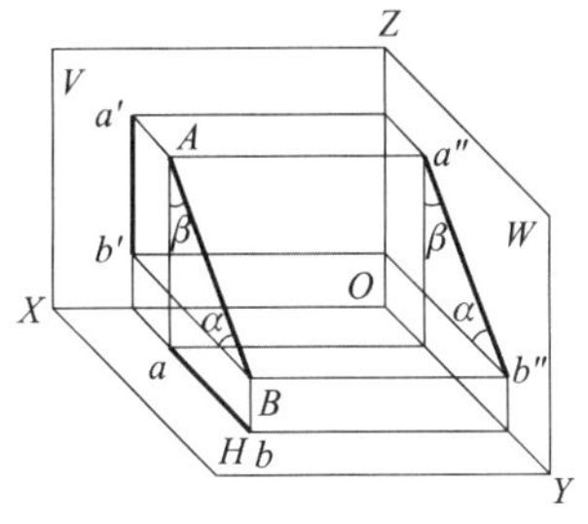	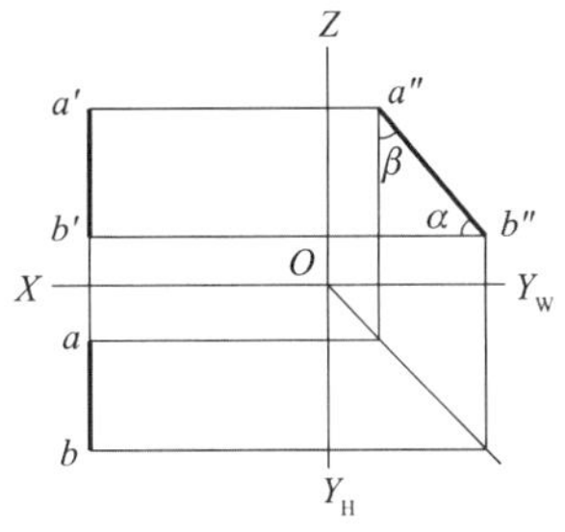	(1)侧面投影 $a''b''$ 反映实长,并反映倾角 α 和 β。 (2)正面投影 $a'b'$ // OZ 轴，水平投影 ab// OY_H 轴

2. 投影面垂直线

垂直于某一投影面而与另外两个投影面平行的直线称为投影面垂直线。投影面垂直线可分为铅垂线、正垂线、侧垂线。

(1)铅垂线。垂直于 H 面,同时平行于 V 面、W 面的直线。

(2)正垂线。垂直于 V 面,同时平行于 H 面、W 面的直线。

(3)侧垂线。垂直于 W 面,同时平行于 H 面、V 面的直线。

根据表 2-2 可概括出投影面垂直线的投影特性:

(1)投影面垂直线在其所垂直的投影面上的投影,积聚成一点。

(2)在另外两个投影面上的投影,分别垂直于相应的投影轴,且反映实长。

3. 一般位置直线

相对三个投影面都倾斜的直线被称为一般位置直线,如图 2-17 所示,其投影特性如下:

(1)三面投影都倾斜于投影轴。

(2)投影长度均比实长短,具有类似性。

投影面垂直线的投影特性 表 2-2

名称	立体图	投影图	投影特性
铅垂线			(1)水平投影积聚成一点 $a(b)$。 (2)正面投影 $a'b' \perp OX$ 轴，侧面投影 $a''b'' \perp OY_W$ 轴，且均反映实长
正垂线			(1)正面投影积聚成一点 $a'(b')$。 (2)水平投影 $ab \perp OX$ 轴，侧面投影 $a''b'' \perp OZ$ 轴，且均反映实长
侧垂线			(1)侧面投影积聚成一点 $a''(b'')$。 (2)正面投影 $a'b' \perp OZ$ 轴，水平投影 $ab \perp /OY_H$ 轴，且均反映实长

(四)直线上的点

如图 2-18 所示，直线与其上的点有如下关系：

(1)点在直线上，则点的投影必定在直线的同面投影上。

(2)点在直线上，则点分割线段之比等于其投影之比，即 $ac : cb = a'c' : c'b' = a''c'' : c''b'' = AC : CB$。

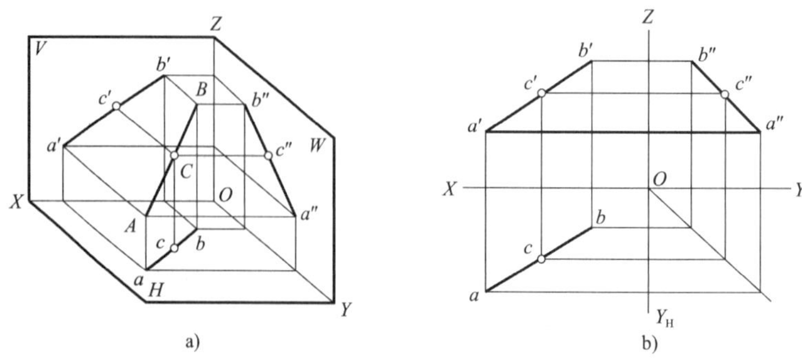

图 2-18 直线上的点

(五)两直线的相对位置

空间中两直线的相对位置有三种:平行、相交和交叉(异面)。两直线的相对位置投影特性见表 2-3。

两直线的相对位置投影特性　　　　表 2-3

名称	立体图	投影图	投影特性
平行两直线	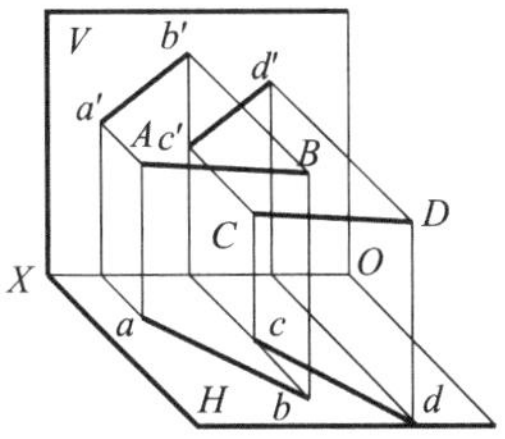	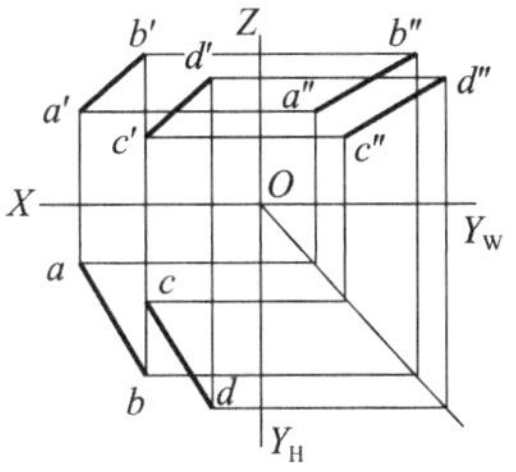	平行两直线的同面投影分别相互平行,且具有定比性
相交两直线	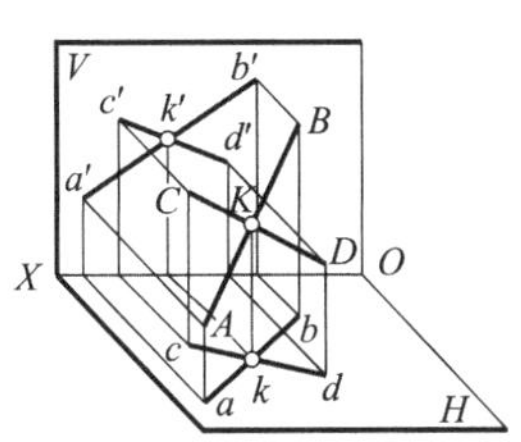	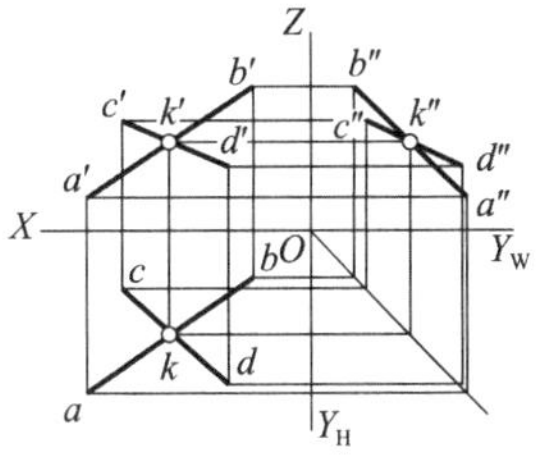	相交两直线的同面投影分别相交,且交点符合点的投影规律
交叉两直线	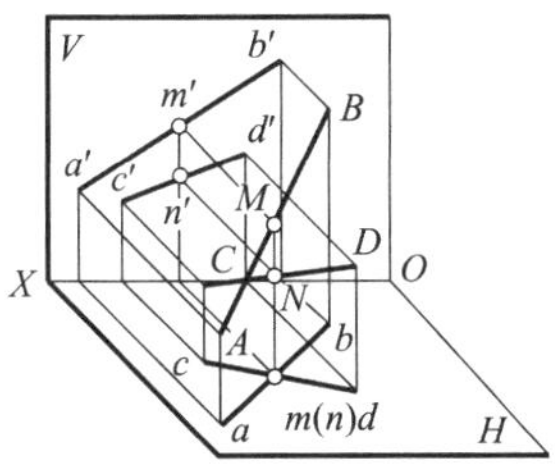	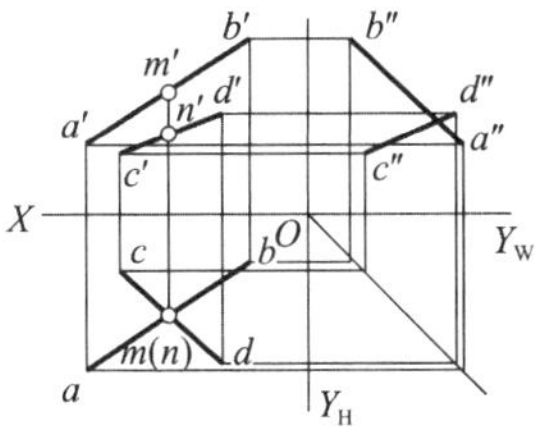	交叉两直线的同面投影既不符合平行两直线的投影特性,又不符合相交两直线的投影特性

三、平面的投影

(一)平面投影的表示方法

平面通常用确定该平面的点、直线或平面图形等几何元素的投影表示,常用以下五种表示方法:

(1)不在同一直线上的 3 个点,如图 2-19a)所示。

(2)一直线和直线外一点,如图 2-19b)所示。

(3)两相交直线,如图 2-19c)所示。

(4)两平行直线,如图 2-19d)所示。

(5)平面几何图形,如图 2-19e)所示,常用的有三角形、四边形、圆等。

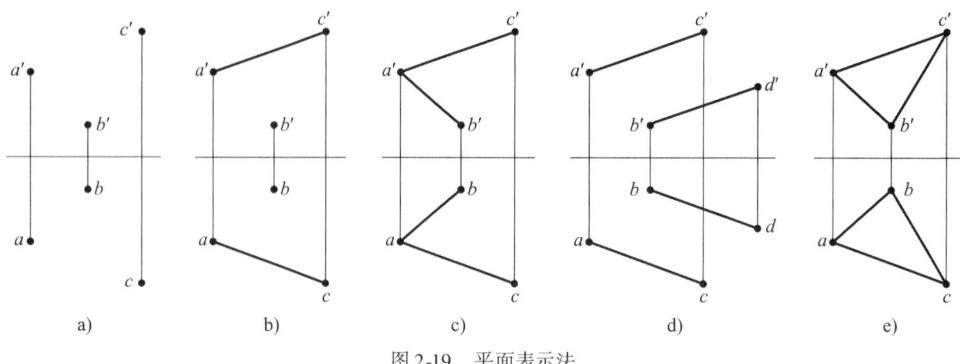

图 2-19　平面表示法

(二)平面对一个投影面的投影特性

平面对一个投影面的投影有三种特性,如图 2-20 所示。

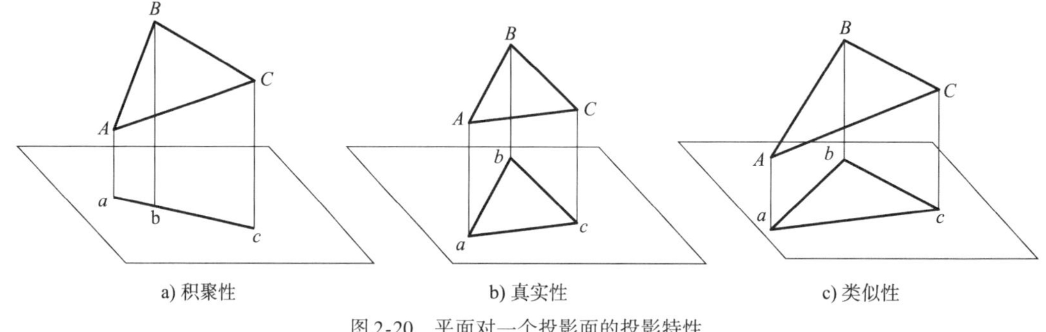

图 2-20　平面对一个投影面的投影特性

1. 积聚性

平面垂直于投影面时,其投影积聚为一条直线,反映了正投影的积聚性,如图 2-20a)所示。

2. 真实性

平面平行于投影面时,其投影反映其真实形状、大小,反映了正投影的真实性,如图 2-20b)所示。

3. 类似性

平面倾斜(既不平行,也不垂直)于投影面时,其投影为一个比原图形缩小的类似图形,反映了正投影的类似性,如图 2-20c)所示。

(三)各种位置平面的投影特性

平面相对于投影面的位置有平行于投影面、垂直于投影面、倾斜于投影面三种情况。

1. 投影面平行面

平行于一个投影面而与另外两个投影面垂直的平面称为投影面平行面。投影面平行面可分为水平面、正平面、侧平面。

(1)水平面。平行于 H 面,并与 V 面、W 面倾斜的平面。

(2)正平面。平行于 V 面,并与 V 面、W 面倾斜的平面。

(3)侧平面。平行于 W 面,并与 V 面、W 面倾斜的平面。

根据表 2-4 可概括出投影面平行面的投影特性。

投影面平行面的投影特性　　表 2-4

名称	立体图	投影图	投影特性
水平面	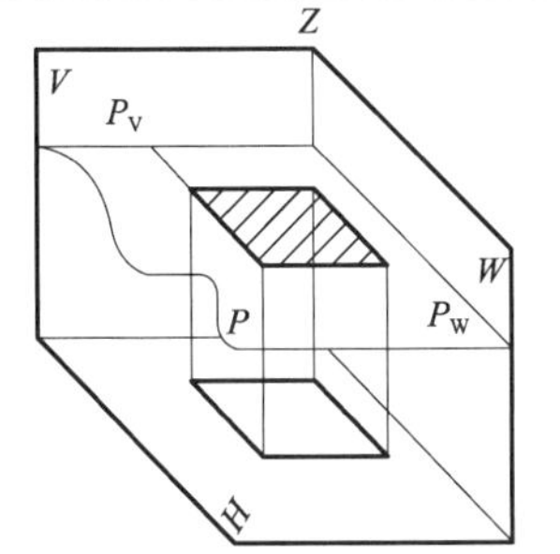	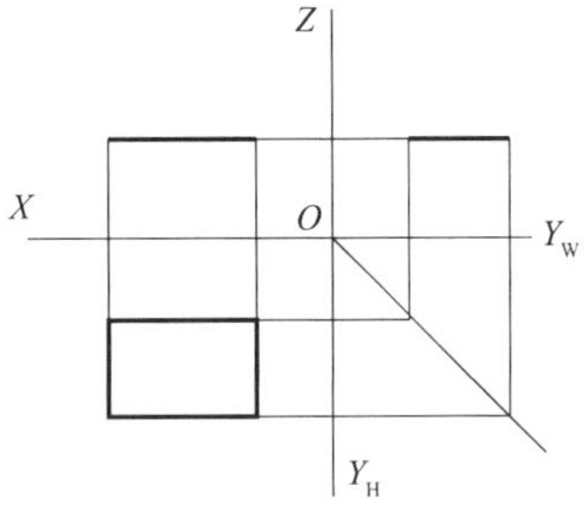	(1)水平投影反映实形。 (2)正面投影积聚成直线,且平行于 OX 轴。 (3)侧面投影积聚成直线,且平行于 OY_W 轴
正平面	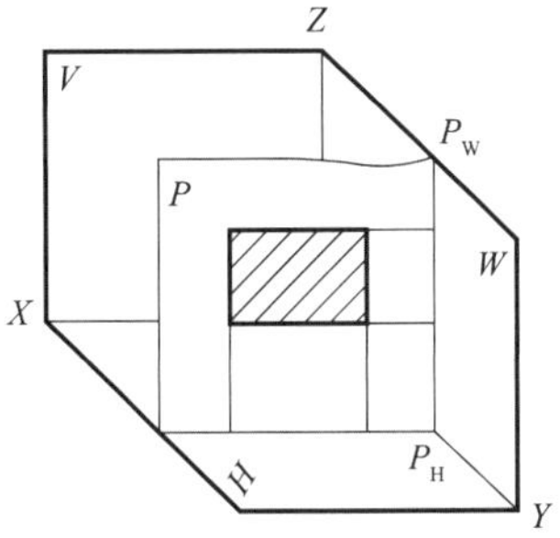	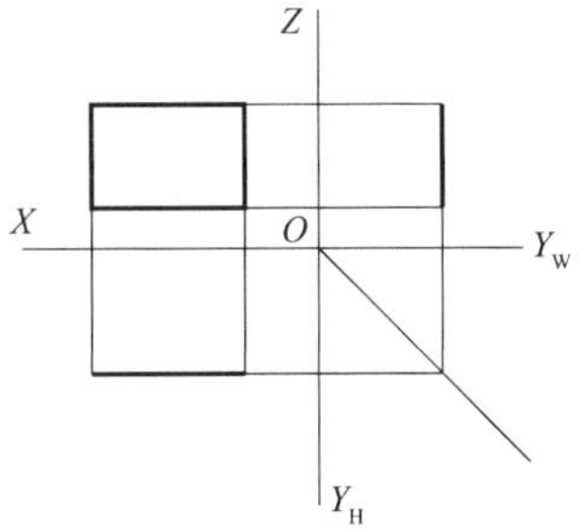	(1)正面投影反映实形。 (2)水平投影积聚成直线,且平行于 OX 轴。 (3)侧面投影积聚成直线,且平行于 OY_Z 轴
侧平面	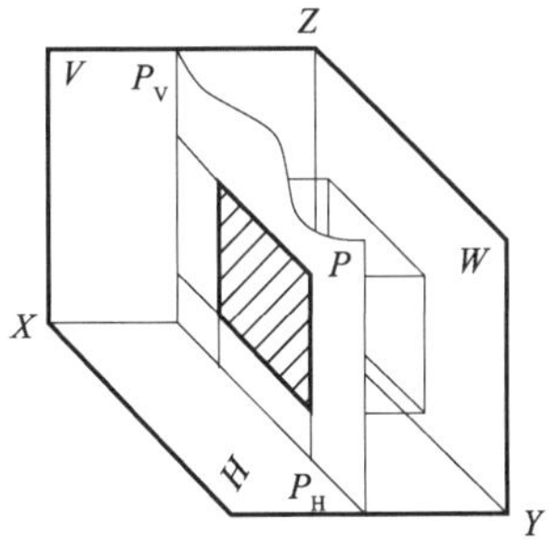	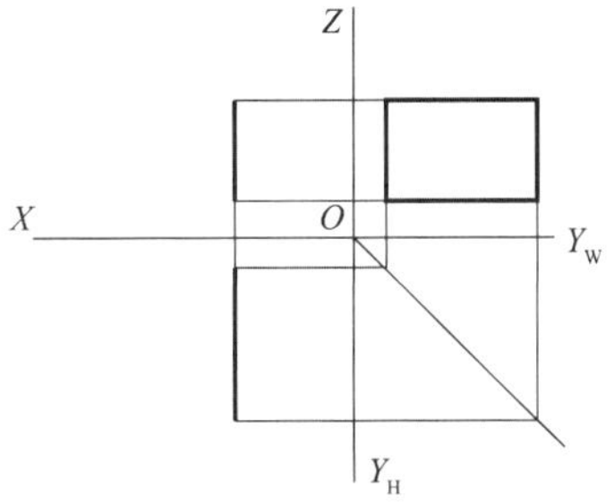	(1)侧面投影反映实形。 (2)正面投影积聚成直线,且平行于 OZ 轴。 (3)水平投影积聚成直线,且平行于 OY_H 轴

(1)投影面平行面在其所平行的投影面上的投影,反映实形。

(2)在另外两个投影面上的投影,分别积聚为平行于相应投影轴的直线。

2. 投影面垂直面

垂直于某一投影面而与其余两投影面都倾斜的平面称为投影面垂直面,分为铅垂面、正垂面、侧垂面。

(1)铅垂面。垂直于 H 面,并与 V 面、W 面倾斜的平面。

(2)正垂面。垂直于 V 面,并与 V 面、W 面倾斜的平面。

(3)侧垂面。垂直于 W 面,并与 V 面、W 面倾斜的平面。

根据表 2-5 可概括出投影面垂直面的投影特性:

(1)投影面垂直面在其所垂直的投影面上的投影,积聚成一条直线;直线与投影轴的夹角分别反映该平面与另外两个投影面的夹角。

(2)在另外两个投影面上的投影均为该平面的类似形。

投影面垂直面的投影特性 表 2-5

名称	立体图	投影图	投影特性
铅垂面			(1)水平投影积聚成直线,并反映真实倾角 β、γ。 (2)正面投影、侧面投影仍为平面图形,面积缩小,具有类似性
正垂面			(1)正面投影积聚成直线,并反映真实倾角 α、γ。 (2)水平投影、侧面投影仍为平面图形,面积缩小,具有类似性
侧垂面			(1)侧面投影积聚成直线,并反映真实倾角 α、β。 (2)水平投影、正面投影仍为平面图形,面积缩小,具有类似性

3. 一般位置平面

对三个投影面都倾斜的平面称为一般位置平面。如图 2-21 所示,一般位置平面与三个投影面都倾斜,因此在三个投影面上的投影都不反映实形,而是缩小了的类似形。

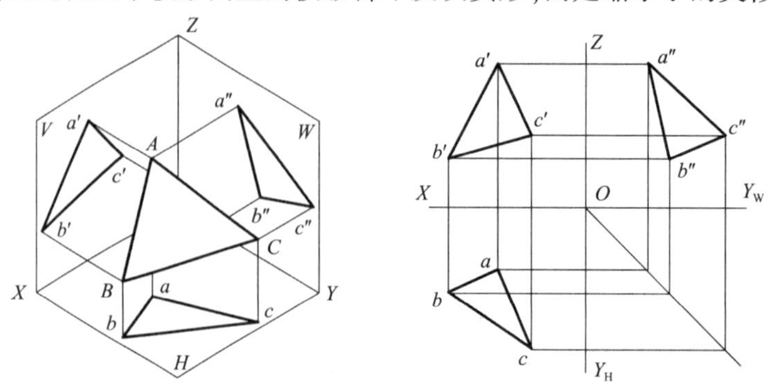

图 2-21 一般位置平面

(四)平面上的直线和点的投影

由初等几何知识可知,属于平面的点和直线满足下列几何条件:

(1)若点位于平面内的一直线上,则此点在该平面内。

(2)若一条直线通过平面内的两个点,或一条直线通过平面上一个已知点且平行于平面内的另一直线,则该直线必在平面内。

例如,如图2-22所示,相交两直线*AB*、*BC*决定一平面*P*,点*K*、*M*分别在*AB*、*BC*上,所以直线*KM*在平面*P*内。又如,点*M*是*BC*上的一个点,过点*M*作*MN*//*AB*,则*MN*一定也在平面*P*上。

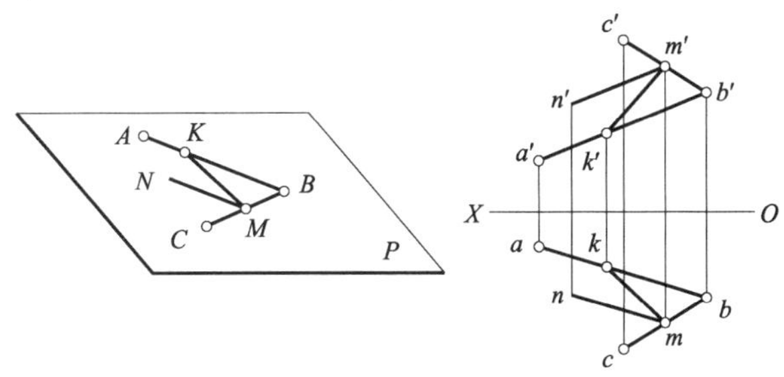

图2-22　平面上的直线和点的投影

习题

一、填空题

1. 投影法分为中心投影法和________,投射线交于一点的投影法,称为________。

2. 投射线相互平行的投影法称为________。平行投影法根据投射线与投影面的位置关系不同,又可分为________和________两种。机械制图中,通常采用的投影法是________。

3. 三视图分别是指________视图、________视图和________视图。

4. 零件有上、下、左、右、前、后六个方位,主视图能反映零件的________方位,俯视图能反映零件的________方位,左视图能反映零件的________方位。

5. 在三投影面体系中,*V*面指________投影面,其投影叫作________视图;*H*面指________投影面,其投影叫作________视图;*W*面指________投影面,其投影叫作________视图。

6. 三视图的投影规律是:主视图、俯视图________,俯视图、左视图________,主视图、左视图________。

7. 组成物体的几何元素是________、________、________。

8. 空间中的*A*点,其*H*面上的投影用________表示,*V*面上的投影用________表示,*W*面上的投影用________表示。

9. 直线与单个投影面可能有三种位置关系,分别为________、________、________。

10. 根据在三面投影体系中相对位置的不同,空间直线分为________、________、________。根据在三面投影体系中相对位置的不同,平面可分为________、________、________。

二、选择题

1. 获得投影的要素有光源、投射线、(　　)、投影面。

A. 光源　　B. 物体　　C. 投射中心　　D. 画面

2. 正投影的基本特性主要有实形性、积聚性、(　　)。

A. 类似性　　B. 特殊性

C. 统一性　　D. 普遍性

3. 一张图只能反映物体(　　)个方向的大小。

A. 一　　B. 两

C. 三　　D. 四

4. 主视图反映物体的(　　),俯视图反映物体的(　　)。

A. 长和高;长和宽　　B. 长和高;宽和高

C. 长和宽;长和高　　D. 长和宽;宽和高

5. 俯视图反映物体的(　　);左视图反应物体的(　　)。

A. 长和高;长和宽　　B. 长和高;宽和高

C. 长和宽;长和高　　D. 长和宽;宽和高

6. 根据右边投影图判断空间两点的相对位置:*A* 点在 *B* 点的(　　)方。

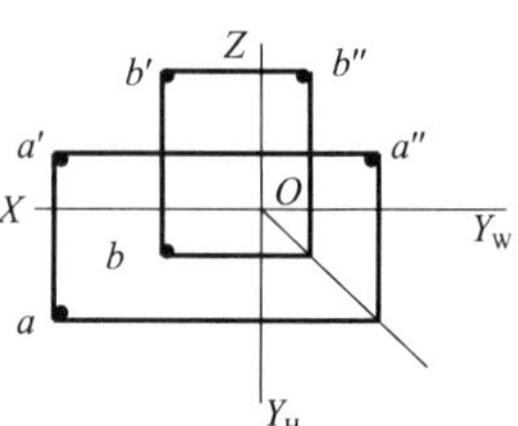

A. 左、后、上

B. 右、前、下

C. 左、前、下

D. 右、后、上

7. 根据右侧的投影图,直线 *AB* 为(　　)。

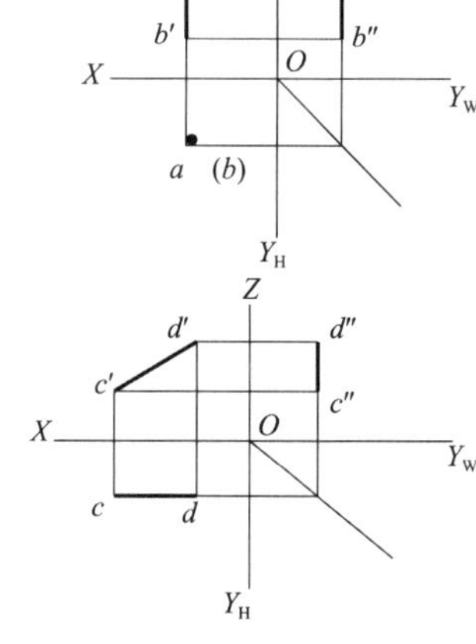

A. 正垂线

B. 铅垂线

C. 侧平线

D. 正平线

8. 根据右侧的投影图,直线 *CD* 为(　　)。

A. 正平线

B. 铅垂线

C. 侧垂线

D. 水平线

9. 根据右侧的投影图,平面 *ABC* 为(　　)。

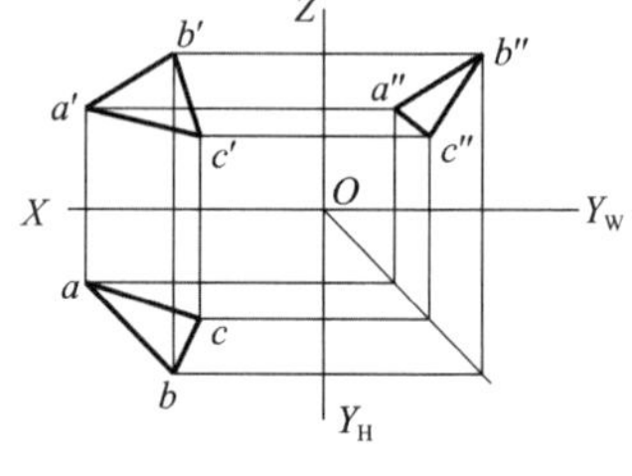

A. 正垂面

B. 侧平面

C. 铅垂面

D. 一般位置平面

10. 根据右侧的投影图,平面 *P* 为(　　)。

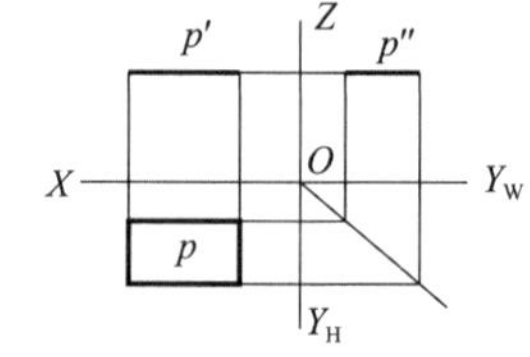

A. 正垂面

B. 水平面

C. 侧平面

D. 一般位置平面

三、判断题

1. 中心投影法的投射线是互相平行的。（　　）
2. 主视图能反映物体左、右、前、后四个方位。（　　）
3. 点在三投影面体系中的位置可以用坐标来表示。（　　）
4. 水平线的水平投影反映其真实长度。（　　）
5. 正平面的正面投影积聚为直线。（　　）

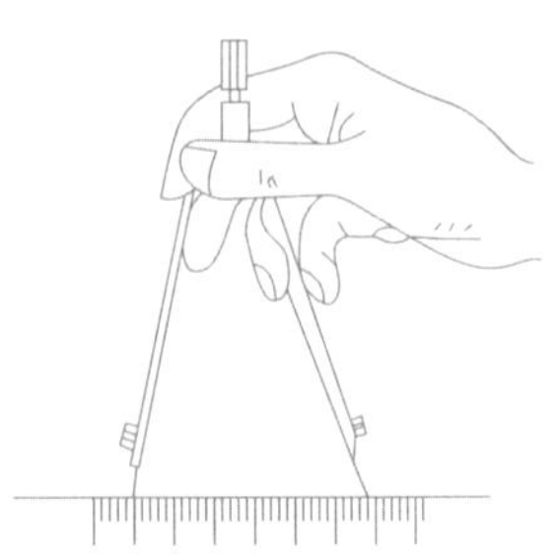

模块三 基本体的三视图及表面取点

学习目标

❖ 知识目标

1. 熟知常见基本体(棱柱、棱锥、圆柱、圆锥、球体、圆环)的结构特征与分类方式,能够精准阐述各类基本体的定义、构成要素。

2. 深度理解三视图(主视图、俯视图、左视图)的形成原理,包括投影面体系的构成、投影规律(长对正、高平齐、宽相等)。

3. 掌握基本体表面取点的原理与方法,清楚不同性质表面(特殊位置平面、一般位置平面、曲面)上点的投影特性。

❖ 技能目标

1. 能独立、准确地绘制常见基本体的三视图,确保视图布局合理,线条规范清晰,尺寸标注正确完整。

2. 熟练运用积聚性、辅助线、辅助面等方法,精准求出基本体表面上点的三面投影。

3. 具备依据给定的基本体视图,反向判断基本体形状、空间位置的能力。

❖ 素养目标

1. 通过对基本体三视图进行严谨细致的绘制,培育耐心、专注的工匠精神,养成严谨的制图习惯。

2. 在分析表面取点原理的过程中,锻炼逻辑思维,学会条理清晰地解决空间几何问题。

3. 培养空间想象能力,能在二维图纸与三维实体间灵活转换思维。

立体按其表面的性质可分为平面立体和曲面立体。表面均由平面组成的立体称为平面立体,表面至少包含一个曲面的立体称为曲面立体。理论上,平面立体和曲面立体所涵盖的范围很广,实际工程中常见的平面立体有棱柱和棱锥,常见的曲面立体有圆柱、圆锥和球体,如图 3-1 所示。

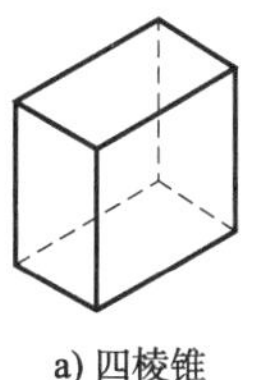
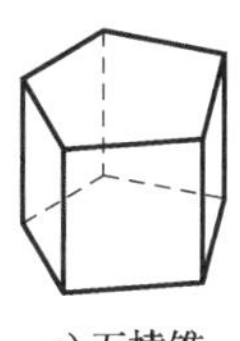
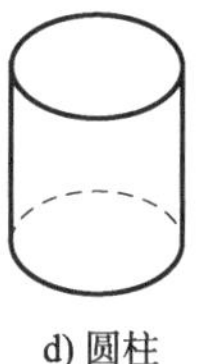
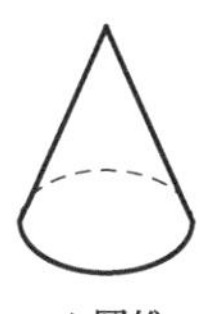
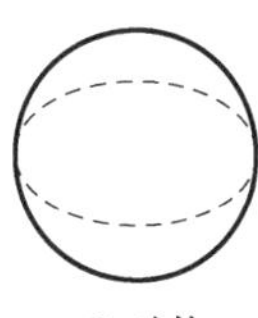

a) 四棱锥　b) 三棱锥　c) 五棱锥　d) 圆柱　e) 圆锥　f) 球体

图 3-1　常见的平面立体和曲面立体

第一节　平面立体投影及表面取点

一、棱柱的投影

(一) 棱柱的三面投影

图 3-2a) 所示为在投影体系中正放的正五棱柱，正五棱柱由五个相同的矩形组成棱柱的侧面，上下底为互相平行的正五边形。

三棱柱中的马克思主义哲学

正棱柱在投影体系中正放的投影特点为[图 3-2b)]：上下底在所平行的投影面上为反映实形的多边形，多边形的各边为侧面的积聚性投影，多边形各顶点为棱的积聚性投影；其他两面投影为多个实线或两侧边为虚线的矩形线框，上下两线为上下底的积聚性投影，矩形线框反映各侧面的实形或类似形。

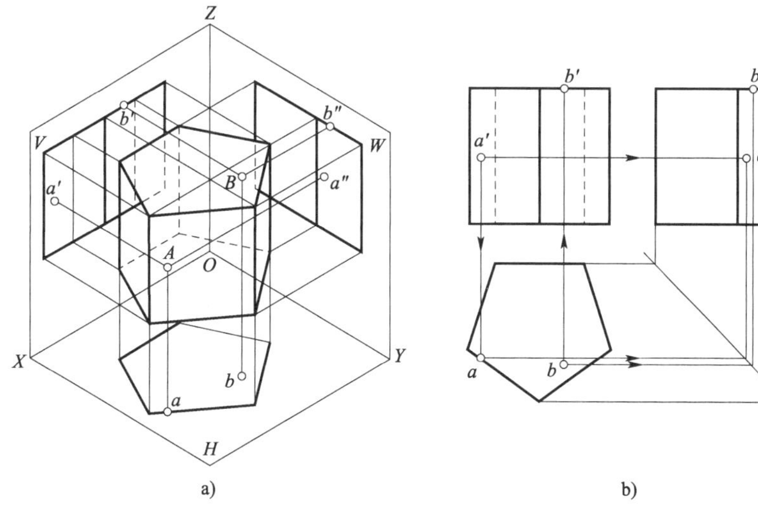

图 3-2　正五棱柱的投影

正五棱柱的三视图

(二) 棱柱表面上的点

在棱柱表面上取点，即已知点在棱柱表面上的某一投影，求该点的其余两面投影，其原理和方法与在平面上取点是相同的；正棱柱在投影体系中正放使其各表面都处于特殊位置，表面取点的作图方法为利用特殊位置面的积聚性，要点是判断已知点在立体的哪一个面上，该面的其他两面投影在什么位置上,是否可见。五棱柱表面上的点如图 3-3 所示。

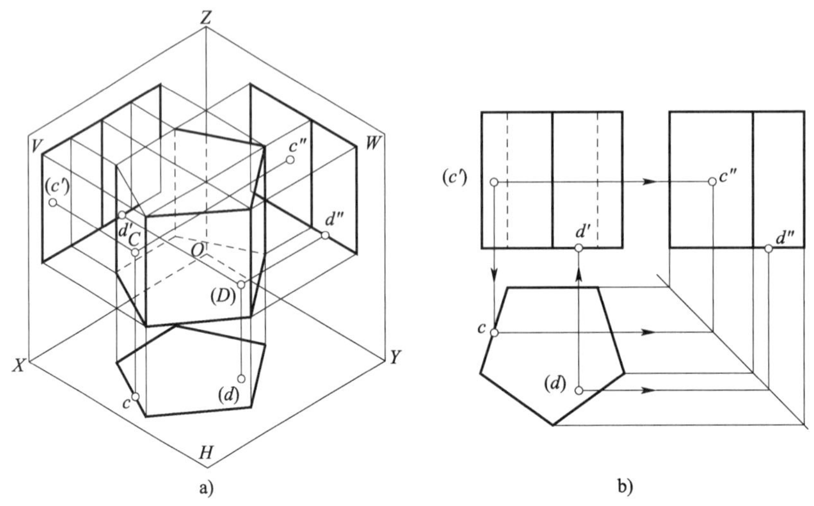

图 3-3　五棱柱表面上的点

二、棱锥的投影

(一)棱锥的三面投影

图 3-4a)所示为正三棱锥在投影体系中正放的投影。正三棱锥由三个相同大小的等腰三角形组成锥面,底面为等边三角形。

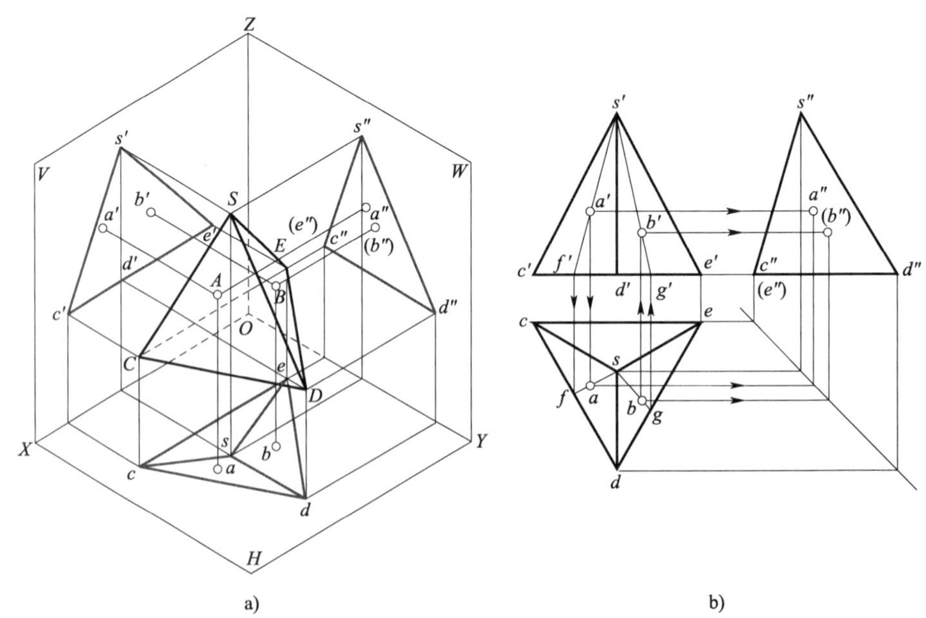

图 3-4　正三棱锥的投影及表面上的点

正三棱锥的三视图

(二)棱锥表面上的点

棱锥表面上的点通常位于锥面或锥底。首先判断所求点在棱锥的哪个面上,该面的其余两面投影在什么位置,可见性如何。例如图 3-4b)所示的点 A,已知正面投影 a'可见,判断 A 在 SCD 平面上,该面为一般位置面,在面上过 A 作直线 SF,求得水平投影 a 和侧面投影 a'';图 3-4b)所示的点 B,已知水平投影 b 可见,在 SDE 平面上,过 B 作直线 SG,求得 b'和 b'',注意 SDE 侧面投影不可见,所以 b''不可见。

第二节　回转体投影及表面取点

常见的曲面立体通常是回转体,回转体可以看作由一条线(直线或曲线称为母线)绕一条轴线旋转形成。母线在回转面上的任一位置称为素线,所以回转面也可看成由无数条素线组成的面,如图 3-5 所示。

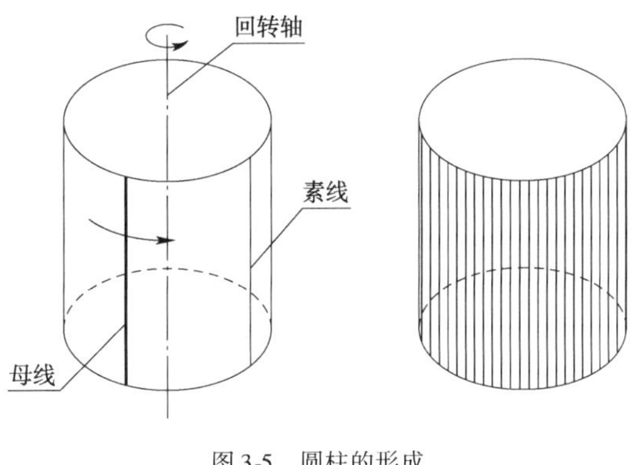

图 3-5　圆柱的形成

回转体投影里的工匠精神

一、圆柱的投影

(一)圆柱的三面投影

如图 3-6a)所示,圆柱在投影体系中正放,轴线垂直于水平面,其素线均为铅垂线,水平投影圆反映圆柱上、下底的实形,圆上的每一点都是一条素线的水平投影;圆柱正面投影 $a'a_1'$和 $c'c_1'$两条轮廓线为圆柱最左和最右两条素线 AA_1 和 CC_1 的正面投影,称为圆柱正面轮廓线,其侧面投影 $a''a_1''$和 $c''c_1''$在圆柱侧面投影的轴线位置;圆柱侧面投影 $b''b_1''$和 $d''d_1''$两条轮廓线为圆柱最前和最后两条素线 BB_1 和 DD_1 的侧面投影,称为圆柱侧面轮廓线,其正面投影 $b'b_1'$和 $d'd_1'$在圆柱正面投影的轴线位置,如图 3-6b)所示。

(二)圆柱面上的点

在圆柱面上取点可以利用其素线的积聚性投影作图,如图 3-7a)所示。已知 A 和 B 两点一面投影求其另两面投影。因圆柱素线的水平投影有积聚性,首先求 A 和 B 的水平投影 a 和 b,再求其另一投影,如图 3-7b)所示。

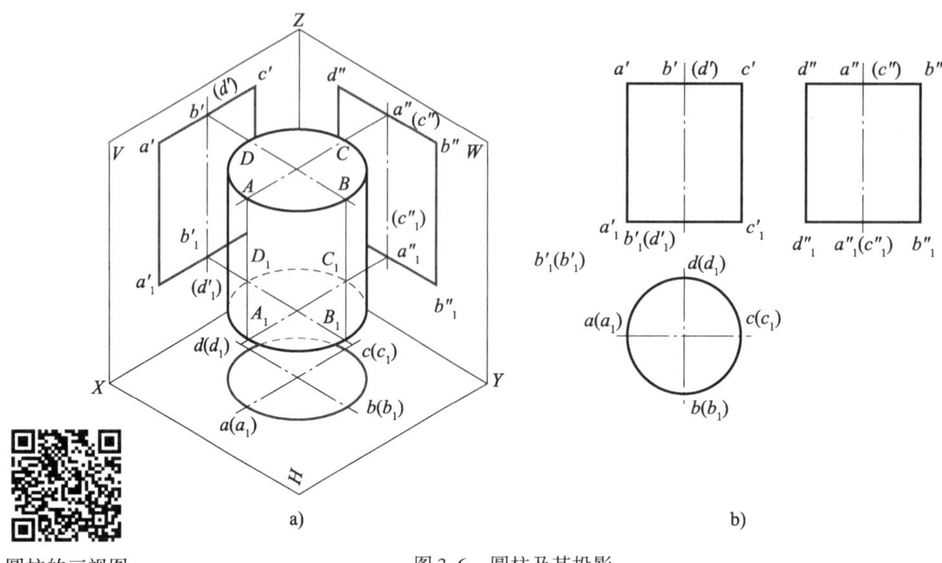

图 3-6　圆柱及其投影

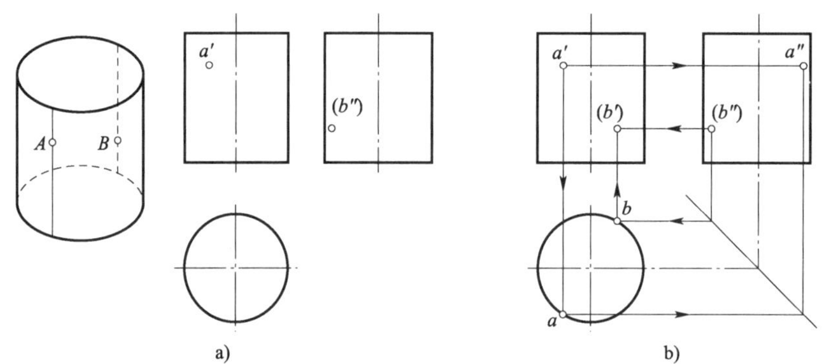

图 3-7　圆柱面上的点

二、圆锥的投影

(一)圆锥的三面投影

如图 3-8a)所示,圆锥在投影体系中正放,轴线垂直于水平面,水平投影圆反映圆锥底圆的实形,锥顶 S 和圆锥底圆的任一连线为一条素线[图 3-8b)]。

(二)圆锥面上的点

在圆锥面上取点可以利用其素线或纬圆的投影特点作图,如图 3-9a)所示。已知点 A 的一面投影求其另两面投影,利用纬圆法过正面投影 a' 作一纬圆,该纬圆水平投影反映实形,点 A 在该圆上,求其水平投影 a,再求其侧面投影 a'',如图 3-9b)所示。利用素线法过锥顶和正面投影 a' 作一条素线,素线的另一端点在底圆上,点 A 的水平投影 a 在该素线的水平投影上,再求其侧面投影 a'',如图 3-9c)所示。

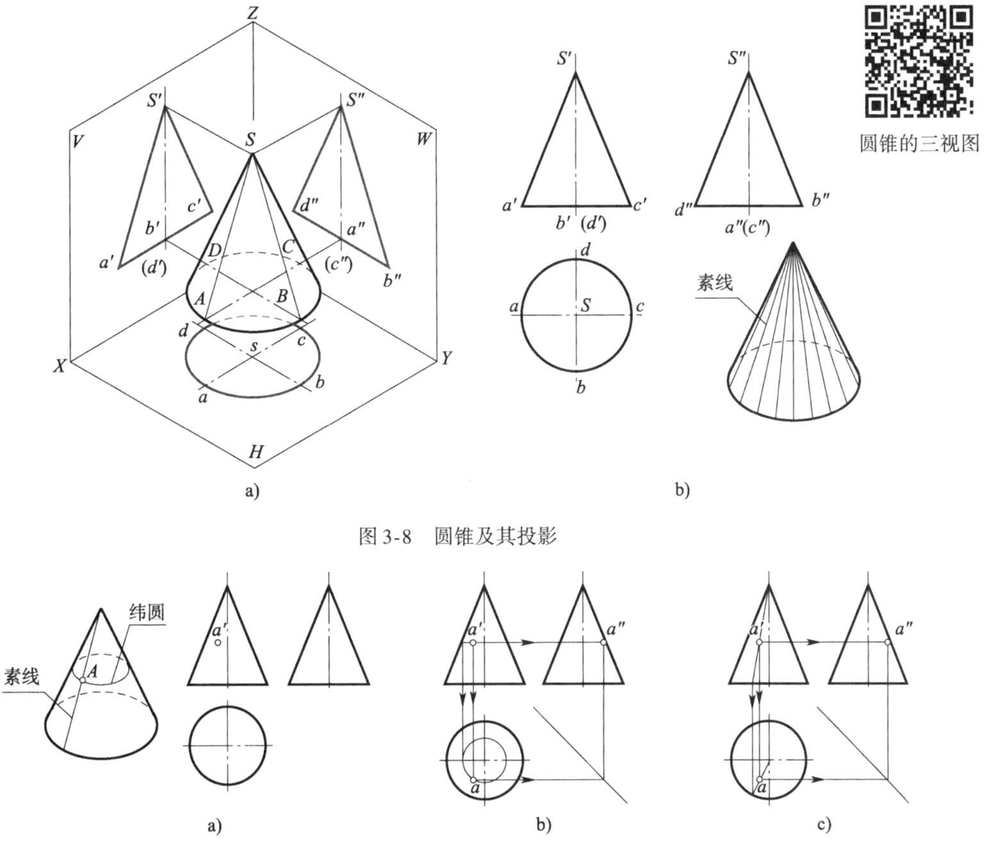

图 3-8　圆锥及其投影

图 3-9　圆锥面上的点

三、球体的投影

(一)球体的三面投影

图 3-10 所示为球体,球体从任何方向投影,其投影均为圆。

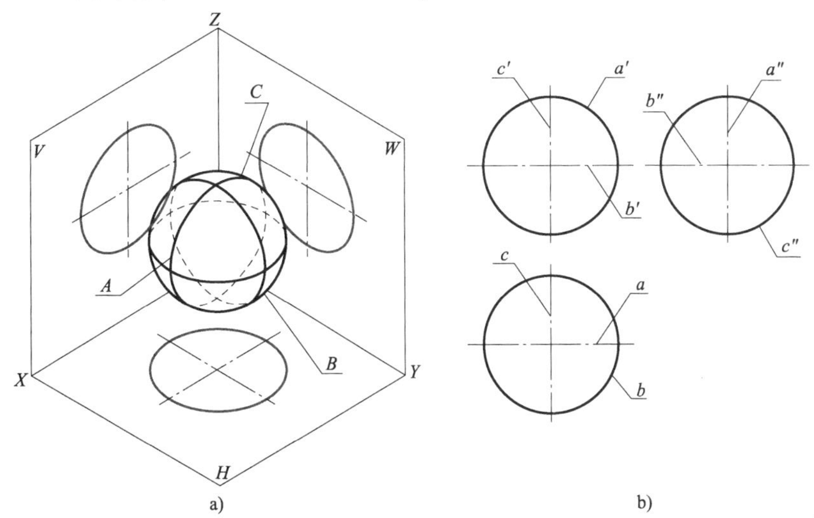

图 3-10　球体及其投影

(二)球体面上的点

球体面上没有直线,可利用纬圆投影作图,如图3-11所示。对于球体面上的点A,已知正面投影a',求其水平投影和侧面投影。根据A正面投影a'的位置及可见性,可以判断A在球体面前、上、左半球上。

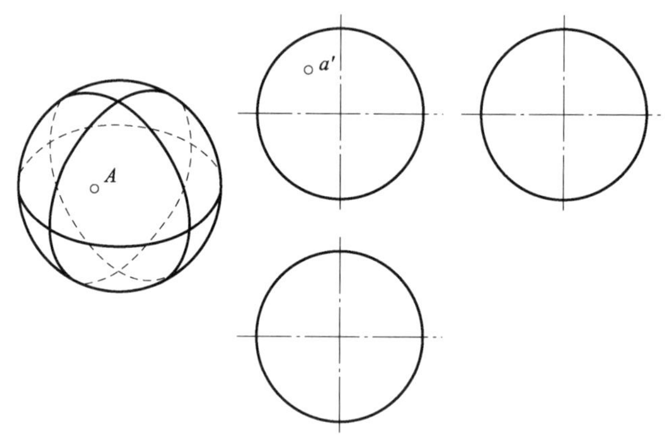

图3-11　球体面上的点

习题

一、填空题

1. 圆柱是由________和________围成的。
2. 圆锥的底面是________形,圆锥的侧面展开图是________形。
3. 正三棱柱有________个侧面,________条侧棱线。

二、选择题

1. 正三棱柱在三个投影面上的投影可能有(　　)个三角形。

A. 1　　B. 2　　C. 3　　D. 0

2. 球体的三视图是(　　)。

A. 三个圆　　B. 三个椭圆
C. 两个圆和一个椭圆　　D. 两个椭圆和一个圆

3. 圆柱的侧面投影是(　　)。

A. 圆　　B. 矩形　　C. 三角形　　D. 椭圆

4. 在圆锥表面上取点,当点的位置处于圆锥的最前素线时,该点的(　　)投影在圆锥最前素线的投影上。

A. 水平　　B. 正面　　C. 侧面　　D. 任意

5. 正六棱柱的底面平行于(　　)投影面时,其投影反映实形。

A. 水平　　B. 正面　　C. 侧面　　D. 任意

6. 一个点在圆柱表面上,其正面投影可见,水平投影不可见,则该点在圆柱的(　　)。

A. 前半圆柱面的左侧　　B. 前半圆柱面的右侧
C. 后半圆柱面的左侧　　D. 后半圆柱面的右侧

7. 圆锥的轴线垂直于(　　)投影面时,圆锥的底面投影为圆。

A. 水平　　B. 正面　　C. 侧面　　D. 任意

8. 已知正三棱锥表面上一点 M 的正面投影 m',求其水平投影 m 应采用的方法为(　　)。

A. 素线法　　B. 纬圆法　　C. 积聚性法　　D. 辅助平面法

9. 正四棱台的上下底面为(　　)。

A. 两个相似矩形　　B. 两个全等矩形

C. 两个相似正方形　　D. 两个全等正方形

10. 基本体被平面截切后,产生的截交线是(　　)。

A. 平面曲线　　B. 空间曲线

C. 平面多边形　　D. 不确定

三、判断题

1. 棱柱的侧棱线相互平行。(　　)
2. 圆锥的母线与轴线的夹角为锥顶角。(　　)
3. 球体的任意截面都是圆。(　　)
4. 圆柱的表面取点,只要利用积聚性投影就可以求出所有点。(　　)
5. 正三棱锥的三个侧面都是等腰三角形。(　　)
6. 基本体的三视图一定有一个视图反映实形。(　　)
7. 圆锥的纬圆平行于底面。(　　)
8. 正四棱柱的四条侧棱线垂直于底面。(　　)
9. 点在圆柱表面上,若其侧面投影可见,则水平投影一定可见。(　　)
10. 球体的三视图半径相同。(　　)

四、简答题

1. 简述圆柱三视图的形成及投影特点。
2. 如何在圆锥表面上取点?请举例说明素线法和纬圆法的应用。
3. 正三棱锥的三视图有哪些特点?
4. 举例说明基本体表面取点时,积聚性投影的利用方法。
5. 简述球体的投影特性。

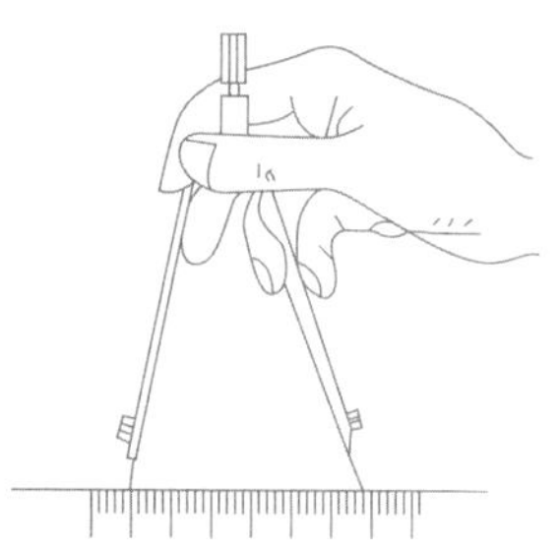

模块四
轴测图

学习目标

※ 知识目标

1. 学习轴测图的基本知识。
2. 清楚正等轴测图和斜二轴测图的轴间角、轴向伸缩系数。

※ 技能目标

1. 能正确绘制基本体的正等测图。
2. 能正确绘制基本体的斜二轴测图。

※ 素养目标

1. 增强识图、绘图的立体感，在绘图中通过努力解决学习中遇到的一些困难，形成探究问题、解决问题的方法。
2. 在学习过程中找到学习的乐趣及成就感，从而养成自主学习的习惯。

三视图[图 4-1a)]能够准确而完整地表达物体的形状和大小，度量性好，而且作图简便，因而在机械图样中得到广泛使用。但三视图立体感和直观性差，必须对照几个投影，才能想象出物体的结构形状。而轴测投影图可以弥补此缺陷，只用一个图形就能反映物体的长、宽、高三个不同方向的形状。尽管物体上的部分表面形状发生了变形，不能反映真实大小，作图较困难，但轴测图形象直观，立体感强，便于识图，如图 4-1b)所示。因此，轴测图在设计和生产中常用作辅助图样。

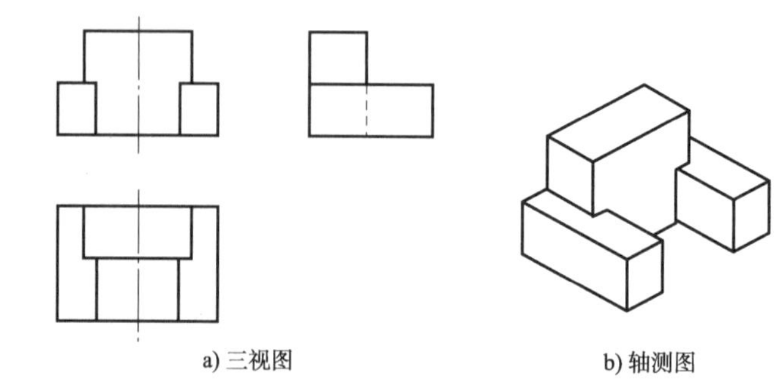

a) 三视图　　b) 轴测图

图 4-1　三视图与轴测图

轴的发展起源

第一节　轴测图的基本知识

一、轴测图的形成

(一)轴测图

轴测投影图是将物体连同确定其位置的空间直角坐标系,沿不平行于任一坐标平面的方向,用平行投影法将其投射在单一投影面(轴测投影面 P)上所得到的图形,简称轴测图,如图 4-2 所示。

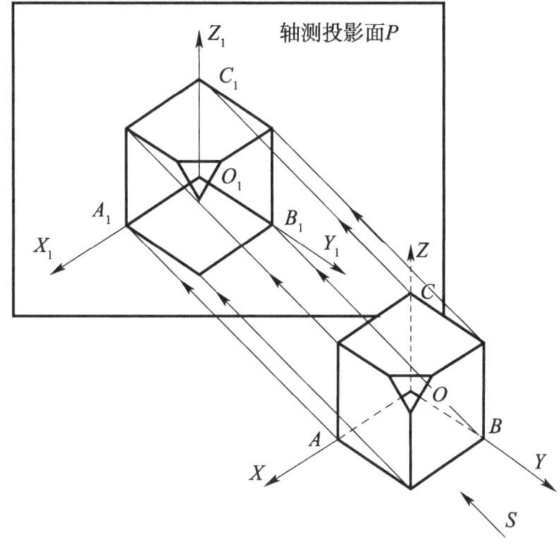

图 4-2　轴测图

(二)轴测轴

空间直角坐标轴 OX、OY、OZ 的轴测投影 O_1X_1、O_1Y_1、O_1Z_1 称为轴测轴,如图 4-2 所示。

(三)轴间角

轴测轴之间的夹角 $\angle X_1O_1Y_1$、$\angle Y_1O_1Z$、$\angle Z_1O_1X_1$ 称为轴间角,如图 4-2 所示。

(四)轴向伸缩系数

轴测轴上的单位长度与相应直角坐标轴上单位长度的比值称为轴向伸缩系数。X_1、Y_1、Z_1 轴上的轴向伸缩系数分别用 p、q、r 表示,如图 4-2 所示,则

$$\frac{OO_1AA_2}{OOA}=p,\frac{OO_2BB_1}{OOB}=q,\frac{OO_1CC_1}{OOC}=r$$

二、轴测图的分类

根据投影方向不同,轴测图可分为两大类,即正轴测图和斜轴测图。根据轴向伸缩系数

不同,轴测图又可分为等测轴测图、二测轴测图和三测轴测图。以上两种分类方法相结合,可得到六种轴测图。

(一) 正轴测投影(投影方向垂直于轴测投影面)

(1)正等轴测投影(简称正等测):轴向伸缩系数 $p=q=r$。

(2)正二等轴测投影(简称正二测):轴向伸缩系数 $p=r=2q$。

(3)正三测轴测投影(简称正三测):轴向伸缩系数 $p\neq q\neq r$。

(二)斜轴测投影(投影方向倾斜于轴测投影面)

(1)斜等轴测投影(简称斜等测):轴向伸缩系数 $p=q=r$。

(2)斜二等轴测投影(简称斜二测):轴向伸缩系数 $p=r=2q$。

(3)斜三测轴测投影(简称斜三测):轴向伸缩系数 $p\neq q\neq r$。

工程上主要使用正等轴测图和斜二轴测图,如图 4-3 所示。为使图形清晰,轴测图一般不画虚线。本模块也只介绍这两种轴测图的画法。

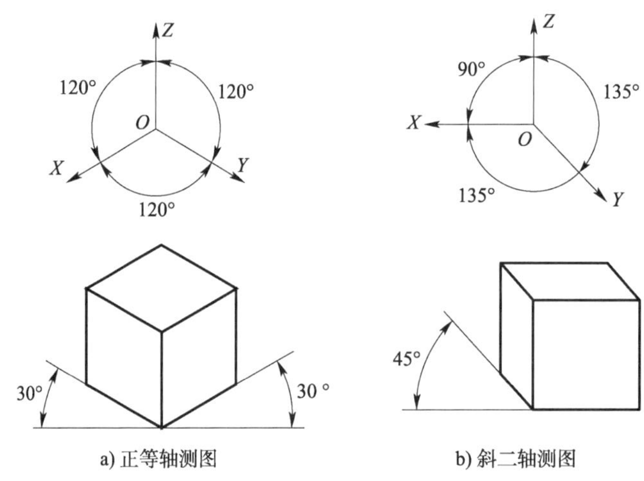

图 4-3　常见的轴测图

三、轴测投影的基本性质

熟练掌握和运用轴测投影的基本性质,既能迅速而准确地画出轴测图,又能方便地识别轴测图画法中的错误。

(一)平行性

物体上互相平行的线段,在轴测图中仍相互平行。物体上与坐标轴平行的线段,在轴测图中与对应的轴测轴平行。

(二)定比性

物体上两平行线段或同一直线上的两线段长度的比值在轴测图上保持不变。

第二节　正等轴测图

一、正等轴测图的轴间角和轴向伸缩系数

使直角坐标系的三个坐标轴对轴测投影面的倾角相等，并用正投影法将物体向轴测投影面投射所得到的图形为正等轴测图，简称正等测图。

正等轴测图的应用

在正等轴测图中，当坐标轴 OX、OY、OZ 对轴测投影面的倾角相等时，三个轴向伸缩系数相等，各轴间角也相等，如图 4-4a）所示，即

$$\angle X_1O_1Y_1 = \angle X_1O_1Z_1 = \angle Y_1O_1Z_1 = 120°$$

$$p = q = r = 0.82$$

轴间角分别为 120°的三个轴测轴可用丁字尺与三角板配合画出，如图 4-4b）所示。其中，O_1Z_1 轴画成铅垂方向，各轴向伸缩系数采用 $p = q = r = 0.82$ 绘制，则平行于轴测轴的各轴向长度投影都要乘以轴向伸缩系数 0.82，如图 4-5a）所示。为了作图简便，通常采用简化的轴向伸缩系数 $p = q = r = 1$ 来绘制正等轴测图，如图 4-5b）所示，即凡是与轴测轴平行的线段，投影作图时按实际长度直接量取。采用简化轴向伸缩系数方法绘制的正等轴测图比实际投影大一些，这样不仅不影响立体感，而且作图更方便了。

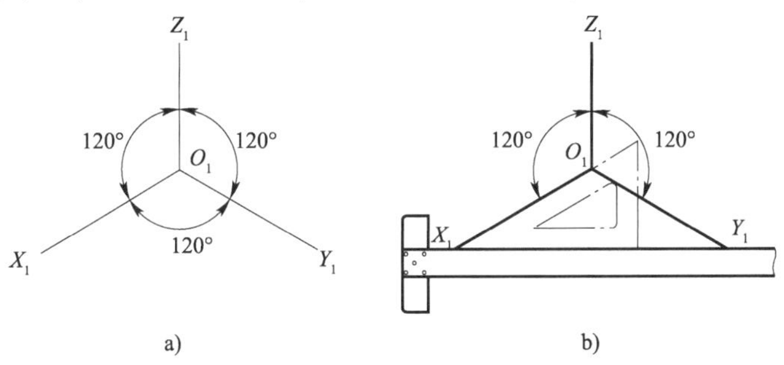

图 4-4　正等轴测图的轴间角与轴测轴

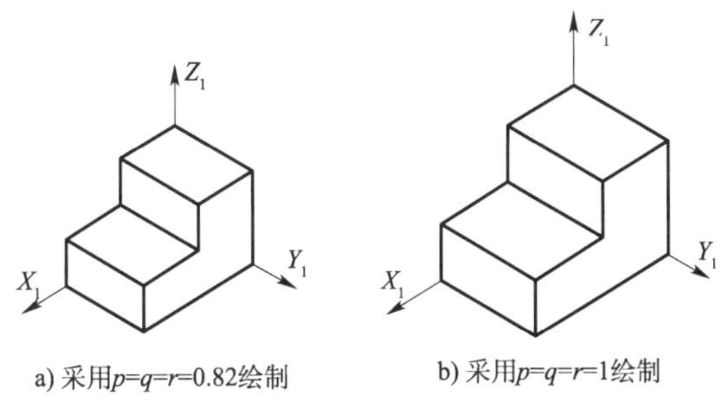

图 4-5　正等测图轴向伸缩系数比较

二、正等轴测图的画法

正等轴测图的作图方法有坐标法、叠加法、切割法等。坐标法是最基本的方法，它是根

据立体表面各顶点的空间坐标，分别画出其轴测投影，然后依次连接各顶点的轴测投影，完成平面立体的轴测图。此外，国家标准规定：轴测图中物体的可见轮廓线用粗实线表示，表示不可见轮廓线的虚线一般不画；轴测轴可随轴测图同时画出，也可省略不画。

（一）长方体的画法

图4-6a)所示为长立体的三视图，绘制其正等轴测图，步骤如下：

长方体正等轴测图绘制

（1）作坐标轴，分别在 O_1X_1 上量取长 a 的尺寸，在 O_1Y_1 上量取宽 b 的尺寸，作底面平行四边形，如图4-6b)所示。

（2）分别从各点向上量取长方体的高度 h，得出各点，用实线将各点连接起来，如图4-6c)所示。

（3）擦掉多余图线并描深，完成全图，如图4-6d)所示。

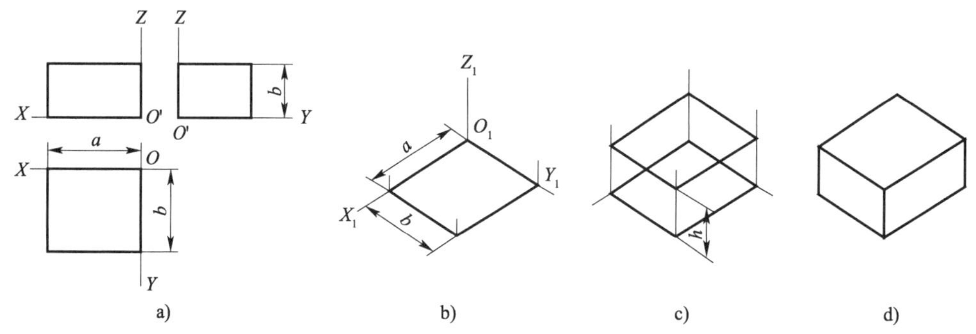

图4-6　长方体正等轴测图画法

（二）正六棱柱的画法

图4-7a)所示为正六棱柱的主视图和俯视图，绘制其正等轴测图，步骤如下：

（1）在视图上定坐标轴。取上底面对称中心为坐标原点，如图4-7a)所示。

（2）画出轴测轴。根据六棱柱顶面各点坐标，在 $X_1O_1Y_1$ 坐标面上定出顶面各点的位置。在 O_1X_1 轴上定出 3_1、6_1 点，在 O_1Y_1 轴上定出 a_1、b_1 点，过点 a_1、b_1 作直线平行于 O_1X_1 轴，并在所作两直线上标出 1_1、2_1、4_1、5_1 各点，如图4-7b)所示。

（3）连接上述各点，得出六棱柱顶面投影，由各顶点向下作 O_1Z_1 轴的平行线。根据六棱柱高度，在平行线上截得棱线长度，同时定出六棱柱底面各可见点的位置，如图4-7c)所示。

（4）连接底面各点，得出底面投影，擦去作图线，整理描深，完成全图，如图4-7d)所示。

（三）圆柱的画法

图4-8a)所示为圆柱的主视图和俯视图，绘制其正等轴测图，步骤如下：

（1）在视图上定坐标轴。取上底面中心为坐标原点，并作圆外切正方形，得切点 a、b、c、d，如图4-8a)所示。

（2）画轴测轴。定出四个切点 A、B、C、D，作出圆外切正方形的轴测投影——菱形，如图4-8b)所示。

（3）沿 Z 轴量取圆柱高度 h，采用相同方法作出下底菱形，画上、下底椭圆，如图4-8c)所示。

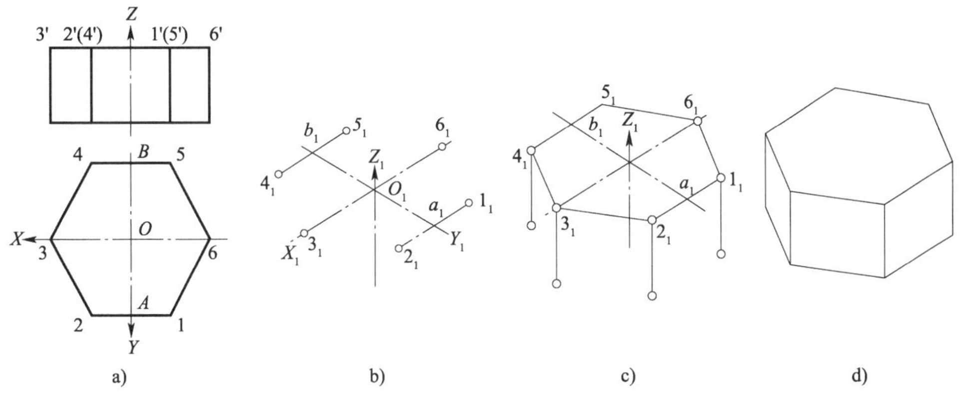

图 4-7　正六棱柱正等轴测图画法

(4)作上、下底椭圆的外公切线，擦去多余的图线并描深，完成全图，如图 4-8d)所示。

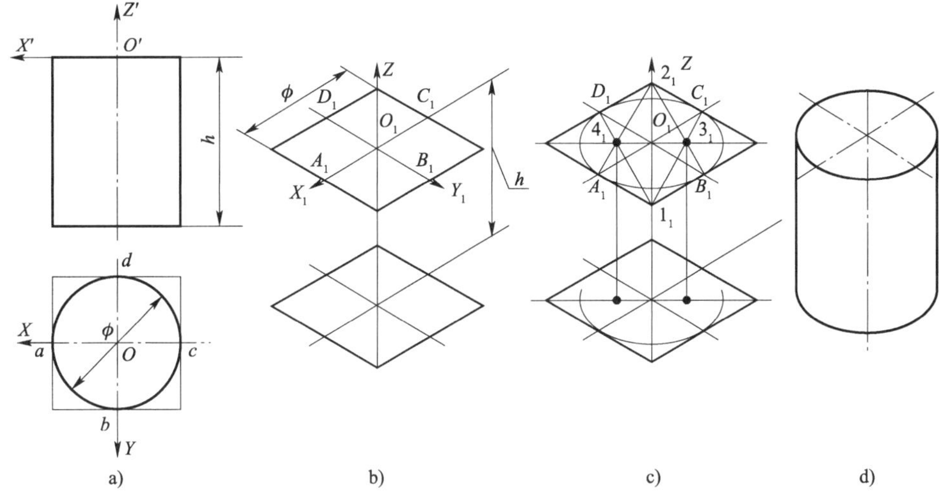

图 4-8　圆柱的正等轴测图画法

(四)组合体正等轴测图的画法

圆柱的正等轴测图绘制

画组合体正等轴测图时，应该像画组合体三视图一样，先进行形体分析，分析组合体的构成，最后作图。作图时，可先画出基本形体的轴测图，再利用切割法或叠加法完成全图。轴测图中一般不画虚线，从前方、上方开始画起。另外，利用平行关系也是加快作图速度和提高作图准确性的有效手段。

由图 4-9a)所示的三视图可知，该物体是在长方体的基础上，切去上前方的小长方体，再切去左上角后形成的。绘图时先用坐标法画出完整的长方体，然后逐步切去各个部分，具体步骤如下：

(1)选定坐标原点和坐标轴，画出完整的长方体，如图 4-9b)所示。

(2)根据被挖长方体的高度和宽度，沿相应轴测轴方向量取尺寸，切去上方、前方的长方体，如图 4-9c)所示。

(3)沿长度方向和高度方向量取尺寸，切去左上角，如图 4-9d)所示。作图时，注意利用轴测投影的两个基本性质：物体上与坐标轴平行的直线，在轴测图中仍平行于相应的轴测轴;物体上互相平行的直线,在轴测图中仍互相平行。

(4)整理描深,完成全图,如图 4-9e)所示。

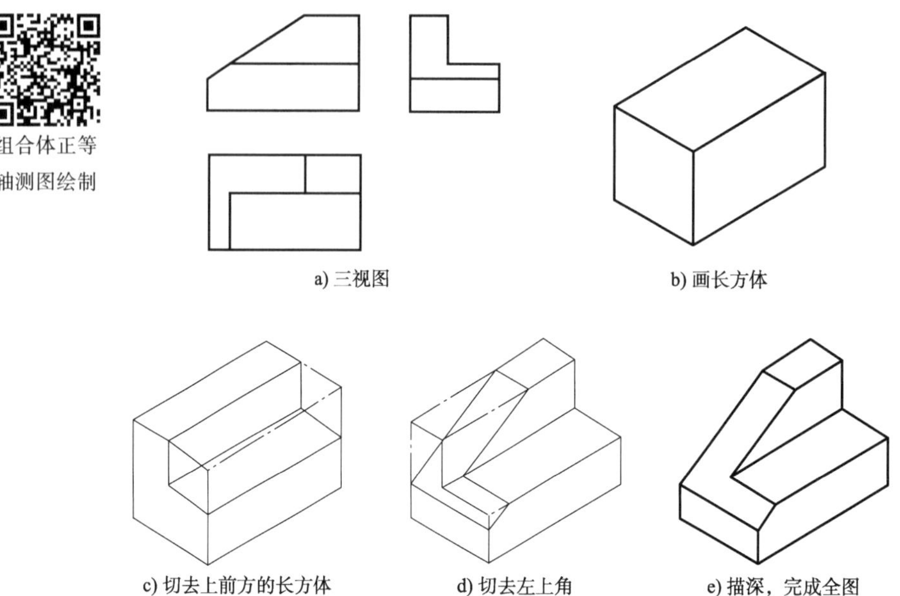

图 4-9　组合体的正等轴测图

如图 4-10a)所示,已知组合体的三视图,求作其正等轴测图。分析该组合体,其由底板与立板两部分组成。其中,立板为半圆柱与四棱柱叠加,经挖切圆柱孔组合而成;底板是四棱柱倒两圆角,经挖切两圆柱孔而成;两基本组成部分左、右、后表面平齐。

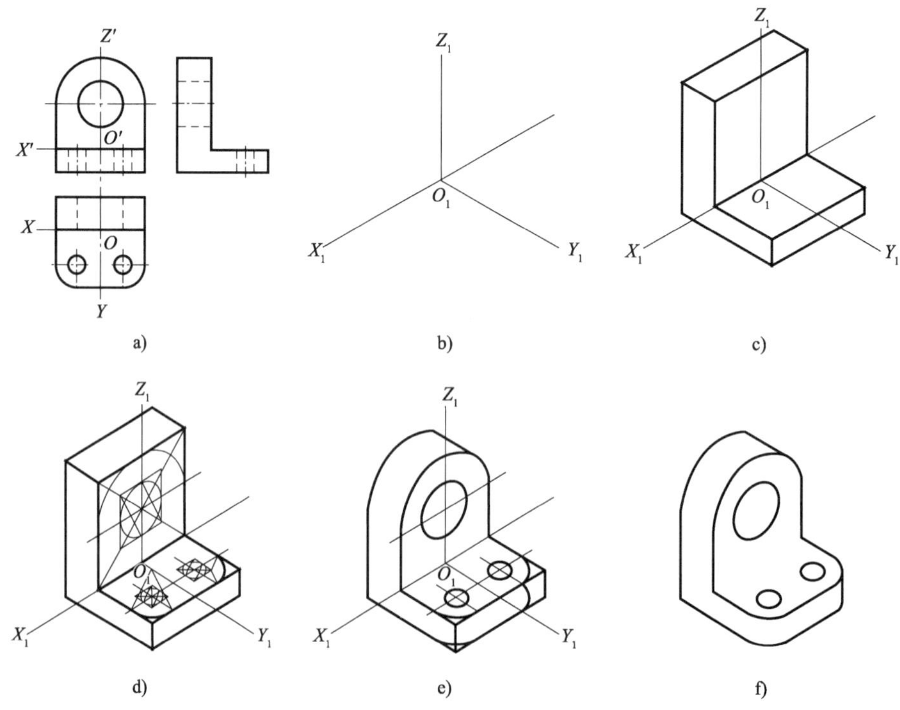

图 4-10　叠加类组合体的正等轴测图

该组合体的作图步骤如下：

(1)建立直角坐标系。为便于作图，将 OX 轴与底板上表面及立板前表面的交线重合，OY 轴位于底板上表面的左、右对称中心线上，OZ 轴位于立板前表面的左、右对称中心线上，如图 4-10a)所示。

(2)画出轴测轴，如图 4-10b)所示。

(3)画出底板、立板未挖切及倒角前的正等测图，如图 4-10c)所示。

(4)作底板上表面两椭圆及圆角、立板半椭圆、椭圆的轴测投影，如图 4-10d)所示。

(5)将立板上绘出的椭圆向后平移，将底板上绘出的圆角向下平移，并分别作出投影的公切线，如图 4-10e)所示。

(6)整理图线，检查描深，完成全图，如图 4-10f)所示。

第三节　斜二轴测图

一、斜二测图的轴间角和轴向伸缩系数

当物体上的 XOZ 坐标面平行于轴测投影面，而投射方向与轴测投影面倾斜时，所得到的轴测投影图称为斜二轴测图，简称斜二测图，如图 4-11 所示。

斜二轴测图的应用

斜二测图的轴间角为 $\angle X_1O_1Z_1=90°$，$\angle X_1O_1Y_1=\angle YOZ=135°$。各轴的轴向伸缩系数：$O_1X_1$ 为 $p_1=1$，O_1Z_1 为 $r_1=1$，O_1Y_1 为 $q_1=0.5$，如图 4-12 所示。

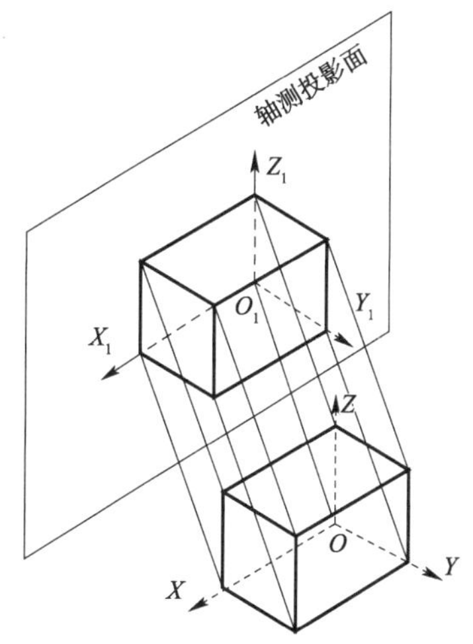

图 4-11　斜二测图的形成

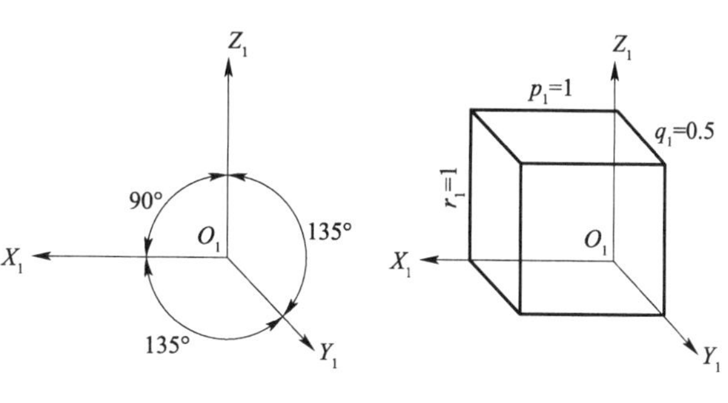

图 4-12　斜二测图的轴间角和轴向伸缩系数

二、斜二测图的画法

(一)正四棱台的画法

已知正四棱台的主视图和俯视图如图 4-13a) 所示，绘制其斜二测图，步骤如下：

(1)确定坐标轴的方向,如图4-13b)所示,画出底面正四边形,O_1X_1 为1∶1尺寸量取,O_1Y_1 为1∶2尺寸量取。

(2)如图4-13c)所示,在 O_1Z_1 上量取 h 尺寸,作出顶面正四边形。

(3)连接顶面和底面各顶点,得到各棱线,擦掉多余图线并描深,完成全图,如图4-13d)所示。

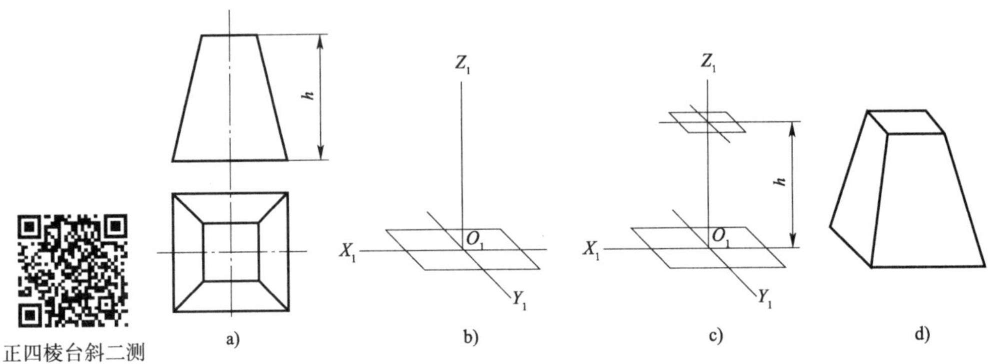

正四棱台斜二测图的绘制

图4-13　正四棱台斜二测图的画法

(二)圆台的画法

已知圆台的主视图和俯视图如图4-14a)所示,绘制其斜二测图,步骤如下:

(1)确定坐标轴的方向。沿 Y_1 以0.5的轴向伸缩系数依次确定前后圆的圆心位置,如图4-14b)所示。

(2)画出前后各圆,如图4-14c)所示。

(3)作公切线,擦掉多余图线并描深,完成全图,如图4-14d)所示。

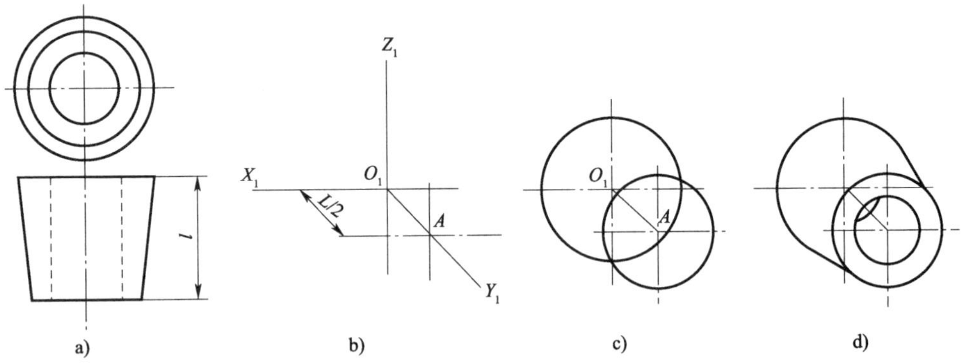

图4-14　圆台斜二测图的画法

(三)组合体斜二测图画法

以图4-14为例,分析该组合体,其为综合型组合体,形体既有叠加部分也有挖切部分,并且在正面投影上存在圆的结构,所以选择斜二测图比较方便作图,也更加直观。其作图步骤如下:

(1)在视图上定出直角坐标系,原点设在圆心,如图4-15a)所示。

(2)在 $X_1O_1Z_1$ 坐标面内画出物体前面的图形,如图4-15b)所示。

(3)沿 O_1Y_1 方向按 0.5y 画出上半部分轴测图,如图 4-15c)所示。

(4)将前面的弧沿 O_1Y_1 移动 0.5y 至后面,作前后圆弧的公切线,如图 4-15d)所示。

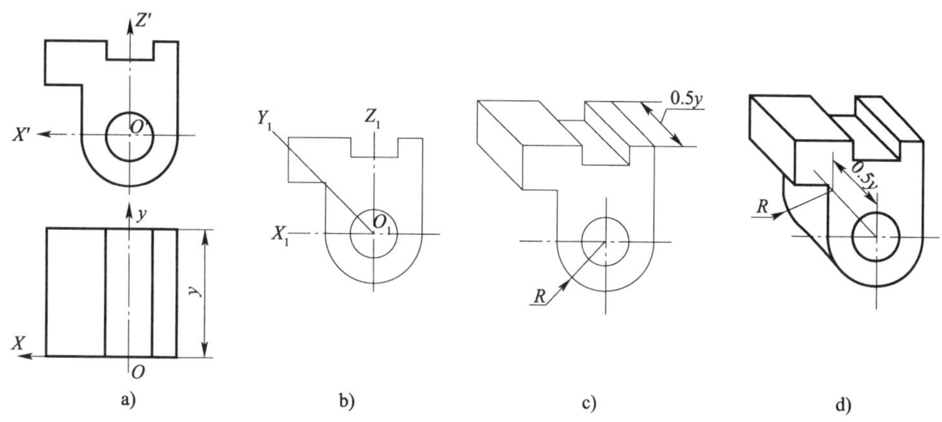

图 4-15 组合体斜二测图的画法

以图 4-16 为例,分析该组合体,其为叠加类组合体,可看成由三个部分组成,并有三个前后通孔,选择斜二测图比较方便作图,也更加直观。其作图步骤如下:

(1)取坐标轴,原点选在底面的圆心上,如图 4-16a)所示。

(2)画轴测轴,按原形绘制底面形状,将圆管内外圆沿 Z 轴平移圆管高度的一半,将两侧凸物沿 Z 轴平移其高度的一半,并画出轮廓线,如图 4-16b)所示。

(3)作前后圆弧的公切线,擦掉多余图线并描深,完成全图,如图 4-16c)所示。

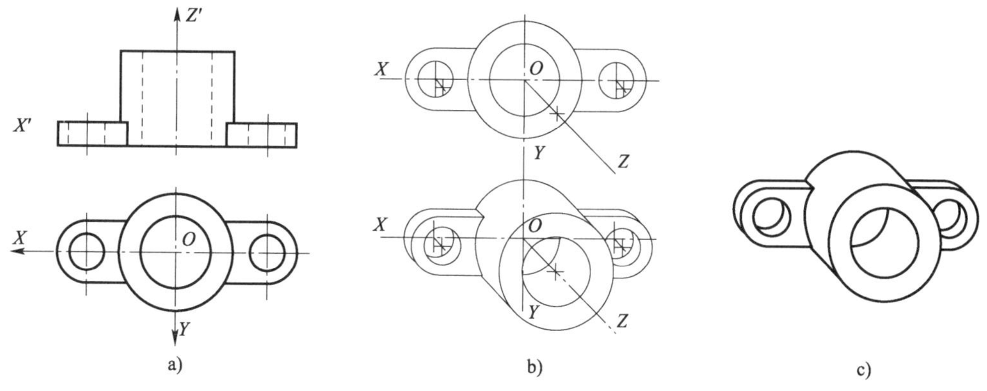

图 4-16 组合体斜二测图的画法

习题

一、填空题

1. 用正投影法画出的轴测图称为________,用斜投影法画出的轴测图称为________。
2. 每两个轴测轴间的夹角称为________。
3. 常见的轴测图有________和________。
4. 正等轴测图的轴间角都是________,轴向伸缩系数________。
5. 斜二测图的轴间角为________。各个轴的轴向变形系数:OX = ________,OY =

________，OZ = ________。

二、选择题

1. 物体上互相平行的线段，轴测投影(　　)。

A. 平行　　　　B. 垂直　　　　C. 无法确定

2. 画正等轴测图的 X、Y 轴时，为了保证轴间角，一般用(　　)三角板绘制。

A. 30°　　　　B. 45°　　　　C. 90°

三、判断题

1. 为了简化作图，通常正等轴测图的轴向变形系数取 1。(　　)

2. 正等轴测图的轴间角可以任意确定。(　　)

3. 形体中互相平行的棱线，在轴测图中仍具有互相平行的性质。(　　)

4. 正等轴测图与斜二测图的轴间角完全相同。(　　)

5. 斜二测图的画法与正等轴测图的画法基本相同，只是它们的轴间角和轴向变形系数不同。(　　)

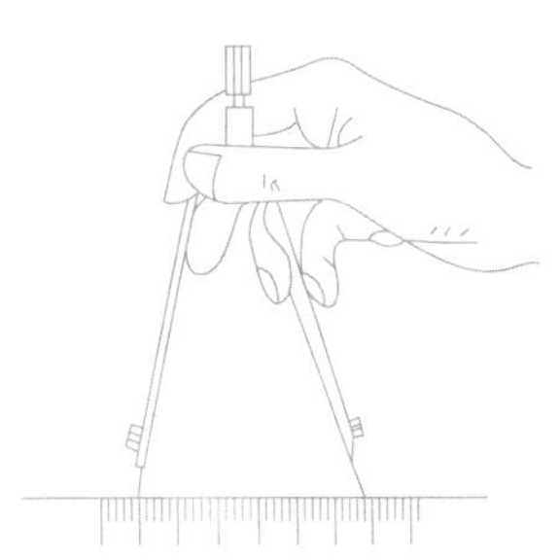

模块五
立体表面的交线

学习目标

◈ 知识目标

1. 了解切割体、相贯体的概念，明确切割与相贯的形成方式，清楚不同切割方式、相贯形式对立体形状的改变规律。

2. 掌握常见平面切割基本体所形成截交线的形状特点，熟知相贯线的性质（共有性、封闭性）。

3. 牢记特殊相贯情况下（圆柱与圆柱正交、圆柱与圆锥正交等）相贯线的简化画法规则。

◈ 技能目标

1. 能够精确绘制各类平面切割基本体后的三视图，正确画出截交线投影，标注清晰尺寸。

2. 熟练绘制两回转体相贯时的三视图，运用合适方法（积聚性法、辅助平面法、辅助球面法）求相贯线投影。

3. 能够识别复杂组合图形中切割体、相贯体部分，拆解并还原其形成过程。

◈ 素养目标

1. 提升图形解读能力，培养面对复杂切割、相贯的情况，依然保持冷静分析、理性思考的态度。

2. 强化空间构思能力，自主构建切割、相贯前后的空间模型，培养创新意识。

3. 遵循制图标准绘制截交线、相贯线，树立标准化、规范化的职业意识。

平面与立体相交，必然在立体表面产生交线。平面与立体表面的交线称为截交线，与立体相交的平面称为截平面。截交线所围成的图形称为截断面或断面。当两个立体相交时，在它们的表面产生交线，该交线称为相贯线。相交的立体称为相贯体，如图 5-1 所示。

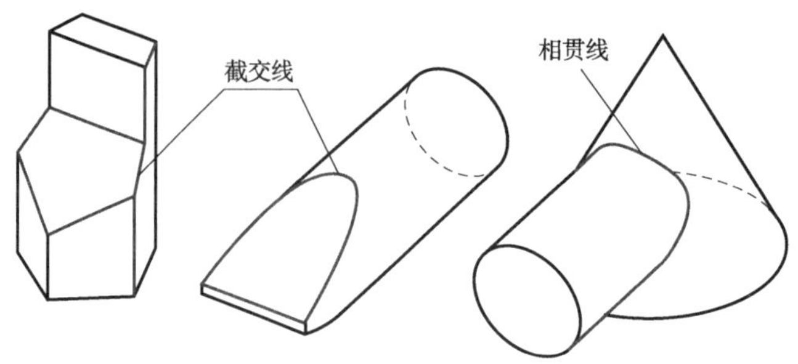

图 5-1　立体表面的交线

第一节　截交线

截交线的应用

平面与曲面立体表面相交,所产生的截交线通常有以下几种情况:

(1)由平面曲线围成的封闭图形。

(2)由平面曲线和直线段围成的封闭图形。

(3)由直线段围成的封闭多边形。

第二节　平面与棱柱相交

在机械零件的设计与制造过程中,常常会遇到平面与棱柱相交的情况,理解并掌握平面与棱柱相交的相关知识,对于准确绘制零件的投影图、分析零件结构具有重要意义。

例 5-1　求作被截断四棱柱的三面投影,如图 5-2d)所示。

分析:由图 5-2d)立体图可知,截平面是一个正垂面,所以截交线的正面投影与截平面的正面投影重合。四棱柱被截切的表面有上底面和四个棱面,所以截交线是一个五边形(也可以根据截平面与四棱柱的三条棱线及上底面的两条边相交来判断截交线是一个五边形)。五边形的五个顶点分别是截平面与四棱柱的三条棱线及上底面的两条边的交点。

四棱柱的截交线

作图步骤:

(1)利用棱面的积聚性,在水平投影中找出截交线与四棱柱棱线交点的投影,如图 5-2a)所示。

(2)根据点的投影规律(长对正、高平齐、宽相等),求出各交点在正面投影和侧面投影中的位置,如图 5-2b)所示。

(3)依次连接各交点的同面投影,得到截交线的投影,并判断可见性,如图 5-2c)所示。不可见的线段用虚线绘制,可见线段用粗实线绘制。

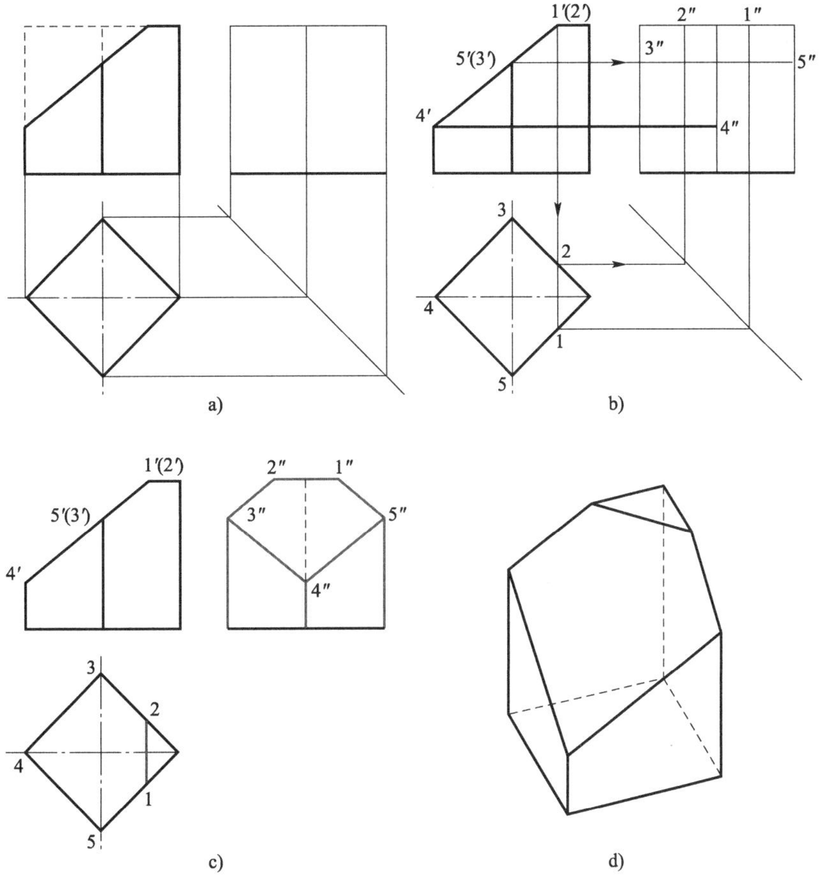

图 5-2　平面与四棱柱相交

第三节　平面与棱锥相交

当平面与棱锥相交时，对棱锥进行截切的平面被称作截平面；截平面与棱锥表面所产生的交线，即为截交线；由截交线所围成的封闭平面图形，称为截断面。截交线是截平面与棱锥表面的公共线，其形状和棱锥的几何特征、截平面的位置紧密相关。

例 5-2　求作被两个面截切三棱锥的三面投影，如图 5-3a）所示。

分析：由图 5-3d）立体图可知，三棱锥的缺口是由正垂面 P 和水平面 Q 共同切割三棱锥而成。要完成具有缺口的三棱锥的水平投影与侧面投影，关键是求出截切平面 P 和 Q 与三棱锥的截交线，并作出截切平面 P 和 Q 的交线。从图 5-3a）可以看出，截切平面 P、Q 分别与棱 SC 和棱 SD 相交，共四个交点；同时截切平面 P 与 Q 也相交，因此，截切平面 P、Q 的断面形状分别是两个四边形，这两个四边形有一条公共边，即截切平面 P 与 Q 的交线，如图 5-3b）所示。

作图步骤：

（1）在已知投影面上找出截平面与三棱锥棱线交点的投影，如图 5-3a）所示。

(2)依据点的投影规律(长对正、高平齐、宽相等),求出这些交点在水平面投影和侧面投影中的位置,如图5-3b)所示。

(3)依次连接各交点的同面投影,得到截交线的投影,并判断可见性,如图5-3c)所示。

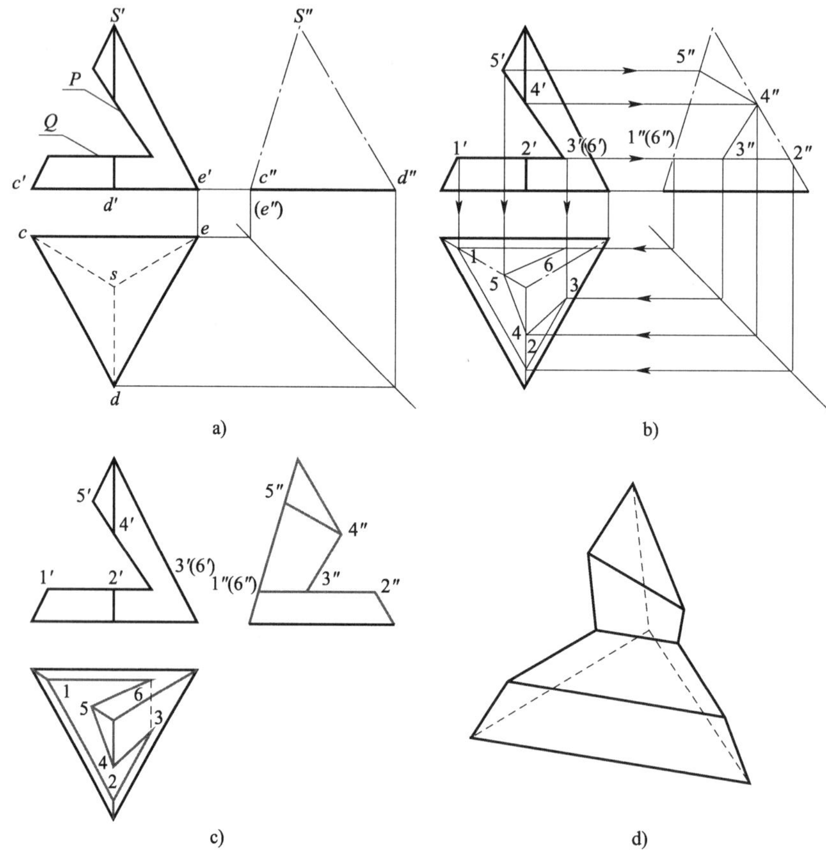

图5-3 平面与三棱锥相交

第四节 平面与圆柱体相交

根据截平面与圆柱轴线的相对位置不同,截交线有三种形状:

(1)平行于轴线:截交线为两条平行直线(矩形),圆柱面的积聚性投影与截平面投影的交线即为截交线投影。

(2)垂直于轴线:截交线为圆,在与轴线垂直的投影面上反映实形,其余投影积聚为直线。

(3)倾斜于轴线:截交线为椭圆,椭圆的长、短轴随截平面与轴线夹角变化。当圆柱面的轴线垂直于某一投影面时,截交线在该投影面上积聚在圆柱面的积聚投影上,其余两投影为类似形(椭圆)。

例5-3 已知圆柱体被截切后的水平投影和正面投影,作出侧面投影。

分析:因圆柱体轴线垂直于水平投影面,截平面 *P* 是一个正垂面,与圆柱体轴线斜交,所以截交线应为椭圆。截交线的正面投影与截平面 P 的正面投影 P_V 重合，是一条直线，截交线的水平投影与圆柱面具有积聚性的水平投影重合，是一个圆[图 5-4a)]。截交线的侧面投影仍是椭圆(但不反映实形)，需作图。可利用截交线的两个已知投影，作出截交线上一系列点的侧面投影，然后依次用光滑曲线相连即可[图 5-4b)]。

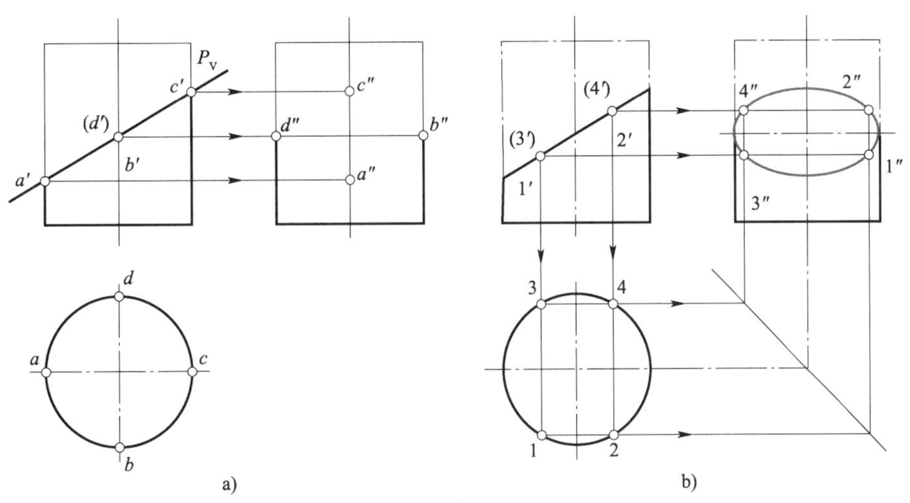

图 5-4　平面截切圆柱体

第五节　平面与圆锥体相交

根据截平面与圆锥轴线的相对位置，截交线有五种形状：

(1)垂直于轴线($\theta=90°$)：截交线为圆，在与轴线垂直的投影面上反映实形。

(2)与所有素线相交($\theta>\alpha$)：截交线为椭圆，α 为圆锥素线与轴线夹角。

(3)平行于一条素线($\theta=\alpha$)：截交线为抛物线。

(4)平行于两条素线($\theta<\alpha$)：截交线为双曲线。

(5)过锥顶：截交线为两条相交直线(三角形)。

例 5-4　已知被切割圆锥体的正面投影，补画水平投影和侧面投影。

分析：如图 5-5a)所示，因圆锥体轴线垂直于水平投影面，截平面 P 是一个正垂面，与圆锥体轴线斜交并且与圆锥面上所有素线相交，所以截交线为一个椭圆。椭圆的正面投影与截平面 P 的正面投影 P_V 重合，是一条直线；椭圆的水平投影和侧面投影仍是椭圆。

作图步骤：

(1)求特殊点。椭圆长、短轴端点(如最高点、最低点、最前点、最后点)，通过圆锥的投影特性和几何关系求出[图 5-5b)]。

(2)作辅助平面。通过多个辅助平面获取足够多的点并求出其投影[图 5-5c)]。

(3)依次光滑连接各点的同面投影，完成截交线绘制，注意可见性判断[图 5-5d)]。

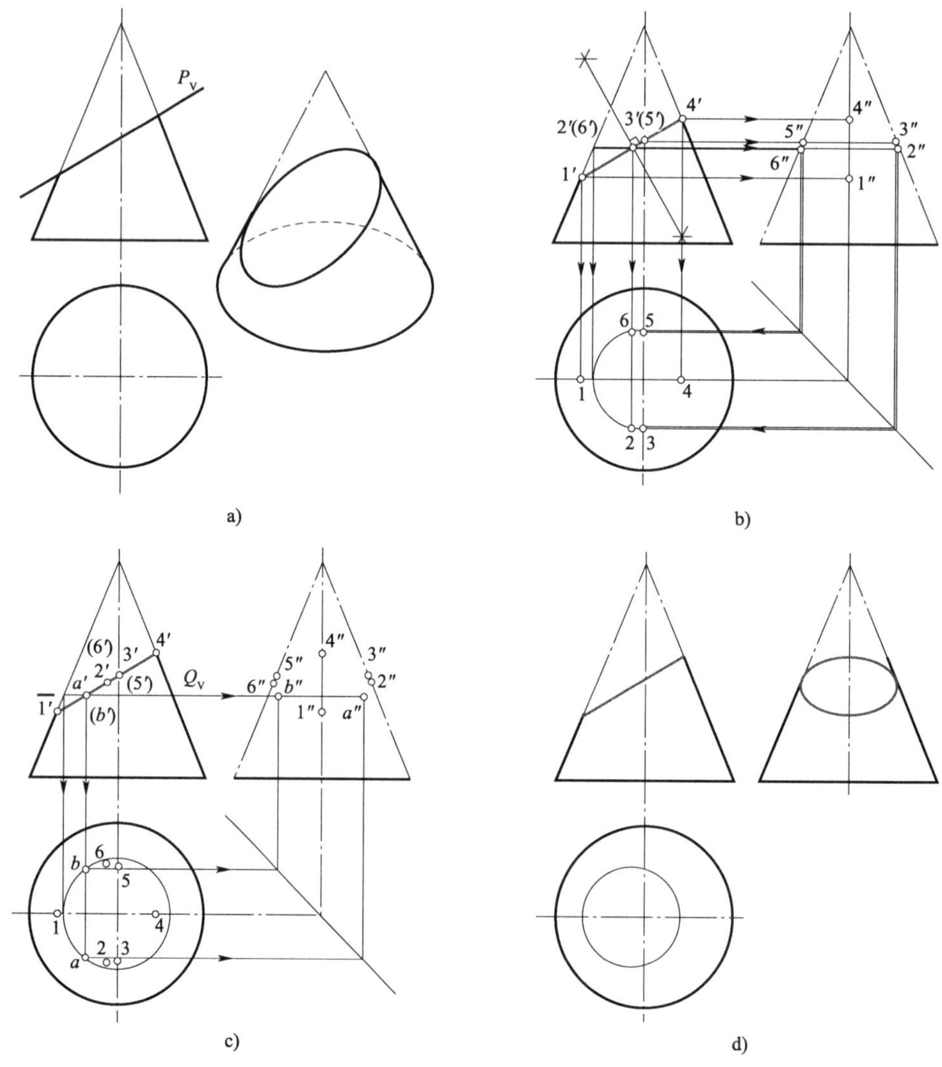

图 5-5　平面截切圆锥体

第六节　平面与球体相交

平面与球体在任意位置相交,其交线均为圆,其投影则因截平面与投影面的相对位置不同,可能是直线、椭圆或圆。

例 5-5　已知球体被铅垂面截切,如图 5-6a)所示,作出截切后球体的正面投影和侧面投影。

分析:截平面 P 垂直于水平投影面,截交线为一个位于此铅垂面上的圆。该圆的水平投影是直线段(P 与球体水平投影重合的部分)。圆的正面投影和侧面投影都是椭圆。

作图步骤:

(1)找特殊点。确定长轴端点(最高、最低点投影)和短轴端点,明确其投影位置[图 5-6b)]。

(2)补中间点。在特殊点间对称选取若干点,通过投影关系求其投影[图5-6c)]。

(3)连线成图。依次光滑连接各点投影,形成椭圆[图5-6d)]。

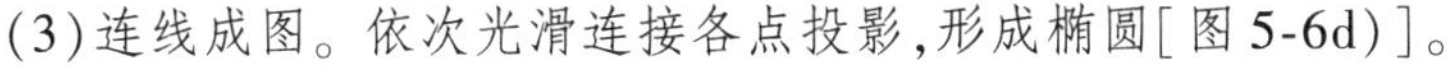

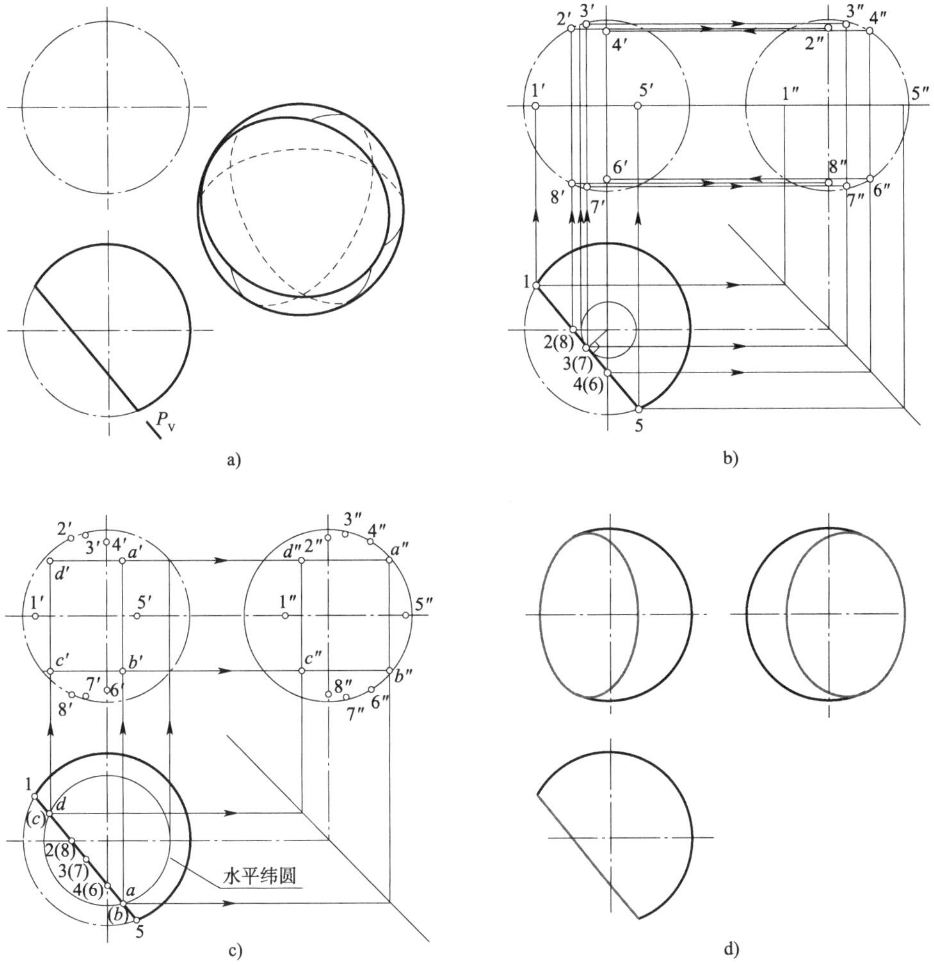

图5-6　平面截切球体

习题

一、填空题

1. 平面截切圆柱,当截平面倾斜于圆柱轴线时,截交线为________。

2. 两圆柱正交相贯,相贯线的投影求法有________和________。

3. 圆锥被平面截切,当截平面与圆锥轴线夹角大于圆锥半锥顶角时,截交线为________。

4. 球体被平面截切,若截平面距球心的距离为 d,球体半径为 R,则截交线圆的半径 $r=$ ________。

5. 圆柱与圆锥正交相贯,在圆锥轴线所平行的投影面上,相贯线的投影________。

二、选择题

1. 平面截切圆柱时,当截平面平行于圆柱轴线时,截交线为(　　)。

A. 圆　　B. 椭圆　　C. 矩形　　D. 双曲线

2. 两圆柱正交相贯,其相贯线的形状一般为(　　)。

A. 空间曲线　　B. 平面曲线　　C. 直线　　D. 圆

3. 圆锥被平面截切,当截平面与圆锥轴线夹角等于圆锥半锥顶角时,截交线为(　　)。

A. 圆　　B. 椭圆　　C. 抛物线　　D. 双曲线

4. 球体被平面截切,截交线的形状为(　　)。

A. 圆　　B. 椭圆　　C. 矩形　　D. 三角形

5. 圆柱与圆锥相贯,当圆锥轴线通过圆柱轴线时,相贯线为(　　)。

A. 两个椭圆　　B. 空间曲线　　C. 直线　　D. 圆

6. 当截平面垂直于圆锥轴线时,圆锥的截交线为(　　)。

A. 圆　　B. 椭圆　　C. 抛物线　　D. 双曲线

7. 两个直径相等且轴线正交的圆柱相贯,其相贯线为(　　)。

A. 椭圆　　B. 圆　　C. 直线　　D. 空间曲线

8. 平面截切正四棱柱,若截平面与棱线倾斜,截交线为(　　)。

A. 矩形　　B. 梯形　　C. 五边形　　D. 六边形

9. 圆锥与圆柱正交相贯,在圆柱轴线所平行的投影面上,相贯线的投影(　　)。

A. 积聚为直线　　B. 积聚为圆

C. 为非积聚性的类似形　　D. 为相贯线的实形

10. 平面截切球体,截平面距球心越远,截交线圆的直径(　　)。

A. 越大　　B. 越小　　C. 不变　　D. 不确定

三、判断题

1. 平面截切圆柱,截交线最多有三种形状。(　　)
2. 两回转体相贯,相贯线一定是封闭的空间曲线。(　　)
3. 圆锥被平面截切,截交线不可能是三角形。(　　)
4. 球体被任意平面截切,截交线圆的圆心一定在球心与截平面的垂线上。(　　)
5. 圆柱与圆锥相贯,在相贯线的特殊位置,可能会出现直线段。(　　)
6. 平面截切正棱柱,截交线一定是多边形。(　　)
7. 两圆柱相贯,当直径变化时,相贯线的形状也会改变。(　　)
8. 圆锥的截交线为椭圆时,其长轴一定垂直于圆锥的轴线。(　　)
9. 两回转体相贯,在非积聚性投影面上,相贯线的投影一定是类似形。(　　)
10. 平面截切球体,截平面平行于投影面时,截交线圆的投影反映实形。(　　)

四、简答题

1. 简述平面截切圆柱时截交线的形状及求法。
2. 两圆柱正交相贯时,如何求其相贯线的投影?
3. 圆锥被平面截切,有哪些不同情况的截交线?分别说明其形成条件和投影特点。
4. 举例说明球体被平面截切时,截交线的投影如何求。
5. 分析圆柱与圆锥相贯时相贯线的变化规律。

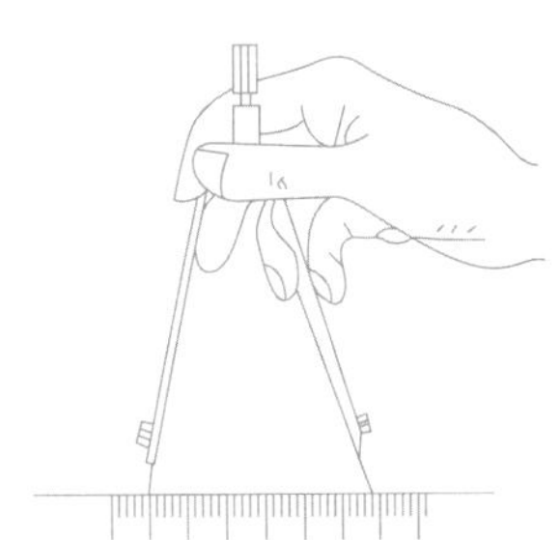

模块六
组合体

学习目标

※ 知识目标

1. 掌握组合体的构成方式,能精准区分叠加式组合体、切割式组合体、综合式组合体,了解各组成部分之间的连接关系。

2. 熟悉组合体尺寸标注的基本要求,包括尺寸完整、清晰、合理,明白定形尺寸、定位尺寸和总体尺寸的含义与区别。

3. 理解组合体视图的识读方法,如形体分析法、线面分析法的原理及适用场景。

※ 技能目标

1. 能熟练运用形体分析法绘制不同类型组合体的三视图,保证绘图步骤规范,视图表达无误,符合制图规范。

2. 正确标注组合体的各类尺寸,优化尺寸布局,避免尺寸重复与遗漏,提高图纸可读性。

3. 高效利用识读方法看懂复杂组合体的三视图,精准想象出组合体的空间结构,并且能口头或书面清晰表述。

※ 素养目标

1. 培养团队协作意识,通过小组讨论组合体绘制、识读方案,学会交流沟通,汲取他人思路。

2. 强化问题解决能力,在处理复杂组合体绘图、标注难题时,能独立思考、灵活变通。

3. 树立工程质量观念,知晓准确规范绘制组合体视图在实际工程中的重要性,注重细节把控。

组合体是由基本几何体(棱柱、棱锥、圆柱、圆锥、球体、圆环等)按一定的方式组合构成的立体,熟练地掌握组合体的分析、画图、看图及尺寸标注,将为进一步的学习打下基础。本模块介绍组合体的形体分析、画图、尺寸标注及读图的方法。

组合体的应用

第一节 组合体的构成分析

一、组合体的组合形式

组合体的基本组合形式有叠加和挖切两种。叠加是基本体和基本体之间进行叠加组合。挖切是从一个基本体中挖去另一个基本体,被挖去的部分形成孔洞,或者是在基本体上切去一部分,使被切的基本体成为不完整的几何形体。组合体的组合形式如图 6-1 所示。

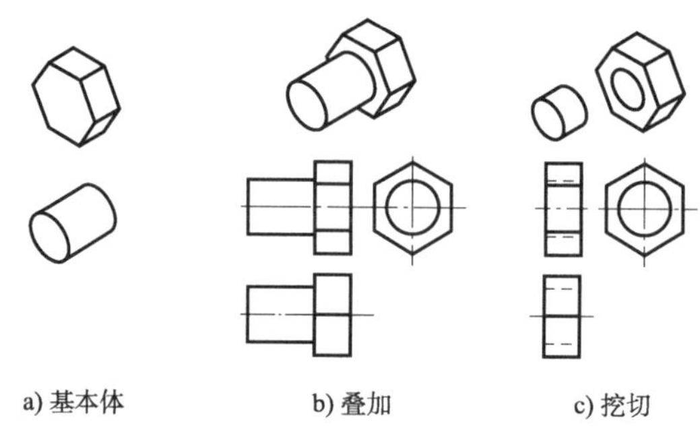

图 6-1 组合体的组合形式

二、组合体中各形体之间的过渡关系

经叠加、挖切组合后,形体之间可产生上下、左右、前后或对称、同轴等相对位置关系,形体的邻接表面之间可产生共面、相切或相交三种特殊关系。

三、组合体的分析方法

(一)形体分析法

假想将组合体分解为若干个基本体的叠加与切割,并分析这些基本体的相对位置,以产生整个组合体形体的概念,这种组合体的分析方法称为形体分析法。

图 6-2a)所示的组合体是由形体Ⅰ(底板)、Ⅱ(轴承座)、Ⅲ(支撑板)、Ⅳ(加强板)组成的。底板上又挖去两个圆孔。轴承座由一个大圆柱中挖去一个小圆柱构成。整个形体为Ⅰ、Ⅱ、Ⅲ、Ⅳ叠加而成,并有一个对称面。图 6-2b)所示的Ⅱ、Ⅲ之间的接触面是不存在的,也就是说,Ⅱ和Ⅲ接触后,接触的地方就融成一体。图 6-3 所示的组合体是由形体Ⅰ(四棱柱)切割而成的。

(二)线面分析法

在绘制和阅读组合体的视图时,对比较复杂的组合体,通常在运用形体分析法的基础上,对不易表达或读懂的局部,要结合面、线的空间性质和投影规律,分析形体的表面或表面间的交线与视图中的线框或图线的对应关系,来帮助表达或读懂这些局部形状,这种方法称为线面分析法。

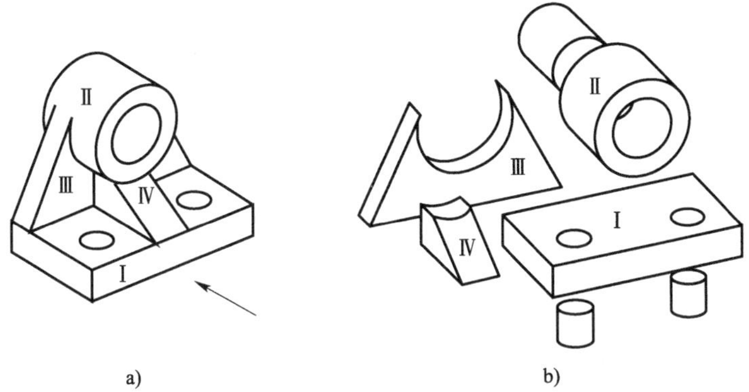

图 6-2　叠加式组合体的形体分析

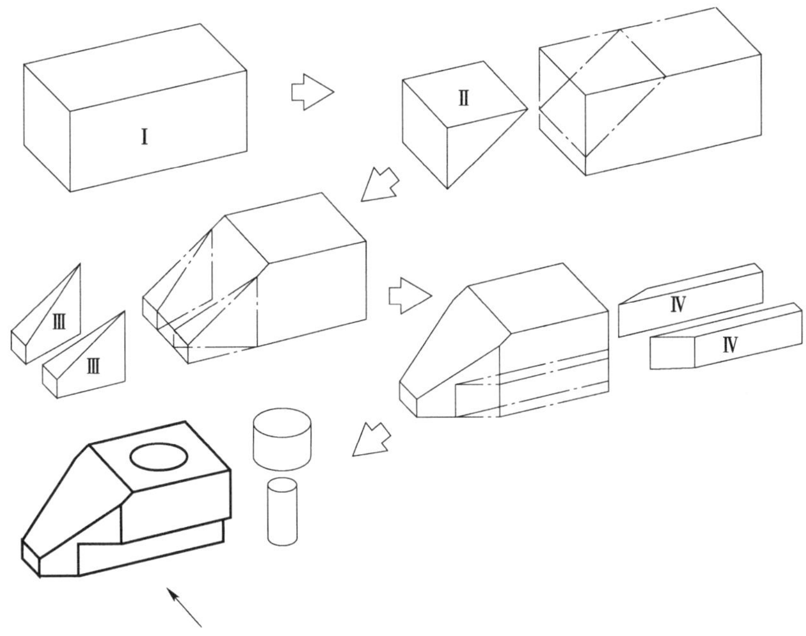

图 6-3　切割式组合体的形体分析

通常,视图中的图线有如下含义:

(1)具有积聚性的表面(平面或柱面)的投影。

(2)两个邻接表面(平面或曲面)交线的投影。

(3)曲面的转向线的投影。

视图中的线框有如下含义:

(1)形体表面(平面或曲面)的投影(封闭线框)。

(2)孔洞的投影(封闭线框)。

(3)相切表面的投影,表示为封闭线框或含有不封闭线框。

第二节 组合体三视图的画法

一、叠加式组合体的画法

下面以图6-4所示组合体为例，说明画叠加式组合体三视图的画法和具体步骤。

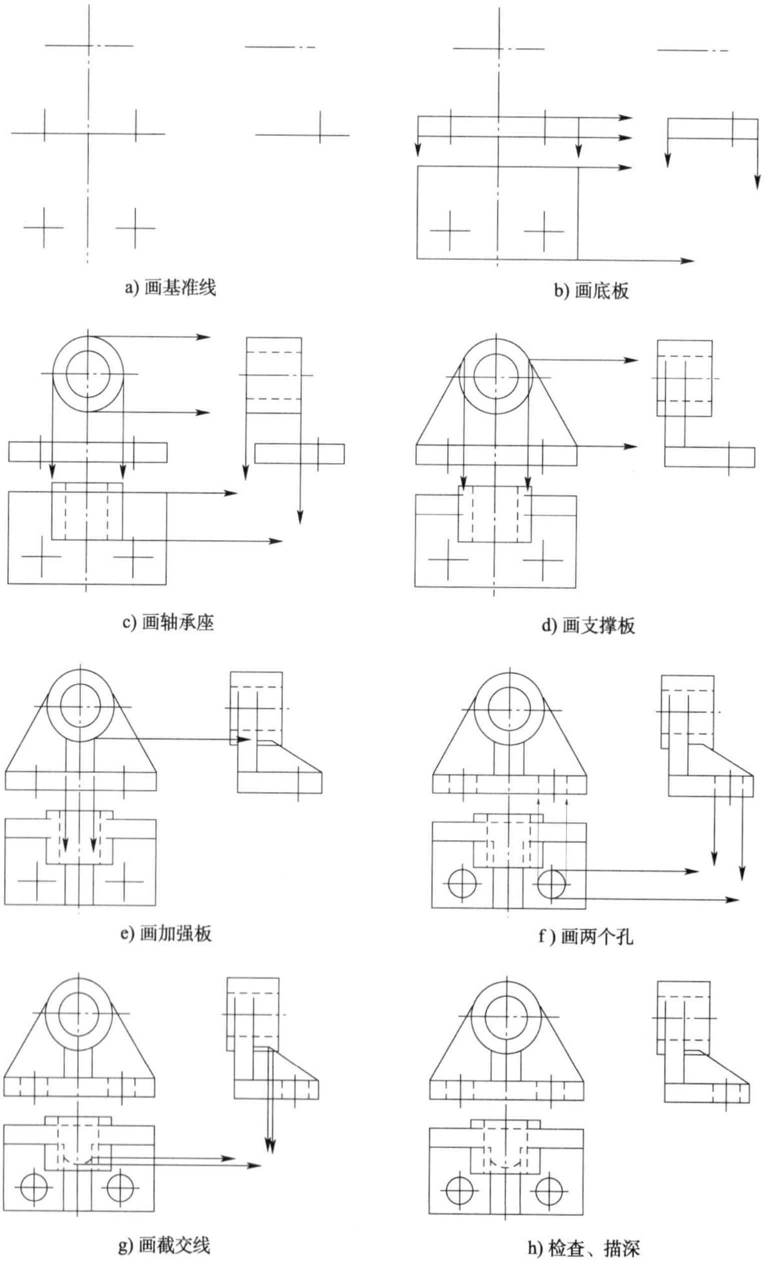

a) 画基准线

b) 画底板

c) 画轴承座

d) 画支撑板

e) 画加强板

f) 画两个孔

g) 画截交线

h) 检查、描深

图6-4 叠加式组合体三视图的画法和步骤

叠加式组合体的画图步骤：

(1)形体分析。将组合体分解为若干个基本几何体，分析它们的形状、相对位置以及表面连接关系。

(2)选择视图。选择最能反映组合体形状特征和各部分相对位置的方向作为主视图的投射方向。一般将组合体放在稳定的位置，使主要表面平行于投影面，以便在主视图中能够清晰地展示各部分的形状和连接关系；根据需要选择能够补充主视图信息的俯视图和左视图，以完整地表达组合体的三维形状。通常要考虑使视图中的虚线最少，以便于读图和绘图。

(3)绘制底稿。根据组合体的大小和复杂程度，选择合适的比例和图幅，使绘制的图形能够清晰地展示组合体的细节，并且在图纸上布局合理。

(4)画出基准线。在图纸上确定各视图的位置，画出基准线，如对称中心线、底面轮廓线等，如图 6-4a)所示，这些基准线将作为绘制各部分图形的依据。

(5)逐个画出基本几何体。按照各部分的相对位置，从主要部分开始，逐个画出各个基本几何体的投影，如图 6-4b)至图 6-4f)所示；在绘制过程中，要注意运用投影规律，保证各视图之间的对应关系正确。

(6)处理连接部分。对于叠加在一起的部分，要根据它们的连接方式来绘制相应的线条，如图 6-4g)所示。

(7)检查、描深。仔细检查底稿中各图形的投影是否准确，各部分之间的连接关系是否正确，视图之间的对应关系是否符合投影规律。检查有无遗漏的线条或错误的线条，如有问题及时进行修改。确认底稿无误后，按照制图标准加深图线。一般用粗实线绘制组合体的可见轮廓线，用细虚线绘制不可见轮廓线，用细点画线绘制对称中心线、轴线。加深图线时要注意线条的粗细均匀、光滑，使图形更加清晰、美观。

二、切割式组合体的画法

对切割体来说，表面交线较多，形体不完整，一般要在形体分析的基础上，对某些线、面作投影分析，从而完成切割体三视图的绘制。下面以图 6-5 所示切割体为例说明作图步骤。

切割式组合体画图步骤：

(1)形体分析。明确原始基本体(长方体)及切割方式(正垂面切角、平面组合切槽，回转面挖孔)。

(2)视图选择。主视图体现主要切割特征，辅以俯视图、左视图完善表达。

(3)画基准线(对称线、底面线)、画原始基本体三视图，如图 6-5a)所示。

(4)画切割面投影。正垂面在主视图积聚成斜线，俯视图、左视图据此补全截交线；凹槽在主视图确定位置，俯视图、左视图画出对应矩形轮廓，回转面挖出大孔、小孔如图 6-5b)至图 6-5g)所示。

(5)检查、描深。核对截交线、视图对应关系，修正错误，粗实线画可见轮廓，点画线画对称线，区分线型粗细，如图 6-5h)所示。

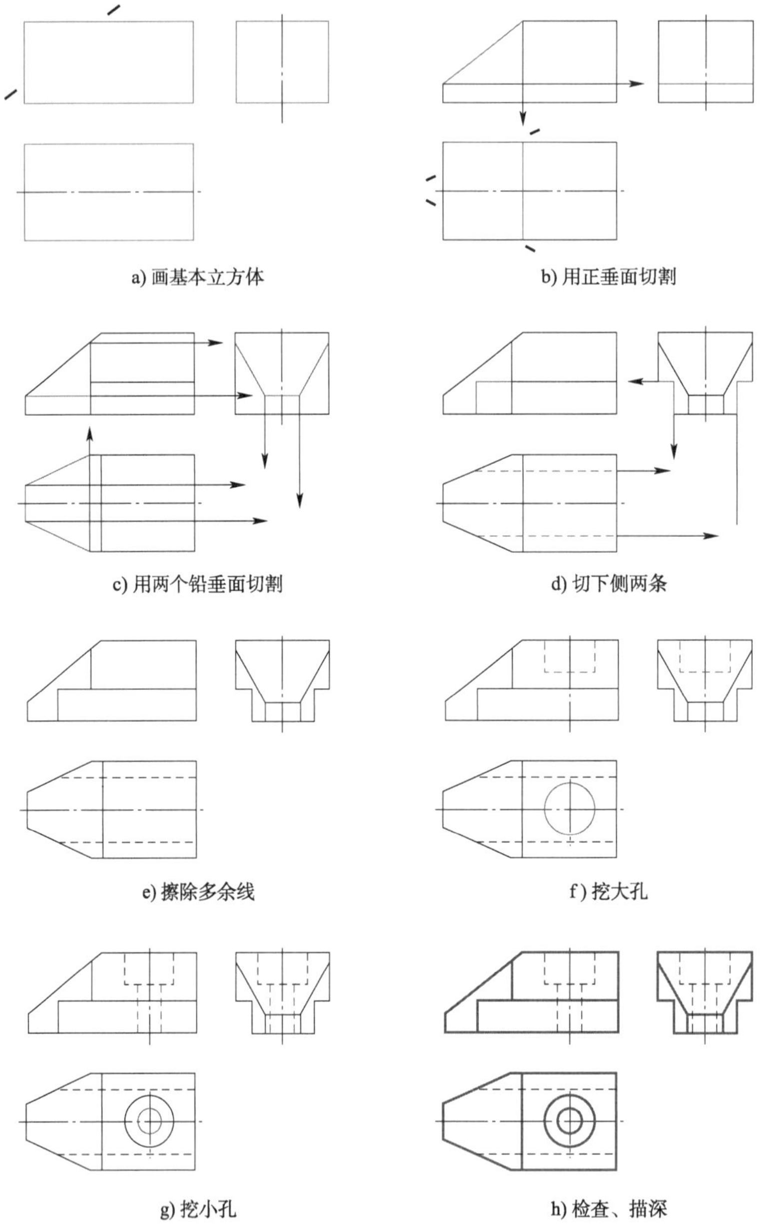

a) 画基本立方体

b) 用正垂面切割

c) 用两个铅垂面切割

d) 切下侧两条

e) 擦除多余线

f) 挖大孔

g) 挖小孔

h) 检查、描深

图 6-5　切割式组合体三视图的画法和步骤

第三节　组合体的尺寸标注

一、组合体的尺寸基准和种类

(一)组合体的尺寸基准

图 6-6 给出了组合体三个方向的主要基准。图 6-7 所示为选用辅助基准的例子,底板上

的 $\phi8$ 孔在宽度方向上的定位尺寸 9mm 是以 $\phi10$ 孔的轴线为辅助基准的，而不是根据宽度方向的主要基准来定位。

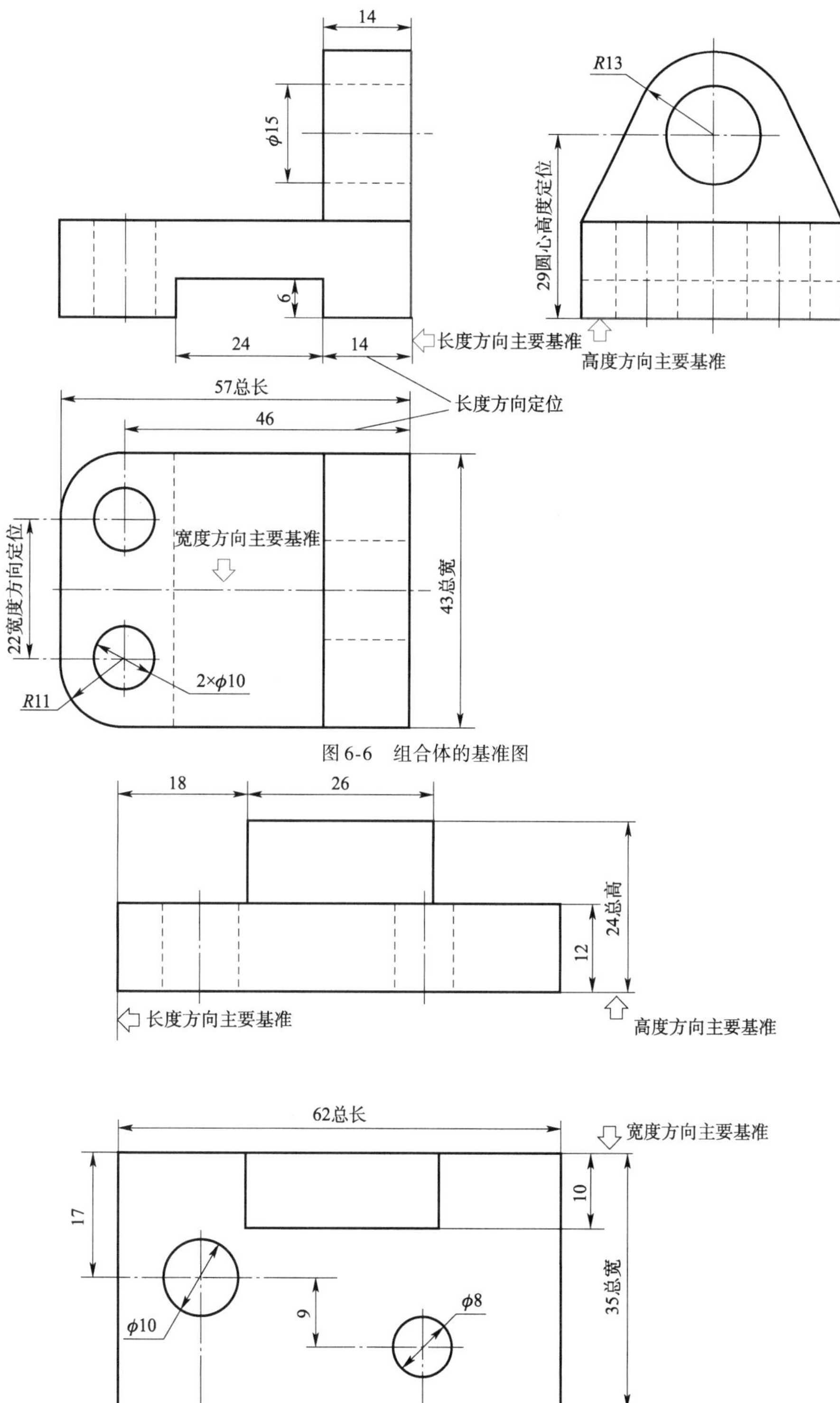

图 6-6　组合体的基准图

图 6-7　组合体的辅助基准

(二)组合体尺寸的种类

1. 定形尺寸

确定形体形状大小的尺寸称为定形尺寸。在三维空间中,定形尺寸一般包括长、宽、高三个方向的尺寸。由于各基本形体的形状特点不同,因而定形尺寸的数量也各不相同。

2. 定位尺寸

定位尺寸是确定形体间相对位置的尺寸,如图 6-8 所示。

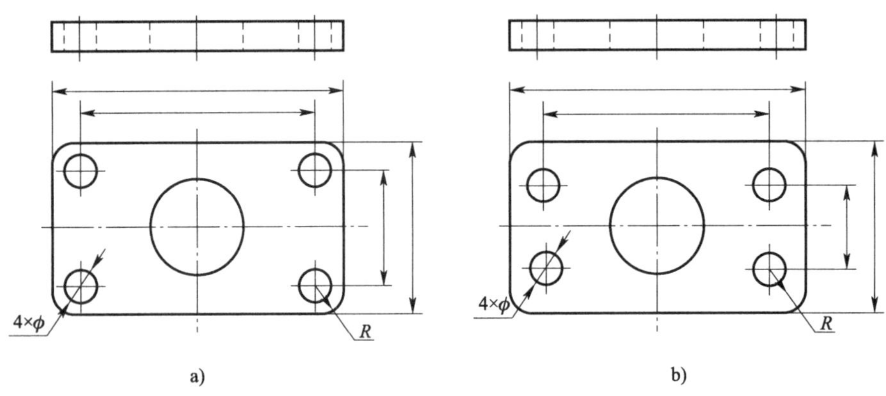

图 6-8　直接标注总体尺寸

3. 总体尺寸

为了知道组合体所占空间的大小,一般需标注组合体的总长、总宽和总高,称为总体尺寸。当组合体端面为平面时,直接标注总体尺寸,如图 6-8 所示;当组合体端面为回转面时不直接标注总体尺寸,而是采用标注回转面的定位尺寸及其定形尺寸间接标注,如图 6-9 所示。

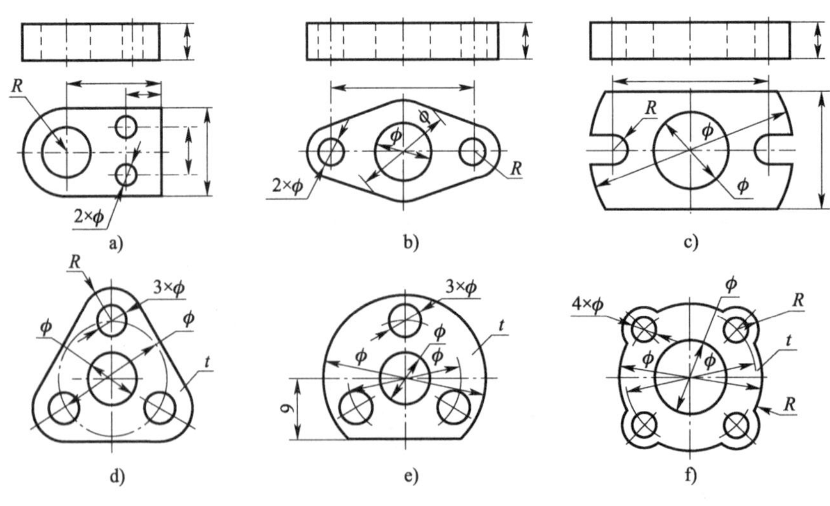

图 6-9　不直接标注总体尺寸

二、组合体尺寸的标注原则

(1)将尺寸标注在形体特征明显的视图上。
(2)有关联的尺寸尽量集中标注。
(3)交线上不应直接标注尺寸。
(4)尺寸排列整齐、清楚。

三、标注组合体尺寸的步骤

以图 6-4 所示叠加式组合体为例,说明标注组合体尺寸的步骤,如图 6-10 所示。

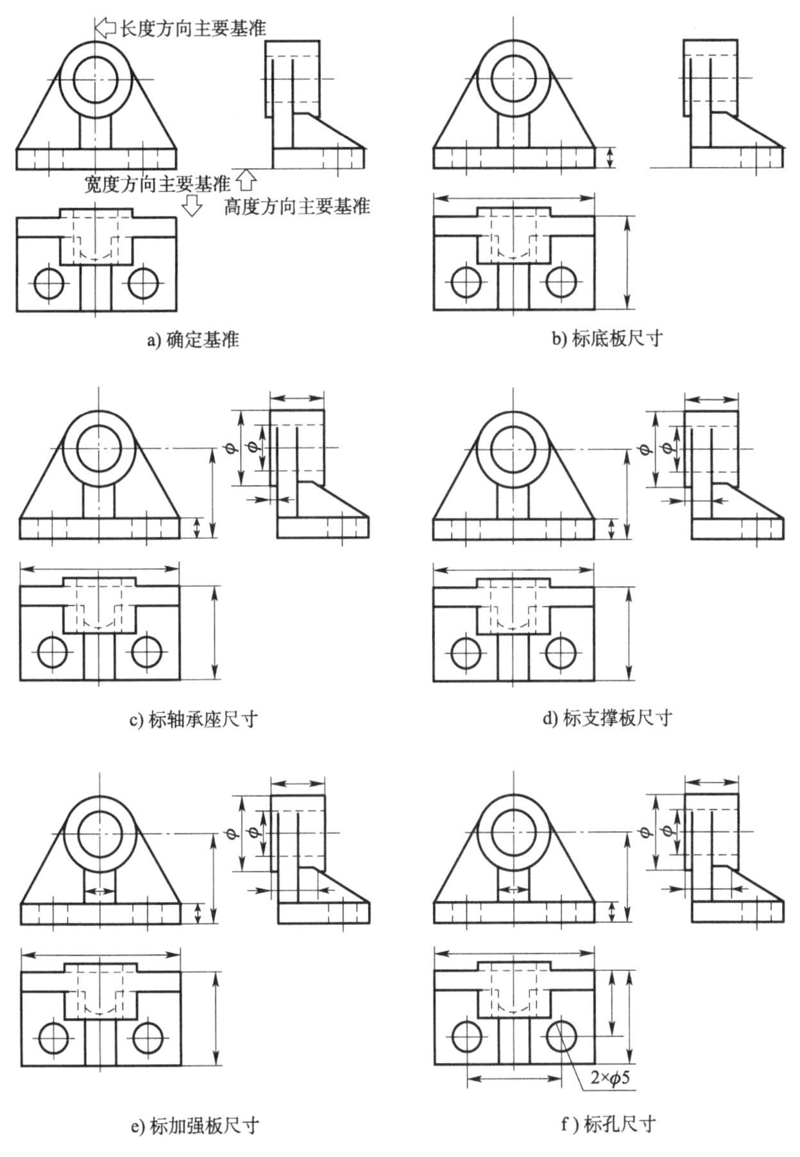

图 6-10　组合体尺寸标注

(1)形体分析。

(2)确定尺寸基准。

(3)分别标注各形体的定形尺寸和定位尺寸。

第四节 读组合体三视图

一、读图的基本要领

(一)几个视图联系起来看

通常,一个视图不能确定组合体的形状及其各形体间的相对位置,如图6-11所示,每个组合体的主视图均相同,但组合体形状各异。

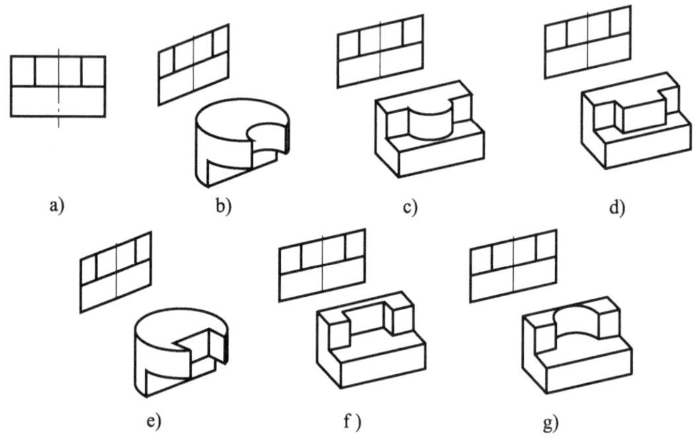

图6-11 一个视图不能唯一确定组合体的形状

(二)从反映形体特征的视图入手

在视图中,形体特征是对形体进行识别的关键信息。为了快速、准确地识别各形体,要从反映形体特征的视图入手,联系其他视图来读图。一般主视图能够较多地反映组合体的形体特征。因而在看图时,常从主视图入手。例如图6-4h)所示的组合体三视图,主视图反映了轴承座、支撑板的形体特征,左视图反映了加强板的形体特征,应从反映形体特征的视图入手来读图。

(三)认真分析视图中的线框并识别形体表面间的位置关系

视图中相邻或嵌套的两个线框可能表示相交的两个面,或高、低错开的两个面,或一个面与一个孔洞。例如,在图6-12所示的示例中,分析视图中的线框及投影关系,区分出它们的前后、上下、左右相对位置和相交等连接关系,帮助想象形体。

(四)将想象中的组合体与给定视图反复对照

读图的过程是把想象中的组合体与给定视图反复对照、不断修正的过程。初步想象出组合体后,还应验证给定的每个视图与所想象的组合体的视图是否相符。当二者不一致时,必须按照给定的视图来修正想象的形体,直至各个视图都相符为止,此时想象的组合体即所求。

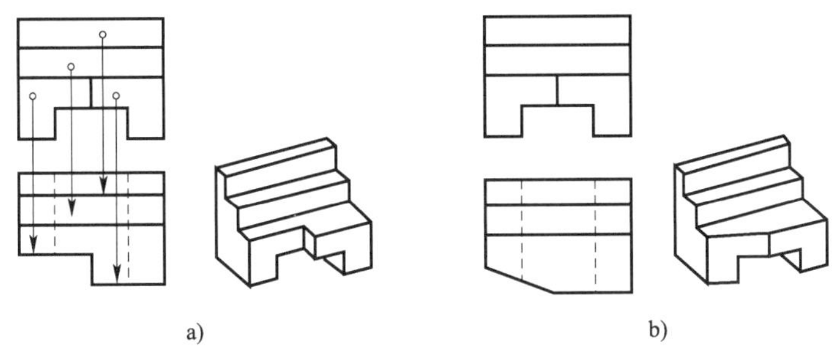

图 6-12　判断表面间的位置关系

二、读图的方法和步骤

以图 6-13a)为例,说明读图的具体步骤。

(一)分线框,对投影

从主视图入手,借助丁字尺、三角板和分规等,按照三视图投影规律,将几个视图联系起来看,把组合体大致分成几部分。图 6-13b)表示该组合体分成三部分。

(二)识形体,定位置

根据每一部分的视图想象出形体,并确定它们的相对位置和虚实,如图 6-13c)~图 6-13e)所示。

(三)综合起来想整体

确定各个形体及其相对位置后,完整的组合体的形状就清楚了,如图 6-13f)所示。此时,最好把读图过程中想象出的组合体与给定的三视图逐个形体、逐个视图再对照检查一遍。

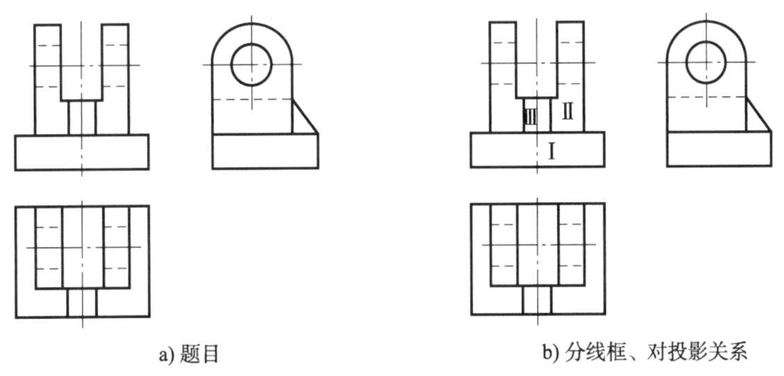

图　6-13

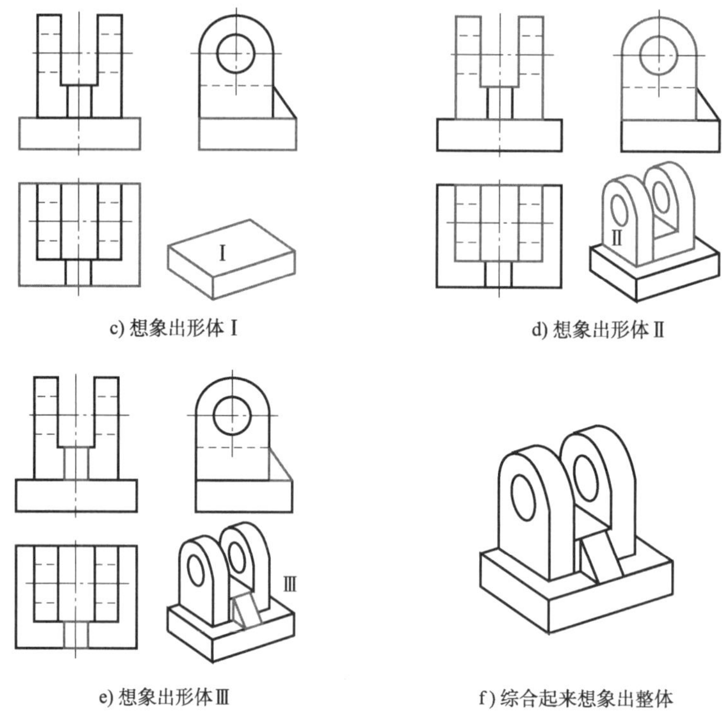

c) 想象出形体Ⅰ　d) 想象出形体Ⅱ

e) 想象出形体Ⅲ　f) 综合起来想象出整体

图 6-13　组合体三视图的读图步骤

习题

一、填空题

1. 组合体的分析方法主要有________和________。

2. 组合体尺寸标注的基本要求是________、________和________。

3. 确定组合体在长、宽、高三个方向的尺寸基准，通常选择________和________。

4. 当组合体表面相交时，应画出________的投影。

5. 组合体视图表达方案包括________和________。

二、选择题

1. 组合体的组合形式不包括(　　)。

A. 叠加　B. 切割　C. 综合　D. 拉伸

2. 画组合体三视图时，应先进行(　　)分析。

A. 形体　B. 线面　C. 尺寸　D. 视图选择

3. 组合体相邻表面之间的连接关系不包括(　　)。

A. 平齐　B. 相交　C. 相切　D. 重合

4. 读组合体视图的方法通常有(　　)。

A. 形体分析法和线面分析法　B. 投影法和视图法

C. 切割法和叠加法　D. 综合法和分析法

5. 在组合体尺寸标注中，确定各基本形体之间相对位置的尺寸是(　　)。

A. 定形尺寸　B. 定位尺寸

C. 总体尺寸　　D. 基准尺寸

6. 当组合体的某一表面在某一视图中具有积聚性时,其表面上的点和线的投影(　　)。

A. 一定可见　　B. 一定不可见

C. 根据具体情况确定可见性　　D. 与积聚性无关

7. 组合体视图中,当两个形体表面相切时,在相切处(　　)。

A. 画分界线　　B. 不画分界线

C. 可画可不画分界线　　D. 画粗实线分界线

8. 用形体分析法绘制组合体三视图时,通常先绘制(　　)。

A. 主视图　　B. 俯视图　　C. 左视图　　D. 任意视图

9. 组合体尺寸标注中,尺寸基准一般选择(　　)。

A. 组合体的对称平面　　B. 大的底面或端面

C. 回转体的轴线　　D. 以上都可以

10. 组合体的视图表达方案应(　　)。

A. 完整、清晰地表达组合体的形状和结构

B. 视图数量越多越好

C. 优先选择复杂的视图表达

D. 只考虑主视图的选择

三、判断题

1. 组合体只能由多个基本体叠加而成。(　　)
2. 画组合体三视图时,视图选择应使主视图最能反映组合体的形状特征。(　　)
3. 组合体相邻表面相交时,交线一定是直线。(　　)
4. 读组合体视图时,线面分析法主要用于分析较复杂的局部结构。(　　)
5. 定位尺寸应从尺寸基准直接标注。(　　)
6. 组合体表面上的点的投影,只要根据其所在表面的投影特性求解即可。(　　)
7. 当组合体的两个形体表面平齐时,在视图中不应画出分界线。(　　)
8. 绘制组合体三视图时,三个视图必须同时绘制。(　　)
9. 组合体的尺寸标注只要把所有尺寸都标上就可以。(　　)
10. 选择组合体视图表达方案时,应优先考虑减少视图数量。(　　)

四、简答题

1. 简述组合体的组合形式,并举例说明。
2. 如何进行组合体的形体分析?
3. 说明组合体视图选择的原则和步骤。
4. 简述组合体尺寸标注的步骤。
5. 分析组合体相邻表面的连接关系在视图中的表示方法。

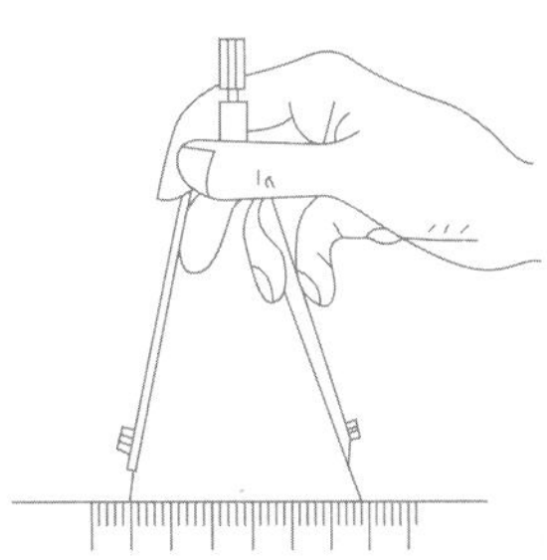

机械篇

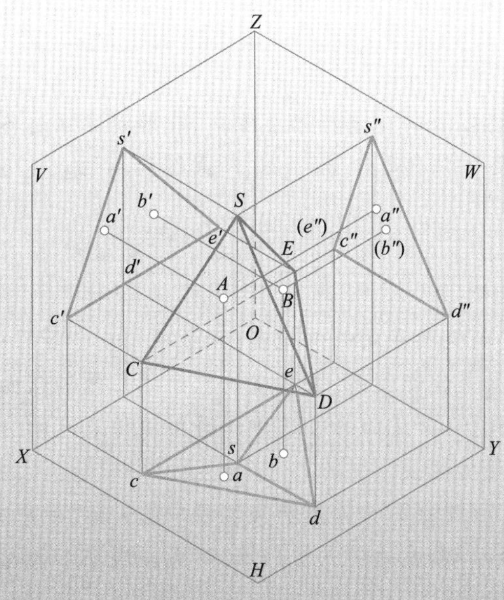

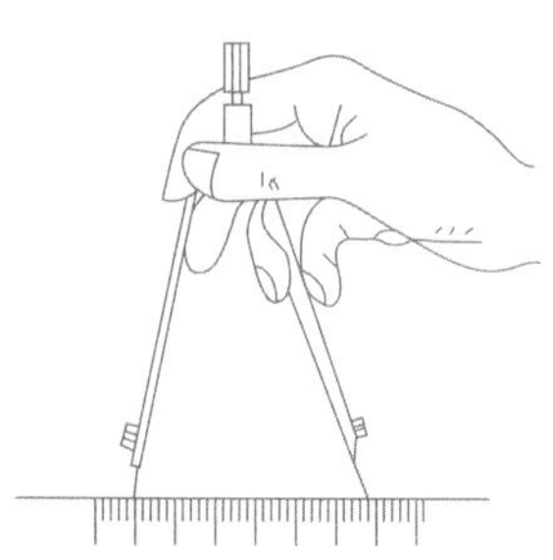

模块七
机件的常用表达方法

学习目标

❈ 知识目标

1. 熟知图样的常用表达方法的特征与分类方式,能够精准阐述各类表达方法的概念。
2. 能准确描述各类表达方法(视图、剖视图、断面图和其他表达方法)的形成。

❈ 技能目标

1. 掌握各种视图的画法和标注方法,绘制机件的基本视图、向视图、局部视图和斜视图。
2. 能区分全剖视图、半剖视图和局部剖视图,并正确绘制中等难度的剖视图。
3. 能区分移出断面图和重合断面图,并正确绘制简单难度的断面图。
4. 具备依据给定的机件,选择适合的表达方法进行机件表达的能力。

❈ 素养目标

1. 贯彻制图国家标准,通过自己的努力解决学习中的困难,养成自主学习的习惯。
2. 学会用联系的、全面的、发展的观点看问题,形成健康向上的人生态度。

盲人摸象的故事告诉我们,片面地看待问题会导致我们对事物产生误解。这启示我们,在认识事物时,应尽量多角度、全方位地去探索和了解。只有综合不同的视角和信息,我们才能更接近事物的真相,作出更为准确的判断。因此,我们应该保持开放的心态,不断拓宽视野,避免陷入狭隘的认知陷阱,从而更好地理解世界。

在机械制造领域,机件形状各异,复杂程度不一。对于那些构造简单的机件,使用三视图足以清晰地展示其结构和外观。然而,对于构造复杂的机件,三视图这一表达方法可能难以充分表达其细节和特征。

《机械制图　图样画法　视图》(GB/T 4458.1—2002)和《机械制图　图样画法　剖视图和断面图》(GB/T 4458.6—2002)详细规定了视图、剖视图和断面图的绘制方法。为了准确无误地描绘机件的各个部分,设计者必须熟练掌握这些不同的表达技巧,以确保机件的结构和形状能够被全面、清晰、简洁地展现出来。

第一节 视图

视图是指用正投影法将物体投射在投影面上所得的图形。视图包括:基本视图、向视图、局总视图和斜视图。

一、基本视图

(一)基本视图的形成

基本视图是通过在原有的三个投影面的基础上增加三个投影面来构建的。具体来说,就是将一个六面体的六个面作为基本的投影面,并将机件放在由这六个基本投影面构成的投影体系中,将机件分别向这六个基本投影面进行正投影,从而形成六个基本视图,如图 7-1a)所示。六个基本视图包括主视图、俯视图、左视图、右视图、仰视图、后视图,如图 7-1b)所示。

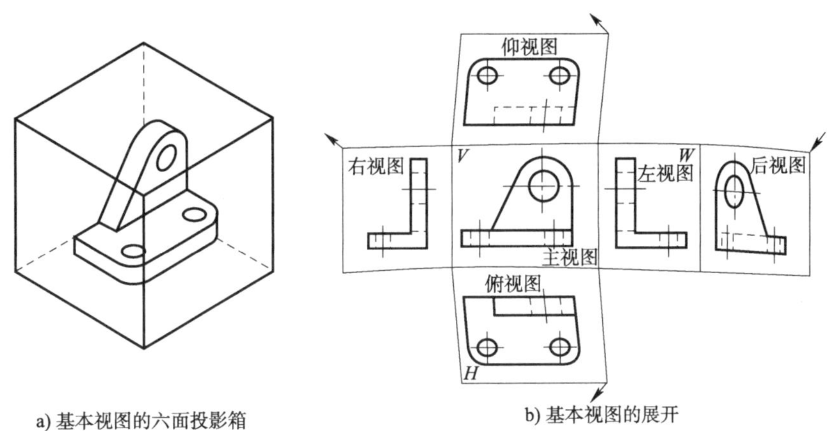

a) 基本视图的六面投影箱　　b) 基本视图的展开

图 7-1　基本视图的形成

(二)基本视图的配置位置和投影规律

六个基本投影面展开时,正投影面不动,其他各面展开方法如图 7-1b)所示。展开后各视图的配置关系如图 7-2 所示。

图 7-2　基本视图的配置

六面视图的投影对应关系仍遵守“长对正、高平齐、宽相等”的投影关系，即主视图、俯视图、仰视图、后视图四个视图长对正，主视图、左视图、右视图、后视图四个视图高平齐，俯视图、仰视图、左视图、右视图四个视图宽相等。

注意方位对应关系：除后视图外，靠近主视图的一边是物体的后面，远离主视图的一边是物体的前面。

二、向视图

在某些绘图情况下，可能无法按照基本视图的方式配置视图，或者无法将所有六个基本视图绘制在同一张图纸上。为了解决这一问题，国家标准引入了一种自由配置的视图——向视图，如图7-3所示。

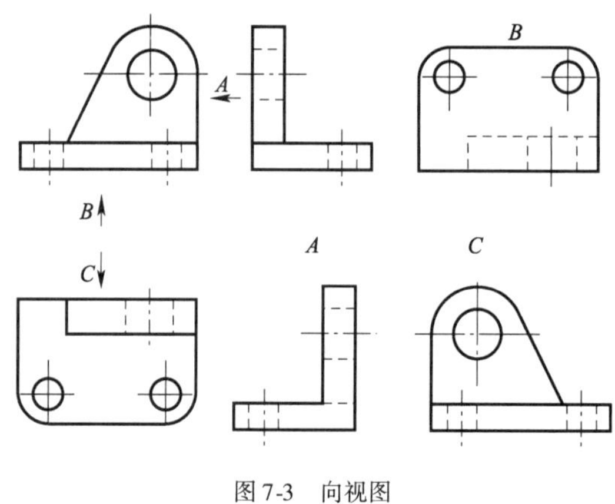

图7-3　向视图

为了提高图纸的可读性，向视图需要进行明确的标注。标注向视图时，应在图形的正上方使用大写拉丁字母标明视图名称“ × ”，并在视图附近用箭头指示投射方向，同时标注相应的字母。在可能的情况下，应将表示投射方向的箭头放在主视图上，而对于后视图的投射方向箭头，可以将其放在左视图或右视图上。

三、局部视图

局部视图是将物体的某一局部位置向基本投影面投射所得的视图。图7-4a)所示的机件采用主视图表达机件主体结构形状，但左右结构如果用俯视图和左视图表达会显得过于复杂。局部视图在表达结构时，旨在既简洁明了又突出重点。局部视图的边界通常用波浪线或双折线来表示，如图7-4b)展示的局部视图 *A*。当局部视图所表达的结构完整，并且其外轮廓形成一个封闭的独立形状时，波浪线可以省略，如图7-4b)中的局部视图 *B*。图7-4c)为波浪线错误画法。

在配置和标注局部视图时，应注意以下要点：

(1)如果局部视图按照向视图的方式配置，需要进行标注，如图7-4b)中的局部视图 *B*。

(2)如果局部视图按照基本视图的方式配置，并且没有其他图形的间隔，可以省略标注箭头和字母，如图7-4b)中的局部视图 *A* 可省略标注箭头和字母。

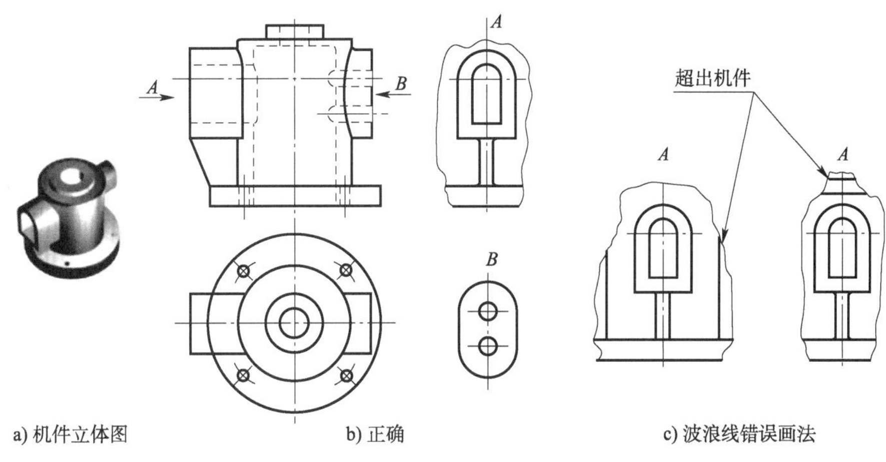

a) 机件立体图　　b) 正确　　c) 波浪线错误画法

图 7-4　局部视图

四、斜视图

斜视图的用途是表达机件上倾斜部分的真实形状。当机件的倾斜部分在基本投影面上的投影不能真实反映其形状时,斜视图就显得尤为重要了。例如图 7-5a)中的机件,其倾斜部分在俯视图和左视图中的投影无法真实反映其形状。为了解决这个问题,可以设想一个与倾斜部分平行的投影面,并在这个投影面上绘制出倾斜部分的真实形状投影,如图 7-5b)中的 A 向所示,将机件的倾斜部分向与其平行的倾斜投影面投射所得的视图即斜视图。

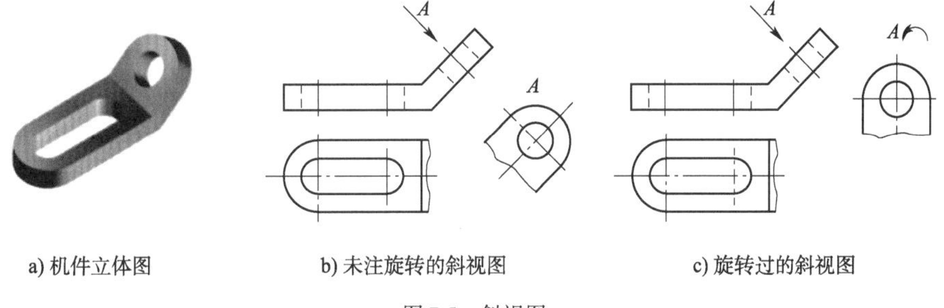

a) 机件立体图　　b) 未注旋转的斜视图　　c) 旋转过的斜视图

图 7-5　斜视图

在绘制斜视图时,应注意以下事项:

(1)斜视图的标注方法与局部视图类似,应尽可能放在与基本视图直接保持投影关系的位置,如图 7-5b)所示。为了绘图方便,斜视图也可以进行旋转,但必须在斜视图上方明确标注旋转符号。旋转符号的箭头方向应与斜视图的实际旋转方向相一致。旋转符号通常由一个半径等于字高的半圆弧表示,字母应标注在旋转符号的箭头一侧,如图 7-5c)所示。此外,旋转角度也可以直接标注在字母后面。

(2)在斜视图的正上方,还必须用大写拉丁字母标注视图的名称,如“×”。在相应的视图附近,用箭头来指出投射方向,并在箭头旁边标注相同的字母“×”。表示投射方向的箭头应垂直于倾斜结构的表面,而标注的字母则一律水平书写。

这样的标注方法有助于清晰地传达斜视图的旋转和投射信息,确保读图者能够准确理解斜视图所表达的内容。

第二节 剖视图

在分析和理解事物时,必须进行全面剖析,从不同的角度和层面去观察。我们只有立体地看待问题,才能避免片面性,把握事物的全貌和本质。因此,我们在面对复杂问题时,应学会转换视角,深入挖掘,以便更全面、更深刻地认识问题。

一、剖视图的基本概念

(一)剖视图的基本原理

1. 剖视图的用途

当机件的内部结构较为复杂时,视图可能会因过多的虚线而显得混乱。这不仅影响图形的清晰度,也给读图和尺寸标注带来了困难。在这种情况下,可采用剖视图的表达方法来画图,更直观地展示机件的内部结构。《机械制图　图样画法　剖视图和断面图》(GB/T 4458.6—2002)提供了明确的剖视图绘制规范。

2. 剖视图的定义

剖视图是一种通过假想的剖切平面将机件分成两部分,将处于观察者和剖切面之间的部分移除,将剩余部分投射到投影面上,并在剖面区域画上剖面符号,所得到的图形。这种表示方法能够清晰地表达机件内部的结构形状,如图 7-6 所示。在绘制剖视图时,假想的剖切平面应选择在最能清晰展现机件内部特征的位置,以确保图形的准确性和易读性。

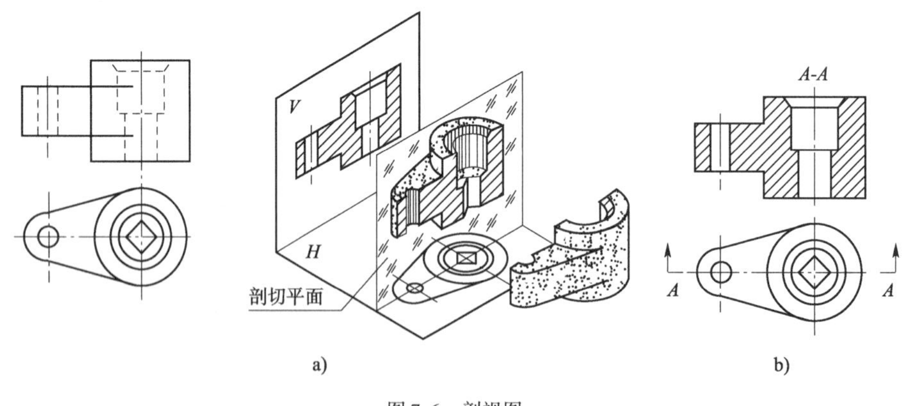

图 7-6　剖视图

3. 剖视图与视图的区别

视图中不可见的部分用细虚线表示,而剖视图假想将内部结构剖切开,能够将视图中不可见的部分按可见部分绘制,将原本的虚线转变为实线,并且绘制出剖面线,增强了图形的层次感。因此,剖视图不仅方便观察,也使得图形更为清晰。

(二)绘制剖视图的步骤

1. 确定剖切面的选择和位置

通常把剖切面作为平面,但有时为了更精确地表达机件的内部结构,也可以采用圆柱面等曲面作为剖切面。剖切面的选择应确保在剖切后不会产生结构要素不完整的情况,因此剖切平面通常需要与投影面平行,并通过机件内部孔、槽的轴线或对称面。

2. 绘制剖视图

首先,绘制剖切平面与机件实体接触部分的投影,即剖面区域的轮廓线;然后,绘制剖切区域之后机件的可见部分的投影。

3. 在剖面区域绘制剖面符号并进行标注

(1)在剖面区域,需要绘制剖面符号。材料的剖切面符号见表 7-1。

材料的剖面符号(GB/T 4457.5—2013 和 GB/T 17453—2005)　　表 7-1

材料名称		剖面符号	材料名称	剖面符号
金属材料(已有规定剖面符号者除外)			胶合板(不分层数)	
线圈绕组元件			基础周围的混凝土	
转子、电枢、变压器和电抗器等的迭钢片			混凝土	
非金属材料(已有规定剖面符号者除外)			钢筋混凝土	
型砂、填砂、粉末冶金、砂轮、陶瓷刀片、硬质合金刀片等			砖	
玻璃及供观察用的其他透明材料			格网(筛网、过滤网等)	
木材	纵剖面		液体	
	横剖面			

(2)剖视图的标注方法:剖视图中需标注剖切符号和名称,如图 7-7 所示,以清晰地表达机件的内部结构。剖切符号通常由短画线和箭头组成。在剖切符号附近标注时,使用大写拉丁字母“×”。在视图的上方中间位置标注“×-×”,以明确指示剖切的位置和方向。金属

材料常用的剖面符号称为剖面线,用细实线绘制,剖面线的方向如图 7-7 所示。

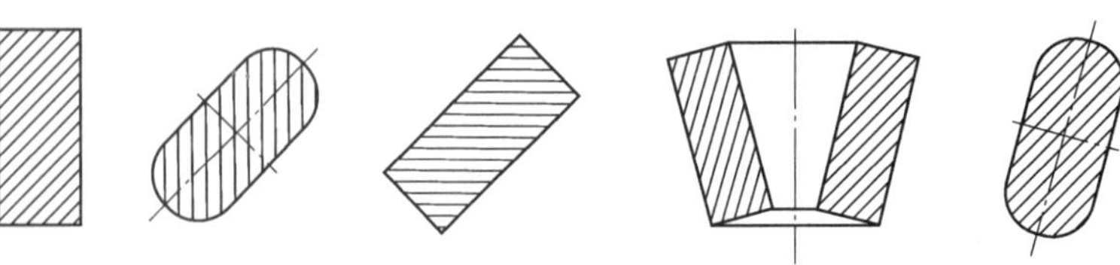

图 7-7　剖面线的方向

(三)绘制剖视图时的注意事项

注意以下要点,可以确保剖视图的准确性和清晰度,便于设计者和制造者之间的有效沟通:

(1)剖切的选择性。在表达机件的内部结构时,剖切的选择至关重要。

(2)剖切的假想性。剖切面是一个理论上的构造,它不会影响其他视图的完整性。这意味着,即使在剖视图中展示了部分内部结构,其他视图仍然按照完整的机件来绘制。

(3)剖切面的位置。剖切平面应与视图所在的投影面保持平行,通常通过机件的轴线或对称面进行剖切。这样的剖切方式能够真实反映剖切面的形状,并通过剖切符号进行标注。

(4)剖面区域的表示。在剖视图中,剖切面与零件接触的部分被称为剖面区域。根据《机械制图　剖面区域的表示法》(GB/T 4457.5—2013)和《技术制图图样画法剖面区域的表示法》(GB/T 17453—2005)的规定,剖面区域应标注剖面符号。不同的材料应使用不同的剖面符号,具体见表 7-1。

(5)剖切面后方结构的绘制。在剖视图中,位于剖切面后方的可见结构必须完整绘制,而不是仅仅绘制剖切面的投影。剖视图画法的常见错误如图 7-8 所示。

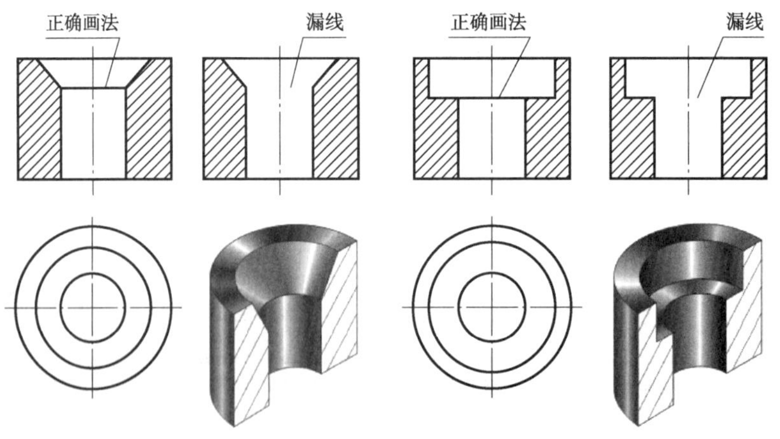

图 7-8　剖视图画法的常见错误

(6)细虚线的处理。在剖视图中,对于不可见的轮廓线或其他结构,如果这些结构在其他视图中已经清晰表达,则在剖视图中不再绘制细虚线。然而,对于那些在其他视图中无法清晰表示的结构,允许绘制少量虚线以辅助表达。

(7)机件上薄板结构的剖切表示。根据国家标准的规定,对于机件上的肋板、轮栅等薄板实心结构,在进行纵向剖切时,应按照不倒角处理,不绘制剖面线,而是使用实线与相邻部分区分。在进行横向剖切时，则按照剖切处理，绘制剖面线。

二、剖视图的种类

根据剖切平面与机件的接触范围，剖视图可以分为全剖视图、半剖视图、局部剖视图。

(一)全剖视图

1. 概念

用剖切面完全剖开机件所得的剖视图称为全剖视图，如图 7-9 所示。

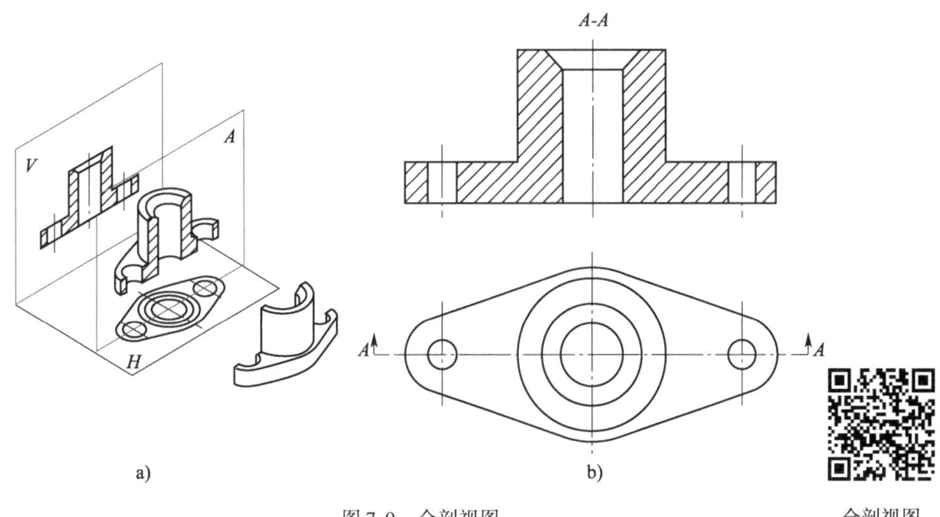

图 7-9　全剖视图　　全剖视图

2. 适用范围

当机件外形简单，而内部形状相对复杂，或外形在其他视图已表达清楚时，为了集中表达机件的内部结构，常采用全剖视图。

3. 全剖视图的标注方法

在剖视图的正上方，用大写拉丁字母标注图名“×-×”，在剖切面的起始和迄止位置画出剖切符号，在剖切符号端部画出表示投射方向的箭头，并注上相同的大写拉丁字母，如图 7-9b)所示。

(二)半剖视图

1. 概念

对于具有对称平面的机件，其投影图可以沿对称中心线分为两部分：一部分为剖视图，另一部分为视图。

2. 适用范围

对于内外结构均需表达的对称机件，如图 7-10 所示的轴承座，由于其前后、左右对称且内外形状复杂,采用半剖视图可以清晰展示。绘制时,剖视图通常位于中心线的右侧(左右配置)或下方(上下配置)。

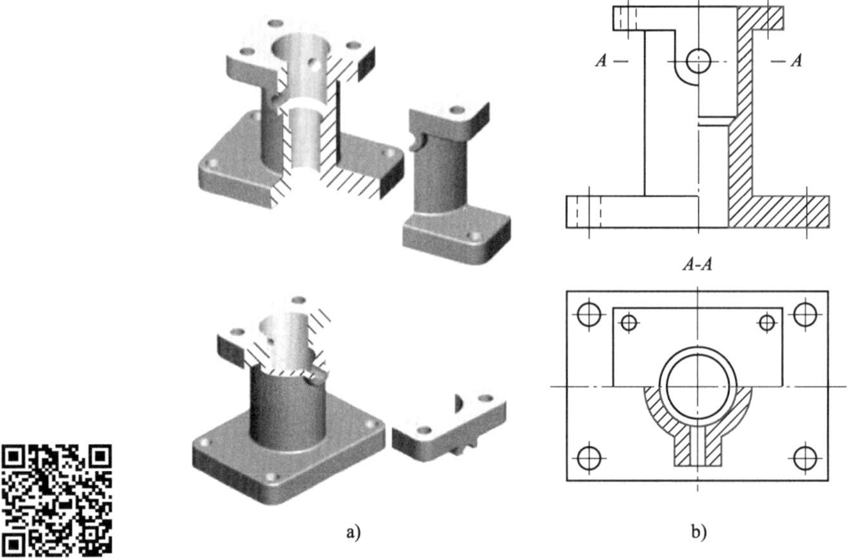

半剖视图

图 7-10　半剖视图

3. 绘制半剖视图的注意事项

(1)在半剖视图中,画视图的一半与剖视图的另一半之间的分界应使用细点画线,而非粗实线。

(2)对于在剖视图中已清晰展示的内部结构,在表达外形的半个视图中,相应的虚线应省略,以避免重复。如图 7-10 所示,当机件结构近似对称,且不对称部分已在其他视图中详细表示时,主视图可以使用半剖视图。

(3)半剖视图的标注方法与全剖视图一致。

(三)局部剖视图

1. 概念

用剖切面局部剖开机件所得的剖视图,称为局部剖视图(图 7-11)。

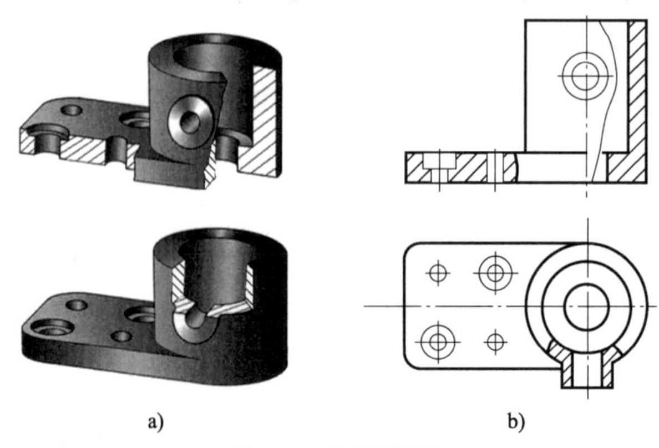

图 7-11　局部剖视图

2. 适用范围

局部剖视图是一种较灵活的表达方法,适用范围较广。

3. 绘制局部剖视图的注意事项

(1)局部剖视图可用波浪线分界,波浪线应画在机件的实体上,不能超出实体轮廓线,也不能画在机件的中空处,如图 7-12 所示。局部剖视图也可用双折线分界。

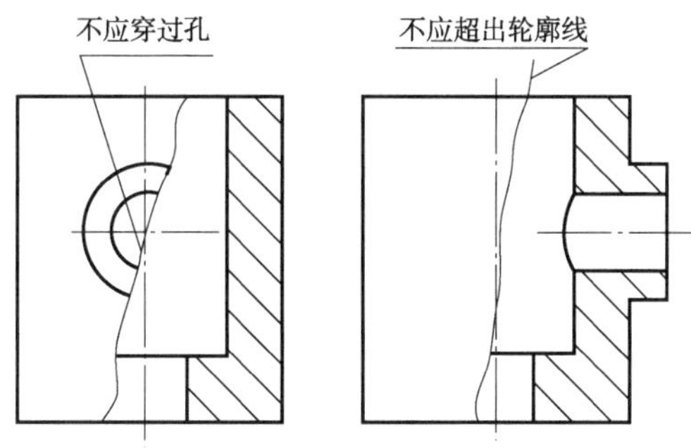

图 7-12　局部剖视图的断裂边界

(2)一个视图中,局部剖视的数量不宜过多,在不影响外形表达的情况下,可在较大范围内画成局部剖视图,以减少局部剖视图的数量,如图 7-13 所示。

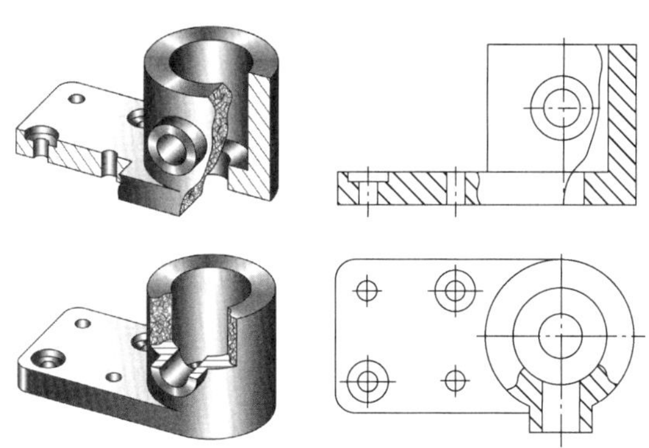

图 7-13　局部剖视的数量表达

(3)波浪线不应画在轮廓线的延长线上,也不能用轮廓线代替,或与图样上其他图线重合。

三、剖切面的种类

因机件内部形状的多样性,剖开机件的方法可根据机件的结构特点来选择。国家标准规定的剖切面有单一剖切平面、几个平行的剖切平面和几个相交的剖切平面,选择这三种剖切面均可得到全剖视图、半剖视图或局部剖视图。

(一)单一剖切平面

单一剖切平面是指仅使用一个剖切面剖开机件得到的平面。这种剖切面可以是平行于基本投影面的剖切面，如图 7-14 中的 *B-B* 线所示；也可以是倾斜于基本投影面的剖切面，如图 7-14 中的 *A-A* 线所示。

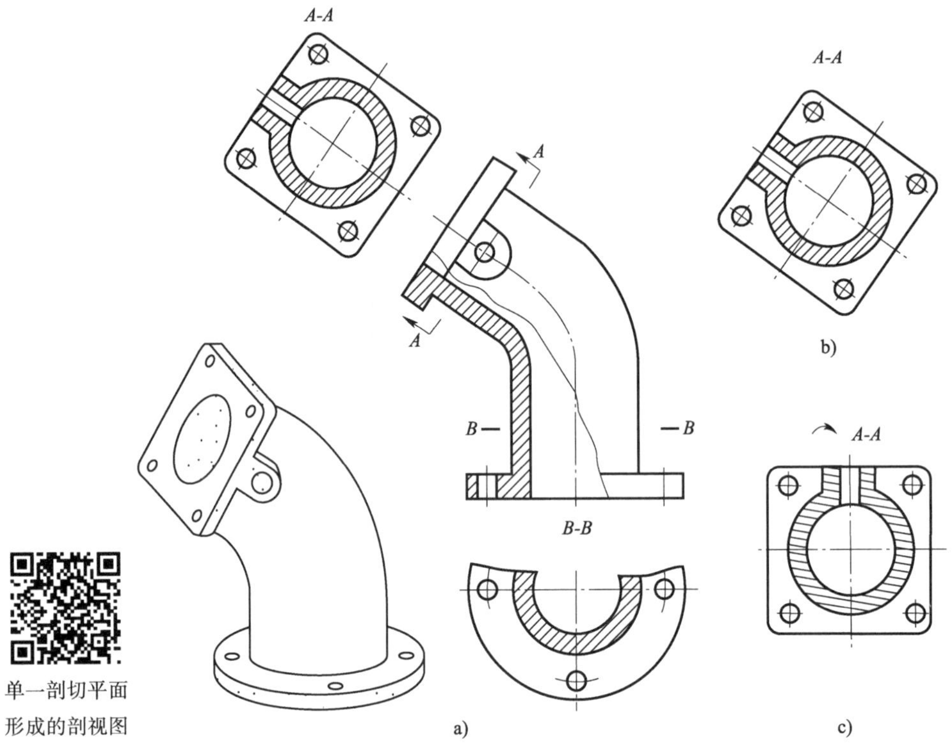

图 7-14　单一剖切平面形成的剖视图

当需要表达机件倾斜部分的内部结构时，可以采用以下方法：选择一个与倾斜部分平行的辅助投影面，使用一个与该辅助投影面平行的单一剖切面剖开机件，在辅助投影面上获得剖视图。此时，为了确保剖视图的清晰表达，必须标注剖切面的位置、投射方向和剖视图名称；尽量使剖视图与剖切面投影关系相对应，并将剖视图配置在箭头指示方向的一侧；在不引起误解的情况下，允许对图形进行适当的旋转，并在必要时加注旋转符号。

(二)几个平行的剖切平面

当机件内部结构复杂，且其轴线或对称面分布在多个平行平面上时，在应用多个平行剖切平面时，应注意以下几点(图 7-15)：

(1)必须对剖视图进行标注，在标注剖切符号时，应避免其转折处与图中的其他线条重合。

(2)剖视图中应展示完整的结构要素，避免出现不完整的部分。

(3)在剖视图中，不应描绘各剖切平面转折处的分界线。

(三)几个相交的剖切平面

当机件内部结构复杂、较多且分布位置未在多个平行面上或非对称分布时，可以使用几个相交的剖切平面(其交线垂直于某一基本投影面)来剖开机件。

在绘制旋转剖视图时，应遵循以下步骤和注意事项：

(1)将被剖切面剖开的结构旋转至与选定的基本投影面平行,然后进行投射,如图7-16所示。

(2)选择相交剖切面时,应注意以下几点:

①交线必须垂直于某一基本投影面。

②剖视图应标注剖切符号、箭头和剖视图名称。在标注时,如果转折处空间有限且不会引起误解,可以省略字母。

旋转剖视图

③处于剖切面后面的其他结构要素,通常仍按原来的位置进行投影。

④如果剖切后机件上出现不完整的要素,这些要素应按未剖切绘制。

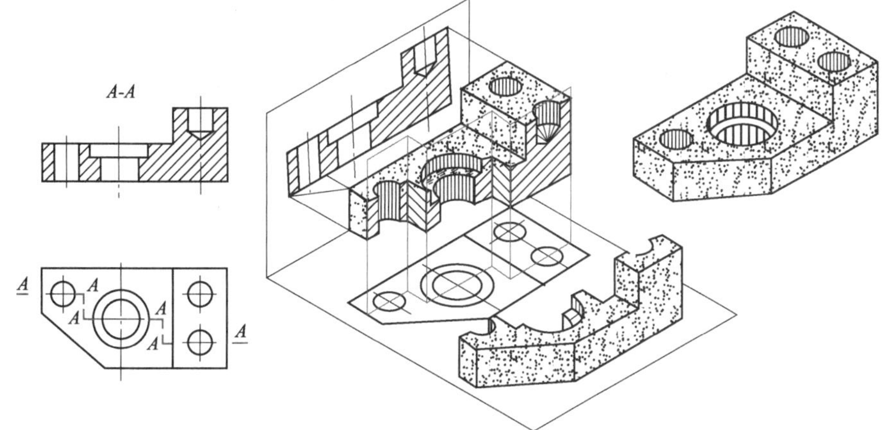

图7-15　阶梯剖视图的画法

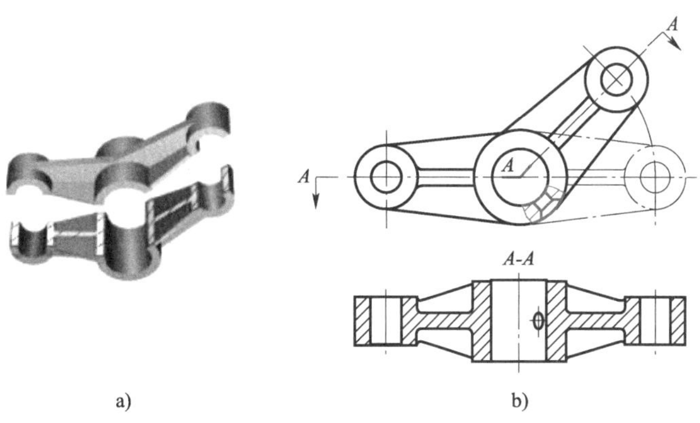

图7-16　旋转剖视图

第三节　断面图

国内机械化全断面开挖斜井新模式的诞生

国内机械化全断面开挖斜井新模式的诞生标志着矿井建设技术的重大突破。该模式采用全机械化设备,实现了斜井快速、高效、安全的一次性开挖成型,大幅提高了施工效率,降低了劳动强度,为我国矿业发展注入了新动力。

一、断面图的概念

断面图用于表达机件上某一部分的断面形状，常辅助其他表达方法，以便简化表达及读图。假想用剖切平面将机件的某一部分剖开，仅画出机件与剖切平面接触的部分（断面）的图形，所得的图形被称为断面图，如图 7-17 所示。

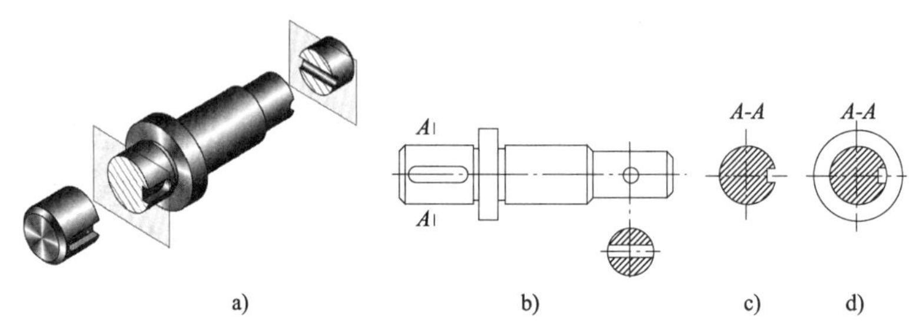

图 7-17　断面图

断面图与剖视图在表达方式上的区别：断面图是面的投影，仅描绘出断面的轮廓；而剖视图是表达整个物体在剖切后的投影，需要绘制出剖切面之后的所有结构，是体的投影。与剖视图相比，断面图提供了更为直观和简化的视觉表达，图 7-17c）为断面图，图 7-17d）为剖视图。

断面图通常适用于清晰表达机件上某一部分的断面结构，如键槽、肋板、轮辐、小孔以及各种细长的杆件和型材的断面形状等。

二、断面图的分类

根据配置位置，断面图可以分为移出断面图和重合断面图。

（一）移出断面图

移出断面图是画在视图之外的断面图，简称移出断面，如图 7-18 所示。

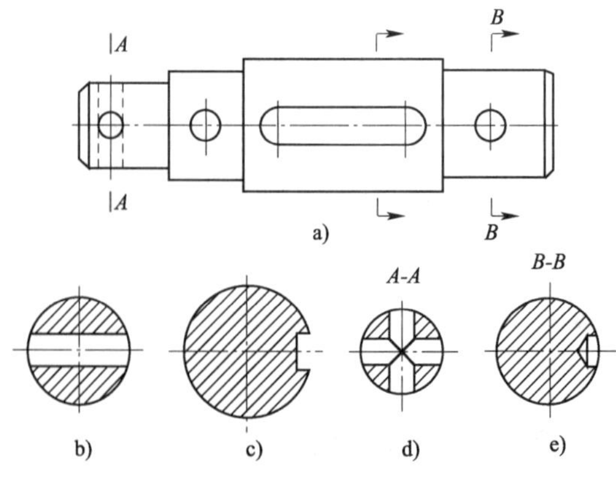

图 7-18　移出断面图

移出断面图的轮廓线应使用粗实线绘制，以下是移出断面图的绘制规定。

1. 两个或多个相交的剖切平面

移出断面图在中间部分通常需要断开，以便于观察。

2. 回转面结构

如果剖切平面通过回转面形成孔或凹坑的轴线，这些结构应按照剖视图的方式绘制，如图 7-19a）所示。

3. 非圆孔处理

当剖切平面通过非圆形孔，且这种剖切会导致图形分离时，这些结构也应按照剖视图的方式绘制，如图 7-19b）所示。

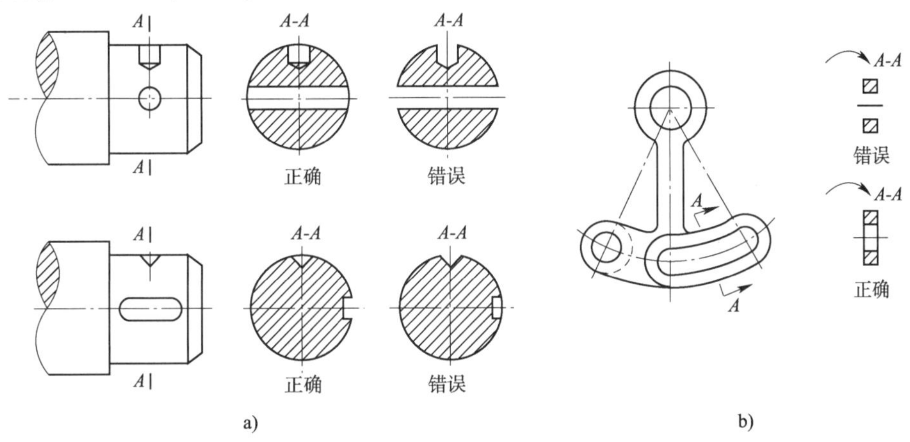

图 7-19　回转面结构的表达

4. 移出断面图的标注方法

（1）标注名称：移出断面图通常应标注断面图的名称，如“×-×”，其中“×”应为大写字母。在相应的视图上，使用剖切符号来表示剖切位置和投射方向，并标注相应的字母。

（2）剖切线延长线上的标注：当移出断面图配置在剖切线的延长线上时，可以省略字母标注。

（3）箭头的使用：对称的移出断面图，可以不标注箭头；不对称的移出断面图，或者按照投影关系配置的移出断面图，可以省略箭头。

（4）对称移出断面图的标注：配置在剖切线延长线上的对称移出断面图，通常不需要进行标注。

（二）重合断面图

重合断面图是重合在视图轮廓线内绘制的断面图，简称重合断面，如图 7-20 所示。

重合断面图的轮廓线应使用细实线绘制，以下是重合断面图的绘制规定：

（1）重叠处理：当视图中的轮廓线与重合断面图的图形重叠时，视图中的轮廓线应连续画出，不可间断，如图 7-21a）所示，图 7-21b）所示的画法是错误的。

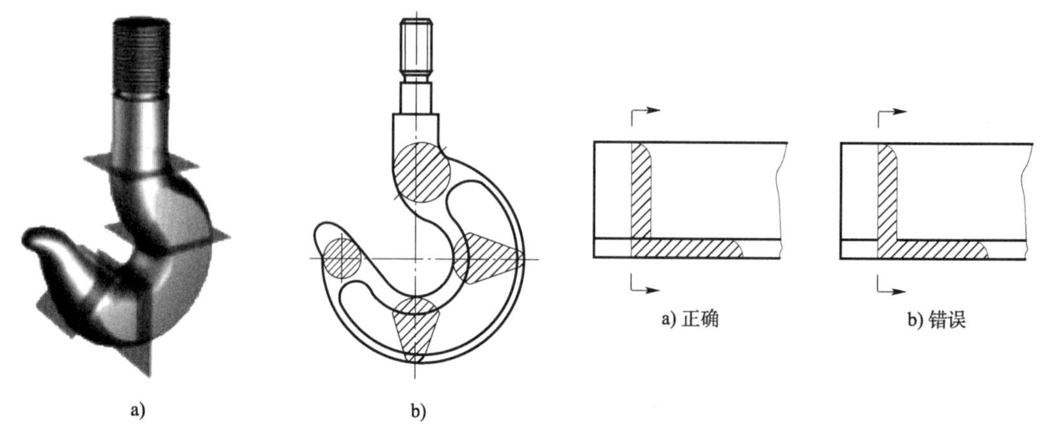

图 7-20　吊钩的重合断面图

图 7-21　重合断面图的重叠处理

（2）标注规则：对于对称的重合断面图，通常不需要进行标注；对于不对称的重合断面图，其标注可以省略。

第四节　其他表达方法

模块化设计将复杂系统分解为独立、可互换的模块，体现了简化思维。这种设计方法强调标准化和通用性，使得设计过程更加直观，维护和升级更加便捷，大大降低了系统复杂性，提高了效率和可管理性。

为了简化绘图过程，同时确保图纸的清晰和准确，直观表达机件的结构和形状，国家标准规定了局部放大图和简化画法。

一、局部放大图

当一些局部位置或微小结构在图形中表达不够清晰，且不便于尺寸标注时，可采用比原图更大的比例单独绘制，这种图形称为局部放大图，如图 7-22 所示。

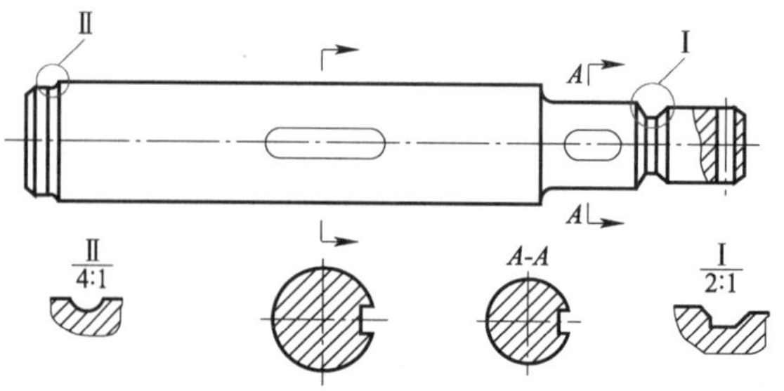

图 7-22　局部放大图

绘制局部放大图时，用细实线圆框出放大区域，在局部放大图的正上方注明放大比例。若一个零件有多个放大部位，在旁边用罗马数字标注编号，并在局部放大图的正上方注明相同的编号。

局部放大图可以是视图、剖视图或断面图，通常采用局部视图或局部剖视图，并用波浪线表示边界。

局部放大图应尽量配置在被放大部位附近。若多个放大区域图形相同或对称，只需绘制一个。

二、简化画法

在绘制机械图纸时，为了提高效率和清晰度，可以采用以下简化方法。

(一)对相同结构的简化

当机件具有若干相同结构(齿、槽等)，并按一定规律分布时，只需要画出几个完整的结构，其余用细实线连接，并注明该结构的总数，如图 7-23 所示。

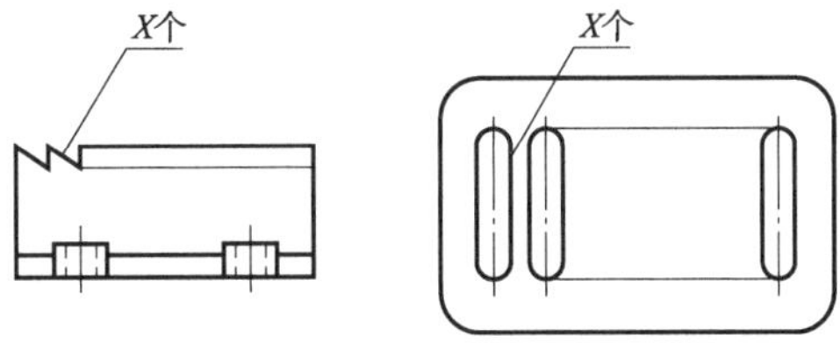

图 7-23　按规律分布的相同结构的简化画法

机件上按规律分布的直径相同的孔(圆孔、螺孔、沉孔等)，可以仅画出一个或几个，其余只需用点画线表示其中心位置，并注明孔的总数，如图 7-24 所示。

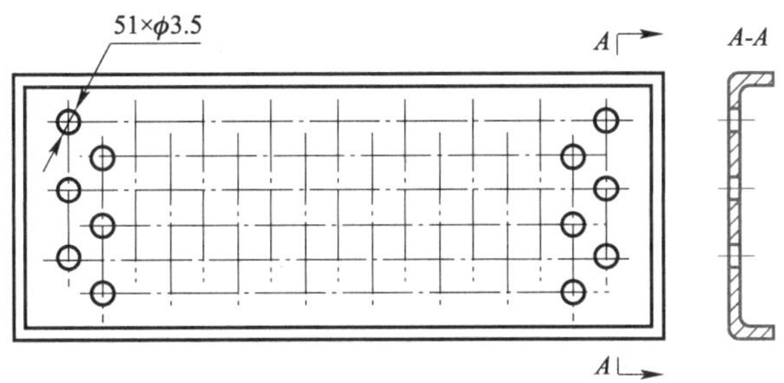

图 7-24　按规律分布的等径孔的简化画法

(二)肋板、轮辐及薄壁结构的简化

对于机件的肋板、轮辐及薄壁等结构，如按纵向剖切，这些结构都不画剖面符号，用粗实线将其与邻接的部分分开，如图 7-25 所示。

(三)均布肋板、孔的画法

当回转体上均匀分布的肋板、轮辐、孔等结构不在剖切平面上时，可将这些结构旋转到剖切平面上画出且不加任何标注，如图 7-26 所示。

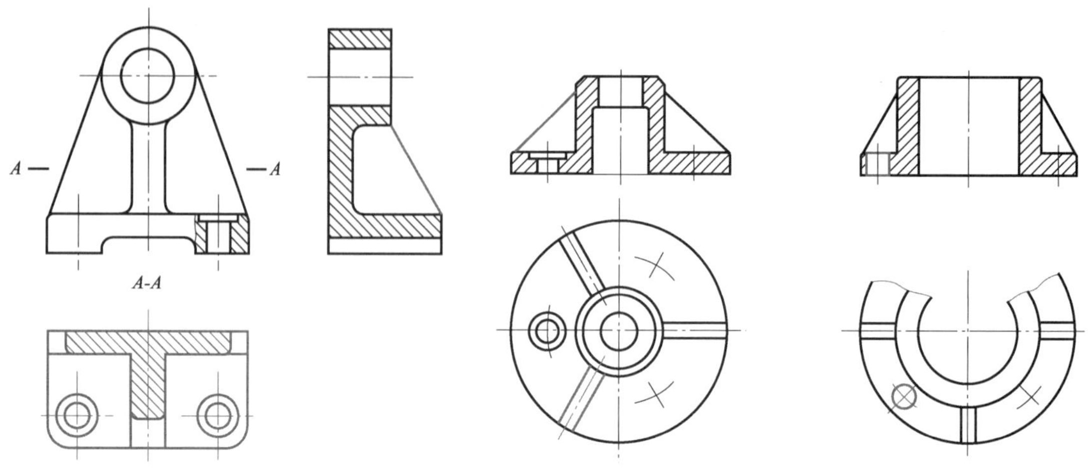

图 7-25　肋板的画法　　　　图 7-26　回转体上均匀分布的肋板、孔的画法

(四)其他简化画法

1. 简化线型

在不引起误解的情况下,可以将图中的截交线、相贯线等简化为直线或圆弧。

2. 滚花表示

对于直纹或网纹滚花,通常只在轮廓线附近用细实线示意性地画出一小部分。

3. 平面表示

如果回转体上的平面在图形中难以充分表达,可以用两条相交的细实线来表示,如图 7-27所示。

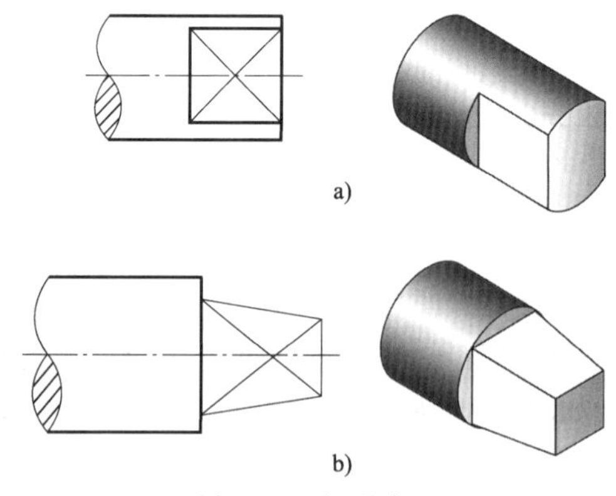

图 7-27　平面的表示

4. 对称图形

在不引起误解的情况下,对于对称图形可以只画一半或四分之一,并在对称中心线的两端标出对称符号,该符号为两条与中心线垂直的平行细实线,如图 7-28 所示。

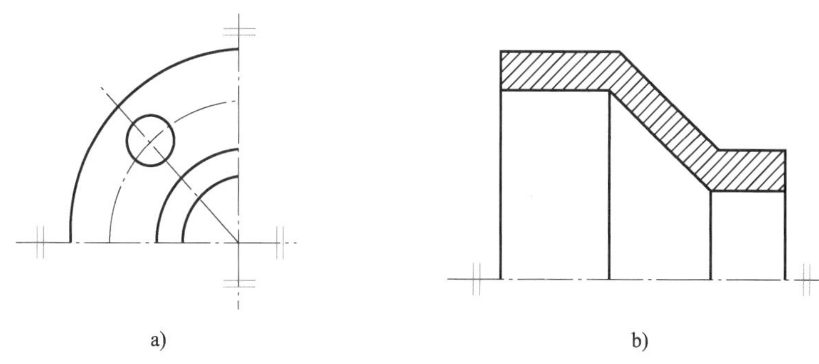

图 7-28　对称机件的画法

5. 省略画法

在不引起误解的情况下,零件图中的小圆角、锐角的小倒圆或 45°小倒角可以省略不画,但必须在尺寸标注或技术要求中说明。

6. 断裂画法

对于较长的机件(如轴、连杆、筒、管、型材等),若沿长度方向的形状一致或按一定规律变化,为节省图纸和画图方便,可将其断开后缩短绘制。标注时,应标注机件的实际尺寸,如图 7-29 所示。

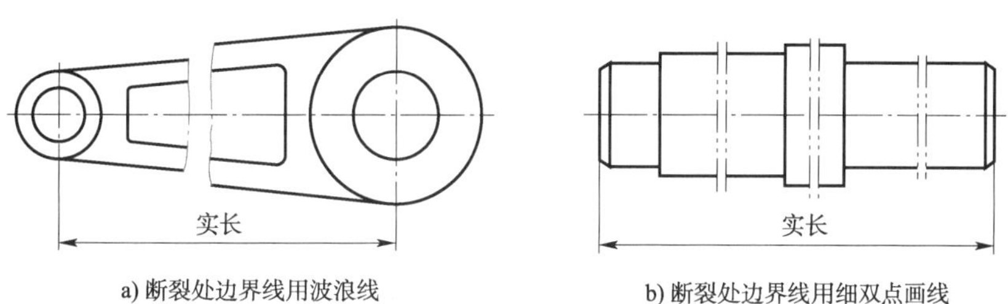

图 7-29　断裂画法

习题

一、填空题

1. 机械制图中,视图主要用于表达机件的________形状。
2. 基本视图包括________、俯视图、左视图、右视图、仰视图和后视图。
3. 向视图是可以________的视图。
4. 局部视图是将机件的某一部分向________投射所得的视图。
5. 斜视图主要用于表达机件________的实形。
6. 剖视图可分为________、半剖视图和局部剖视图。
7. 在全剖视图中,机件的________结构被剖切平面完全剖切。
8. 半剖视图用于机件内外形状都需要表达,且形状________的情况。
9. 用剖切平面局部地剖开机件所得的剖视图称为________。

10. 重合断面图的轮廓线用________绘制。

二、判断题

1. 主视图是最重要的视图,有了主视图就可以完整地表达机件的形状。 (　　)
2. 向视图必须标注视图名称和投射方向。 (　　)
3. 局部视图的断裂边界用波浪线或双折线表示。 (　　)
4. 斜视图旋转配置时,必须标注旋转符号。 (　　)
5. 剖视图的剖切符号可以省略不画。 (　　)
6. 半剖视图中,视图与剖视图的分界线是粗实线。 (　　)
7. 局部剖视图的剖切位置和剖切范围可根据需要而定。 (　　)
8. 重合断面图和移出断面图都只能表达机件的断面形状。 (　　)
9. 所有的机件都适合用全剖视图来表达内部结构。 (　　)
10. 采用视图表达机件时,应优先考虑基本视图。 (　　)

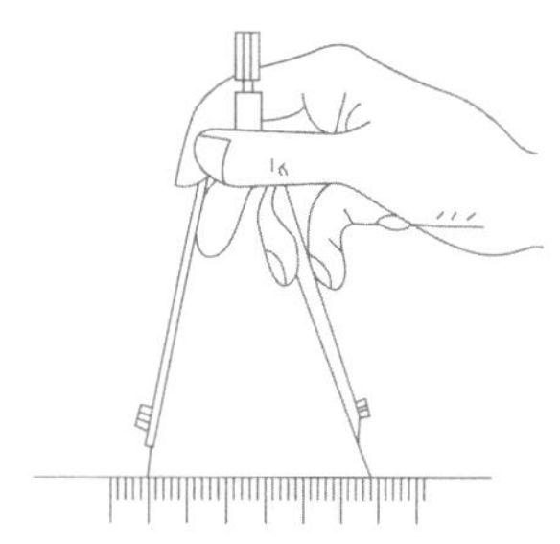

模块八
标准件与常用件

学习目标

❖ 知识目标

1. 了解标准件和常用件的基本知识。
2. 掌握各种常用标准件的连接画法及其规定标记。
3. 了解螺纹的基本要素、规定画法，以及常用螺纹的种类和标注。
4. 掌握键、销、滚动轴承和弹簧的画法规定和图示特点。
5. 了解直齿圆柱齿轮各部分名称、代号、主要参数及计算，掌握圆柱齿轮和圆锥齿轮的画法。

❖ 技能目标

1. 熟练掌握常用螺纹紧固件在装配图中的画法。
2. 掌握键、销和弹簧在装配图中的画法。
3. 掌握圆柱齿轮啮合的画法。

❖ 素养目标

1. 培养标准意识，提高查阅资料的能力。
2. 培养分析问题、解决问题的能力。
3. 养成严格遵守各种标准规定的习惯，培养良好的道德品质。
4. 培养严谨细致、吃苦耐劳的职业素养和敬业的工作作风。

在各种机械、仪器及设备中，一些连接件、传动件和支承件，如螺钉、螺栓、螺母、垫圈、键、销、滚动轴承等，应用广泛，使用量大，为了便于制造和使用，现已将其结构形式、尺寸大小及技术要求标准化、系列化，故称其为标准件；另有一些零件，如齿轮、弹簧等，虽然不属于标准件，但它们的部分结构和尺寸已标准化，称为常用件。国家标准对标准件和常用件中标准结构要素的表达制定了一系列规定画法和标记规则。本模块简要介绍标准件及常用件的结构、规定画法及标注。

第一节 螺纹

螺钉虽小,但其对整体机器的正常运转起着不可或缺的作用。新时代,螺钉象征着每个个体在社会主义现代化建设中的重要作用。每个人应在各自的岗位上发挥关键作用,为中华民族伟大复兴贡献力量。

一、螺纹的形成

螺纹是根据螺旋线原理加工而成的,是零件上常见的一种结构。螺旋线是沿着圆柱(或圆锥)表面运动的点的轨迹,也称圆柱(或圆锥)螺旋线。在圆柱或圆锥表面,沿着螺旋线形成的具有相同断面形状的连续凸起和沟槽称为螺纹。图 8-1 所示为在车床上加工螺纹的方法,在外表面上加工的螺纹称为外螺纹,如图 8-1a)所示;在内表面上加工的螺纹称为内螺纹,如图 8-1b)所示。

a) 在车床上加工外螺纹

b) 在车床上加工内螺纹

图 8-1 在车床上加工螺纹的方法

二、螺纹的结构和要素

(一) 螺纹的工艺结构

制造螺纹时,因退刀或其他原因在螺纹末尾部分产生不完全的牙形称为螺尾,如图 8-2a)所示。螺纹的长度不包括螺尾,要消除螺尾,须在螺纹终止处制出一处槽结构,称为退刀槽,如图 8-2b)所示。为了便于装配,通常在内、外螺纹的端部制作 45°的锥面,称为螺纹倒角。退刀槽和螺纹倒角的结构、尺寸已经标准化,使用时应查标准确定。

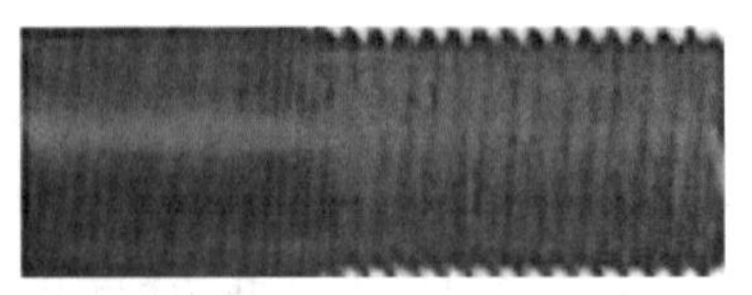

a) 螺尾

b) 退刀槽

图 8-2 螺纹的工艺结构

(二)螺纹的基本要素

内、外螺纹总是成对使用的,内、外螺纹能否配合,以及配合的松紧程度主要取决于两者各个基本要素是否相同以及各个要素所达到的精度。

1. 螺纹的牙形

在通过螺纹轴线的剖面上,螺纹的轮廓形状称为牙形。螺纹断面凸起部分顶端称为牙顶,沟槽的底部称为牙底。常见的牙形有三角形、梯形、锯齿形等,如图 8-3 所示。相邻两牙侧面间的夹角称为牙形角 α。常用普通螺纹的牙形为三角形,牙形角为 $\alpha = 60°$。

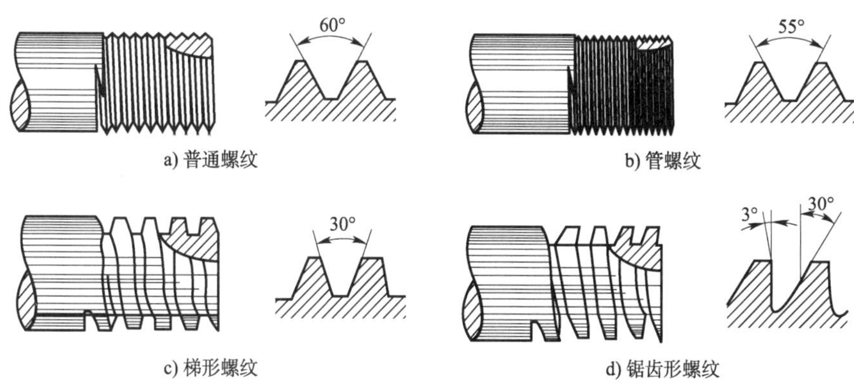

图 8-3　不同牙形的螺纹

2. 螺纹的直径

螺纹的直径分为大径、中径和小径,如图 8-4 所示。

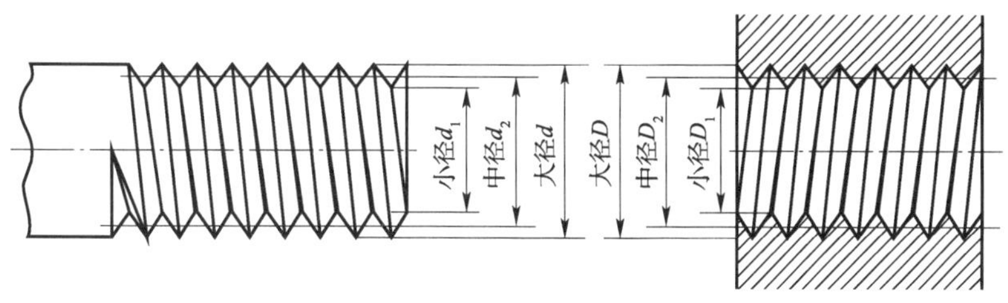

图 8-4　螺纹的直径

(1)大径指外螺纹牙顶或内螺纹牙底所在的假想圆柱面或圆锥面的直径,螺纹的大径分别用 d(外螺纹)或 D(内螺纹)表示。螺纹大径又称公称直径,它代表螺纹直径的基本尺寸。

(2)小径指外螺纹牙底或内螺纹的牙顶所在的假想圆柱或圆锥的直径,螺纹的小径分别用小径 d_1(外螺纹)或 D_1(内螺纹)表示。

(3)中径指一个假想的圆柱或圆锥的直径,该圆柱或圆锥的母线通过牙形上沟槽和凸起宽度相等的地方。

3. 螺纹的线数

形成螺纹的螺旋线的条数称为线数 n,根据线数,螺纹有单线螺纹和多线螺纹之分。沿一条螺旋线形成的螺纹称为单线螺纹,沿两条或两条以上等距分布的螺旋线形成的螺纹称为多线螺纹,如图 8-5 所示。

a) 单线螺纹　　b) 双线螺纹

图 8-5　螺纹的线数

4. 螺距和导程

螺距是指相邻两牙在中径线上对应两点间的轴向距离,导程是指在同一条螺旋线上的相邻两牙在中径线上对应两点间的轴向距离,如图 8-6 所示。

导程 P_h、螺距 P 和线数 n 三者之间的关系为

$$P_h = n \times P$$

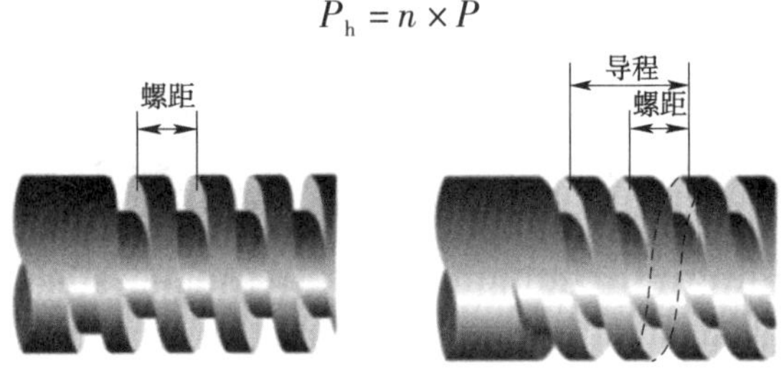

图 8-6　螺纹的螺距和导程

5. 螺纹的旋向

螺纹的旋向按旋入时的旋转方向分为左旋(LH)和右旋(RH)两种。顺时针旋转时,旋入的螺纹为右旋螺纹;逆时针旋转时,旋入的螺纹为左旋螺纹,如图 8-7 所示。工程上常用右旋螺纹。

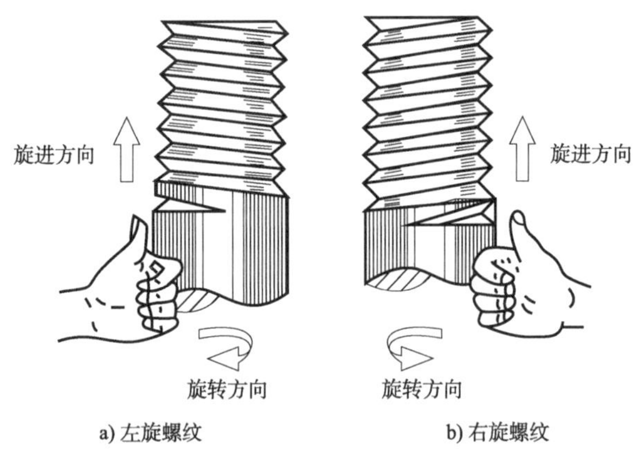

a) 左旋螺纹　　b) 右旋螺纹

图 8-7　螺纹的旋向

三、螺纹的规定画法

《机械制图 螺纹及螺纹紧固件表示法》(GB/T 4459.1—1995)规定了在机械图样中螺纹和螺纹紧固件的画法。

(一)外螺纹的规定画法

外螺纹的大径用粗实线表示,小径用细实线表示。螺纹小径按大径的 0.85 倍绘制。在

不反映圆的视图中，小径的细实线应画入倒角，螺纹终止线用粗实线表示，如图 8-8a）所示。当需要表示螺纹收尾时，螺纹尾部的小径用与轴线成 30°角的细实线绘制，如图 8-8b）所示。在反映圆的视图中，表示小径的细实线圆只画约 3/4 圈，螺杆端面上的倒角圆省略不画，如图 8-8 所示。剖视图中的螺纹终止线和剖面线画法如图 8-8c）所示。

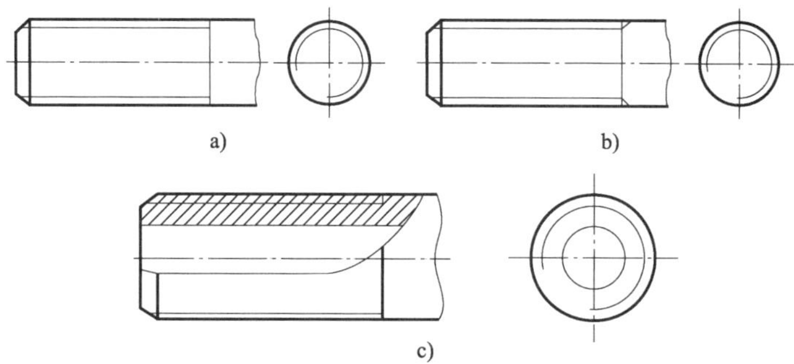

图 8-8 外螺纹的规定画法

（二）内螺纹的规定画法

内螺纹通常采用剖视画法绘制，牙底（大径）为细实线，牙顶（小径）及螺纹终止线为粗实线。在垂直于螺纹轴线的视图中，牙底仍然为细实线圆，只画约 3/4 圆，孔口倒角圆省略不画。绘制不穿通的螺孔时，一般应将钻孔的深度和螺纹部分的深度分别画出，如图 8-9 所示。

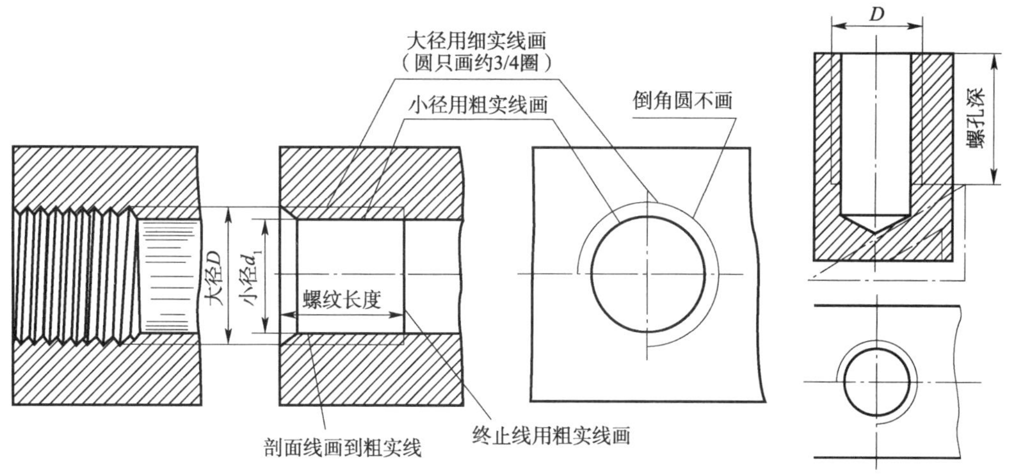

图 8-9 内螺纹的规定画法

（三）内、外螺纹连接的规定画法

在剖视图中，内、外螺纹旋合的部分应按外螺纹的画法绘制，其余部分仍按各自的画法绘制，如图 8-10 所示。应注意，表示内、外螺纹大径的细实线和粗实线，以及表示内、外螺纹小径的粗实线和细实线必须分别对齐。

（四）非标准螺纹的画法

对于标准螺纹，一般不画牙形；画非标准牙形的螺纹时，应画出螺纹牙形，并标出所需的尺寸及有关要求,如图 8-11 所示。

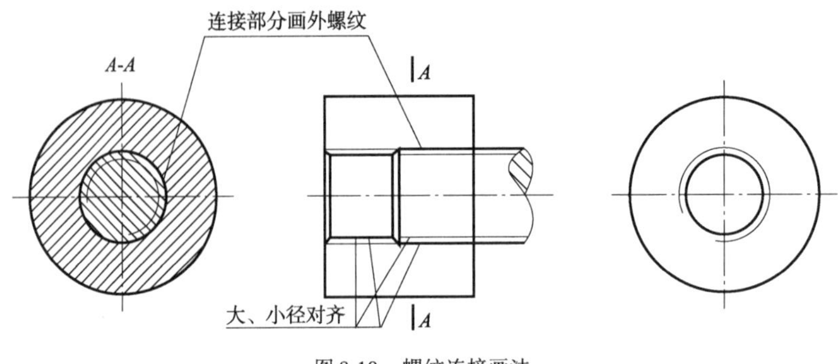

图 8-10　螺纹连接画法

(五)锥螺纹的画法

锥螺纹是指加工在圆锥表面上的螺纹。如图 8-12 所示,左视图(大端)按照大端螺纹画,右视图(小端)按照小端螺纹画。

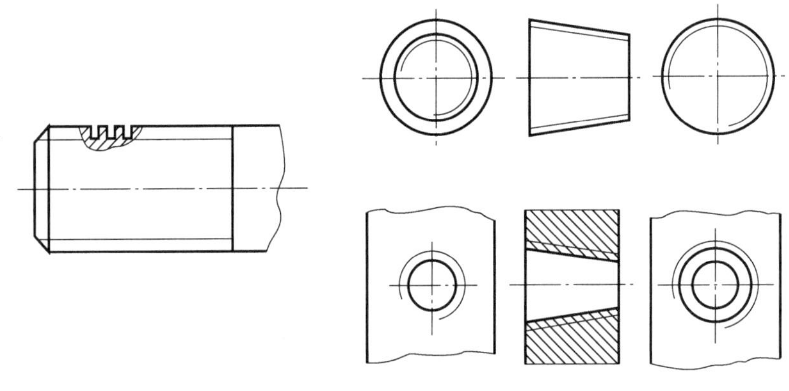

图 8-11　非标准螺纹的画法　　　　图 8-12　锥螺纹的画法

四、螺纹的种类和标注

(一)螺纹的种类

常用的螺纹按用途可分为连接螺纹和传动螺纹。前者起连接作用,后者用于传递动力和运动。常用标准螺纹的种类及用途见表 8-1。

常用标准螺纹的种类及用途　　表 8-1

螺纹种类		特征代号	牙形图	用途
连接螺纹	粗牙普通螺纹	M	60°	牙形角为60°,是最常用的连接螺纹。粗牙普通螺纹用于一般机件的连接;细牙普通螺纹的螺距较小,用于细小的精密零件或薄壁零件的连接
	细牙普通螺纹			

续上表

螺纹种类			特征代号	牙形图	用途
连接螺纹	管螺纹	密封管螺纹	R		牙形角为55°,是一种特殊细牙螺纹,仅用于管子零件的连接
		非密封管螺纹	G		
传动螺纹	梯形螺纹		Tr		牙形是梯形,牙形角为30°,用于两个方向的轴向力的传动,如各种机床上的丝杠
	锯齿形螺纹		B		牙形是锯齿形,牙形角为33°,用于单向轴向力的传动,如千斤顶

(二)螺纹的标注

螺纹的规定画法是不能够表达清楚螺纹的种类和各个要素的,因此,在图样中要通过标注加以区别。除管螺纹外,一般螺纹标注的格式如下:

螺纹特征代号 公称直径 × 导程(或螺距) 旋向 — 公差带代号 — 旋转长度代号

说明:

(1)螺纹特征代号指螺纹牙形代号,如M——普通螺纹,Tr——梯形螺纹。

(2)公称直径指的是螺纹的大径。

(3)粗牙普通螺纹螺距可以省略不标,而细牙普通螺纹、梯形螺纹和锯齿形螺纹要标出螺距 P。

(4)多线螺纹需要标出导程 P_h。

(5)左旋螺纹需标注“LH”,右旋螺纹可省略标注。

(6)螺纹公差带代号包括中径公差带代号和顶径公差带代号两部分。中径公差带代号在前,顶径公差带代号在后。这里的顶径是指牙顶圆直径。但当中径公差带代号和顶径公差带代号相同时,只需标注一个公差带代号。

(7)公差带代号有三种:S——短旋合长度,N——中等旋合长度,L——长旋合长度。其中中等旋合长度应用比较广泛,标注时可省略不注。有特殊需要时,也可以直接注出旋合长度的具体数值。

常用螺纹标注示例见表 8-2。

常用螺纹标注示例 表 8-2

螺纹类别	特征代号	牙形图示	标注示例	说明
粗牙普通螺纹	M	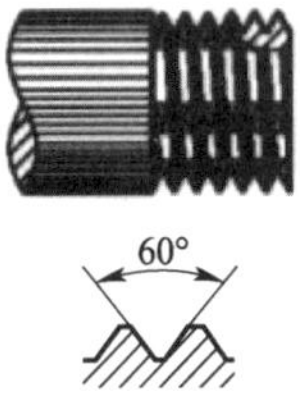 60°	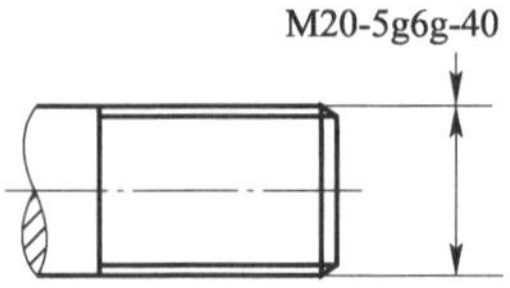 M20-5g6g-40	普通螺纹,公称直径 20mm,粗牙,螺距 2. 5mm,右旋;螺纹中径公差带代号为 5g,顶径公差带代号为 6g;旋合长度为 40mm
细牙普通螺纹			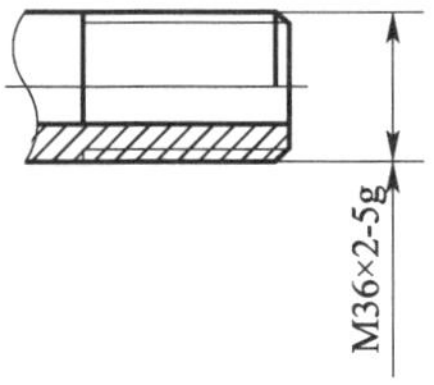 M36×2-5g	普通螺纹,公称直径 36mm,细牙,螺距 2mm,右旋;螺纹中径和顶径公差带代号同为 5g,中等旋合长度
梯形螺纹	Tr	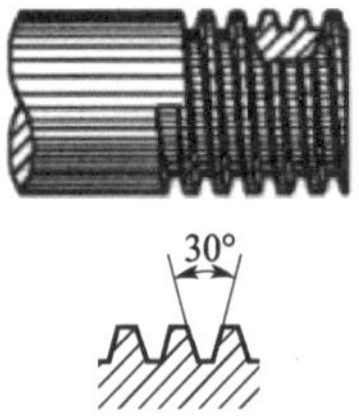 30°	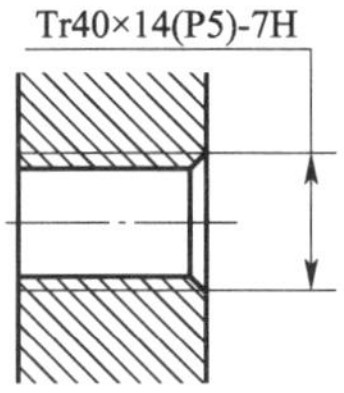 Tr40×14(P5)-7H	梯形螺纹,公称直径 40mm,双线螺纹,导程 14mm,螺距 5mm,右旋,中径公差带代号为 7H,中等旋合长度
锯齿形螺纹	B	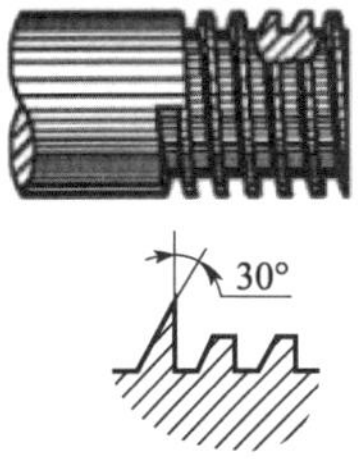 30°	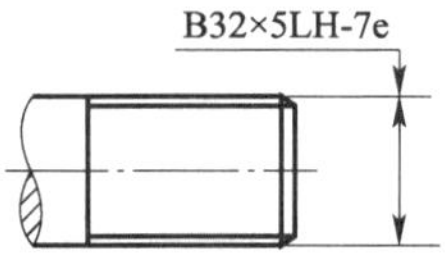 B32×5LH-7e	锯齿形螺纹,公称直径 32mm,单线,螺距 5mm,左旋,中径公差带代号为 7e,中等旋合长度
非螺纹密封的管螺纹	G	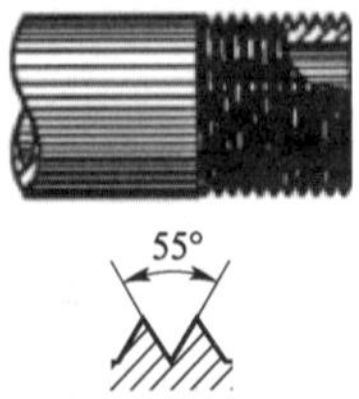 55°	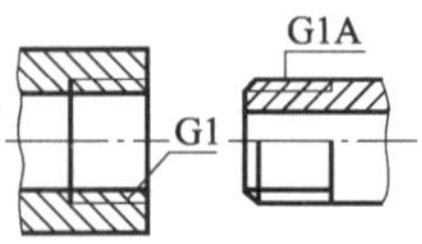 G1A G1	非螺纹密封的管螺纹,尺寸代号 1,外螺纹公差等级为 A 级,右旋
用螺纹密封的管螺纹	R RC RP		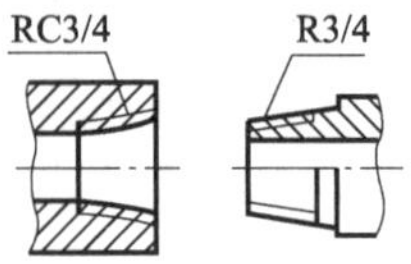 RC3/4 R3/4	用螺纹密封的管螺纹,尺寸代号为 3/4,右旋,R 表示圆锥外螺纹,RC 表示圆锥内螺纹,RP 表示圆柱内螺纹

第二节　螺纹紧固件

螺纹是人类发明较早的简单机械之一，由于其装配容易和可拆卸更换，螺纹连接和螺纹传动被广泛应用于各行各业。螺纹的广泛使用始于第一次工业革命，随着技术的进步，螺纹加工和检测技术得到了显著发展。

一、螺纹紧固件的种类和标记

(一)螺纹紧固件的种类

常见的螺纹连接形式有螺栓连接、螺柱连接和螺钉连接。利用螺纹的旋合作用，将两个或两个以上的零件连接在一起的有关零件称为螺纹紧固件。螺纹紧固件包括螺栓、螺柱、螺钉、螺母、垫圈等，如图 8-13 所示。这些零件都是标准件。它们的结构、尺寸都已经标准化，绘图时可查阅相关标准。

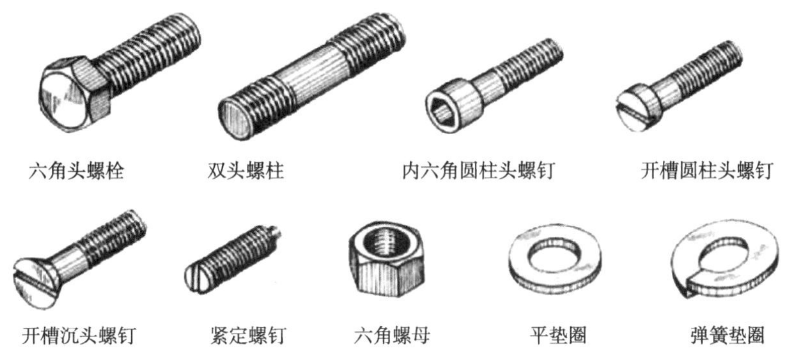

图 8-13　常见的螺纹紧固件

(二)常见螺纹紧固件的标记

国家标准对螺纹紧固件的结构、形式和尺寸大小都做了规定，并制定了不同的标记方法。因此只要知道其规定标记，就可以从有关标准中查出它们的结构、形式及全部尺寸。常用螺纹紧固件的标记示例见表 8-3。

常见螺纹紧固件的标记示例　　表 8-3

名称(标准号)	实物图	图例	标记示例
六角头螺栓 A 级、B 级 (GB/T 5782—2016)		M12 60	螺栓 GB/T 5782—2016 M12 × 60

续上表

名称(标准号)	实物图	图例	标记示例
双头螺柱 (GB/T 8899—2013)		B型 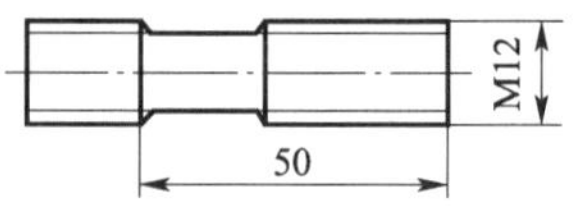 M12 50	螺柱 GB/T 8899—2013 M12×50
Ⅰ型六角螺母 A级、B级 (GB/T 6170—2015)		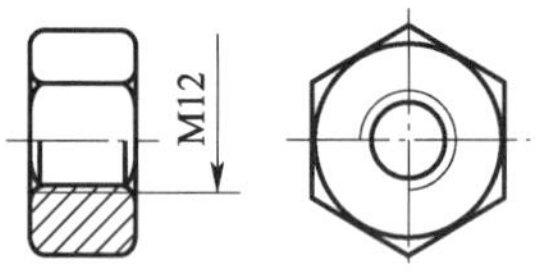 M12	螺母 GB/T 6170—2015 M12
开槽沉头螺钉 (GB/T 68—2016)		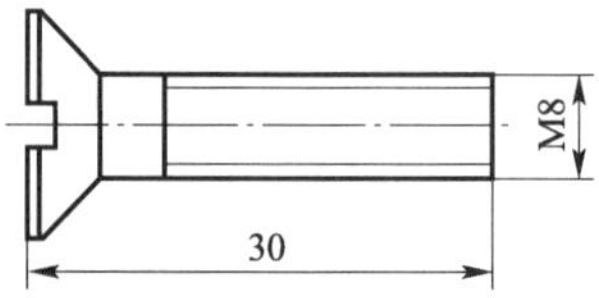 M8 30	螺钉 GB/T 68—2016 M8×30
开槽圆柱头螺钉 (GB/T 65—2016)		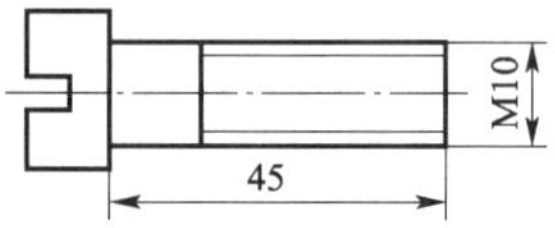 M10 45	螺钉 GB/T 65—2016 M10×45
内六角圆柱头螺钉 (GB/T 70.1—2008)		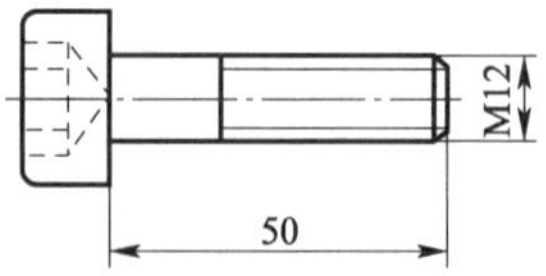 M12 50	螺钉 GB/T 70.1—2008 M12×50
平垫圈 A级 (GB/T 97.1—2002)		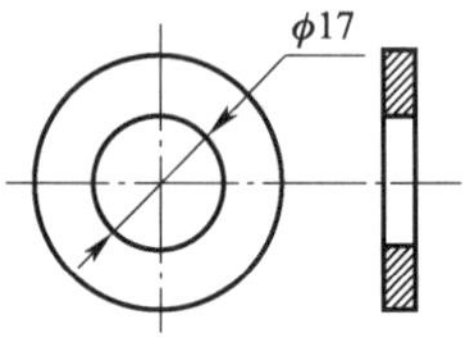 $\phi17$	垫圈 GB/T 97.1—2002 16

二、螺纹紧固件连接的画法

(一)常见螺纹紧固件的画法

螺纹紧固件一般为标准件,设计制图时不必绘制出标准件的零件图。在装配图中通常采用比例画法来绘制螺纹紧固件。常见螺纹紧固件的比例画法如图 8-14 所示。

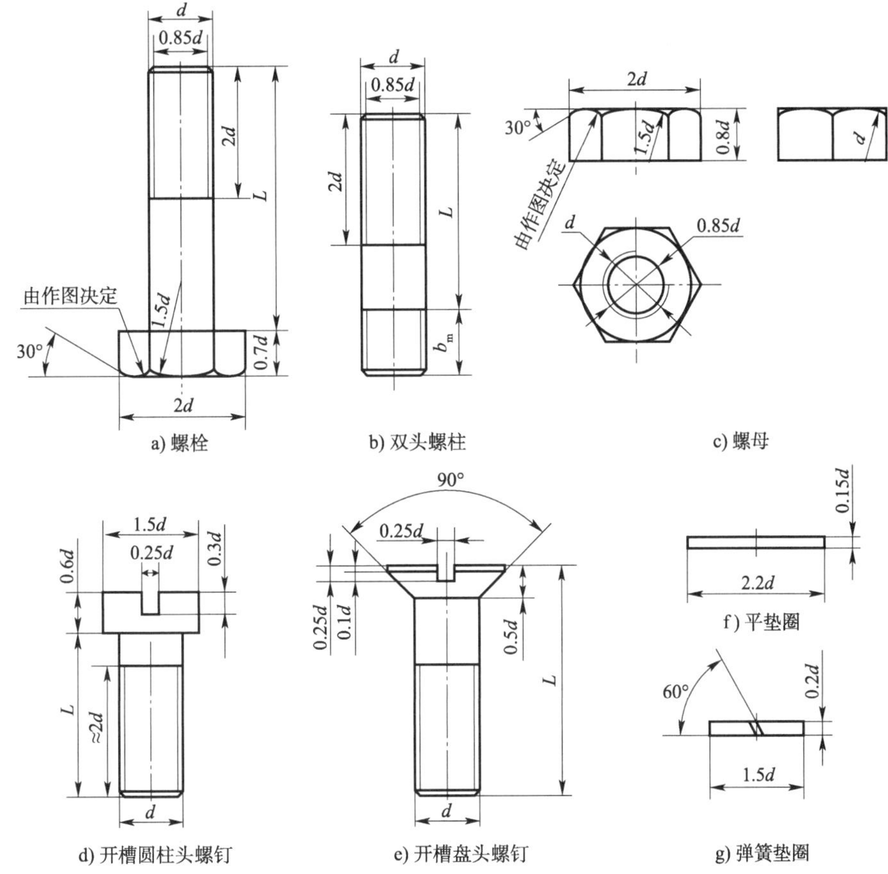

图 8-14　常见螺纹紧固件的比例画法

(二)螺栓连接的画法

螺栓连接一般适用于连接不太厚的并允许钻成通孔的零件,如图 8-15 所示。连接前,先在两个被连接的零件上钻出通孔,套上垫圈,再用螺母拧紧。

为提高画图速度,对连接件的各个尺寸可不按相应的标准数值画出,而是采用近似画法。采用近似画法时,螺栓的公称长度 L 可按下式计算:

$$L = t_1 + t_2 + h + m + a$$

式中:t_1、t_2——被连接零件的厚度,mm;

h——垫圈厚度,mm,$h = 0.15d$;

m——螺母厚度,mm,$m = 0.85d$;

a——螺栓伸出螺母的长度,mm,$a\approx(0.2\sim0.3)d$。

计算出 L 后,还须从螺栓的标准长度系列中选取与 L 相近的标准值。

画图时,应遵守下列基本规定(图 8-16):

(1)两零件的接触表面只画一条线。凡不接触的表面,不论其间隙大小(如螺杆与通孔之间),必须画两条轮廓线(间隙过小时可夸大画出)。

(2)当剖切平面通过螺栓、螺母、垫圈等标准件的轴线时,应按未剖切绘制,即只画出它们的外形。

(3)在剖视图、断面图中,相邻两零件的剖面线应画成不同方向或同方向不同间隔来加以区别。但同一零件在同一幅图的各剖视图、断面图中,剖面线的方向和间隔必须相同。

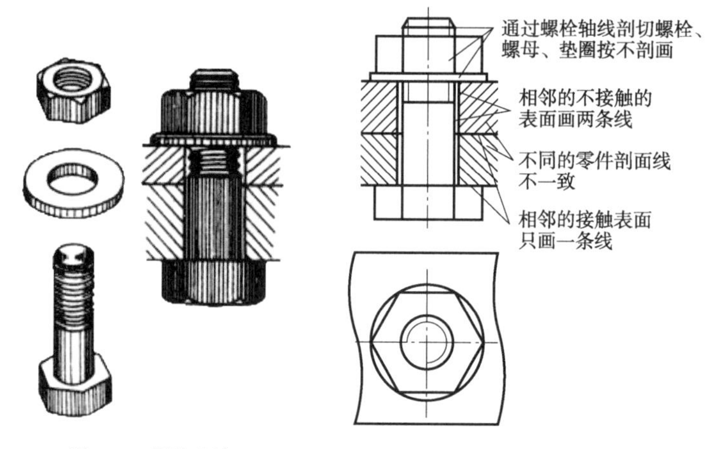

图 8-15　螺栓连接　　　图 8-16　螺栓连接的近似画法

(三)双头螺柱连接画法

当被连接的零件之一较厚,或不允许钻成通孔而不宜采用螺栓连接,或因拆装频繁,又不宜采用螺钉连接时,可采用双头螺柱连接。通常将较薄的零件制出通孔(孔径≈$1.1d$),较厚零件制出不通的螺孔,双头螺柱的两端都制有螺纹。装配时,先将螺纹较短的一端(旋入端)旋入较厚零件的螺孔,再将通孔零件穿过螺纹的另一端(紧固端),套上垫圈,用螺母拧紧,将两个零件连接起来,如图 8-17 所示。

在装配图中,双头螺柱连接常采用近似画法或简化画法画出(图 8-18)。画图时,应按螺柱的大径和螺孔件的材料确定旋入端的长度 b_m。螺柱的公称长度 l 可按下式计算式:

$$l=t+h+m+a$$

式中:t——通孔零件的厚度,mm;

h——垫圈厚度,mm,$h=0.15d$(采用弹簧垫圈时,$h=0.2d$);

m——螺母厚度,mm,$m=0.85d$;

a——螺栓伸出螺母的长度,mm,$a\approx(0.2\sim0.3)d$。

计算出 l 后,还须从螺栓的标准长度系列中选取与 l 相近的标准值。

较厚零件上不通的螺孔深度应大于旋入端螺纹长度 b_m,一般取螺孔深度为 $b_m+0.5d$,钻孔深度为 b_m+d。

在连接图中,螺柱旋入端的螺纹终止线应与两零件的结合面平齐,表示旋入端已全部拧入,且足够拧紧。

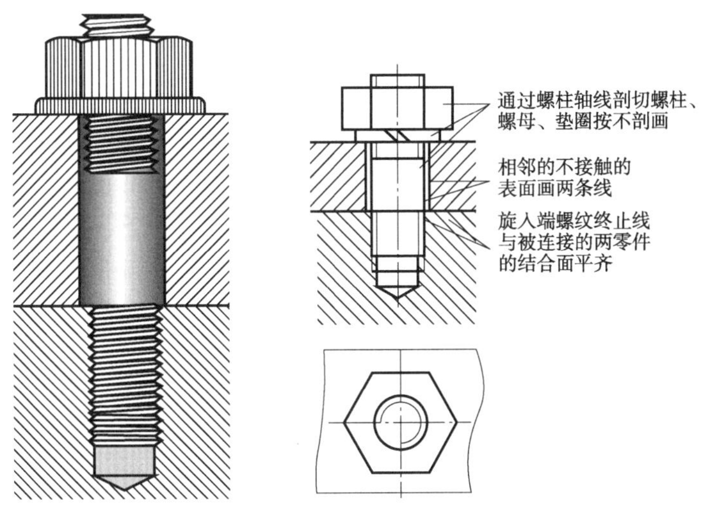

图 8-17　双头螺柱连接　　　　图 8-18　双头螺柱连接的近似画法

(四)螺钉连接画法

螺钉连接画法如图 8-19 所示。

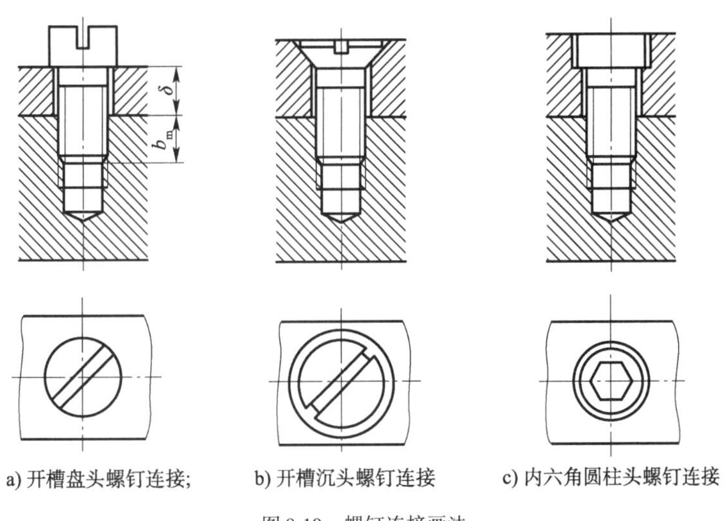

a) 开槽盘头螺钉连接;　b) 开槽沉头螺钉连接　c) 内六角圆柱头螺钉连接

图 8-19　螺钉连接画法

1. 连接螺钉

当被连接的零件之一较厚,而装配后连接件受轴向力不大时,通常采用螺钉连接,即螺钉穿过薄零件的通孔而旋入厚零件的螺孔,螺钉头部压紧被连接件,如图 8-19 所示。螺钉的旋入深度 b_m 确定;螺钉长度 l 可按 $l=\delta+b_m$ 计算 δ 为光孔零件的厚度。计算出 l 后,还需从螺钉的标准长度系列中选取与 l 相近的标准值。

2. 紧定螺钉

紧定螺钉用来固定两零件的相对位置,使它们不产生相对转动,如图 8-20 所示。欲将轴、轮固定在一起,可先在轮毂的适当部位加工出螺孔,然后将轮、轴装配在一起,以螺孔为导向,在轴上钻出锥坑,最后拧入螺钉,即可限定轮、轴的相对位置,使其不产生轴向相对移动和周向相对转动。

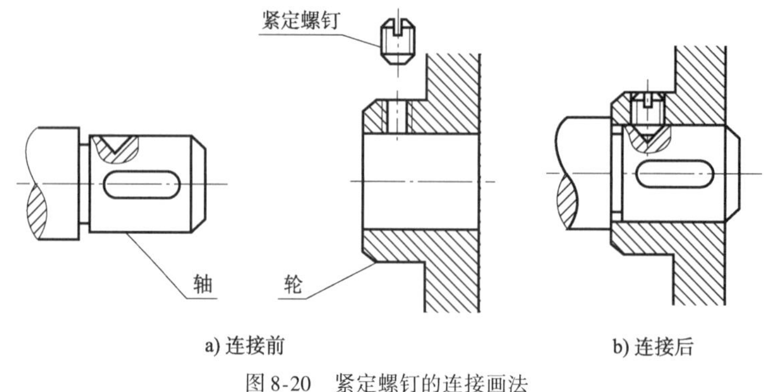

图 8-20　紧定螺钉的连接画法

第三节 键与销

在现代机械设计中,键与销的加工技术扮演着重要的角色。这些元件虽然看似简单,但在机械设备中发挥着至关重要的作用。

一、键

键通常用来连接轴和装在轴上的转动零件(如齿轮、带轮等),以便与轴一起转动,起传递扭矩的作用。

(一)键的种类和标记

常用键的种类有普通平键、半圆键和钩头楔键三种,如图 8-21 所示。各种键均属标准件,它们的尺寸和结构可从有关标准中查出。常用键的类型和标记见表 8-4。

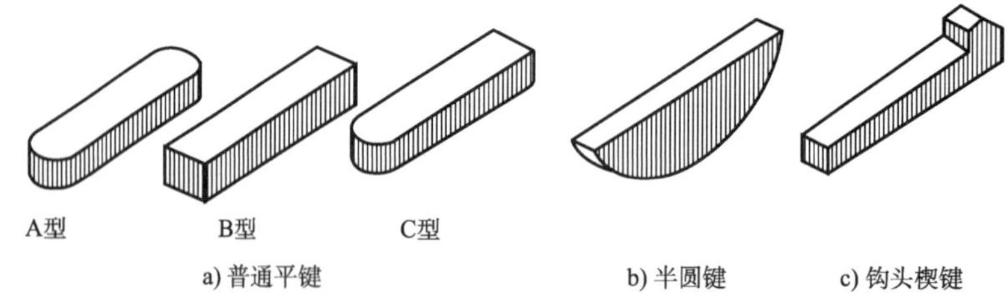

图 8-21　常用键的种类

(二)键连接的画法

普通平键的公称尺寸为 $b \times h$(键宽 × 键高),可根据轴的直径在相应的标准中查得。

普通平键的规定标记为键宽 b × 键高 h × 键长 L。例如,$b = 18\text{mm}$, $h = 11\text{mm}$, $L = 100\text{mm}$ 的圆头普通平键(A 型)应标记为键 18 × 11 × 100 GB/T 1096—2003(A 型可不标出“A”)。

常用键的类型和标记　　表 8-4

序号	名称(标准号)	图例	标记示例
1	普通平键 (GB/T 1097—2003)		$b=8,h=7,L=25$ 的普通平键(A 型): 键 8×7×25　GB/T 1097—2003
2	普通半圆键 (GB/T 1099.1—2003)		$b=6,h=10,d_1=25$, $L=24.5$ 的半圆键: 键 6×10×25　GB/T 1099.1—2003
3	钩头楔键 (GB/T 1565—2003)		$b=18,h=11,L=100$ 的钩头楔键: 键 18×11×100　GB/T 1565—2003

图 8-22a)和图 8-22b)所示为轴和轮毂上键槽的表示法和尺寸注法(未注尺寸数字)。图 8-22c)所示为普通平键连接的装配图画法。

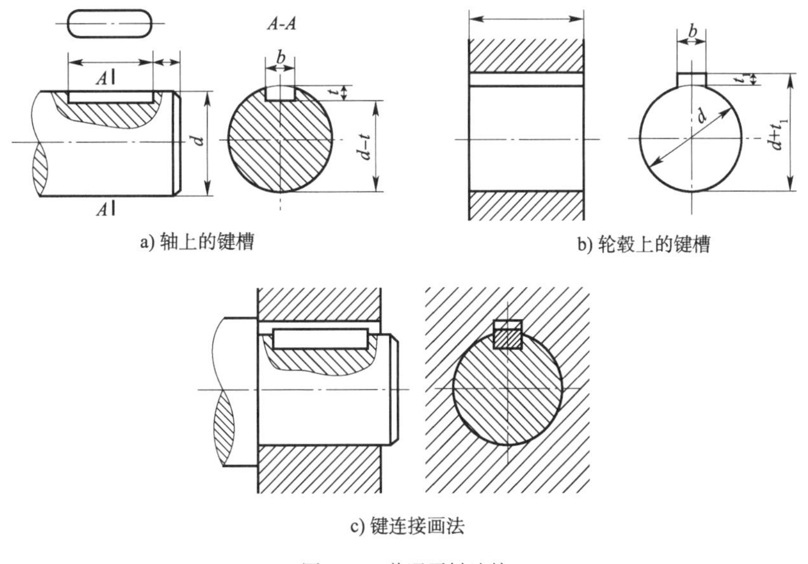

图 8-22　普通平键连接

图 8-23、图 8-24 分别为半圆键、钩头楔键连接画法,画图时应注意以下几点:

(1)主视图中,轴和键均按不剖绘制,而轴上键槽一般采用局部剖视。

(2)普通平键和半圆键的两侧面为工作面,上、下两面为非工作面,连接时,键的两侧面与键槽两侧面接触,上面与键槽的顶面之间有间隙。

(3)钩头楔键连接画法。钩头楔健的上底面有 1∶100 的斜度,连接时沿轴向将键打入槽内,直至打紧为止。故其上下两面为工作面,两侧面为非工作面。但画图时两侧面不留间隙。

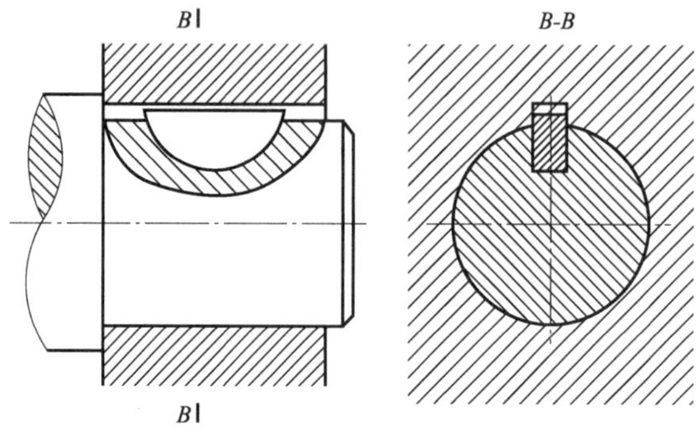

图 8-23　半圆键连接画法

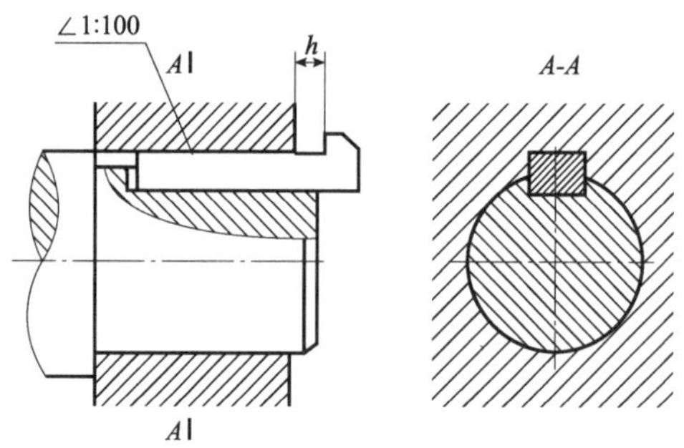

图 8-24　钩头楔键连接画法

二、销

销通常用于零件之间的连接、定位和防松,常见的有圆锥销、圆柱销和开口销等,它们都是标准件。圆锥销和圆柱销可以连接零件,也可以起定位作用(限定两零件间的相对位置),分别如图 8-25a)、图 8-25b)所示。开口销常用在螺纹连接装置中,以防止螺母松动,如图 8-25c)所示。常用销的规定标记及画法示例见表 8-5。

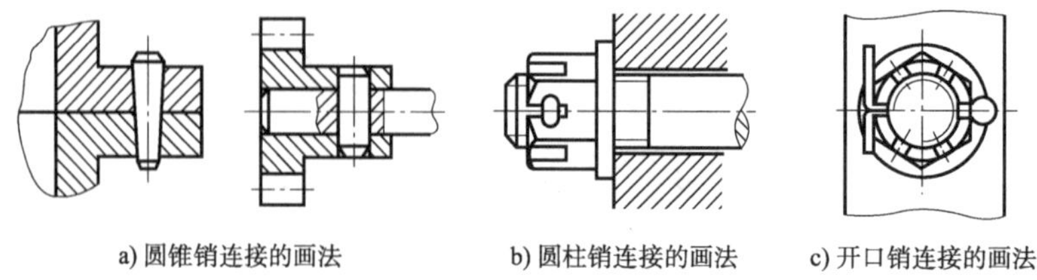

a) 圆锥销连接的画法　b) 圆柱销连接的画法　c) 开口销连接的画法

图 8-25　销连接的画法

常用销的规定标记及画法示例　　表 8-5

名称(标准号)	图例	标记示例
圆锥销(GB/T 117—2000)	R_a0.8　1:50　R_1　R_2　d　a　a　l R_1≈d, R_2≈d+(l−2a)/50	直径 d = 10mm，长度 l = 100mm，材料 35 号钢，热处理硬度 28 ~ 38HRC，表面氧化处理的圆锥销。 销 GB/T 117—2000 A 10 × 100 圆锥销的公称尺寸是指小端直径
圆柱销(GB/T 119.1—2000)	≈15°　c　c　d　l	直径 d = 10mm，公差为 6m，长度 l = 80mm，材料为钢，不经表面处理。 销 GB/T 119.1—2000 10 × 6 × 80
开口销(GB/T 91—2000)	b　l　a　c　d	公称直径 d = 4mm(指销孔直径)，l = 20mm，材料为低碳钢，不经表面处理。 销 GB/T 91—2000 4 × 20

在销连接中，两零件上的孔是在零件装配时一起配钻的。因此，在零件图上标注销孔的尺寸时，应注明"配作"。

绘图时，销的有关尺寸从相关标准中查找并选用。在剖视图中，当剖切平面通过销的回转轴线时，按不剖处理，如图 8-25 所示。

第四节 齿轮

齿轮作为一种古老的机械传动装置，其历史可追溯至古代。然而，尽管历史悠久，齿轮在现代社会却并未被淘汰，反而因其独特的性能和不断的创新而焕发出新的活力。齿轮，既是传承的象征，也是创新的载体。

齿轮是机械传动中广泛应用的零件，齿轮传动常用来改变转速和旋转方向，改变力矩大小等。

根据传动的情况，齿轮可分为以下三类：

圆柱齿轮：用于两轴平行时的传动，如图 8-26a)所示。

圆锥齿轮：用于两轴相交时的传动，如图 8-26b)所示。

涡轮涡杆：用于两轴交叉时的传动，如图 8-26c)所示。

齿轮分标准齿轮和非标准齿轮，下面仅介绍标准齿轮的基本知识和规定画法。

一、圆柱齿轮

圆柱齿轮的外形为圆柱形，它的传动形式有外啮合传动和内啮合传动两种。按轮齿齿线的不同，圆柱齿轮可分为直齿圆柱齿轮(直齿轮)、斜齿圆柱齿轮(斜齿轮)和人字齿圆柱齿轮(人字齿轮)。齿轮的齿廓曲线有渐开线、摆线以及圆弧曲线等形式，其中最为常见的是渐开线齿形。下面主要介绍直齿圆柱齿轮。

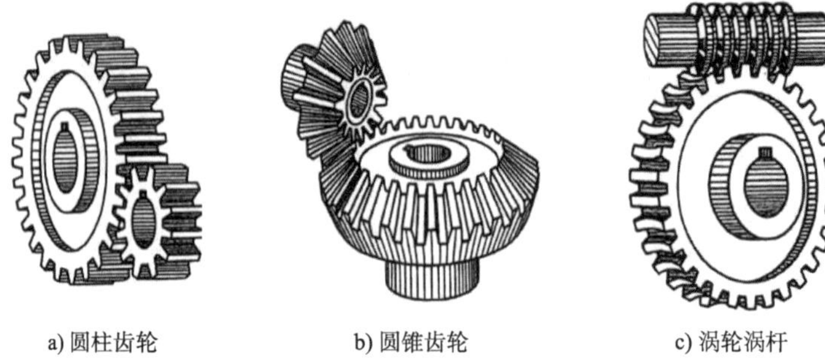
a) 圆柱齿轮　　b) 圆锥齿轮　　c) 涡轮涡杆

图 8-26　齿轮传动形式

(一)直齿圆柱齿轮简介

直齿圆柱齿轮啮合示意图如图 8-27 所示。

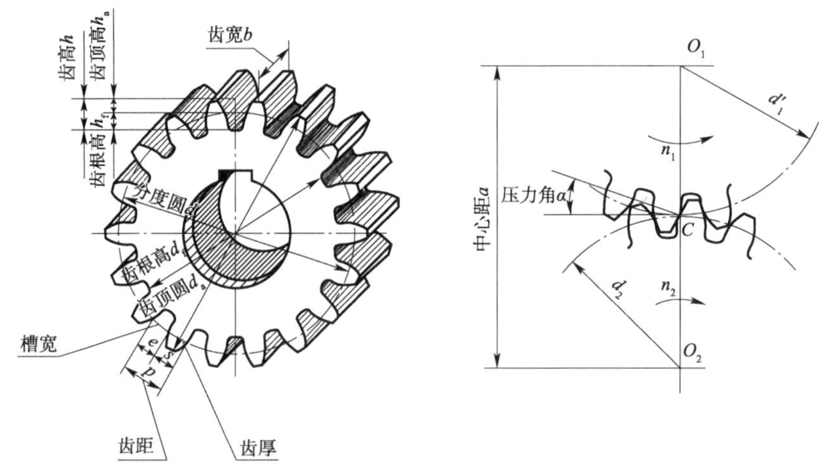

图 8-27　直齿圆柱齿轮啮合示意图

1. 齿数

齿轮上轮齿的总数称为齿数,是齿轮计算的主要参数之一,通常用 z 表示。

2. 齿顶圆

齿轮端面上齿顶所在的圆称为齿顶圆。齿顶圆直径通常用 d_a 表示。

3. 齿根圆

齿轮端面上齿根所在的圆称为齿根圆。齿根圆直径通常用 d_f 表示。

4. 分度圆

齿轮设计和加工时计算尺寸的基准圆称为分度圆,分度圆位于齿顶圆与齿根圆之间,是一个假想的圆。分度圆直径通常用 d 表示。

5. 齿高

齿根圆与齿顶圆之间的径向距离，即轮齿的高度，简称齿高，通常用 h 表示。齿高又包括齿顶高 h_a（分度圆到齿顶圆的径向距离）和齿根高 h_f（分度圆到齿根圆的径向距离）两部分。

6. 齿距、齿厚、齿槽宽

在分度圆上相邻两轮齿同侧齿廓间的弧长称为齿距，通常用 p 表示。齿距 p 等于齿厚 s 与齿槽宽 e 之和。对于标准齿轮，分度圆上的齿厚 s 与齿槽宽 e 近似相等：

$$s = e = \frac{p}{2}$$

7. 模数

分度圆周长可以表示为 pz 或 πd，即

$$pz = \pi d$$

整理可得

$$d = \frac{p}{\pi}z$$

$$\frac{p}{\pi} = m$$

即

$$d = mz$$

式中：m——齿轮的模数，是设计、制造齿轮的重要参数。

模数已经标准化，其标准数值见表 8-6。

标准模数（单位：mm）　　表 8-6

第一系列	1 1.25 1.5 2 2.5 3 4 5 6 8 10 12 16 20 25 32 40 50
第二系列	1.125 1.375 1.75 2.25 2.75 3.5 4.5 5.5 (6.5) 7 9

注：优先采用第一系列模数，括号内的数值尽量不用。

8. 压力角

轮齿在分度圆上啮合点 P 的受力方向（渐开线的法线方向）与该点的瞬时速度方向（分度圆的切线方向）所夹的锐角称为压力角，通常用 α 表示。国家标准规定压力角 $\alpha = 20°$。

9. 中心距

两圆柱齿轮轴线之间的距离称为中心距，通常用 a 表示。

要使一对齿轮正确啮合，它们的模数和压力角必须分别相等。在设计齿轮时首先要确定齿轮的模数和齿数，然后根据模数和齿数计算出其他各部分的尺寸。直齿圆柱齿轮的计算公式见表 8-7。

直齿圆柱齿轮的计算公式　　表 8-7

名称	代号	计算公式(一对啮合齿轮)
齿顶圆直径	d_a	$d_{a1}=m(z_1+2h_a^*)$，$d_{a2}=m(z_2+2h_a^*)$
齿根圆直径	d_f	$d_{f1}=m(z_1-2h_a^*-2c^*)$，$d_{f2}=m(z_2-2h_a^*-2c^*)$
分度圆直径	d	$d_1=mz_1$，$d_2=mz_2$
齿顶高	h_a	$h_{a1}=h_{a2}=h_a^*m$
齿根高	h_f	$h_{f1}=h_{f2}=(h_a^*+c^*)m$
全齿高	h	$h_1=h_2=(2h_a^*+c^*)m$
齿距	p	$p_1=p_2=\pi m$
齿厚	s	$s_1=s_2=\frac{\pi m}{2}$
齿槽宽	e	$e_1=e_2=\frac{\pi m}{2}$
中心距	a	$a=\frac{1}{2}(d_1+d_2)=\frac{1}{2}m(z_1+z_2)$

注：在标准齿轮中，$h_a^*=1$，$c^*=0.25$。

(二)圆柱齿轮的画法

1. 单个齿轮的规定画法

根据《机械制图齿轮表示法》(GB/T 4459.2—2003)规定的齿轮画法，齿顶圆和齿顶线用粗实线绘制，分度圆和分度线用细点画线绘制，齿根圆或齿根线用细实线绘制或省略不画。在剖视图中，当剖切平面通过齿轮的轴线时，轮齿一律按不剖处理，齿根线用粗实线绘制，如图 8-28 所示。

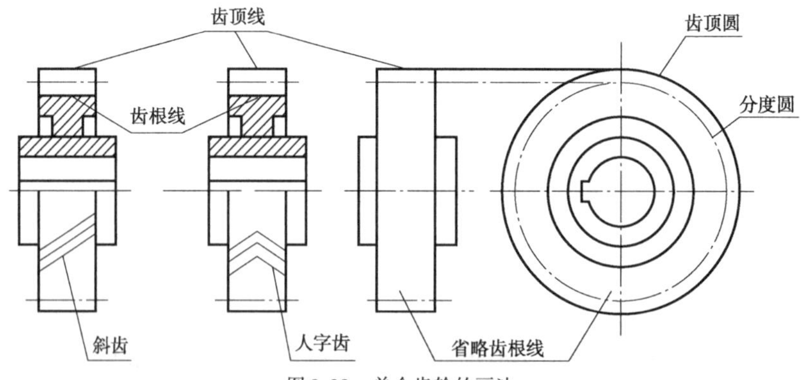

图 8-28　单个齿轮的画法

直齿圆柱齿轮零件图如图 8-29 所示。齿轮零件图应包括足够的视图及制造时所需要的尺寸及技术要求，如齿顶圆直径、分度圆直径及有关齿轮的基本尺寸必须标注。齿根圆直径规定不标注，应在图样右上角的参数中注写模数、齿数、压力角等基本参数。

2. 齿轮啮合时的规定画法

在垂直于圆柱齿轮轴线的投影面上的视图中，啮合区内齿顶圆均用粗实线绘制，如图 8-30a)所示，也可以省略不画。

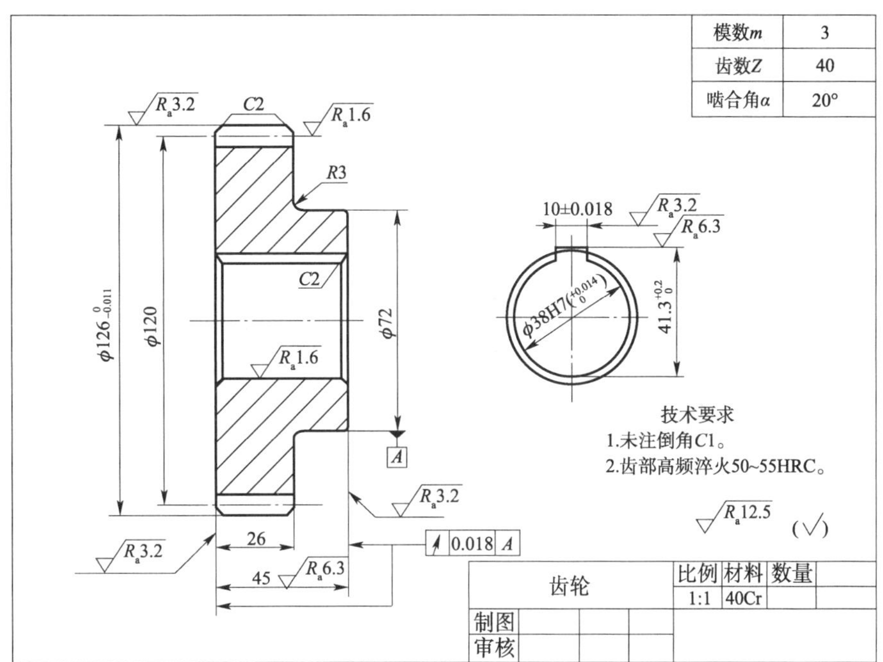

图 8-29　直齿圆柱齿轮零件图

如图 8-30b) 所示，在剖视图中，两轮齿啮合部分的分度线重合，用细点画线绘制；在啮合区内，一个轮齿用粗实线绘制，另一个轮齿被遮挡的部分用细虚线绘制(也可省略不画)，其余部分仍按单个齿轮的规定画法绘制，如图 8-30a) 所示。在非圆投影的外形视图中，啮合区的齿顶线和齿根线不必画出，节线画成粗实线，如图 8-30c) 所示。图 8-30d) 中的放大图形显示啮合区的画法，由于齿根高与齿顶高相差 0.25m(模数)，一个齿轮的齿顶线与另一个齿轮的齿根线之间，应有规定的间隙。

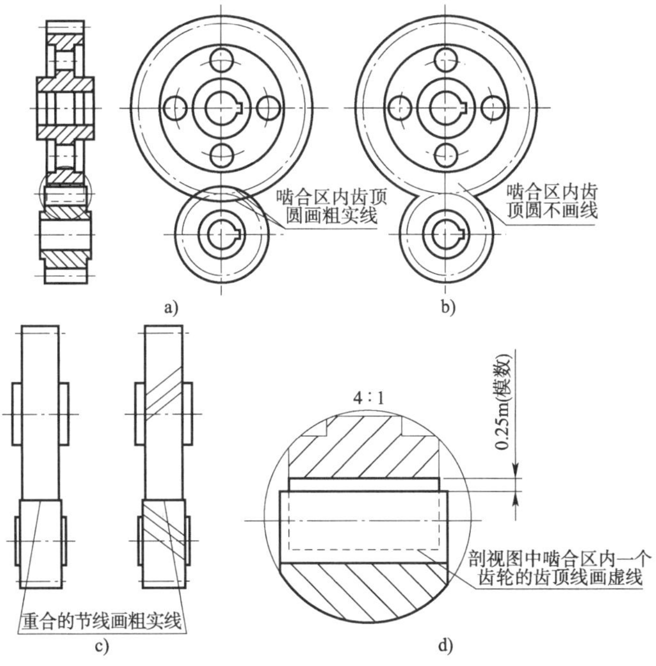

图 8-30　齿轮啮合时的规定画法

二、圆锥齿轮

传递两相交轴(一般两轴交成直角)间的回转运动或动力可用成对的圆锥齿轮。圆锥齿轮分为直齿圆锥齿轮、人字齿圆锥齿轮和螺旋齿圆锥齿轮等,如图 8-31 所示。下面主要介绍直齿圆锥齿轮。

a) 直齿圆锥齿轮　　b) 人字齿圆锥齿轮　　c) 螺旋齿圆锥齿轮

图 8-31　圆锥齿轮

(一)直齿圆锥齿轮简介

直齿锥齿轮通常用于垂直相交两轴之间的传动。由于直齿圆锥齿轮的轮齿是在圆锥面上制出的,因而轮齿一端大,一端小。直齿圆锥齿轮的轮齿向锥顶逐渐变小,因此直齿圆锥齿轮的齿高和齿厚以及模数是随其至锥顶的距离而变的,规定以大端端面的模数 m 为标准模数来计算轮齿的有关尺寸。直齿圆锥齿轮各部分几何要素的名称及代号如图 8-32 所示。

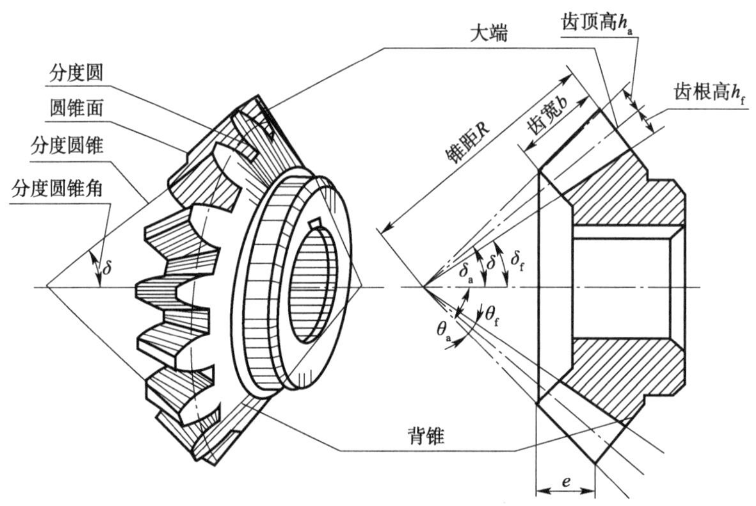

图 8-32　直齿圆锥齿轮各部分几何要素的名称及代号

直齿圆锥齿轮的主要几何要素的尺寸都与模数 m、齿数 z 及分度圆锥角 δ 有关。直齿圆锥齿轮各部分尺寸计算见表 8-8。

(二)直齿圆锥齿轮的规定画法

1. 单个直齿圆锥齿轮的规定画法

单个直齿圆锥齿轮的规定画法与圆柱齿轮的画法基本相同。如图 8-33 所示,直齿圆锥齿轮一般用主视图、左视图表示。主视图为剖视图,左视图中,轮齿的大端和小端的顶圆用粗实线表示,大端的分度圆用点画线表示,不画齿根圆。

直齿圆锥齿轮各部分尺寸计算　　表 8-8

名称	代号	计算公式
模数	m	$m=d/z$
齿顶高	h_a	$h_a=m$
齿根高	h_f	$h_f=1.25m$
齿高	h	$h=h_a+h_f=2.25\text{m}$
分度圆直径	d	$d=mz$
齿顶圆直径	d_a	$d_a=d+2h_a=m(z+2)$
齿根圆直径	d_f	$d_f=d-2h_f=m(z-2.5)$
中心距	a	$a=\frac{d_1+d_2}{2}=\frac{m(z_1+z_2)}{2}$

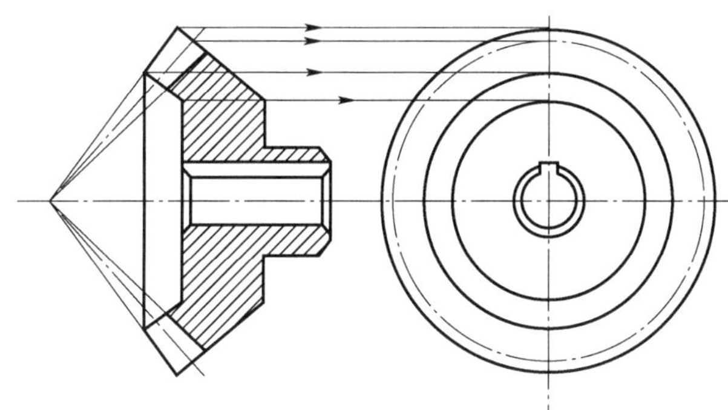

图 8-33　直齿圆锥齿轮的规定画法

2. 直齿圆锥齿轮的啮合画法

直齿圆锥齿轮啮合部分的画法与圆柱齿轮相同,如图 8-34 所示。主视图为剖视图,左视图不剖,对于标准齿轮,节圆锥面和分度圆锥面、节圆和分度圆是一致的。

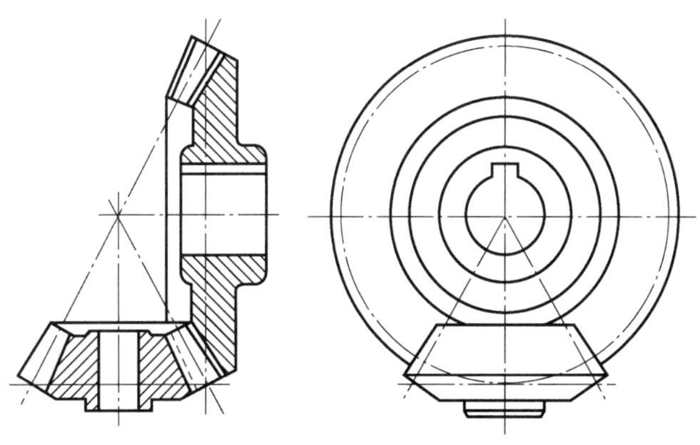

图 8-34　直齿圆锥齿轮的啮合画法

第五节 滚动轴承

国产直径 8m 大轴承中,滚子误差不超过 1μm。轴承的创新发展是工业技术进步的重要标志。从最初的滚珠轴承到现代化的陶瓷轴承,材料革新带来了更小的摩擦系数和更高的耐磨性。同时,设计创新使得轴承在精度、承载能力和转速上不断提升。纳米涂层技术、磁悬浮轴承等前沿技术的应用,更是极大地扩大了轴承的使用范围,为航空航天、高速列车等领域提供了强有力的支撑。轴承的创新不仅提升了机械设备的性能,也推动了整个工业体系的升级与发展。

滚动轴承是支承旋转轴的标准部件。滚动轴承可极大减少轴与孔相对旋转时的摩擦力,具有结构紧凑、机械效率高等优点,所以得到了广泛应用。

一、滚动轴承的类型和代号

(一)滚动轴承的类型

滚动轴承一般由内圈、滚动体、保持架、外圈四部分组成。滚动轴承的类型按承受荷载的方向可分为三类:

(1)向心轴承:如图 8-35a)所示,主要承受径向荷载,如深沟球轴承。

(2)推力轴承:如图 8-35b)所示,只承受轴向荷载,如推力球轴承。

(3)向心推力轴承:如图 8-35c)所示,同时承受径向和轴向荷载,如圆锥滚子轴承。

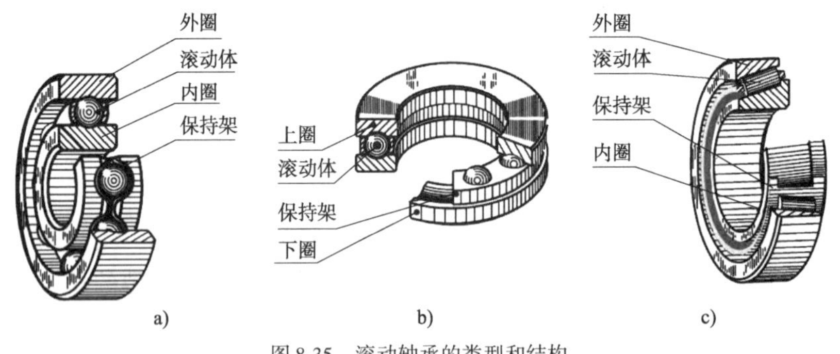

图 8-35 滚动轴承的类型和结构

(二)滚动轴承的代号

滚动轴承的代号是用字母加数字来表示滚动轴承的结构、尺寸、公差等级、技术性能等特征的产品符号。

滚动轴承的代号由前置代号、基本代号和后置代号三部分构成。基本代号是轴承代号的主要组成部分,一般情况下,常用的滚动轴承的代号可只用基本代号表示。

基本代号是用来表示轴承的基本类型、结构和尺寸的,由轴承类型代号、尺寸系列代号和内径代号三部分构成。类型代号用数字或字母表示;尺寸系列代号由轴承的宽(高)度系列代号和直径系列代号组合而成,用两位数字表示;内径代号用数字表示,表示轴承内圈孔直径，如代号 00、01、02、03 分别表示内径为 10mm、12mm、15mm、17mm。代号大于或等于 04 时，用代号数字乘以 5 即可得到内径数值。

深沟球轴承代号举例：

圆锥滚子轴承代号举例：

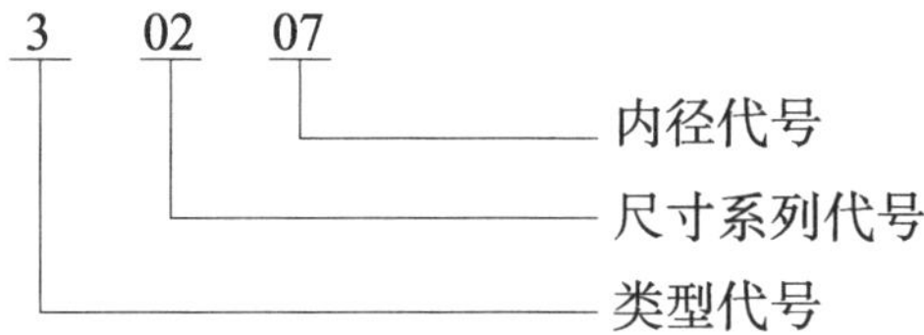

二、滚动轴承的画法

滚动轴承是标准件，不需要画零件图。在绘制装配图时，可按《机械制图　滚动轴承表示法》（GB/T 4459.7—2017）的规定来画。

滚动轴承表示法包括三种画法：通用画法、特征画法和规定画法。当不需要确切地表示滚动轴承的外形轮廓、承载特性和结构特征时采用通用画法，当需要比较形象地表示滚动轴承的结构特征时采用特征画法，滚动轴承的产品图样、产品样本、产品标准和产品使用说明书采用规定画法。常用滚动轴承表示法见表 8-9。其各部尺寸可根据轴承代号从标准中查得。

常用滚动轴承表示法　　表 8-9

轴承类型	结构形式	通用画法	特征画法	规定画法
深沟球轴承（GB/T 276—2013）6000 型				
推力球轴承（GB/T 28697—2012）51000 型				

续上表

轴承类型	结构形式	通用画法	特征画法	规定画法
圆锥滚子轴承（GB/T 297—2015）30000 型	—			

注：各种画法指滚动轴承在所属装配图中的画法。

第六节 弹簧

现代化技术在弹簧生产中的应用极大地提高了弹簧的生产效率和产品质量。采用自动化设备（如数控弹簧机）实现了高精度、高速度的弹簧成型。材料科学的进步使得弹簧可以使用特种合金，具备更好的弹性和耐疲劳性。

一、弹簧的种类

弹簧是一种常用件，它的作用是减振、夹紧、储能、测力、复位等。在电器中，弹簧常用来保证导电零件的良好接触或脱离接触。常用的弹簧如图 8-36 所示。在机械制图中，弹簧应按《机械制图　弹簧表示法》（GB/T 4459.4—2003）绘制。在各种弹簧中，以圆柱螺旋弹簧最为常见。圆柱螺旋弹簧按用途分为圆柱螺旋压缩弹簧、圆柱螺旋拉伸弹簧和圆柱螺旋扭力弹簧。本节只介绍圆柱螺旋压缩弹簧的有关尺寸计算和画法，其他类型弹簧的画法，请查阅相关资料。

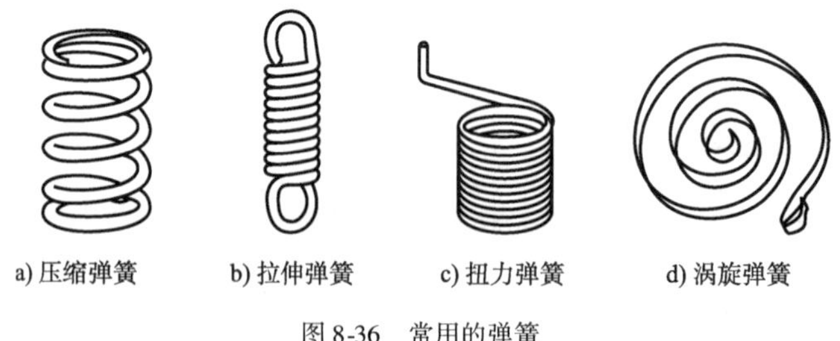

a) 压缩弹簧　b) 拉伸弹簧　c) 扭力弹簧　d) 涡旋弹簧

图 8-36　常用的弹簧

二、圆柱螺旋压缩弹簧的结构与尺寸

（一）圆柱螺旋压缩弹簧的结构

为了使圆柱螺旋压缩弹簧工作平稳，受力均匀，通常圆柱螺旋压缩弹簧的两端是并紧且

磨(或锻)平的。两端的并紧且磨平的部分工作时起支承作用,称为支承圈 n_2。支承圈有1.5圈、2 圈、2.5 圈三种情况,其中2.5 圈是比较常见的。除支承圈外,中间各圈节距均匀且参加工作,称为有效圈 n。支承圈数 n_2 与有效圈数 n 之和称为总圈数 n_1。圆柱螺旋压缩弹簧各部分的结构如图 8-37 所示。

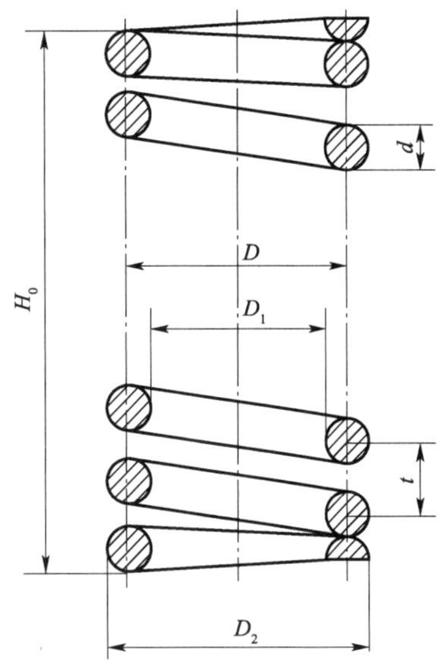

图 8-37　圆柱螺旋压缩弹簧的结构图

(二)圆柱螺旋压缩弹簧的主要参数

1. 线径

弹簧丝的直径称为线径 d。

2. 弹簧直径

弹簧直径包括弹簧外径 D_2、弹簧内径 D_1 和弹簧中径 D。线径与弹簧直径之间的关系为

$$D_1 = D_2 - 2d = D - d$$

3. 节距

相邻两有效圈上对应点间的轴向距离称为节距 t。

4. 弹簧圈数

弹簧圈数包括有效圈数 n、支承圈数 n_2 和总圈数 n_1。它们的关系为

$$n_1 = n + n_2$$

5. 自由高度

弹簧未受荷载时的高度(或长度)称为自由高度 H_0。

$$H_0 = nt + (n_2 - 0.5)d$$

6. 旋向

弹簧同螺纹一样,有左旋和右旋两种。圆柱螺旋压缩弹簧各部分参数已经标准化,线径 d、弹簧外径 D_2、节距 t、自由高度 H_0 以及有效圈数 n 等参数都要按国家标准选取标准值。

三、圆柱螺旋压缩弹簧的画法

《机械制图　弹簧表示法》(GB/T 4459.4—2003)规定了弹簧的画法,圆柱螺旋压缩弹簧可画示意图、视图或剖视图,如图 8-38 所示。

画图时,应注意以下几点:

(1)当弹簧丝直径在图上小于或等于 2mm 时,可采用示意画法,如图 8-39a)所示。

(2)圆柱螺旋压缩弹簧在平行于轴线的投影面上的视图中,各圈的投影转向线轮廓应画成直线,如图 8-39b)、图 8-39c)所示。

(3)有效圈数在4圈以上的圆柱螺旋压缩弹簧,中间各圈可省略不画。当中间部分省略时,可适当缩短图形的长度,如图8-39a)、图8-39b)所示。

(4)右旋弹簧或旋向不做规定的螺旋弹簧,在图上画成右旋。左旋弹簧允许画成右旋,但左旋弹簧不论画成左旋还是右旋,都要加注“LH”。

(5)在装配图中,圆柱螺旋压缩弹簧被挡住的结构一般不画出,可见部分应从圆柱螺旋压缩弹簧的外轮廓线或从圆柱螺旋压缩弹簧钢丝剖面的中心线画起,如图8-39a)所示。圆柱螺旋压缩弹簧被剖切时,如圆柱螺旋压缩弹簧钢丝剖面的直径在图形上等于或小于2mm,剖面可以涂黑表示,如图8-39b)所示。当圆柱螺旋压缩弹簧直径过小时,或是装配中只表达弹簧的位置,可按示意图画出,如图8-39c)所示。

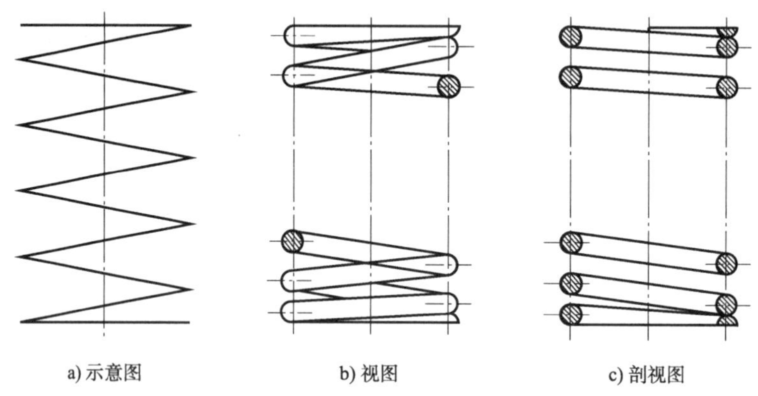

图8-38　圆柱螺旋压缩弹簧的画法

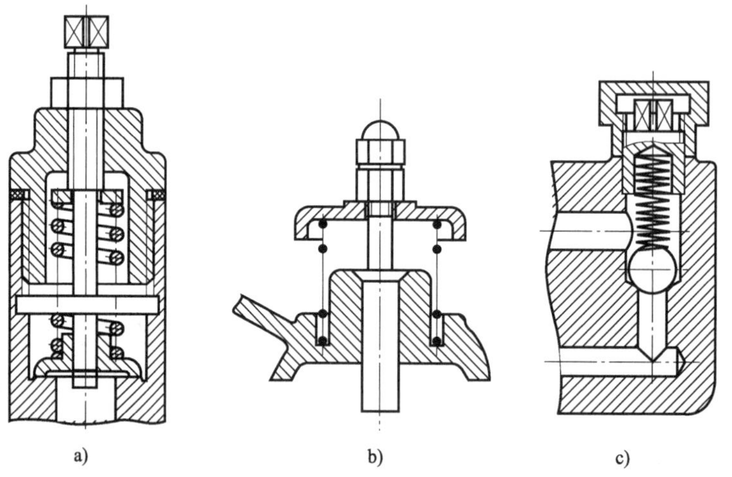

图8-39　圆柱螺旋压缩弹簧在装配图中的画法

习题

一、填空题

1. 螺纹按用途可分为两类,其中用来连接零件的螺纹为________螺纹,用来传递动力和运动的螺纹为________螺纹。

2. 以剖视图表示内、外螺纹连接时,其旋合部分应按________的画法绘制。

3. 左旋螺纹要注写________，右旋螺纹不注。
4. 不通螺孔圆锥面尖端的锥顶角一般画成________°。
5. 螺纹相邻两牙在________线上对应两点间的轴向距离称为螺距。
6. 螺纹的旋向有________和________两种，工程上常用________螺纹。
7. 普通平键有________、________和________三种结构类型。
8. 旋合长度有________、________、________三种，________旋合长度省略不标。
9. 螺纹按加工方式可分为________螺纹和________螺纹。
10. 螺纹常见的牙形有________、________、________。

二、选择题

1. 在普通螺纹的标记中，粗牙螺纹(　　)。
   A. 必须标注　B. 不注螺距　C. 不注大径　D. 标注螺柱
2. 螺纹的公称直径是指螺纹(　　)的基本尺寸。
   A. 大径　B. 小径　C. 中径　D. 直径
3. 下列螺纹标记中，表示细牙普通螺纹的是(　　)。
   A. M20×2　B. M30-5g6g-S　C. G3/4　D. G1/2
4. 以下不属于螺纹紧固件连接形式的是(　　)。
   A. 双头螺柱连接　B. 螺栓连接　C. 螺钉连接　D. 键连接
5. 导程、螺距、线数的关系是(　　)。
   A. 导程 = 螺距 × 线数　B. 螺距 = 导程 × 线数
   C. 线数 = 导程 × 螺距　D. 导程 = 螺距 + 线数
6. 在装配图中绘制螺纹紧固件，以下说法错误的是(　　)。
   A. 当剖切平面通过螺杆轴线时，均按未剖切绘制
   B. 两个被连接零件的接触面要画两条线
   C. 相邻两个零件的剖面线方向相反或间隔不同
   D. 螺纹紧固件的工艺结构，如倒角、退刀槽等可省略不画
7. (　　)是指母线通过牙形上沟槽和凸起宽度相等处的假想圆柱或圆锥的直径。
   A. 中径　B. 公称直径　C. 小径　D. 大径
8. 在螺纹的五个结构要素中，牙形、公称直径和(　　)都做了规定，这三个要素都符合标准的螺纹称为标准螺纹。
   A. 螺距　B. 旋向　C. 线数　D. 导程
9. 常用的键有(　　)。
   A. 普通平键　B. 半圆键　C. 钩头楔键　D. 以上都是
10. 销的作用是(　　)。
   A. 传递扭矩　B. 连接、定位　C. 改变转速　D. 减振

三、判断题

1. 螺纹按加工方式可分为内螺纹和外螺纹。(　　)
2. 在螺纹的所有要素中，牙形、大径和螺距称为螺纹的三要素。(　　)
3. 螺纹有右旋和左旋之分，顺时针方向旋进的是右旋，逆时针方向旋进是左旋。(　　)

4. 齿轮的作用是传递扭矩。 ( )

5. 弹簧的作用有夹紧、减振、复位、测力和储能等。 ( )

四、简答题

1. 解释 M24-5g6g-S 的含义。

2. 解释 M20 ×2-6H 的含义。

3. 解释 Tr40 ×8-8e 的含义。

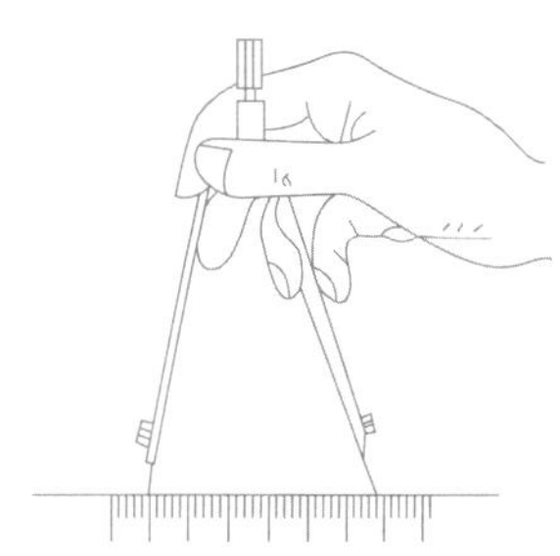

模块九 零件图

学习目标

❖ 知识目标

1. 记忆零件的作用、内容,常见零件的类型及其特点。
2. 能准确描述零件尺寸基准的概念和分类,识记合理标注尺寸的原则。
3. 准确描述技术要求中表面粗糙度、极限与配合、形状与位置公差的概念。

❖ 技能目标

1. 分析零件图中主视图选择的原则,选择合适的表达方案。
2. 分析零件图的尺寸基准,能正确、完整、清晰、合理地标注尺寸。
3. 能在零件图中正确标注表面粗糙度代号、尺寸公差代号和形位公差代号。

❖ 素养目标

1. 培养创新设计能力,感受机械制图之美,进一步树立正确的职业道德观。
2. 理解零件加工精度与生产成本之间的关系,把握技术要求的适度性。
3. 培养严谨细致、追求卓越的工匠精神,树立产品质量意识、责任意识和生产成本意识。

机械图样分为零件图和装配图。机器或部件由多个零件组成,表达单个零件的形状结构、大小和技术要求的机械图样,称为零件图。

第一节 零件图的基本知识

零件虽小,但对大国重器来说却举足轻重。它们是构成大型装备和精密仪器的基石,每一个零件的性能和可靠性都直接影响整个系统的运行。优质的零件确保了大国重器的稳定、高效和安全,是提升国家工业实力,促进科技进步的关键。

一、零件图的作用和内容

(一)零件图的作用

零件图表达了机械零件的结构、尺寸和技术要求,是指导零件加工、制造和检验的重要技术文件。

(二)零件图的内容

一张完整的零件图应包括以下内容:

(1)标题栏:在图纸的右下角,记录零件的名称、数量、材料、比例、图号以及设计者和绘图者的签名等信息,如图 9-1 所示。

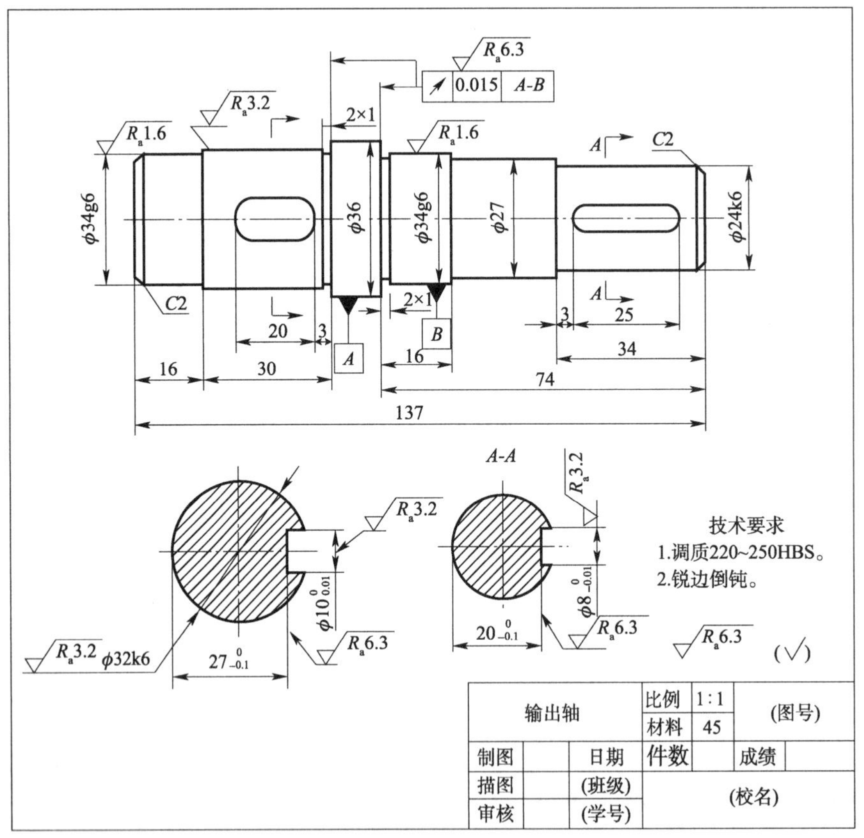

图 9-1　输出轴零件图

(2)一组图形:通过视图、剖视图、断面图、局部放大图等表达方法,全面且清晰地展示零件的结构和形状。

(3)全部尺寸:准确、完整、清晰、合理地标注出零件在制造和检验过程中所需的所有尺寸。

(4)技术要求:使用规定的符号和文字说明,表明零件在制造和检验时应满足的质量标准,包括表面粗糙度、尺寸公差、几何公差等。

二、零件的视图表达

视图的选择应以便于理解和表达零件的结构为首要目标，同时考虑加工和装配的便利性。选择视图时，应尽量减少视图数量，简化绘图和阅读过程。

（一）主视图的选择

选择主视图时，应综合考虑零件的工作、安装或加工位置，选择最能体现零件结构特征的视图。选择主视图时应遵循以下原则：

（1）形状特征原则：主视图应能够清晰地展示零件的主要结构特征。

（2）加工位置原则：主视图应尽可能展示零件在加工时的装夹位置，如轴的车削加工。

（3）工作位置原则：主视图应尽可能展示零件在机器中的工作或安装位置，如吊钩的工作位置。

（二）其他视图的选择

在确定主视图后，根据需要完整、清晰地表达零件各部分结构形状和相对位置，选择必要的其他视图（包括视图、剖视图、断面图、局部放大图等），以表达零件的外部形状、内部结构或细节。

（三）典型零件的视图选择

根据零件的结构和用途，通常可将零件分为四类典型零件：轴（套）类零件、盘（盖）类零件、箱体类零件、叉架类零件。

1. 轴（套）类零件

轴类零件图如图 9-2 所示，轴类零件主要用于支撑转动部件（如齿轮、皮带轮等）并传递动力；套类零件一般安装在轴上或孔内，用于定位、支撑和保护转动部件。

轴类零件的形状通常为阶梯状，可能包含键槽、齿轮、螺纹、退刀槽等结构，以满足固定和定位的需求。

2. 盘（盖）类零件

盘（盖）类零件通常通过销钉定位，通过螺钉固定，起支撑、定位和密封等多种作用。图 9-3所示的轴承盖以及各种轮子、法兰盘、端盖等属于盘（盖）类零件。盘（盖）类零件主要形体是回转体，径向尺寸一般大于轴向尺寸。

盘（盖）类零件的毛坯为铸件或锻件，机械加工以车削为主，主视图一般按加工位置水平放置。但有些较复杂的盘（盖）类零件，因加工工序较多，主视图也可按工作位置画出。一般需要两个视图，即主视图和左视图。根据结构特点，视图具有对称面时，可作半剖视；无对称面时，可做全剖或局部剖视。其他结构形状（如轮辐和肋板等）可用移出断面图或重合断面图，也可用简化画法。

3. 箱体类零件

箱体类零件是机器的重要组成部分，主要负责容纳、支撑、定位、密封和保护内部的机械部件。

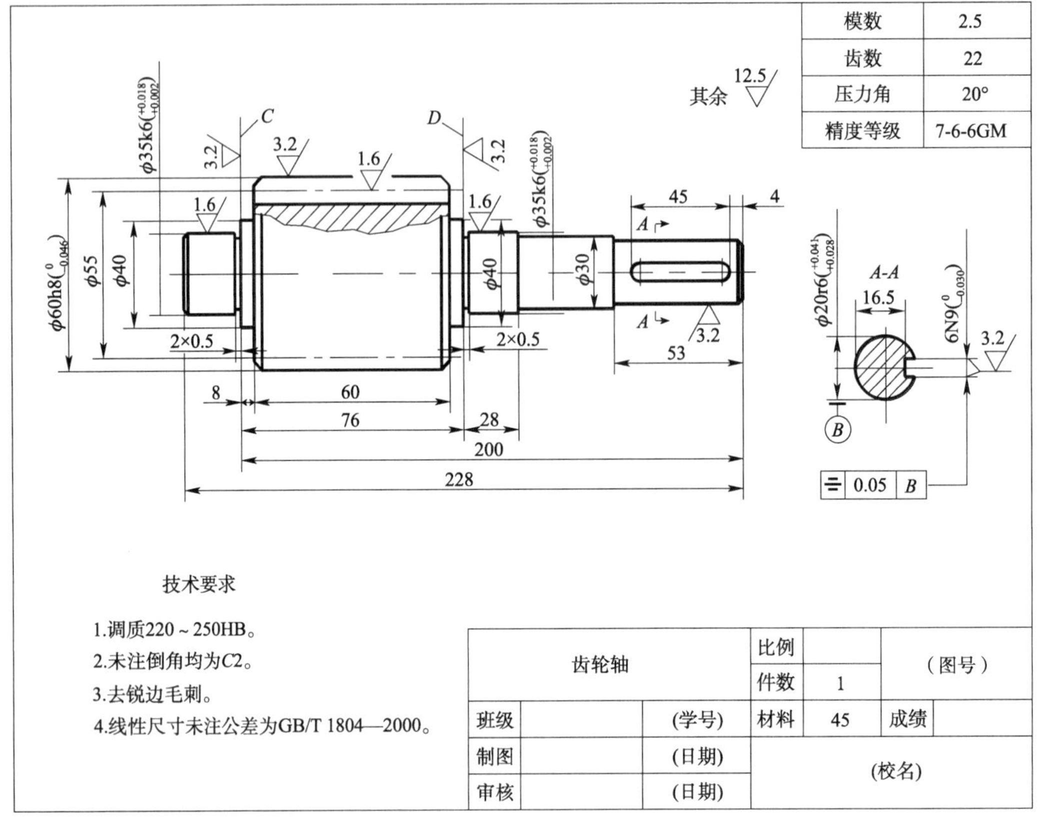

图 9-2　轴类零件图

箱体类零件具有中空的内部结构，以满足其功能需求。例如，图 9-4 所示的阀体以及减速器箱体、泵体、阀座等属于箱体类零件，大多为铸件，一般起支撑、容纳、定位和密封等作用，内外形状较为复杂。

箱体类零件一般经多种工序加工而成，因而主视图主要根据形状特征和工作位置确定，图 9-4 所示的主视图就是根据工作位置选定的。箱体类零件由于结构较复杂，常需 3 个或 3 个以上的视图，并可应用各种方法来表达。在图 9-4 中，由于主视图上无对称面，采用了大范围的局部剖视图来表达内、外形状，并选用 *A-A* 剖视图、*C-C* 局部剖视图和密封槽处的局部放大图。

4. 叉架类零件

叉架类零件包括各种叉杆和连杆，它们在机械系统中起传动、连接和支撑的作用。这些零件通常形状不规则，外形复杂，可能包含弯曲或倾斜的结构，如图 9-5 所示。叉架类零件上常见的结构包括肋板、轴孔、耳板、底板和螺孔等。

由于加工工序位置的主次难以区分，叉架类零件的主视图通常根据工作位置绘制，同时尽量反映其形状特征。

当工作位置倾斜或不固定时，主视图可以摆正以便于观察。主视图和其他基本视图通常结合局部剖视图来展示叉架类零件的内外形状。对于倾斜结构，可以使用斜视图、斜剖视图和断面图来更清晰地表达。

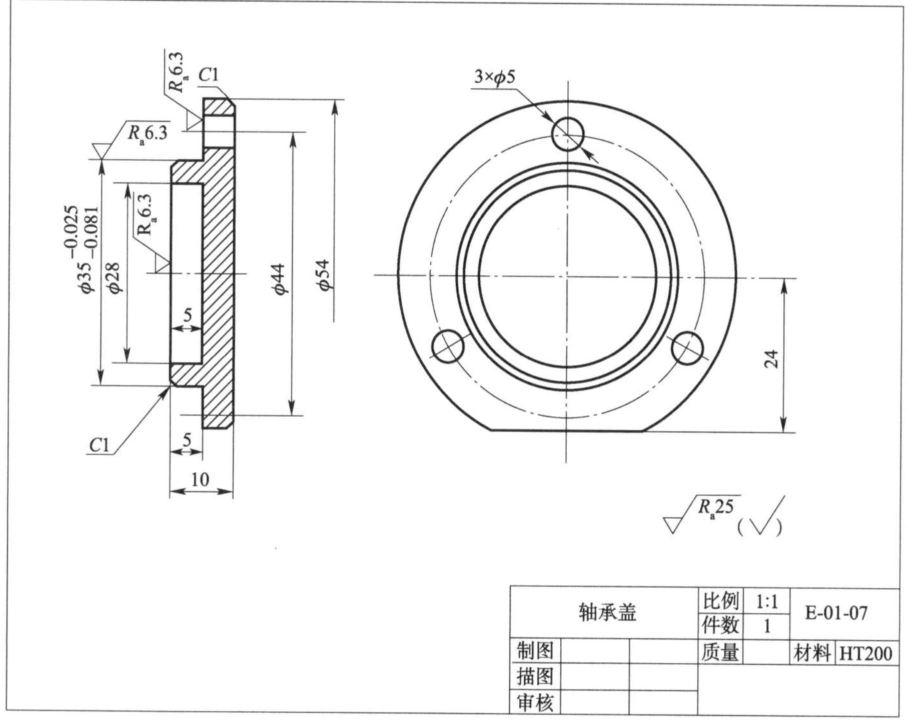

图 9-3　轴承盖零件图

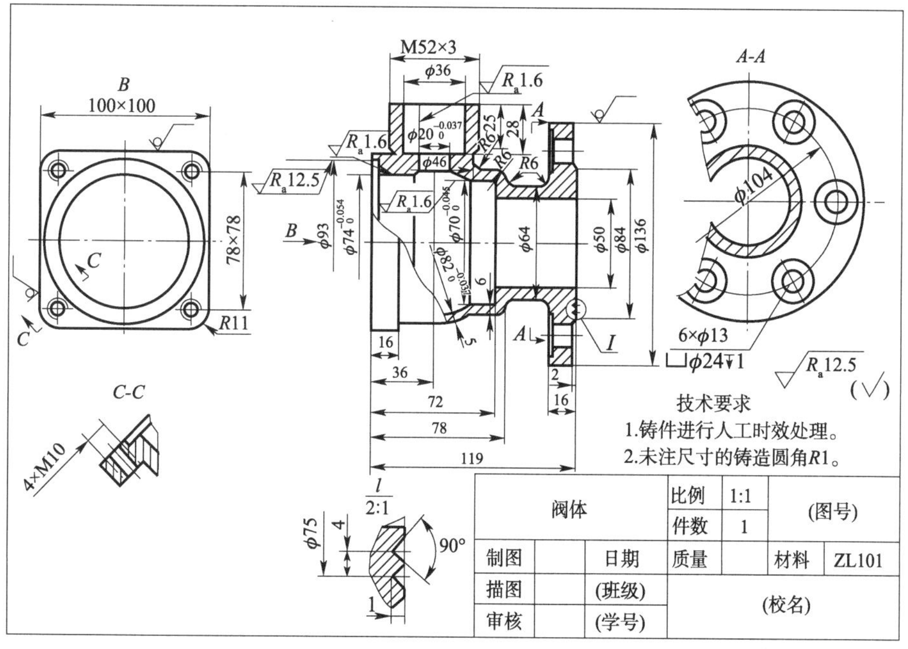

图 9-4　阀体零件图

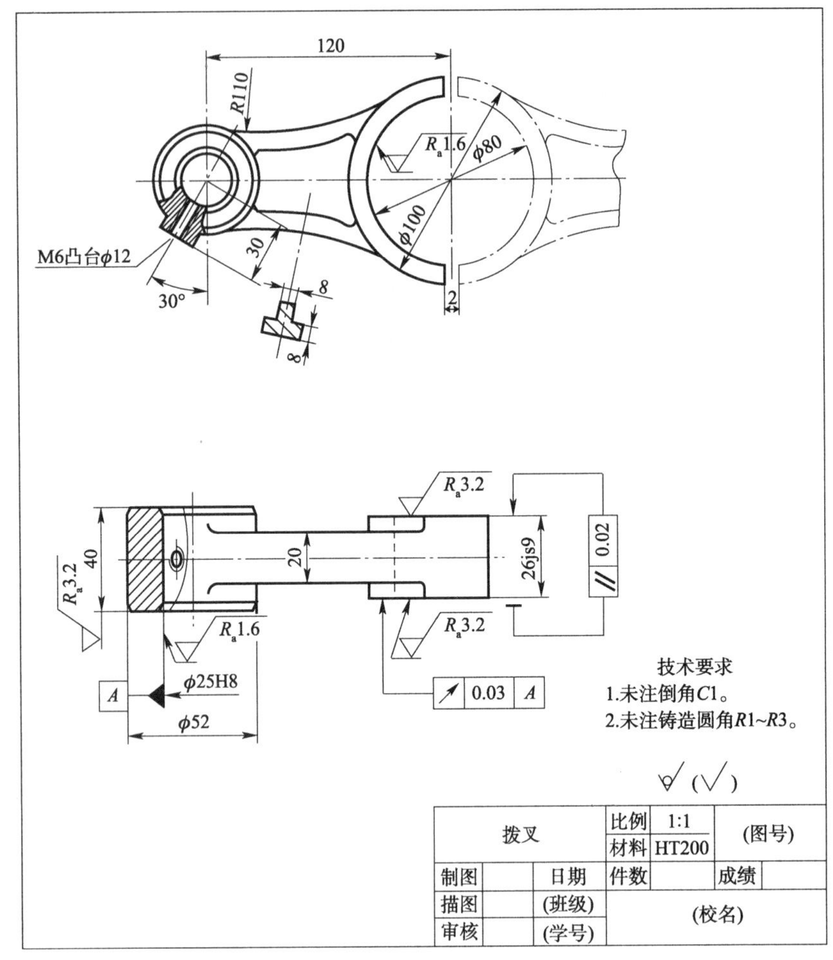

图 9-5　叉架类零件图

三、零件上常见的工艺结构

零件的结构设计不仅需要满足机器的功能需求，还要兼顾制造、测量和装配过程中的工艺要求，以确保零件的工艺合理性。以下是一些常见的工艺结构要求。

(一)铸造工艺对结构的要求

1. 拔模斜度

为了在铸造时便于将铸件从砂型中取出，一般沿拔模的方向设计出 1°~3°的斜度，称为拔模斜度，如图 9-6a)所示。斜度在图上可以不标注，也可以不画出，如图 9-6b)所示；必要时，可在技术要求中注明。

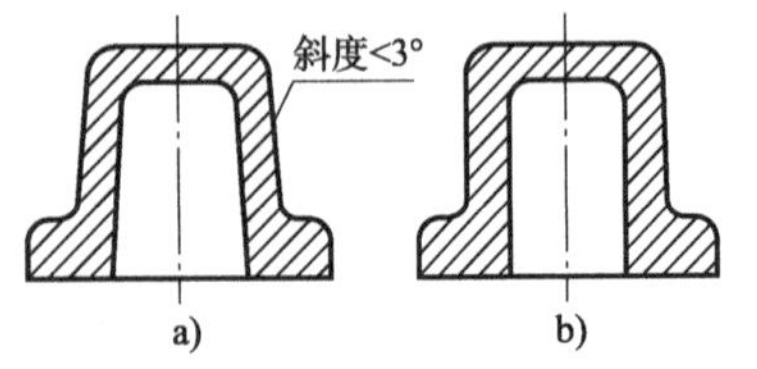

图 9-6　拔模斜度

2. 铸造圆角

为了防止铁水冲坏转角处，以及冷却时产生缩孔和裂缝，铸件的转角处应设计成圆角。这种圆角称为铸造圆角

(图 9-7),尺寸通常较小(如 $R2\sim R5$),在零件图上可以省略不画,而统一在技术要求中说明,如“全部圆角 $R3$”或“未注圆角 $R4$”。

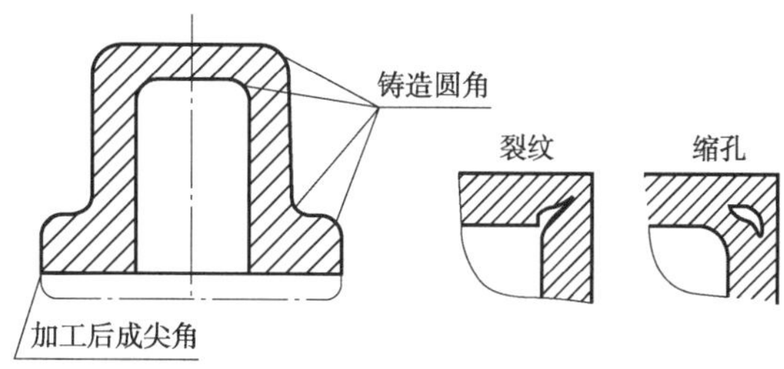

图 9-7　铸造圆角

3. 铸件壁厚

铸件的壁厚应尽量均匀,避免壁厚不均导致冷却速度不同,从而产生缩孔和裂纹。应采取措施确保壁厚的一致性,如图 9-8 所示。

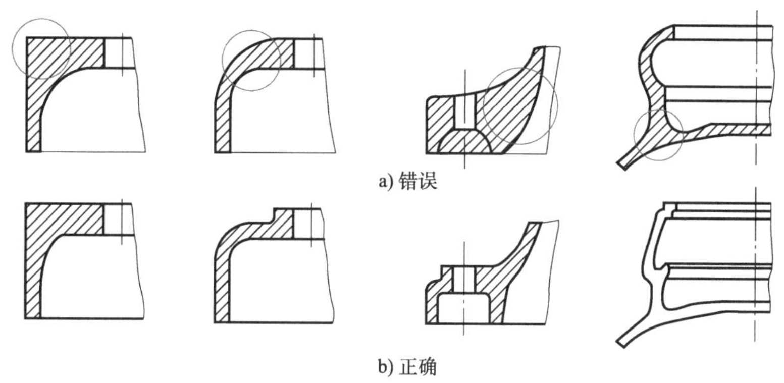

图 9-8　铸件壁厚的变化

(二)机械加工工艺结构

1. 倒角和圆角

(1)倒角:为了便于安装和提高安全性,轴或孔的端部通常加工成倒角。

(2)圆角:为了避免应力集中和裂纹的产生,轴肩处常加工成圆角,这种结构称为倒圆。

倒角和圆角的标注应清晰,如图 9-9 所示。

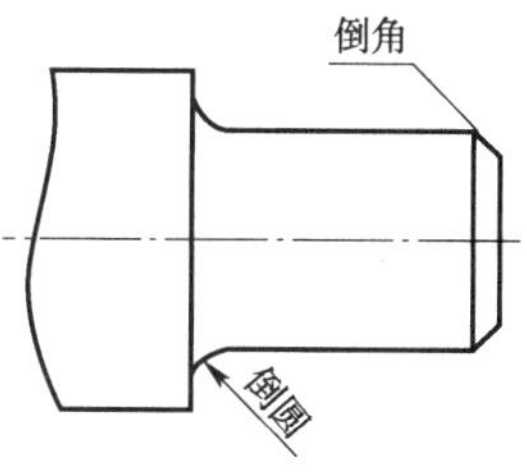

图 9-9　倒角和圆角

2. 退刀槽和砂轮越程槽

(1)退刀槽:在车削内孔、螺纹和磨削零件表面时,为了便于刀具的退出,常在加工面的末端设计退刀槽。退刀槽的尺寸通常按“槽宽 × 槽深”或“槽宽 × 直径”的形式标注。

(2)砂轮越程槽:为了使砂轮在磨削过程中可以稍微越过加工面,以确保加工面的完整性和精度,会在加工面的末端设计砂轮越程槽。砂轮越程槽的尺寸通常按“槽宽 × 槽深”的形式标注，如图 9-10 所示。

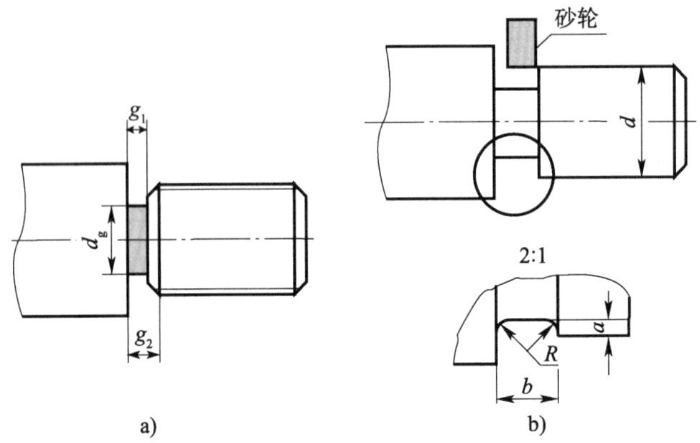

图 9-10　砂轮越程槽

3. 钻孔结构

为了避免钻孔时钻头因单边受力产生偏斜，导致钻头折断，钻孔的外端面应设计成与钻头行进方向垂直的结构。这种设计有助于保持钻孔的垂直度和精度。钻孔结构如图 9-11 所示。

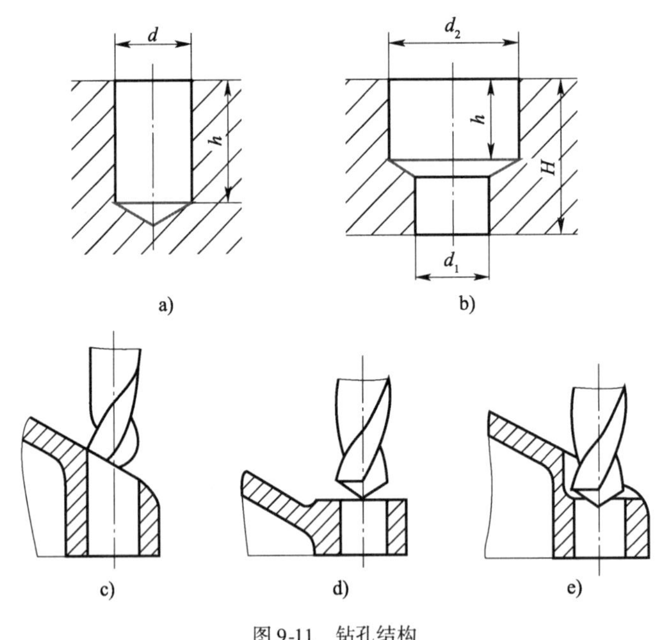

图 9-11　钻孔结构

4. 凸台和凹坑

为了使零件的某些装配表面与相邻零件接触良好，常在零件加工面处设计凸台。凸台可以增强零件的连接强度和稳定性，如图 9-12 所示。

为了减少加工面积，提高加工效率，常在零件加工面处设计锪平成凹坑或凹槽。这种结构有助于减少材料的使用，同时可以提高零件的装配精度和强度。凹槽如图 9-13 所示。

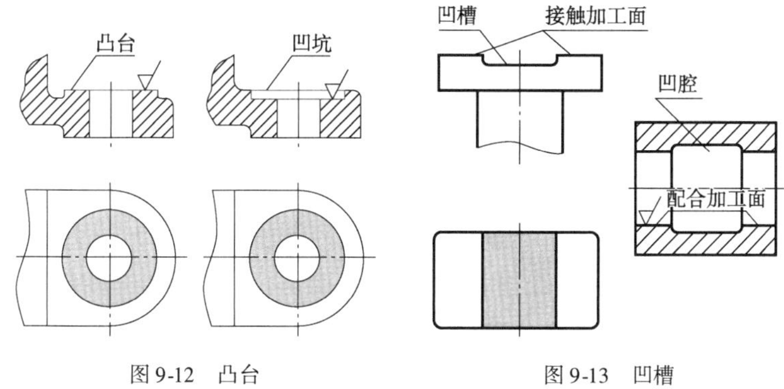

图 9-12　凸台　　　　图 9-13　凹槽

第二节　零件图的尺寸标注

零件图的准确标注对于制造业至关重要,它确保了设计师的意图能被正确理解,保证了零件的互换性和标准化生产。精确的尺寸、公差和工艺要求减少了加工误差,提高了产品质量,降低了成本,是保证生产效率和产品质量的基础。

在零件图上标注尺寸时,除了要保证尺寸的正确性、完整性和清晰度,还应该考虑尺寸的合理性。这意味着零件图的尺寸标注既要满足设计的需求,也要方便加工和测量。

一、尺寸基准

为了正确标注尺寸,选择合适的尺寸基准是必要的。尺寸基准的选择应当与零件的设计要求一致,并且要便于后续的加工和测量。每个零件都有长、宽、高三个方向的尺寸,每个方向至少需要选择一个尺寸基准。

(一)尺寸基准的概念

基准是零件设计、制造和测量过程中,用于确定零件位置的几何元素,如点、线和面。尺寸基准是标注尺寸的起始位置,通常,我们会选取零件结构的对称面、回转轴线、主要加工面、重要的支撑面或结合面作为尺寸基准。

(二)尺寸基准的分类

按应用目的不同可将尺寸基准分为设计基准和工艺基准两大类。

(1)设计基准:在设计阶段,为了确保零件的功能和在机器中的工作位置,会选定特定的基准。

(2)工艺基准:在零件的加工过程中,为了满足装夹定位和测量的需要,会选定相应的工艺基准。

为了减少误差并确保满足设计要求,应尽可能使设计基准和工艺基准一致,以提高加工精度和测量的准确性。按重要性可将尺寸基准分为主要基准和辅助基准。

为了合理地标注尺寸,选择合适的尺寸基准至关重要。每个零件都有长、宽、高三个方向的尺寸,每个方向至少需要一个主要基准。然而,根据设计、加工和测量的具体要求,有时还需要一些辅助基准。

二、零件图尺寸标注的原则

(一)重要尺寸直接标出

直接影响零件在机器中的工作性能和位置关系的重要尺寸,如零件之间的配合尺寸、关键的安装定位尺寸等,应该直接在图纸上明确标注(图 9-14),以确保其精确性和重要性。

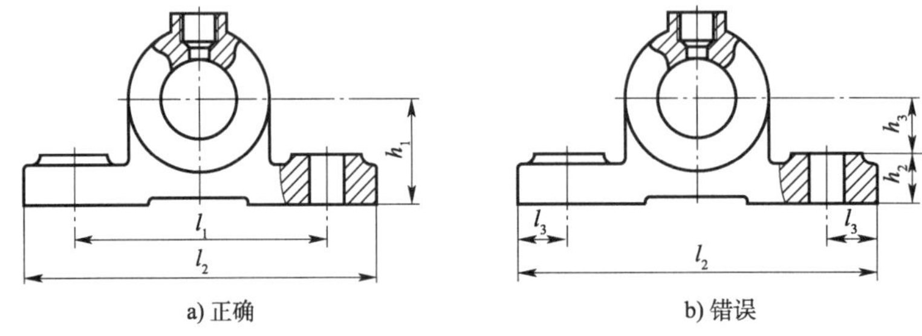

图 9-14　重要尺寸直接标出

(二)避免封闭尺寸链

封闭尺寸链是指尺寸线首尾相连,形成一个封闭的圈。如图 9-15 所示,为了避免尺寸误差累积,应该在尺寸链中故意留出一个不重要的尺寸不进行标注。这样,所有的尺寸误差可以集中在这个未标注的尺寸上,从而保证其他重要尺寸的精度要求。

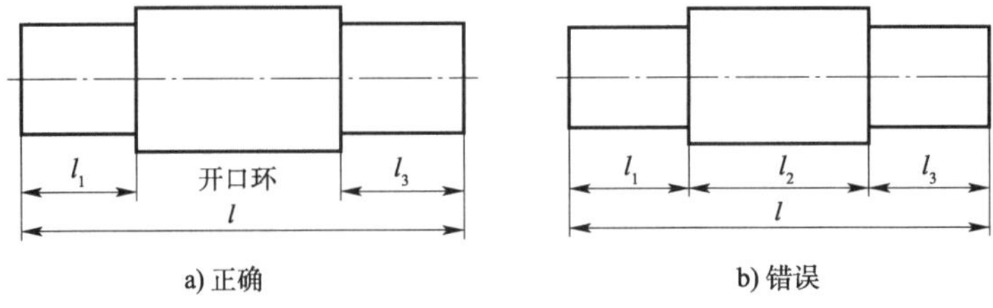

图 9-15　避免封闭尺寸链

(三)便于加工和测量的尺寸标注

在标注尺寸时,应考虑测量的便利性,如图 9-16 所示。这可能意味着选择更容易测量的位置或方向来标注尺寸。

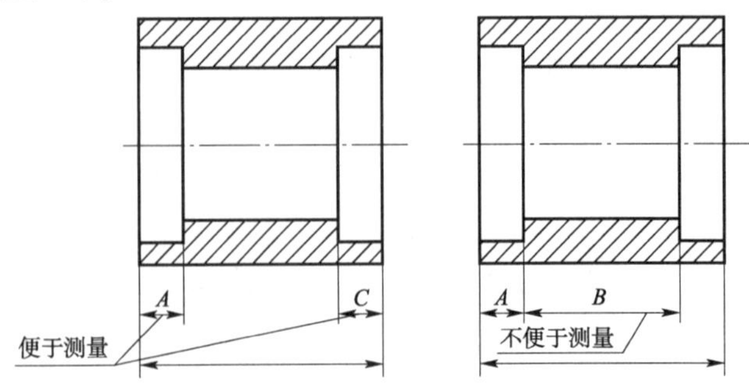

图 9-16　考虑测量方便

对于不同的加工方法可能需要采用不同的尺寸标注方式。如图 9-17 所示，应根据实际的加工方法来确定尺寸的标注方式。

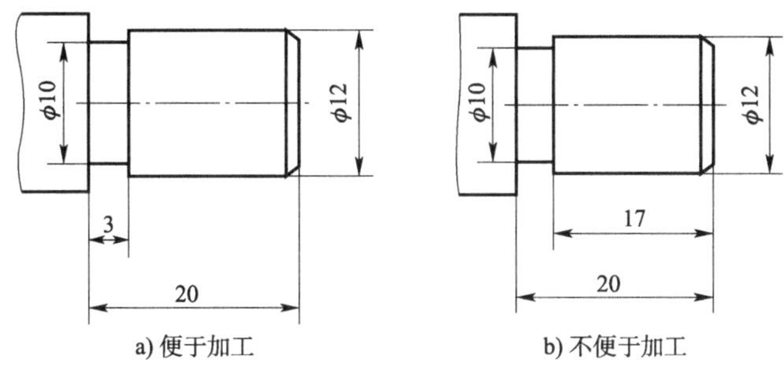

a) 便于加工　　b) 不便于加工

图 9-17　根据加工方法标注尺寸

三、常见孔的尺寸标注

常见结构的尺寸标注：对于零件上常见的结构，如销孔、锪平孔、沉孔、螺孔等，尺寸的标注应参照表 9-1。这些结构的尺寸标注通常有两种形式：

(1)普通注法：常见的标注方式，直接在图纸上标注尺寸。

(2)旁注法：在某些情况下，可能需要在图纸的旁边或特定区域标注尺寸，以便更清晰地表达设计意图。

常见结构的尺寸标注　　表 9-1

结构类型		简化注法	普通注法
螺孔	不通孔	3×M6−7H↧18 孔↧20 3×M6−7H↧18 孔↧20	3×M6−7H 18 20
	通孔	3×M6−7H 3×M6−7H	3×M6−7H
光孔	圆柱孔	3×φ6↧20 3×φ6↧20	3×φ6 20

续上表

结构类型		简化注法	普通注法
光孔	锥销孔	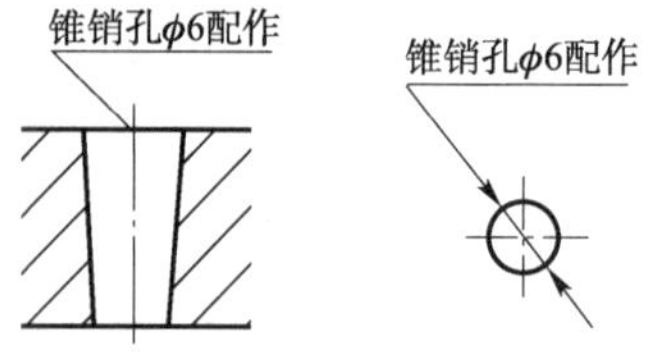 锥销孔ϕ6配作 锥销孔ϕ6配作	—
锪平孔	—	6×ϕ6 ⊔ϕ12 6×ϕ6 ⊔ϕ12	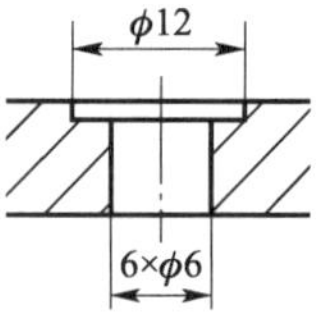 ϕ12 6×ϕ6
沉孔	锥形沉孔	4×ϕ6 ⌵ϕ12×90° 4×ϕ6 ⌵ϕ12×90°	90° ϕ12 4×ϕ6
	柱形沉孔	12×ϕ6 ⊔ϕ10↧5 12×ϕ6 ⊔ϕ10↧5	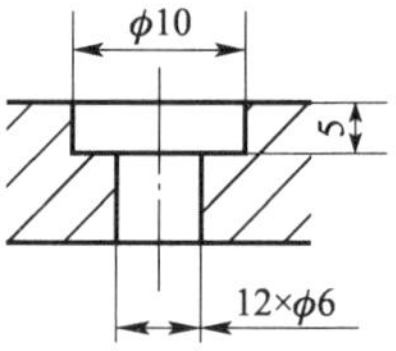 ϕ10 5 12×ϕ6

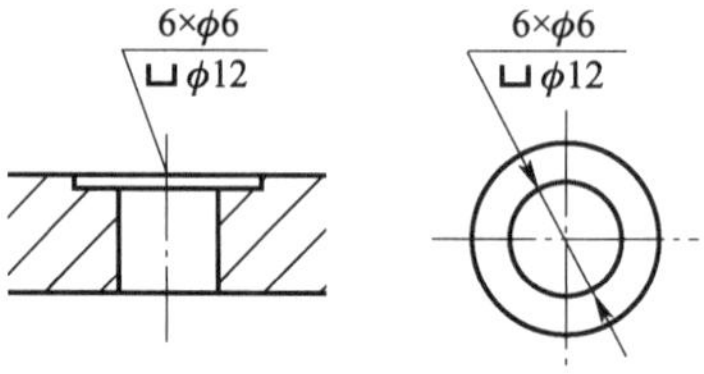

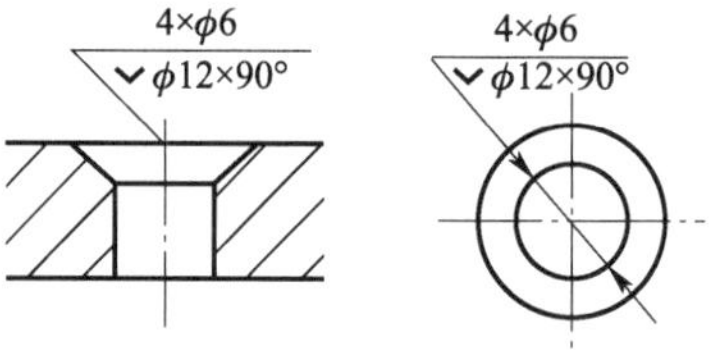

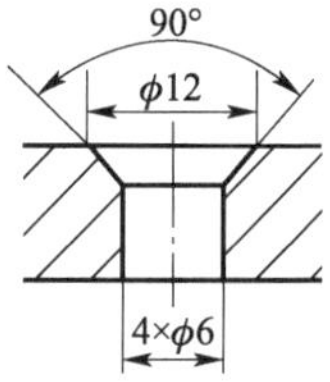

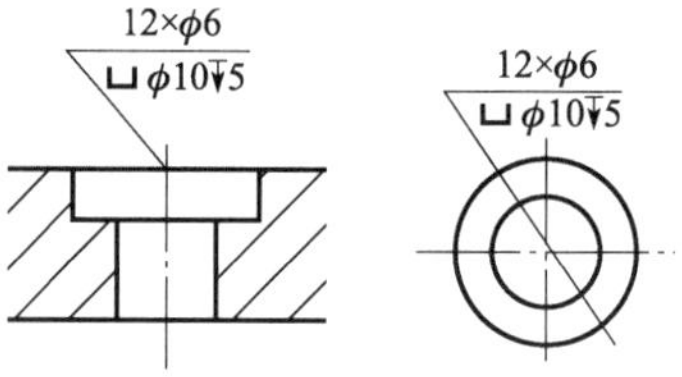

第三节 零件图的技术要求

我们要以工匠精神绘制零件图,对待每一笔一画都如同对待艺术品般精心雕琢,力求精准无误,细节完美。这种精神体现了对技艺的极致追求,对质量的严格把控,确保图纸如同精密仪器,为制造过程提供精准指导。

一、表面结构

(一)表面结构的概念

零件的表面结构是指零件表面的几何特征,是有限区域上的表面粗糙度、表面波纹度、原始几何形状的总称。

(二)表面结构参数

表示零件表面结构技术要求时,涉及的参数有 R 轮廓(粗糙度参数)、W 轮廓(波纹度参数)、P 轮廓(原始轮廓参数)。这三个参数是评定表面结构质量的技术指标,现在已经标准化并与完整符号一起使用。表面结构参数、表面粗糙度参数最为常用,表面粗糙度参数中 R_a 和 R_z 最为常用。R_z 为表面粗糙度轮廓的最大高度,是指在一个取样长度内,最大轮廓峰高和最大轮廓谷深之和。R_a 是表面粗糙度轮廓算术平均偏差,是指在一个取样长度范围内,被测表面粗糙度轮廓曲线 $Z(x)$ 的算术平均偏差,如图 9-18 所示,用公式可表示为

$$R_a = \frac{1}{l_r}\int_0^{lr} |\ Y(x)\ |\ d_x$$

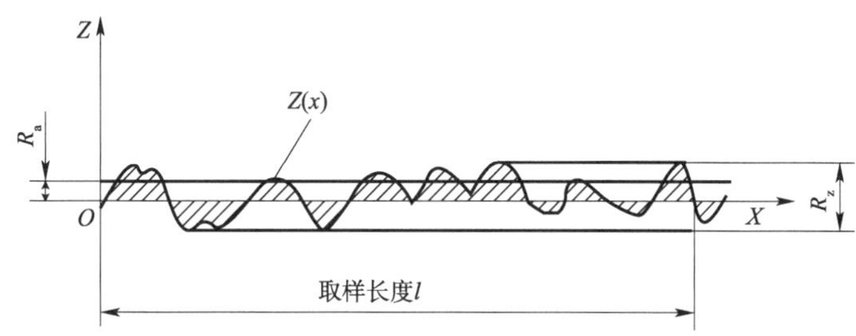

图 9-18　表面粗糙度轮廓

(三)零件图中表面结构的表示方法

1. 表面结构的图形符号

表面结构的图形符号如图 9-19 所示。

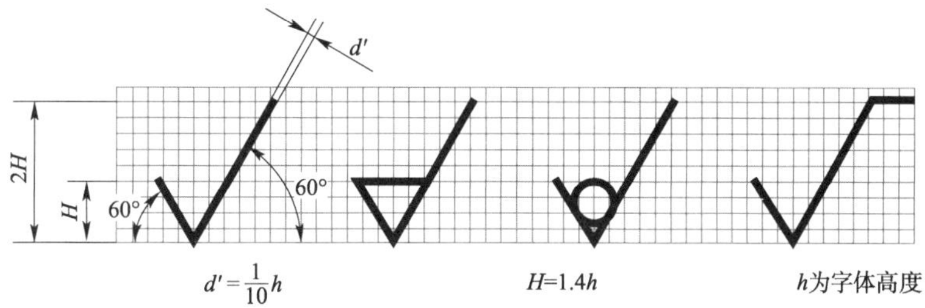

图 9-19　表面结构图形符号

表面结构符号的含义见表 9-2。

表面结构符号的含义　　表 9-2

符号	意义及说明	符号画法
	基本图形符号,表示未指定工艺方法的表面,当有注释时可单独使用	H_2　H_1　60°　60°　d' 图表符号尺寸见表8-4
	扩展图形符号,表示表面是用去除材料的方法获得的,如车、铣、刨、磨、钻、剪切、抛光、气割等	

续上表

符号	意义及说明	符号画法
	扩展图形符号,表示表面是用不去除材料的方法获得的,如铸、锻、轧等。也可用于表示保持上道工序形成的表面	
	完整图形符号,在上述三种符号的长边上均加一横线,用于标注有关参数和说明	

2. 表面结构代号的标注方法

在图样中,零件表面结构要求用代号标注。表面结构符号标注了具体参数代号及数值等要求后,即称为表面结构代号。标注表面结构代号时,应遵守以下几点规定:

(1)表面结构要求对每一表面一般只标注一次,并尽可能标注在相应的尺寸及其公差的同一视图上。除非另有说明,所标注的表面结构要求是对完工零件表面的要求。

(2)表面结构的注写和读取方向与尺寸的注写和读取方向一致,如图 9-20 所示。

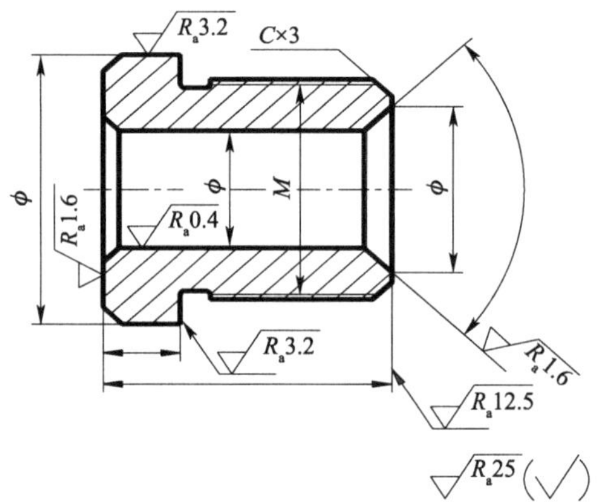

图 9-20　表面结构要求的注写方向

(3)表面结构要求可标注在轮廓线上,其符号应从材料外指向并接触表面。必要时,表面结构也可用带箭头或黑点的指引线引出标注,如图 9-21 所示。

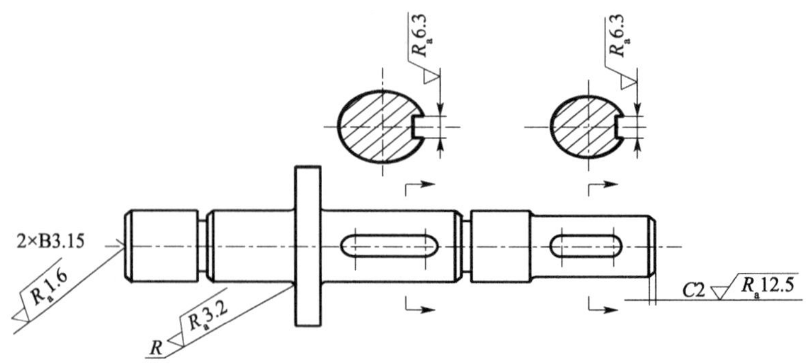

图 9-21　表面结构要求在轮廓线上标注

(4)在不会引起误解的情况下,表面结构要求标注在给定的尺寸线上,如图9-20中的断面图所示。

(5)圆柱表面的表面结构要求只标注一次。

(6)表面结构要求可以直接标注在延长线上,或用带箭头的指引线引出标注,如图9-20所示。

二、极限与配合

(一)零件的互换性

互换性是指零部件所具有的不经任何挑选和修配便能在同规格范围内互相替换的特性。零件具有互换性,不但给机器装配、修理带来方便,更重要的是为机器的现代化大批量生产提供了可能。

(二)公差的有关术语

在加工过程中,由于机床精度、刀具磨损、测量误差等因素的影响,不可能把零件的尺寸做得绝对准确。为了保证互换性,必须将零件尺寸的加工误差限制在一定的范围内,规定出加工尺寸的允许变动量,这个变动量就是尺寸公差。下面用图9-22来说明公差的有关术语。

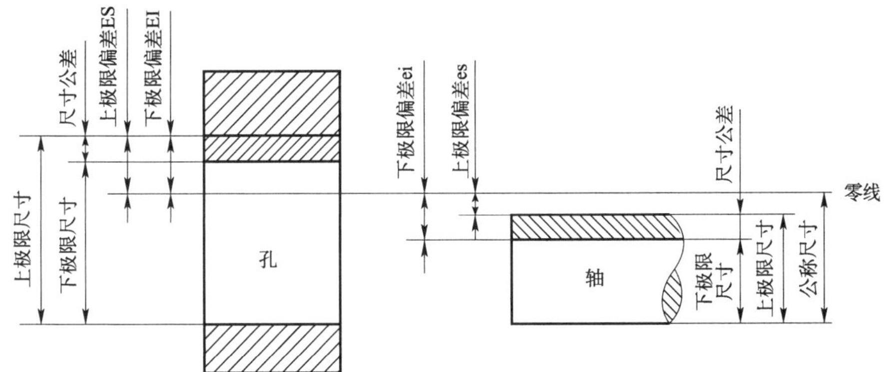

图9-22　公差术语

1. 基本尺寸

设计时给定的尺寸称为基本尺寸,又称公称尺寸。

2. 实际尺寸

实际尺寸是指通过测量所得到的尺寸。由于存在测量误差,实际尺寸并非被测尺寸的真值。真值是客观存在的,但不确定。因此,只能以测得尺寸作为实际尺寸。

3. 极限尺寸

允许尺寸变化的两个界限值称为极限尺寸。两个界限值中较大的一个称为上极限尺寸,校小的一个称为下极限尺寸。

4. 尺寸偏差

上极限尺寸减去基本尺寸所得的代数称为上极限偏差。孔的上极限偏差用 ES 表示，轴的上极限偏差用 es 表示。下极限尺寸减去基本尺寸所得的代数称为下极限偏差，孔的下极限偏差用 EI 表示，轴的下极限偏差用 ei 表示。

5. 尺寸公差

允许尺寸的变动量称为尺寸公差（简称公差）。公差等于上极限尺寸与下极限尺寸的代数差的绝对值，也等于上极限偏差与下极限偏差的代数差的绝对值。

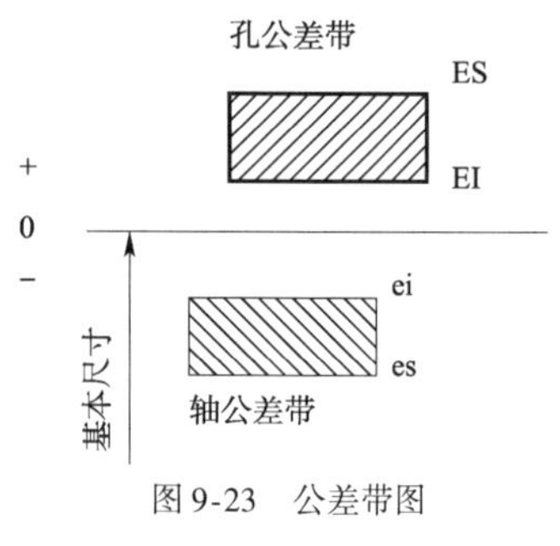

图 9-23　公差带图

6. 公差带

由代表上、下极限偏差或上、下极限尺寸的两条直线所限定的一个区域，称为公差带，可以用图 9-23 所示公差带图表示。

7. 零线

零线是指在公差带图中，表示公称尺寸的一条直线，以其为基准确定偏差和公差。

8. 基本偏差

国家标准中用于确定公差带相对于零线位置的上极限偏差或下极限偏差称为基本偏差，一般为靠近零线或位于零线处的那个偏差。

孔和轴各有 28 个基本偏差，孔的基本偏差用大写字母表示，轴的基本偏差用小写字母表示，如图 9-24 所示。

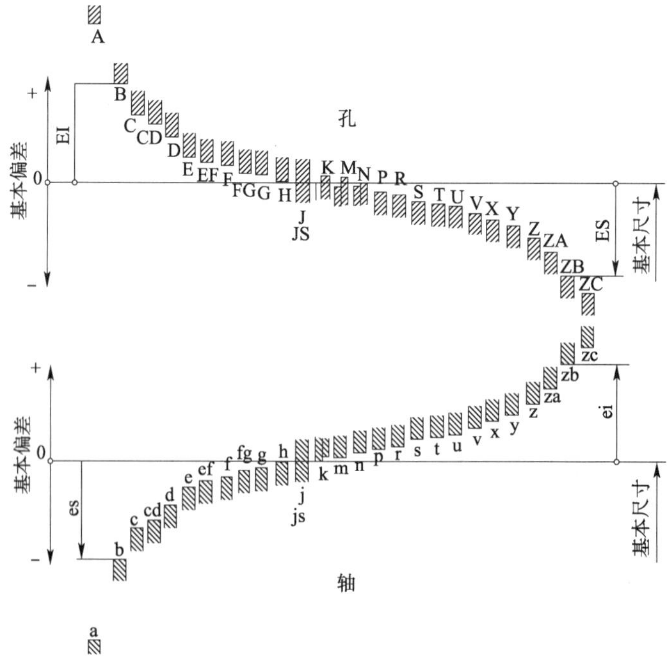

图 9-24　基本偏差系列

9. 标准公差

国家标准中用于确定公差带大小的任一公差称为标准公差。标准公差用 IT 表示，IT 后面的数字表示标准公差等级。国家标准将标准公差等级分为 20 级，即 IT01、IT0、IT1 ~ IT18，且按顺序尺寸精度依次降低。

(三)配合

1. 配合的种类

根据机器的设计要求和生产实际的需要，国家标准将配合分为以下三类：

(1)间隙配合：孔的公差带完全在轴的公差带之上，任取其中一对轴和孔相配都称为具有间隙的配合(包括最小间隙为零)，如图 9-25a)所示。

(2)过盈配合：孔的公差带完全在轴的公差带之下，任取其中一对轴和孔相配都称为具有过盈的配合(包括最小过盈为零)，如图 9-25b)所示。

(3)过渡配合：孔和轴的公差带相互交叠，任取其中一对孔和轴相配合，可能具有间隙的配合，也可能具有过盈的配合，如图 9-25c)所示。

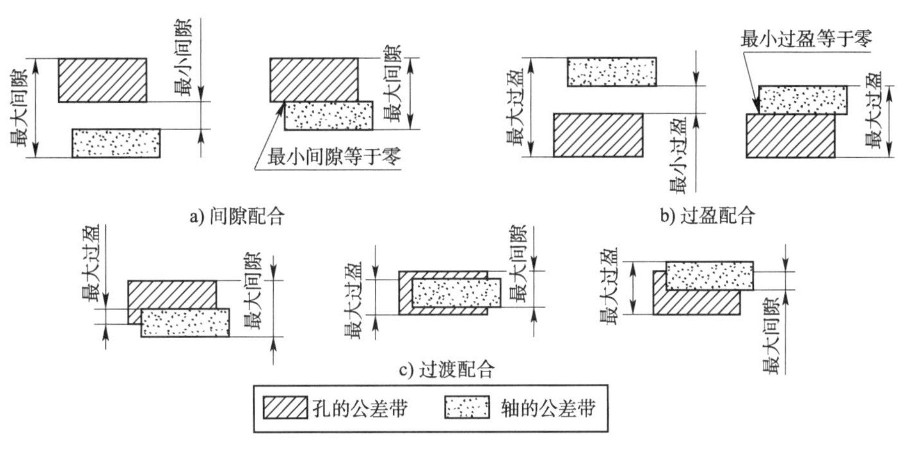

图 9-25　配合的种类

2. 配合的基准制

国家标准规定了两种配合制，即基孔制和基轴制。基本偏差 H 代表基准孔，h 代表基准轴。基孔制是基本偏差一定的孔的公差带，与不同基本偏差的轴的公差带形成各种配合的制度，如图 9-26 所示；基轴制是基本偏差一定的轴的公差带，与不同基本偏差的孔的公差带形成各种配合的制度，如图 9-27 所示。

3. 配合的标注

(1)配合在装配图中的标注方法如图 9-28 所示。

(2)配合在零件图中的标注方法如图 9-29 所示。

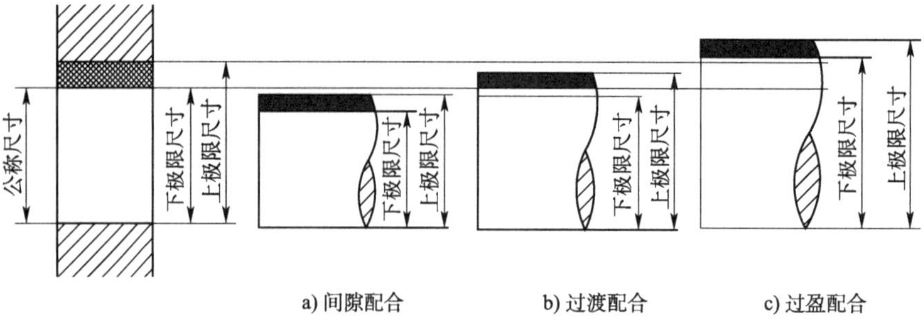

a) 间隙配合　b) 过渡配合　c) 过盈配合

图 9-26　基孔制配合

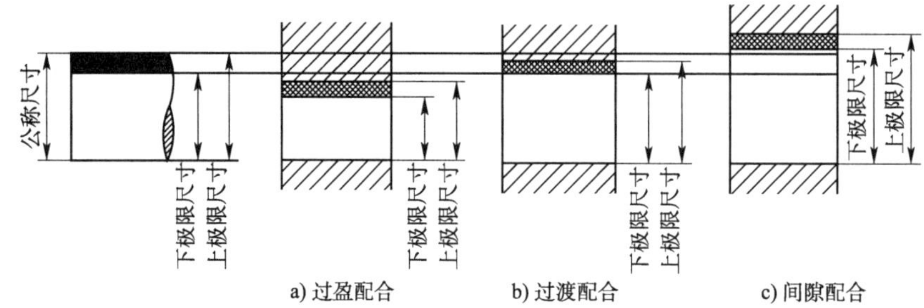

a) 过盈配合　b) 过渡配合　c) 间隙配合

图 9-27　基轴制配合

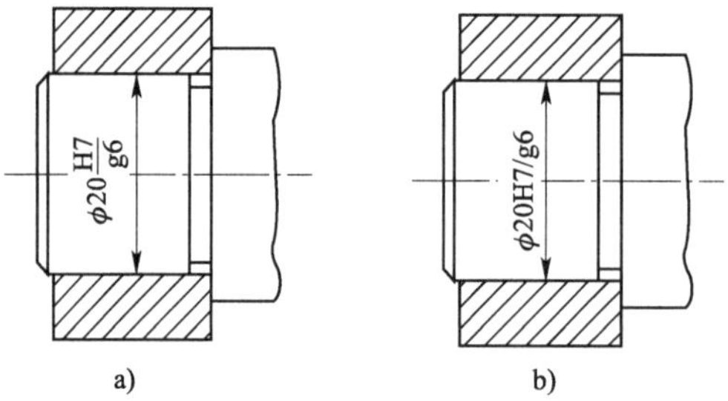

a)　b)

图 9-28　配合在装配图中的标注方法

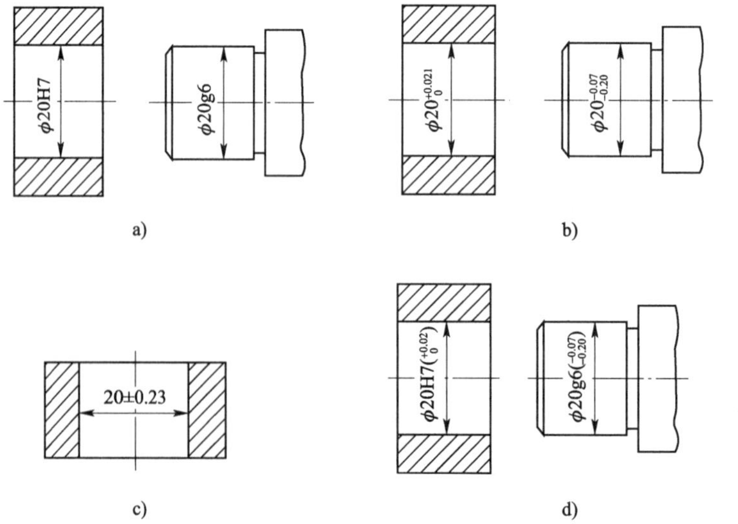

a)　b)

c)　d)

图 9-29　配合在零件图中的标注方法

三、形状和位置公差

(一)形状误差和公差

形状误差是指实际形状相对理想形状的变动量。形状公差是指实际要素的形状所允许的变动全量,如图9-30所示。

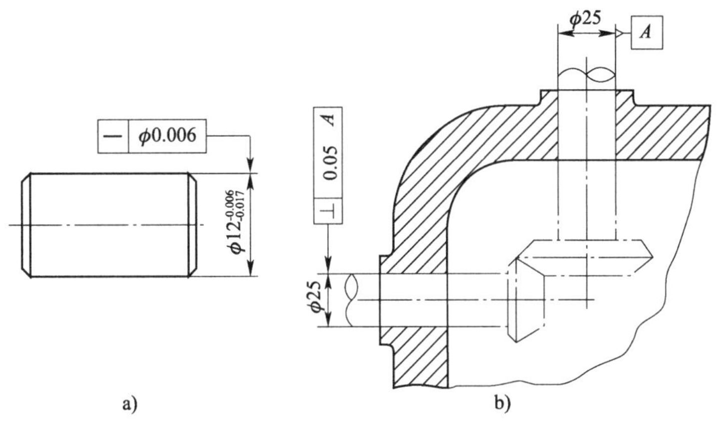

图9-30　形状公差示例

(二)方向、位置、跳动误差和公差

方向、位置、跳动误差是指实际位置相对理想位置的变动量。理想位置是相对基准的理想形状的位置而言的。方向、位置、跳动公差是指实际要素的位置对基准所允许的变动全量。

(三)形状和位置公差的标注方法

1. 形状和位置公差代号

形状和位置公差代号由公差符号、基准符号、框格、带箭头的指引线、公差数值和有关符号组成。图9-31所示为形状和位置公差的代号。形状和位置公差的几何特征符号见表9-3。

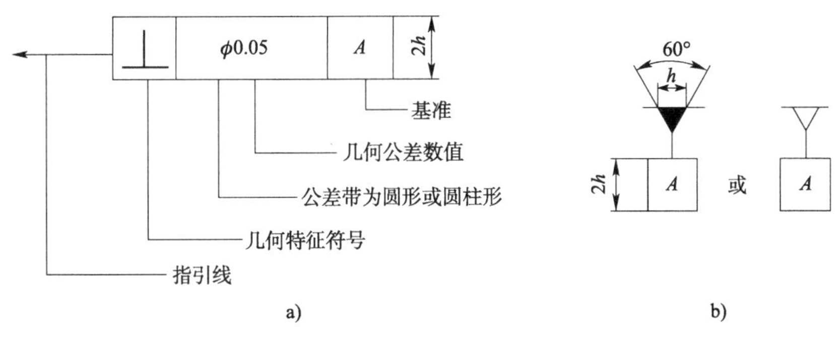

图9-31　形状和位置公差的代号

形位公差的几何特征符号 表9-3

公差类型	几何特征	符号	有无基准
形状公差	直线度	—	无
	平面度	▱	无
	圆度	○	无
	圆柱度	⌭	无
	线轮廓度	⌒	无
	面轮廓度	⌓	无
方向公差	平行度	//	有
	垂直度	⊥	有
	倾斜度	∠	有
	线轮廓度	⌒	有
	面轮廓度	⌓	有

公差类型	几何特征	符号	有无基准
位置公差	位置度	⌖	有或无
	同心度（用于中心点）	◎	有
	同轴度（用于轴线）	◎	有
	对称度	⌯	有
	线轮廓度	⌒	有
	面轮廓度	⌓	有
跳动公差	圆跳动	↗	有
	全跳动	⌰	有

2. 基准代号

基准代号由基准符号、方框、连线和字母组成。基准符号用实心等腰三角形表示，其底边应与基准要素的可见轮廓线或轮廓线的延长线接触。方框用细实线绘制，其宽度与高度相同。基准符号与方框之间用细实线相连，连线一端应垂直于方框，另一端垂直于基准符号。

3. 几何公差的标注方法

（1）用带箭头的指引线将被测要素与公差框格一端相连，指引线箭头指向公差带的宽度方向或直径方向。指引线箭头所指部位有以下几种情况：

①当被测要素为整体轴线或公共中心平面时，指引线箭头可直接指在轴线或中心线上，如图9-31a）所示。

②当被测要素为轴线、球心或中心平面时，指引线箭头应与该要素的尺寸线对齐，如图9-31b）所示。

③当被测要素为线或表面时，指引线箭头应指向该要素的轮廓线或其引出线，并应明显地与尺寸线错开，如图9-32c）所示。

（2）标注方向、位置、跳动公差，单一要素作为基准时，可按图9-33标注。

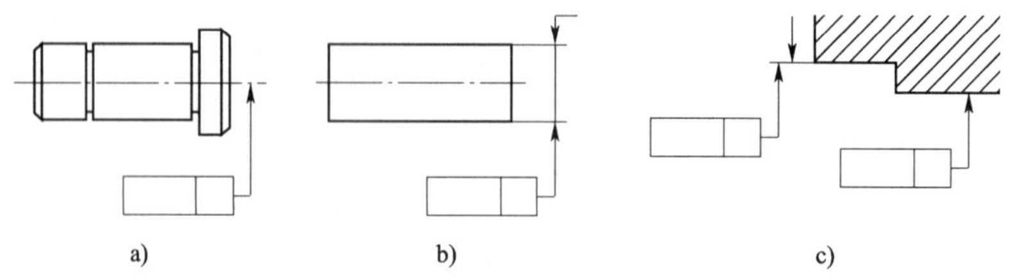

图9-32 指引线箭头部位

(3)同一要素多项几何公差方框时,可采用公差框格并列的形式标注。

(4)在公差框格的周围(一般是上方或下方),可附加文字以说明公差框格中所标注形状和位置公差的其他附加要求。例如,说明内容是被测要素数量的,规定写在上方;说明内容是解释性的,规定写在下方。图 9-34 所示为几何公差的标注。

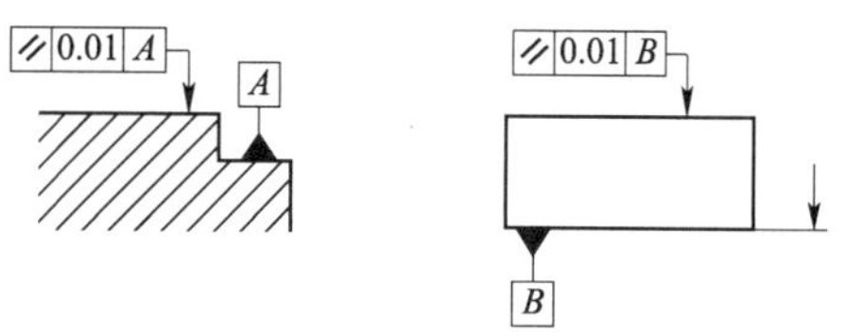

图 9-33　位置公差的标注

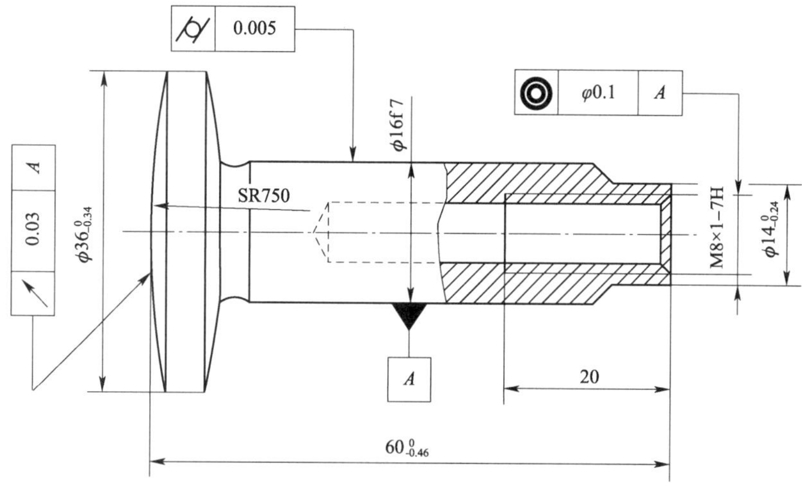

图 9-34　几何公差的标注

第四节　读零件图

一、读零件图的方法和步骤

(一)读零件图的要求

(1)了解零件的名称、材料和用途。

(2)了解组成零件各部分结构形状的特点、功用及它们之间的相对位置。

(3)了解零件的制造方法和技术要求。

(二)读零件图的方法步骤

(1)看标题栏。

(2)进行表达方案分析。

(3)进行形体分析和线面分析。

(4)进行尺寸分析。

图 9-35 所示为阀盖零件图。

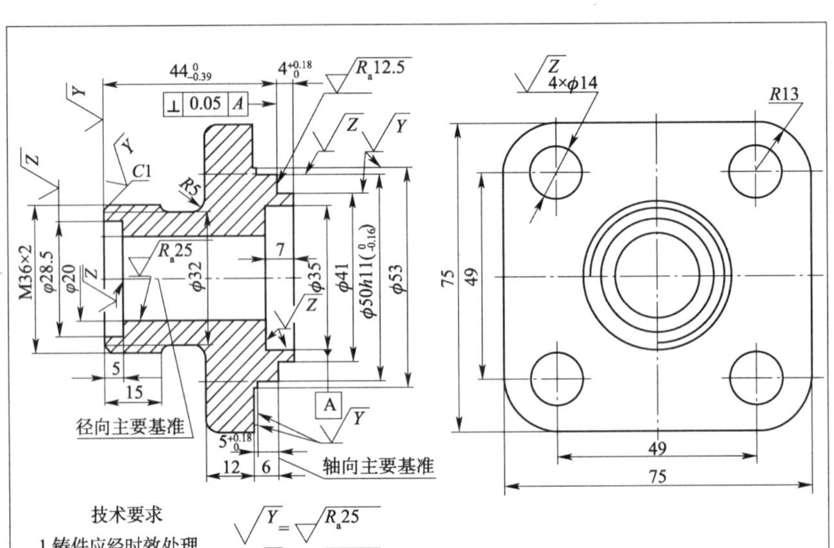

图 9-35　阀盖零件图

二、读零件图示例

对于图 9-36 所示的端盖零件图，端盖属于盘（盖）类零件，起密封等作用。盘（盖）类零件的结构特点是轴向尺寸小而径向尺寸大，零件的主体多数由共轴回转体构成，也有主体形状是矩形的，并在径向分布有螺孔或光孔、销孔等。此类零件主要是在车床上加工。

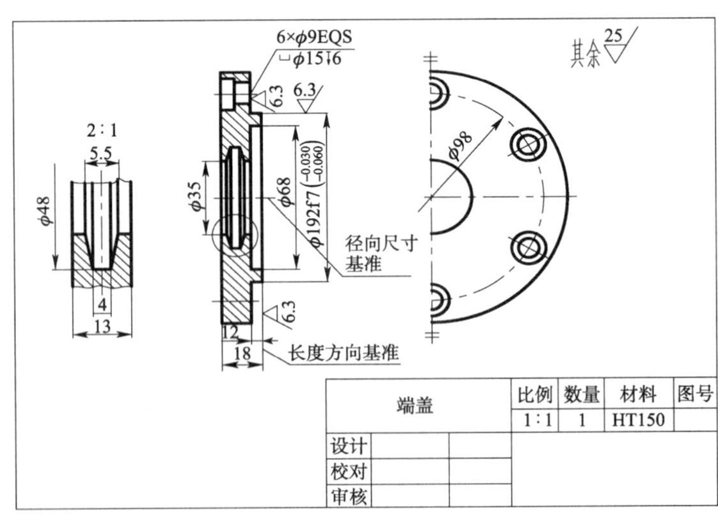

图 9-36　端盖零件图

（一）视图选择分析

盘（盖）类零件一般选择两个视图：一个是轴向剖视图，另一个是径向视图。图 9-36 所示零件的主视图是以加工位置和表达轴向结构形状特征为原则选取的，采用全剖视图，表达端盖的轴向结构层次。

(二)尺寸标注分析

端盖主视图的左端面为零件长度方向尺寸基准,轴孔等直径尺寸都是以轴线为基准标注的。

第五节 零件测绘

一、零件测绘的方法和步骤

(一)画零件草图的方法和步骤

1. 了解和分析测绘对象

在画零件草图之前,应先对零件进行详细分析,了解零件的名称、用途、材料以及它在机器或部件中的位置和作用;然后对该零件进行结构分析和制造方法的大致分析。

2. 确定零件的表达方案

根据上述分析,确定零件的主视图,再根据零件的内、外结构特点,选用必要的其他视图,并确定视图数量和表达方法。

3. 绘制零件草图

下面以套筒零件为例,说明绘制零件草图的步骤。

(1)在图纸上定出各视图的位置。选定绘图比例,确定适当图幅,画出图框和标题栏,画出各视图的基准线、中心线,确定各视图的位置,如图 9-37a)所示。

(2)正确画出零件外部和内部的结构形状,如图 9-37b)所示。

(3)标注零件各表面粗糙度符号,选择基准并画尺寸线、尺寸界线及箭头。确认无误后,描深轮廓线,完成视图,如图 9-37c)所示。

(4)测量尺寸,并将尺寸数字标入图中;标注各表面粗糙度数值,确定尺寸公差;填写技术要求和标题栏,如图 9-37d)所示。

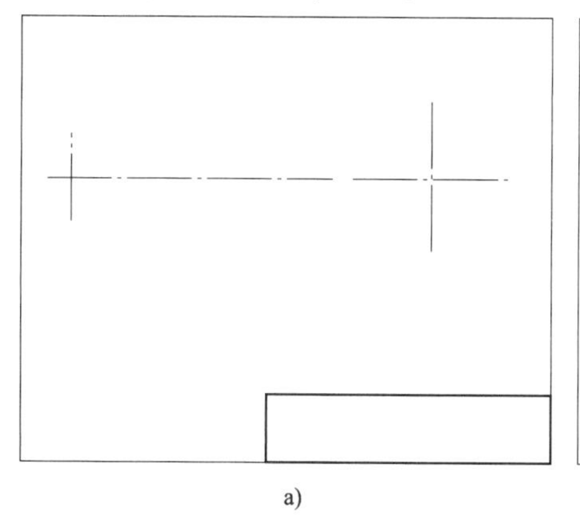
a)

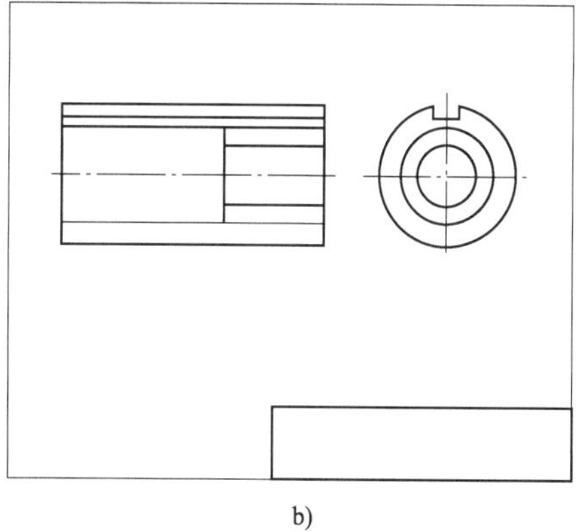
b)

图　9-37

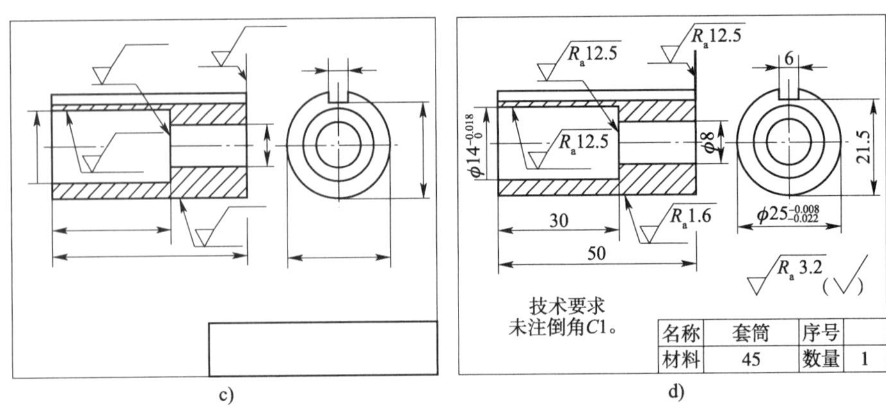

图 9-37　套筒零件草图的绘制步骤

(二)画零件工作图的方法步骤

零件草图是在现场测绘的,由于时间、地点的限制,所考虑的问题不一定很全面。因此,在画零件工作图时,需要对草图再进行审核。有些参数要进一步设计、计算和选用,如表面粗糙度、几何公差、材料及表面处理等;有些问题也需要重新加以考虑,如表达方案的选择、尺寸的标注等,经过复查、补充、修改后,方可画零件工作图。画零件工作图的方法和步骤如下:

(1)选择比例。根据零件的复杂程度选择比例,尽量选用 1∶1,以便于看图和零件加工。

(2)确定幅面。根据视图数量、尺寸、技术要求等所需空间大小选择标准图幅。

(3)画底图。画底图时,应按如下步骤进行:

①定出各视图的基准线。

②画出各视图。

③标出尺寸。

④注写技术要求,填写标题栏。

(4)校核。零件图的所有内容完成后,需对其进行校核,发现错误及时更正。

(5)加深。按顺序加深所有的粗实线,并保持线条的粗细一致。

(6)审核。零件工作图画好后,还需要进一步审核。各项内容都准确无误时,零件工作图就完成了。

二、测量工具的使用方法

(一)常用的测量工具

常用的测量工具有直尺、外卡钳、内卡钳等。用于测量较精密零件尺寸的测量工具有游标卡尺、外径千分尺等,如图 9-38 所示。

(二)常用的测量方法

(1)直线尺寸可用直尺或游标卡尺直接测量(图 9-39),获得数据。

(2)回转面的直径一般可用卡钳、游标卡尺或外径千分尺测量。

(3)壁厚可用直尺测量。

(4)孔间距可用卡钳、直尺或游标卡尺测量。

(5)中心高可用卡钳、直尺或游标卡尺测量。

(6)圆角可用圆角规测量。

(7)角度需要使用量角规来测量。

(8)测量螺纹时,首先需要确定螺纹的线数和旋向,再测出直径,然后测出螺距(对于外螺纹,测出大径和螺距;对于内螺纹,测出小径和螺距),最后查手册取标准值。测量螺距可用拓印法;如有螺纹规,可用螺纹规直接测量。

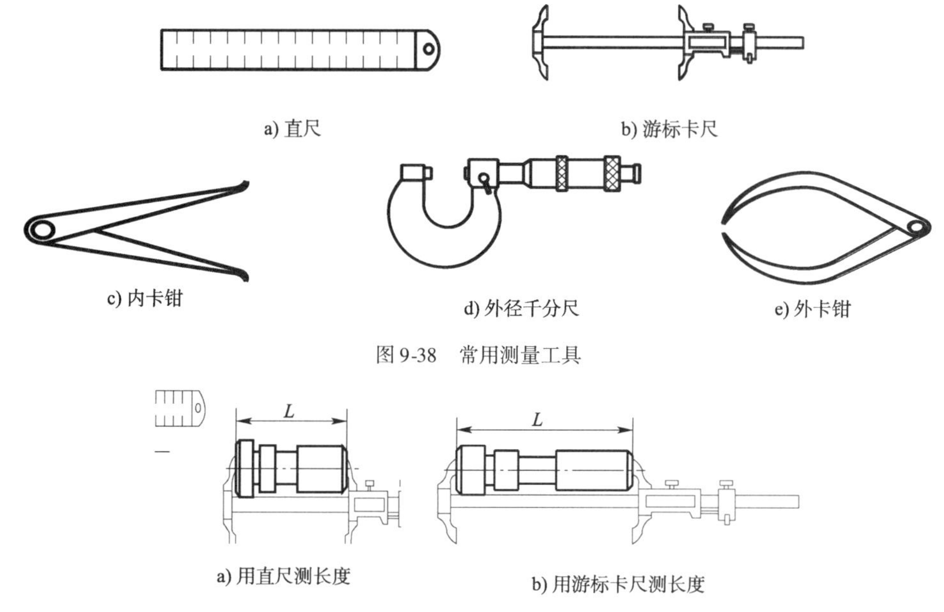

图 9-38　常用测量工具

图 9-39　测量直线尺寸

三、零件测绘须注意的问题

(1)零件的制造缺陷,如砂眼、气孔、刀痕、磨损等,都不应画出。

(2)零件上因制造、装配需要而形成的工艺结构,如铸造圆角、倒角等必须画出。

(3)有配合关系的尺寸(如配合的孔与轴的直径),一般只需测出它的公称尺寸,其配合性质和相应的公差值应在分析考虑后查阅有关手册确定。

(4)没有配合关系的尺寸或不重要的尺寸,允许将测量所得尺寸适当调整。

(5)对于螺纹、键槽、轮齿等标准结构的尺寸,应把测量的结果与标准值对照,一般均采用标准的结构尺寸,以便于制造。

习题

一、填空题

1. 零件图是制造和检验零件的主要________。

2. 一张完整的零件图应包括________、________、技术要求和________。

3. 零件图中的尺寸标注应做到正确、________、________、________。

4. 尺寸基准按其性质分为设计基准和________。

5. 零件的表面粗糙度是指零件表面________误差。

6. 表面粗糙度的评定参数表面轮廓算术平均偏差代号是________。

7. 极限偏差包括________和下极限偏差。

8. 形位公差包括形状公差和________。

二、识图题

识读零件图,完成填空。

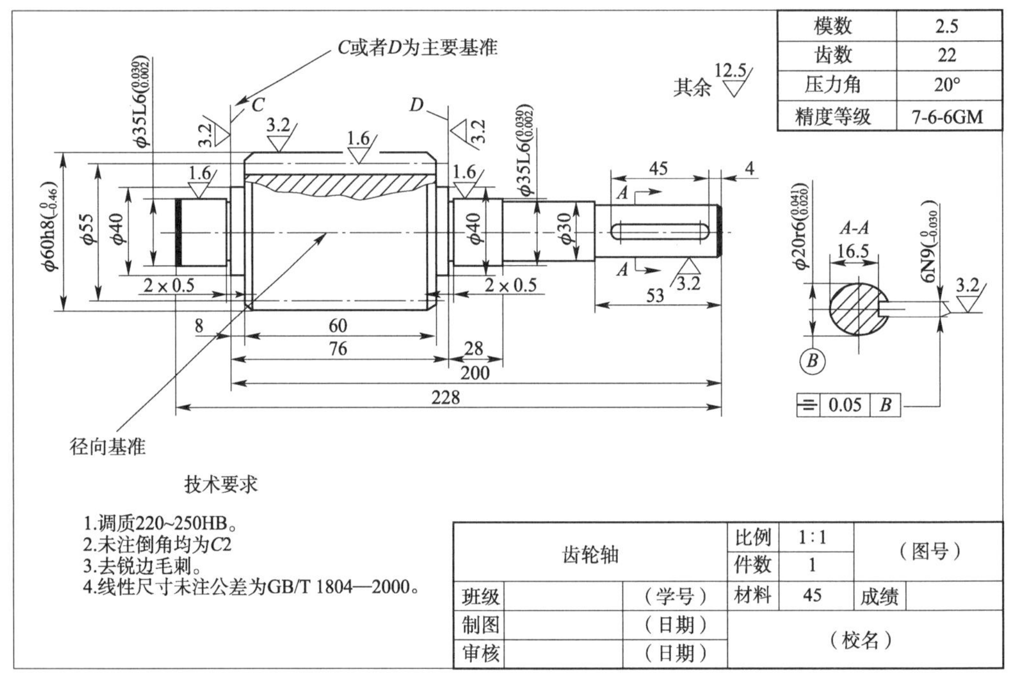

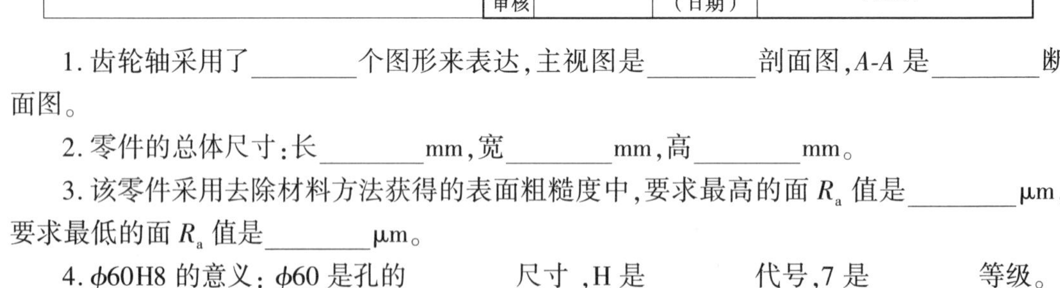

1. 齿轮轴采用了________个图形来表达,主视图是________剖面图,*A-A* 是________断面图。

2. 零件的总体尺寸:长________mm,宽________mm,高________mm。

3. 该零件采用去除材料方法获得的表面粗糙度中,要求最高的面 R_a 值是________μm,要求最低的面 R_a 值是________μm。

4. ϕ60H8 的意义:ϕ60 是孔的________尺寸,H 是________代号,7 是________等级。

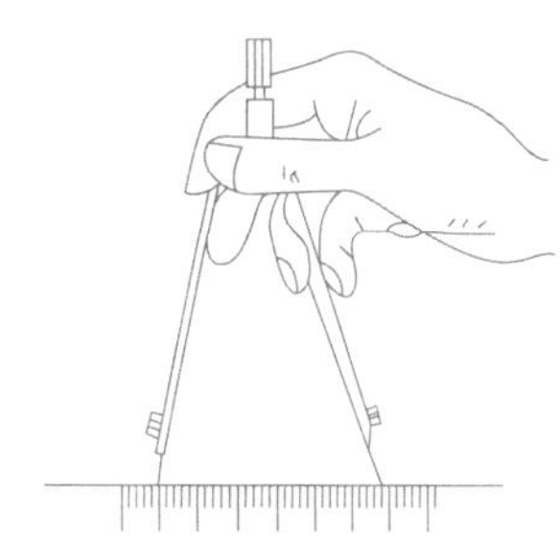

模块十
装配图

学习目标

❖ 知识目标

1. 了解装配图的内容和视图表达方式。
2. 了解装配图中所标注尺寸的种类、技术要求的拟订方法。
3. 掌握装配图中零部件序号的编写规则、明细栏和标题栏的填写内容。

❖ 技能目标

1. 熟悉装配图的规定画法、特殊画法,能读懂装配图的表达方法。
2. 熟悉装配图的尺寸标注要求,能读懂装配图中各尺寸的作用。
3. 掌握绘制和识读装配图的方法和步骤,确保装配结构的合理性。
4. 具备从装备图上拆画零件图的能力。

❖ 素养目标

1. 培养严谨细致、精益求精的绘图与读图习惯:在绘制和识读装配图时,能够展现出极高的精确度和细致度,不断追求图纸质量的提升,确保每一项技术要求都能得到准确无误的传达和执行。

2. 形成负责务实的工作作风:具有强烈的责任感和务实的精神,能够在实际操作中严格遵守装配图的各项规定和技术要求,保证产品的精度和可靠性。

3. 成为既具备扎实的专业知识和技能,又拥有良好职业素养的技术人才。

我国科学重器近半数从图纸变成现实。从装配图到现实产品的转化是一项充满挑战的工作。它要求工匠付出艰苦的努力,面对复杂的工艺流程和技术难题,不懈地探索和尝试。在无数次的失败与修正中,工匠们坚持不懈,以顽强的意志克服重重困难,最终将图纸上的设计变为手中精致的产品。这种艰苦奋斗不仅铸就了产品的实体,更是对工匠精神的最好诠释。

装配图是用来表达机器或部件整体结构关系的图样。装配图要能反映机器或部件的工作原理、性能结构,零件间的装配关系,以及必要的技术数据。本模块主要介绍装配图的作用、内容、表达方法,装配图的画法,以及读装配图和由装配图拆画零件图等内容。

第一节 装配图的作用和内容

一、装配图的作用

表达机器或部件的组成及装配关系的图样称为装配图。装配图的作用如下：

(1)在新产品设计中，一般先根据产品的工作原理画出装配图，然后根据装配图进行零件设计并画出零件图。

(2)在机器制造过程中，装配图是制定装配工艺流程、进行装配和检验的技术依据。

(3)在安装调试、使用和维修机器时，装配图是了解机器的工作原理及结构的重要技术文件。

二、装配图的内容

从图 10-1 所示齿轮油泵装配图来看，一张完整的装配图包括以下几项内容。

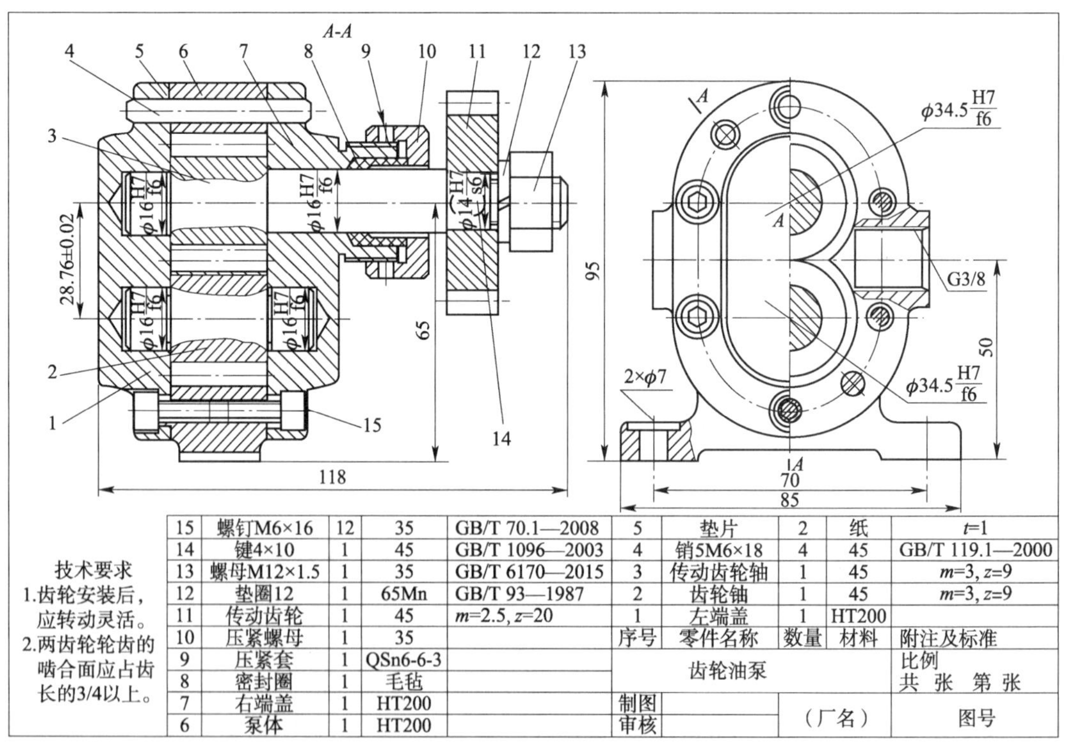

15	螺钉M6×16	12	35	GB/T 70.1—2008	5	垫片	2	纸	t=1
14	键4×10	1	45	GB/T 1096—2003	4	销5M6×18	4	45	GB/T 119.1—2000
13	螺母M12×1.5	1	35	GB/T 6170—2015	3	传动齿轮轴	1	45	m=3, z=9
12	垫圈12	1	65Mn	GB/T 93—1987	2	齿轮轴	1	45	m=3, z=9
11	传动齿轮	1	45	m=2.5, z=20	1	左端盖	1	HT200	
10	压紧螺母	1	35		序号	零件名称	数量	材料	附注及标准
9	压紧套	1	QSn6-6-3		齿轮油泵				比例
8	密封圈	1	毛毡						共 张 第 张
7	右端盖	1	HT200		制图		（厂名）		图号
6	泵体	1	HT200		审核				

图 10-1 齿轮油泵装配图

(一)一组视图

装配图中的一组视图用来表达机器或部件的工作原理、零件的装配关系和结构特点。

(二)必要的尺寸

装配图中应标注机器或部件的规格(性能)、安装尺寸、零件之间的装配尺寸以及外形尺寸等。

(三)技术要求

用文字说明或标记代号指明机器或部件在装配、检验、调试、运输和安装等方面所需达到的技术要求。

(四)标题栏、零件序号和明细栏

对每种零件编注序号,在明细栏中填写零件序号、名称、材料、数量、标准件代号等。在标题栏中写明装配体名称、图号比例等,有关责任人员签字。

第二节　装配图的视图表达

一、装配图的视图选择

装配图的视图并非把组成装配体的各零件都表达清楚,而是着重表达机器(或部件)的功用、工作原理及各零件之间的装配关系。因此,装配图视图选择的一般原则如下:

(1)应尽量选择最能反映机器(或部件)的工作原理、各零件的装配关系及装配体上主要零件的主要结构形状的视图作为主视图。

(2)装配图的主视图应尽量符合机器(或部件)的工作位置,或其主要装配轴线和主要安装面位于水平或铅直位置。

(3)在主视图基础上,应根据被表达机器(或部件)的复杂程度,选取若干其他视图或表达方法,将装配体上尚未表达清楚的装配关系、工作原理、功用、主要零件的结构形状等进一步表达清楚。

从以上装配图视图的选择原则可以看出,零件图中的视图、剖视图及简化画法等表达方法在装配图中仍然适用。下面以图 10-2 所示的滑动轴承的装配图为例分别介绍。

二、装配图的规定画法

装配图表达的重点在于反映机器或部件的工作原理、装配连接关系和主要零件结构特征,因此,《机械制图　图纸幅面和格式》(GB/T 14689—2008)对绘制装配图的画法又进行了一些规定。

(一)接触面和配合面的画法

两相邻零件的接触面和配合面只画一条线,非接触面即使间隙很小,也应画两条线,如图 10-3 所示。

拆去油杯等

8	轴承座	1	HT200	
7	下轴瓦	1	1Q5.6-8-5	
6	上轴瓦	1	1Q5.6-8-5	
5	轴承盖	1	HT200	
4	螺栓M12T110	2		CD6T32-36
3	螺母M12	4		CD6T0-36
2	套	1	Q235M	
1	油杯	1	Q235M	
序号	名称	数量	材料	备注

滑动轴承	共 张	第 张	比例	1:1
	数量		图号	
制图（签名）（日期）	（校名）			
审核（签名）（日期）				

技术要求

涂色注意：

轴承座与下轴瓦的接触面不小于50N。

轴承座与上轴瓦的接触面不小于40N。

图 10-2　滑动轴承的装配图

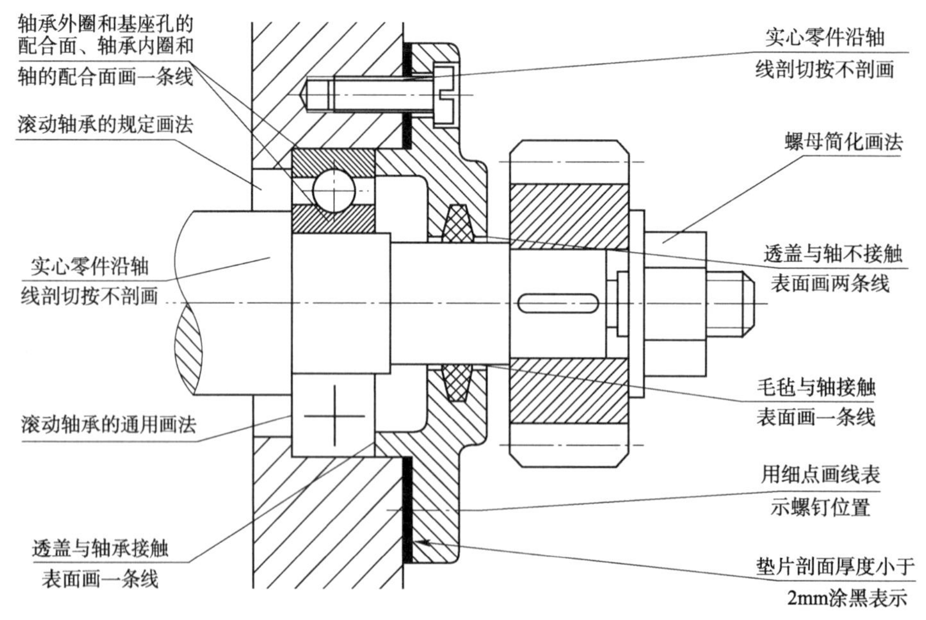

图 10-3　装配图的规定画法

(二)剖面线的画法

在剖视图中，两个或两个以上相邻金属零件的剖面线的倾斜方向应相反，或者方向一致但间隔不同。同一零件的剖面线无论在哪个图形中表达,其方向、间隔必须相同。厚度在2mm以内的狭小面积的剖面,可用涂黑代替剖面符号,如图10-3所示。

(三)标准件和实心件的画法

当剖切平面通过标准件和实心零件的轴线纵向剖切时,这些零件均按不剖绘制。若需要表达这些零件上的某些结构,如键槽、销孔等,可用局部剖视图表示,如图10-3所示。当剖切平面垂直于这些零件的轴线做横向剖切时,仍需画出剖面线。

三、装配图的特殊画法

(一)零件结合面剖切画法

为了表达出机器(或部件)的内部结构,可采用沿几个零件间的结合面进行剖切的方法,结合面不画剖面线,其他零件按剖视图的要求画出。例如,图10-1所示的齿轮油泵装配图中的*A-A*剖视图就是沿泵盖和泵体结合面剖切后绘制的。

(二)拆卸画法

画装配图时,在装配图的某个视图上,当某些可拆零件遮挡了必须表达的结构或装配关系时,可假想拆去一个或几个零件,只画出剩下部分的视图,并在视图上方加注"拆去××等"字样。如图10-4a)所示,滑动轴承的俯视图是拆去油杯、轴承盖等零件后绘制的。

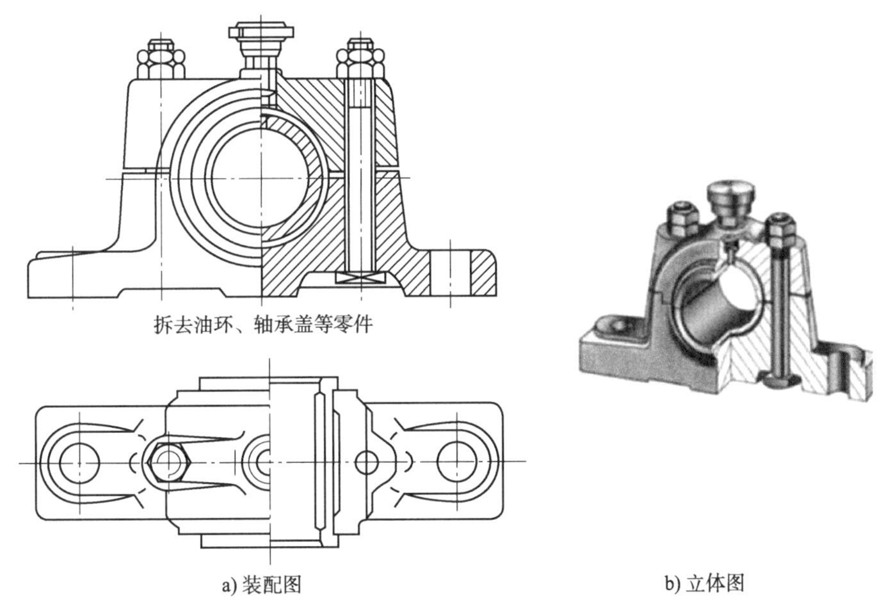

a) 装配图　　b) 立体图

图10-4　滑动轴承的拆卸画法

(三)假想画法

为了表达机器(或部件)和相邻零件的位置关系,以及机器(或部件)中运动零件的极限位置,可用双点画线把相邻零件或运动零件的极限位置画出,如图10-5所示。

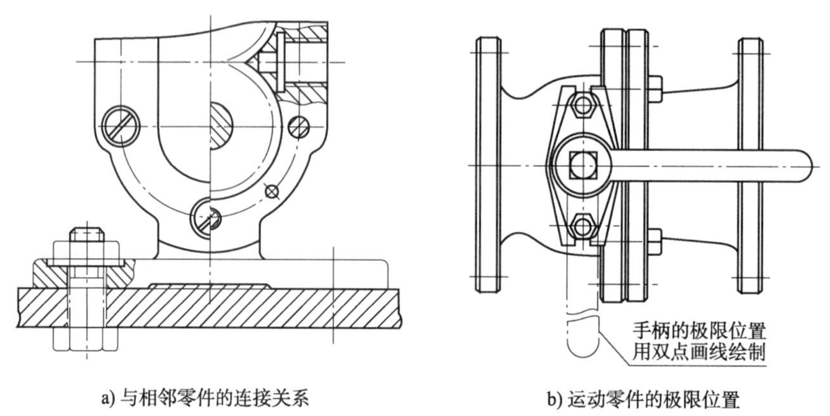

a) 与相邻零件的连接关系　　b) 运动零件的极限位置

图 10-5　假想画法

第三节　装配图的尺寸标注与技术要求

装配图与零件图在生产中的作用不同,对标注尺寸的要求也不相同。装配图一般只标注与部件的规格、性能、装配、检验、安装、运输及使用等有关的尺寸。

一、装配图的尺寸标注

(一)性能尺寸

性能尺寸是指说明部件规格或性能的尺寸,它是设计和选用产品的主要依据。例如,图 10-2 所示的 ϕ50N8 就是规格尺寸。

(二)装配尺寸

装配尺寸是保证部件正确装配,并说明配合性质及装配要求的尺寸。如图 10-2 所示的 86H9/r3、60H9/r3 及连接螺栓中心距等都属于装配尺寸。

(三)安装尺寸

安装尺寸是将部件安装到其他零、部件或基础上所需要的尺寸,如图 10-2 所示的地脚螺栓孔尺寸等。

(四)外形尺寸

外形尺寸是机器(或部件)的总长、总宽和总高尺寸,它反映了机器(或部件)的体积大小,即该机器(或部件)在包装、运输和安装过程中所占空间的大小。例如,图 10-2 所示的 236、121 和 76 即外形尺寸。

(五)其他重要尺寸

除以上四类尺寸,在装配或使用中必须说明的尺寸有运动零件的位移尺寸等。

二、装配图的技术要求

不同性能和用途的装配体,其装配图的技术要求也各不相同,拟定技术要求时,一般应从以下几个方面进行考虑。

(一)装配要求

装配要求主要有三个:一是装配时的加工说明与注意事项,如同磨、同钻等;二是装配后应达到的精度,如间隙、运动件的行程等;三是装配过程中的特殊要求,如密封、清洗、涂油脂等。

(二)使用要求

使用要求包括对机器(或部件)的包装、运输条件、维修、保养的要求及操作注意事项等。

图上所需填写的技术要求按机器(或部件)的需求确定。必要时也可参照同类产品及相关规定来确定。

(三)检验要求

检验要求主要是指对装配体基本性能的检验、试验、验收等的说明和要求,如泵、阀类装配件的压力试验,装配后必须达到要求的准确度,有特殊要求的检验方法说明等。

第四节　装配图中零部件序号及明细栏和标题栏

一、零部件序号

为了便于读图、管理图样,装配图中必须对每种零件进行编号,并根据零件编号绘制相应的明细栏,具体要求如下:

(1)装配图中所有零件,应按顺序编写序号,同种零件只编一个序号,一般只标注一次。

(2)零件序号应标注在视图周围,按水平或垂直方向排列整齐。零件序号应按顺时针或逆时针方向排列,如图 10-6 所示。

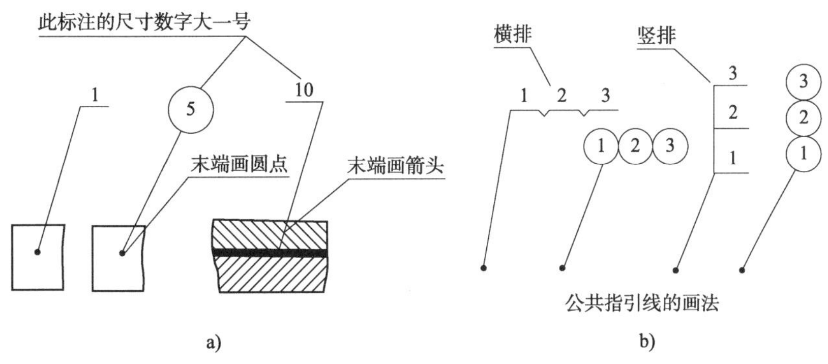

图 10-6　零件序号的编写形式

（3）序号的字号应比图中尺寸数字大一号或两号。如直接将序号写在指引线附近，这时序号应比图中字号大两号。

（4）零件序号应填写在指引线一端的横线上（或圆圈内），指引线的另一端应自所指零件的可见轮廓内引出，并在末端画一圆点。若所指部分内不宜画圆点（零件很薄或涂黑的剖面），可在指引线一端画箭头指向该部分的轮廓，如图 10-6a）所示。

（5）一组紧固件或装配关系明显的零件组，可采用公共指引线，如图 10-6b）所示。

二、明细栏和标题栏

标题栏格式由《技术制图　标题栏》（GB/T 10609.1—2008）确定，明细栏则按《技术制图　明细栏》（GB/T 10609.2—2009）规定绘制。企业有时也有各自的标题栏、明细栏格式。本课程推荐的装配图标题栏和明细栏格式如图 10-7 所示。

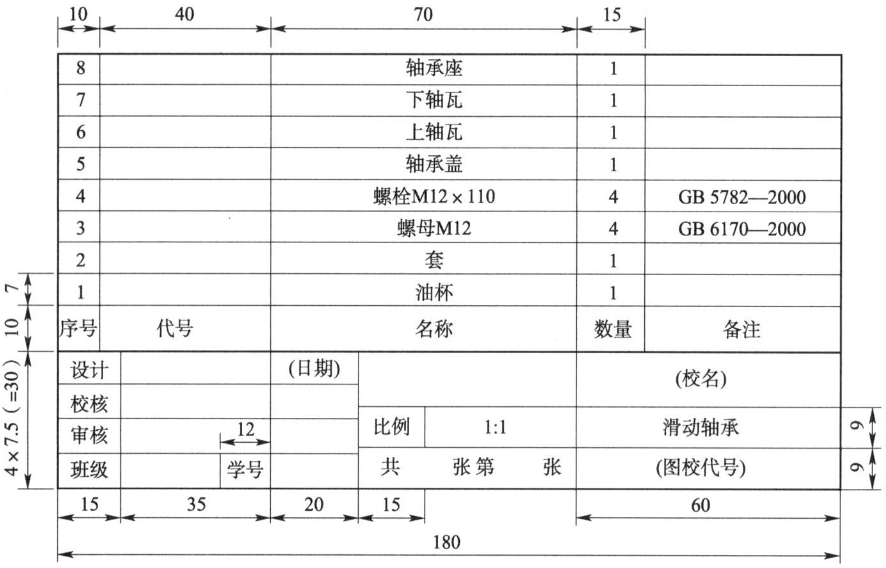
10
40
70
15
8 轴承座 1
7 下轴瓦 1
6 上轴瓦 1
5 轴承盖 1
4 螺栓M12×110 4 GB 5782—2000
3 螺母M12 4 GB 6170—2000
2 套 1
1 油杯 1
序号 代号 名称 数量 备注
7
10
4×7.5（=30）
设计
（日期）
（校名）
校核
审核
12
比例 1:1
滑动轴承
班级
学号
共 张 第 张
（图校代号）
9
9
15
35
20
15
60
180

图 10-7　本课程推荐的装配图标题栏和明细栏格式

绘制和填写标题栏、明细栏时应注意以下问题：

（1）明细栏和标题栏的分界线为粗实线，明细栏的外框竖线为粗实线，明细栏的横线和内部竖线均为细实线（包括最上一条横线）。

（2）序号应按自下而上的顺序填写，如向上延伸位置不够，可以在标题栏紧靠左边自下而上延续。

（3）标准件的国家标准代号可写入备注栏。

第五节　装配图结构的合理性

在设计和绘制装配图的过程中，应考虑装配结构的合理性，以保证机器（或部件）的性能要求，并给零件的加工和装拆带来方便。下面对常见的装配结构作简要的介绍。

一、接触面与配合面的结构

两个零件在同一个方向上,只能有一个接触面或配合面,如图 10-8 所示。

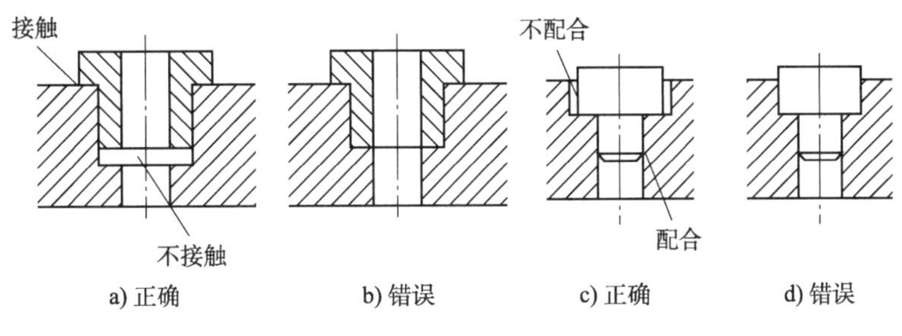

图 10-8　两个零件在同一方向上的配合

二、考虑拆卸方便

为了便于拆卸,销孔尽量做成通孔或选用带螺孔的销钉,销钉下部增加一个小孔是为了排除被压缩的空气,如图 10-9 所示。

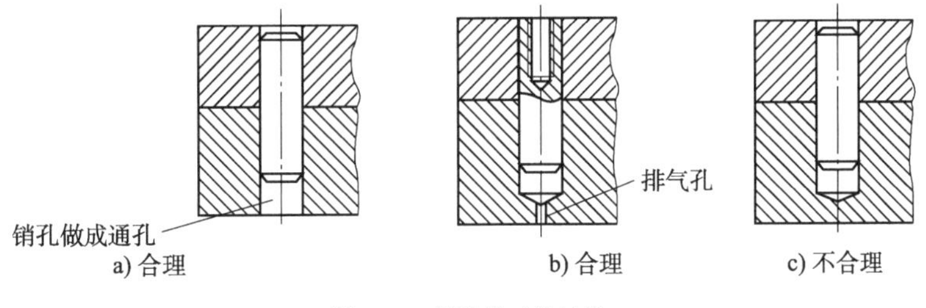

图 10-9　销孔的工艺结构

三、密封装置的结构

机器(或部件)上旋转轴或滑动杆的伸出处,应有密封装置,用于防止外面的灰尘、杂质侵入。常见的密封方法有毡圈式、沟槽式等,如图 10-10 所示。

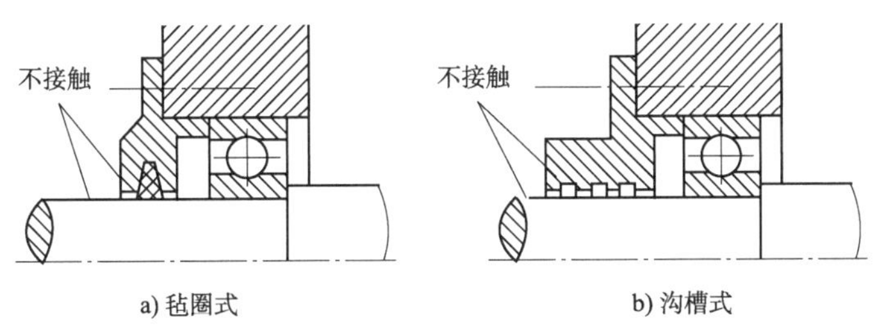

图 10-10　常见的密封方法 10 – 10

四、防松结构

为防止机器上的螺钉、螺母等紧固件因受振动或冲击而逐渐松动,常采用防松装置,如

图 10-11 所示。

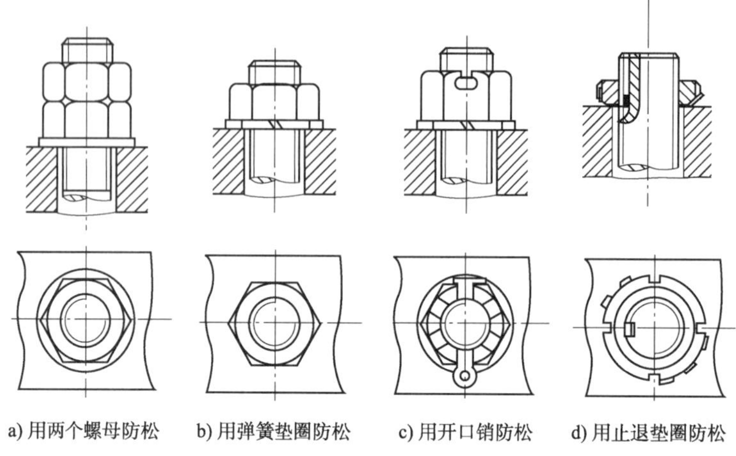

图 10-11　常采用的防松装置

第六节　根据零件图画装配图

一、全面分析部件的装配关系和工作原理

对机器(或部件)的实物或装配图进行仔细分析,从功用和工作原理出发,详细了解该机器(或部件)的工作情况和结构特征,查阅有关该装配体的说明及资料,在此基础上分析掌握各零件间的位置关系、装配关系和它们相互间的作用,进而考虑选取何种表达方法。这里以球阀为例进行介绍。在管道系统中,球阀是用于启闭和调节流体流量的部件,图 10-12 所示为球阀的轴测图,阀体共有 13 个零件。

球阀的工作原理:扳手的方孔套入阀杆上部的四棱柱,当扳手处于图 10-12 所示的位置时,即阀芯与阀盖内孔共轴线时,阀门全部开启,管道畅通;当扳手按顺时针方向旋转 90°时,阀门全部关闭,管道断流。

阀体内有两条主要装配干线:一条竖直方向的装配干线是扳手的动作传给阀芯的传动路线,由阀芯、阀杆和扳手等零件组成;另一条水平方向的装配干线沿阀孔水平轴线的通道干线,由阀体、阀芯和阀盖等零件组成。各个主要零件及其装配关系为:阀体和阀盖均带有方形的凸缘,它们用 4 个双头螺柱和螺母连接,并用调整垫调节阀芯与密封圈之间的松紧程度。在阀体上部有阀杆,阀杆下部有凸块,榫接阀芯上的凹槽。为了密封,在阀体与阀杆之间加填料垫、中填料和上填料,并且旋入填料压紧套。

二、确定表达方案

画装配图与画零件图一样,应先确定表达方案,也就是视图选择:首先选定部件的安放位置和主视图的投影方向,然后根据需要选择其他视图。

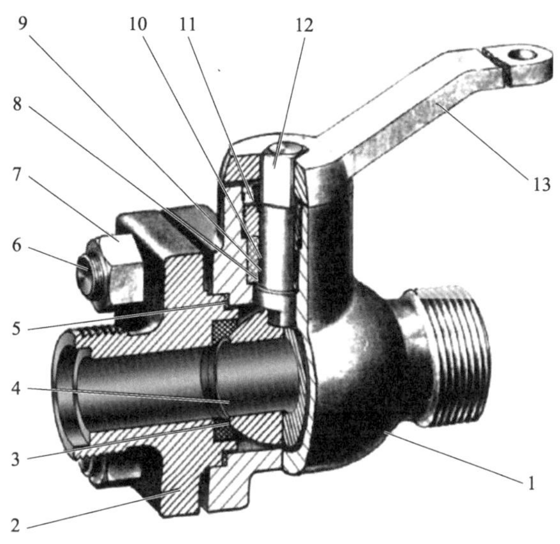

图 10-12 球阀的轴测图

1-阀体;2-阀盖;3-密封圈;4-阀芯;5-调整垫;6-螺柱;7-螺母;8-填料垫;9-中填料;10-上填料;11-填料压紧套;12-阀杆;13-扳手

(一)装配图的主视图选择

主视图应充分表达机器(或部件)的主要装配干线,并尽可能将机器(或部件)按工作位置安放。当工作位置倾斜时,可将其放正,使机器(或部件)的主要轴线、主要安装面处在水平或铅垂位置。球阀在管道中的工作位置一般是阀孔的轴线水平位置,且扳手位于正上方以便于操作。将此方向作为主视图方向,并沿装配干线做全剖,既能清楚地看出主要零件的装配关系、连接方式,又能反映其工作原理。

(二)其他视图的选择

确定主视图后,根据机器(或部件)的结构特点,深入分析机器(或部件)中还有哪些工作原理、装配关系和主要零件结构未表达清楚,根据需要选择适当的其他视图,每个视图都应有一个表达重点。

球阀沿前后对称面剖开的主视图虽然清楚地反映了各零件间的主要装配关系和球阀工作原理,但对球阀的外形结构、扳手的极限位置、阀体和阀盖两零件的连接关系以及阀杆和阀芯的位置关系没有表达清楚。因此左视图采用拆卸画法,并画半剖视图,补充反映球阀的外形结构和阀杆、阀芯之间的关系;采用俯视图,做局部剖视,反映扳手与定位凸块的关系,同时采用假想画法表达扳手零件的极限位置。

三、画装配图的一般步骤

(一)确定比例及图幅

确定表达方案后,选取适当比例,确定图幅,在安排各视图的位置时,要注意留有供编写零部件序号及明细栏,以及注写尺寸和技术要求的位置。

(二)画底稿

1. 画底稿的方法

(1)从机器(或部件)的核心零件开始,“由内向外”按装配关系逐层扩展画出各零件,最后画壳体、箱体等支承、包容零件。该方法的优点是从最内层实心零件(或主要零件)画起,按装配顺序逐步向四周扩展,层次分明,并可避免绘制外部零件被内部零件挡住的轮廓线,图形清晰。

(2)“由外向内”从机器(或部件)的机体出发,先画起支承、包容作用的体积较大、结构复杂的壳体、箱体等零件,再逐次向里画出各个零件。该方法的优点是便于从整体的合理布局出发,确定主要零件的结构形状和尺寸,其余部分也很容易确定。

2. 画底稿的注意事项

“由内向外”画符合设计过程,而“由外向内”画符合装配顺序。两种方法应根据不同结构灵活选用或结合运用。不论运用哪种方法,画图时都应注意以下几点:

(1)各视图之间要符合投影关系,各零件、各结构要素也要符合投影关系。

(2)先画起定位作用的基准件,再画其他零件,这样画图准确、误差小,保证各零件间的相对位置准确。基准件可根据具体机器(或部件)加以分析判断。

(3)先画部件的主要结构,然后画次要结构。

(4)画图时,随时检查零件间的装配关系是否正确,如哪些面应该接触,哪些面之间应留间隙,哪些面为配合面等,还要检查零件间有无干扰和相互碰撞,及时纠正。

3. 画底稿的步骤

本书的球阀采用按装配关系“由内向外”的方法绘制底稿,具体步骤如下:

(1)布置视图位置。画图时,应先画出各视图的主要装配干线、对称中心线和主体零件的安装基准面。由主视图开始,几个视图配合进行,以装配顺序为准,逐次画出各个零件。如图 10-13 所示,选择球阀阀杆的轴线为长度方向的基准线,球阀前后对称面为宽度方向的基准面,阀体的径向轴线为高度方向的基准线。

(2)按装配关系画主要零件阀体的轮廓线,三个视图要联系起来画,如图 10-14 所示。

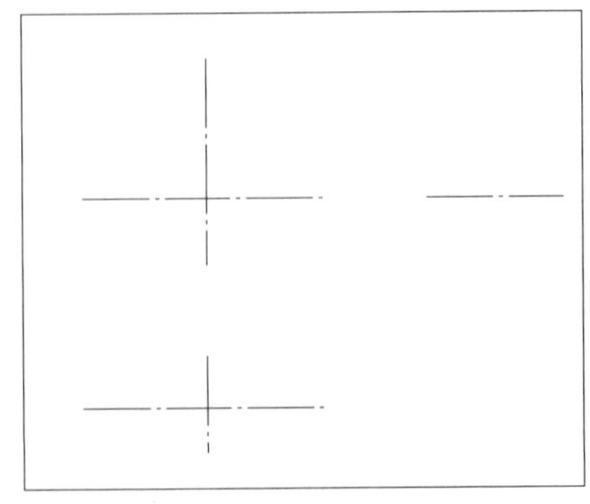

图 10-13　绘制各视图的基准线

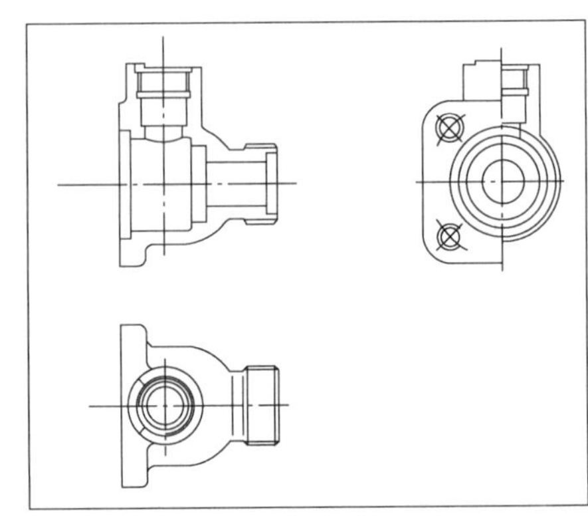

图 10-14　绘制阀体

(3)根据阀盖和阀体的相对位置画出阀盖三视图,如图 10-15 所示。

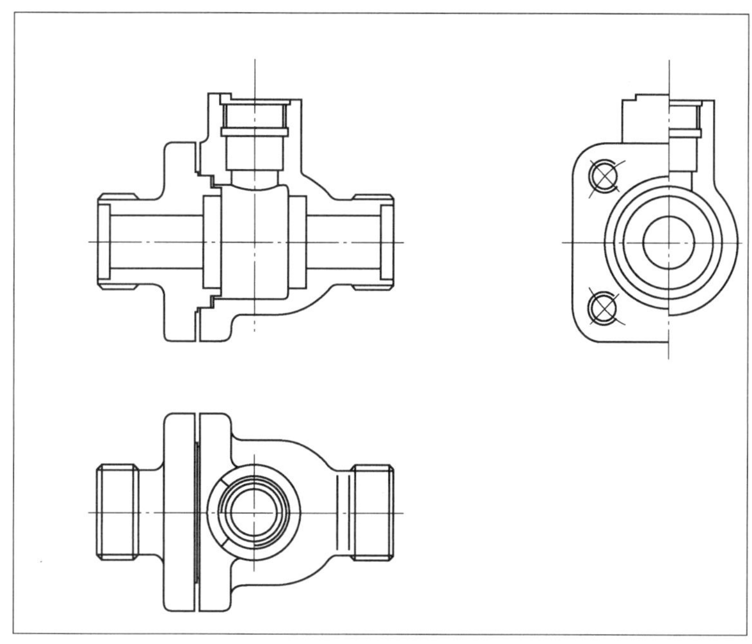

图 10-15　绘制阀盖

(4)按装配关系依次画出其他零件,如图 10-16 所示。

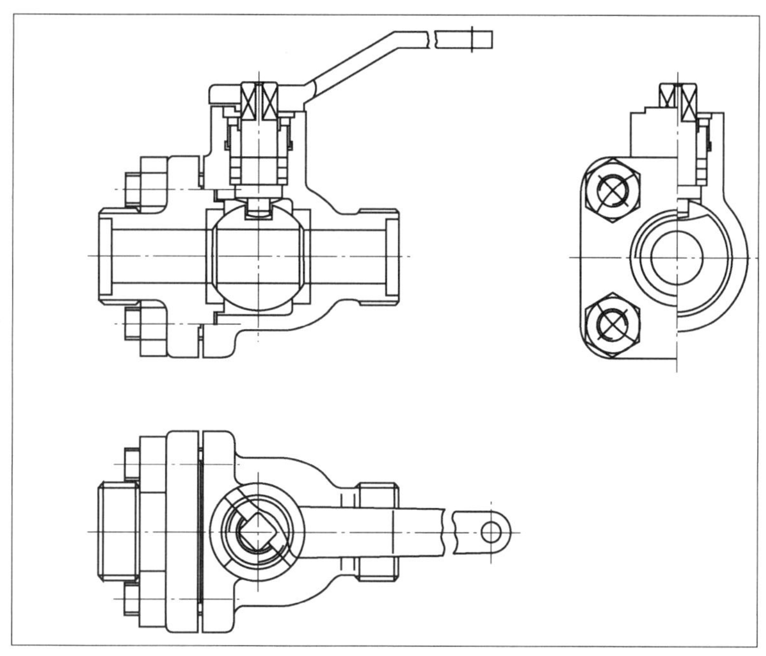

图 10-16　绘制其余部分

(5)检查,描深图线,标注尺寸。完成底稿后,仔细检查有无遗漏,擦除多余线;画剖面线、标注尺寸和编绘零件序号,清洁图面后再描深图线,编写技术要求,填写明细栏、标题栏,完成装配图的全部内容,如图 10-17 所示。

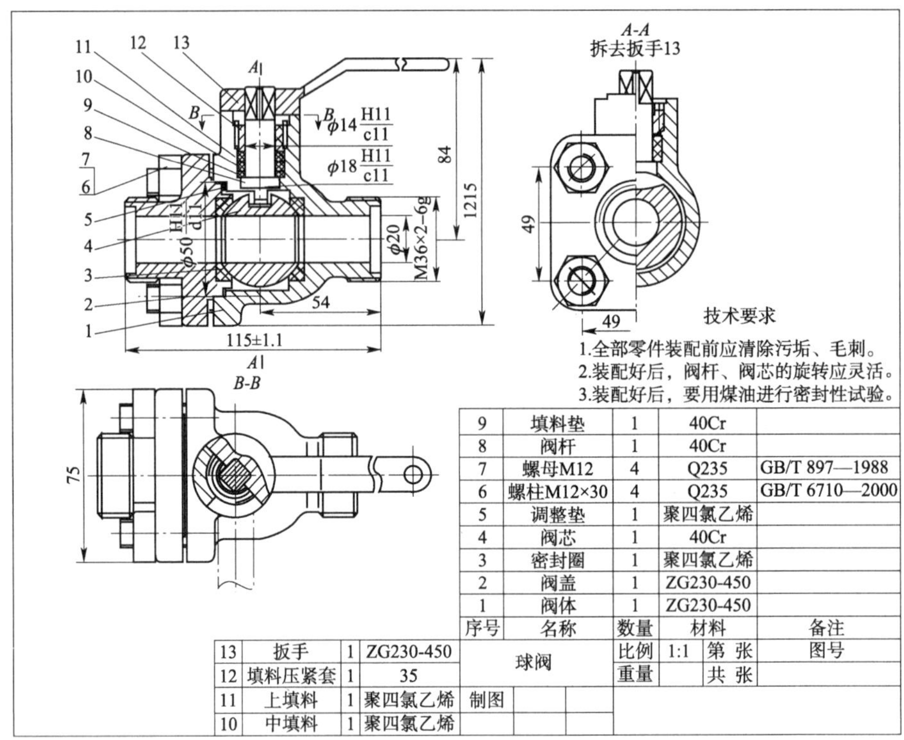

图 10-17 球阀装配图

第七节 读装配图和拆画零件图

读装配图就是通过对装配图的视图、尺寸和文字符号的分析与识读，了解机器（或部件）的名称、用途、工作原理、装配关系等的过程。在机械设备的设计、制造、使用及技术交流中，经常遇到读装配图的问题，所以工程技术人员必须具备读装配图和由装配图拆画零件图的能力。本节将介绍读装配图及根据装配图拆画零件图的方法与步骤。

一、读装配图

（一）读装配图时要了解的内容

读装配图时要了解的内容主要包括：

（1）装配体的名称、性能、用途、工作原理及技术要求等。

（2）组成装配体的各零件间的装配关系及连接关系等。

（3）组成装配体的各零件的主要结构形状及作用等。

（二）读装配图的方法和步骤

1. 概括了解

从标题和有关的说明书中了解机器（或部件）的名称和大致用途，从明细栏和图中的编号了解机器(或部件)的组成。

2. 对视图进行初步分析

明确装配图的表达方法、投影关系和剖切位置,并结合标注的尺寸,想象出主要零件的主要结构形状。

例如,图 10-18 为阀装配图,该部件装配在液体管路中,用于控制管路的“通”与“不通”。该图采用了主视图(全剖视图)、俯视图(全剖视图)、左视图和一个 B 向局部视图的表达方法。有一条装配轴线,部件通过阀体上的 G1/2 螺纹孔、$\phi12$ 螺栓孔和管接头上的 G3/4 螺孔装入液体管路。

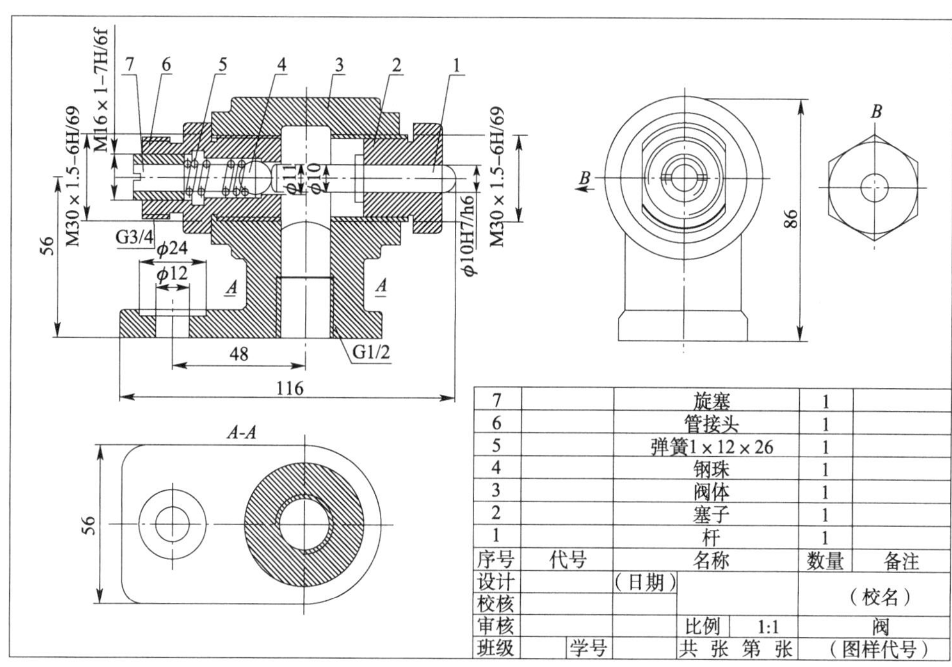

图 10-18　阀装配图

3. 分析工作原理和装配关系

对照各视图进一步研究机器(或部件)的工作原理、装配关系,这是看懂装配图的重要环节。看图时应先从反映工作原理的视图入手,分析机器(或部件)中零件的运动情况,从而了解其工作原理。然后根据投影规律,从反映装配关系的视图着手,分析各条装配轴线,弄清零件相互间的配合要求、定位和连接方式等。

图 10-18 所示阀的工作原理从主视图看最清楚。当杆受外力作用向左移动时,钢珠压缩弹簧,阀门被打开;当去掉外力时,钢珠在弹簧作用下将阀门关闭。旋塞可以调整弹簧作用力的大小。

阀的装配关系也从主视图看最清楚。左侧将钢珠、弹簧依次装入管接头,然后将旋塞拧入管接头,调整好弹簧压力,再将管接头拧入阀体左侧的 M30 ×1.5 螺孔。右侧将杆装入塞子的孔中,再将塞子拧入阀体右侧的 M30 ×1.5 螺孔。杆和管接头径向有 1mm 的间隙,管路接通时,液体从此间隙流过。

4. 分析零件结构

对主要的复杂零件要进行投影分析，想象出其形状及结构，必要时画出其零件图。

二、由装配图拆画零件图

为了看懂某一零件的结构形状，必须先把这个零件的视图从整个装配图中分离出来，然后想象其结构形状。对于表达不清的地方要根据整个机器（或部件）的工作原理进行补充，然后画出其零件图。这种由装配图画出零件图的过程称为拆画零件图。拆画零件图的方法和步骤如下。

（一）看懂装配图

将要拆画的零件从整个装配图中分离出来。例如，我们要拆画阀装配图中阀体的零件图，首先将阀体从主视图、俯视图、左视图三个视图中分离出来，然后想象其形状。对于大体形状想象并不困难，但阀体内形腔的形状因左视图、俯视图没有表达，所以不易想象。但通过主视图中 G1/2 螺孔上方的相贯线形状得知，阀体形腔为圆柱形，轴线水平放置，且圆柱孔的长度等于 G1/2 螺孔的直径，如图 10-19 所示。

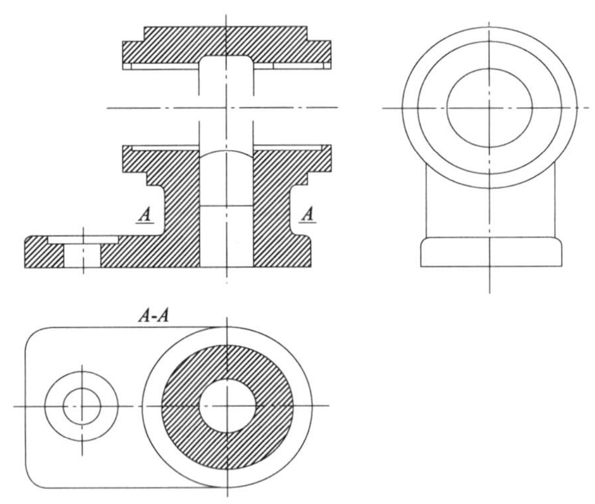

图 10-19　拆画装配图过程

（二）确定视图表达方案

看懂零件的结构形状后，要根据零件的结构形状及在装配图中的工作位置或零件的加工位置，重新选择视图，确定表达方案。此时可以参考装配图的表达方案，但要注意不受原装配图的限制。例如图 10-20 所示阀体的表达方法，主视图、俯视图和装配图相同，左视图采用了半剖视图。

（三）标注尺寸

由于装配图上给出的尺寸较少，而在零件图上需标注零件各组成部分的全部尺寸，所以很多尺寸是在拆画零件图时才确定的，如图 10-20 所示。此时应注意以下几点：

(1)凡是在装配图上已给出的尺寸,在零件图上可直接标注。

(2)某些设计时计算的尺寸(如齿轮啮合的中心距)及查阅标准手册确定的尺寸(如键槽等尺寸),应按计算所得数据及查表值准确标注,不得圆整。

(3)除上述尺寸,零件的一般结构尺寸可按比例从装配图上直接量取,并作适当圆整。

(4)标注零件各表面粗糙度、几何公差及技术要求时,应结合零件各部分的功能、作用及要求,合理选择精度要求,同时应使标注数据符合有关标准。

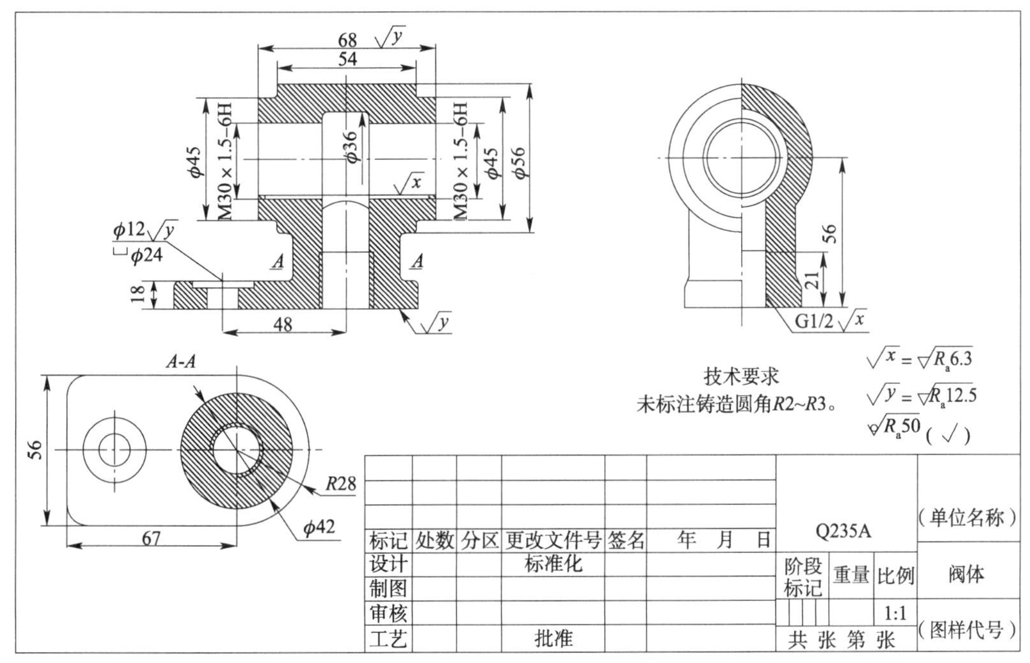

图 10-20　阀体零件图

拆画零件图是一种综合能力训练,不仅要求具有看懂装配图的能力,而且要求具备有关的专业知识。随着计算机绘图技术的普及提高,拆画零件图变得更容易了。如果已由计算机绘出机器(或部件)的装配图,可对被拆画的零件进行拷贝,然后加以整理,并标注尺寸,即可画出零件图。

习题

一、填空题

1. 表达一部机器(或部件)的图样,称为________图,它应能表达清楚各组成部分间的________。

2. 装配图中序号的指引线通过有剖面线的区域时,________与________剖面线________。

3. 装配图中序号应沿________方向按________方向顺次排列整齐。

4. 装配图中常采用的特殊表达方法有________、________、________、法、简化画法、单独表达某零件等。

5. 装配图中的尺寸种类有________、________、________、________、________。

二、选择题

1. 装配图中一般不标注(　　)。

A. 表面粗糙度　　B. 规格尺寸

C. 安装尺寸　　D. 外形尺寸

2. 装配图的一组视图中,不一定要求完整地表达(　　)。

A. 零件间的装配关系　　B. 机器(或部件)的工作原理

C. 各零件的结构形状　　D. 机器(或部件)的传动系统

3. 除了一组视图,装配图中还包括(　　)。

A. 形状和位置公差　　B. 零件的详细结构尺寸

C. 零部件序号和明细栏　　D. 表面粗糙度

4. 在装配图中,明细栏位于标题栏的上方,其中不包括零部件的(　　)。

A. 绘图比例　　B. 名称　　C. 材料　　D. 数量

5. 装配图的标题栏不包括(　　)。

A. 零部件名称　　B. 材料　　C. 图号　　D. 比例

6. 装配图中必要的尺寸不包括(　　)。

A. 规格尺寸　　B. 标准尺寸　　C. 配合尺寸　　D. 外形尺寸

7. 装配图中序号的指引线(　　)画成折线。

A. 不能　　B. 可以

C. 应该　　D. 可以曲折不超过一次的

8. 装配图中,对规格完全相同而且有规律分布的螺纹紧固件,可详细地画出(　　),其余允许只画点画线表示其中心位置。

A. 一组　　B. 几组

C. 一组或几组　　D. 两组

9. 一张完整的装配图主要包括五个方面的内容:一组图形、(　　)、技术要求、标题栏、明细栏。

A. 全部尺寸　　B. 必要尺寸

C. 一个尺寸　　D. 标准尺寸

10. 在装配图的规定画法中,对部件中某些零件的范围和极限位置可用(　　)线画出其轮廓。

A. 细点画线　　B. 双点画线

C. 虚线　　D. 实线

三、判断题

1. 在装配图中,当剖切面通过的某些部件为标准产品或该部件已由其他图形表示清楚时,可按不剖绘制。(　　)

2. 装配图和零件图对尺寸标注的要求完全相同。(　　)

3. 工人可以依据装配图将零件装配成机器。(　　)

4. 假想将零件拆去,而画出这些零件后面结构的画法称为假想画法。(　　)

5. 表示装配体性能、规格、特征的尺寸称为定形尺寸。(　　)

6. 装配图和零件图标题栏的内容大致相同。　(　　)

7. 在装配图中可省略螺栓、螺母、销等紧固件的投影，而用细点画线和指引线指明它们的位置。　(　　)

8. 在装配图中，零件的倒角、圆角、沟槽、滚花及其细节可省略不画。　(　　)

9. 表示零件序号的指引线要与剖面线平行。　(　　)

10. 在标题栏中填写序号时应由上向下排列，这样便于补充编排序号时被遗漏的零件。　(　　)

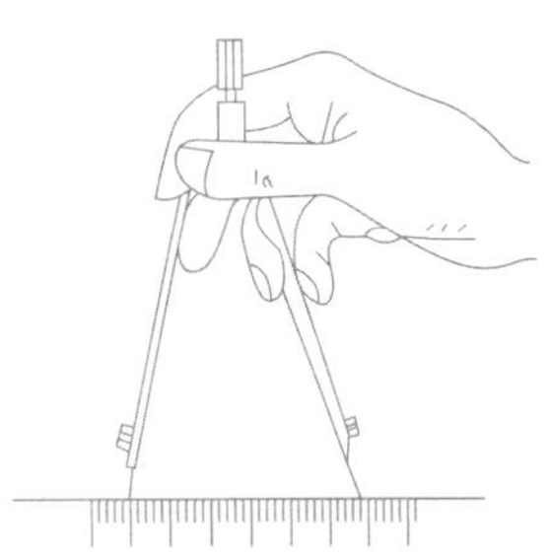

土木篇

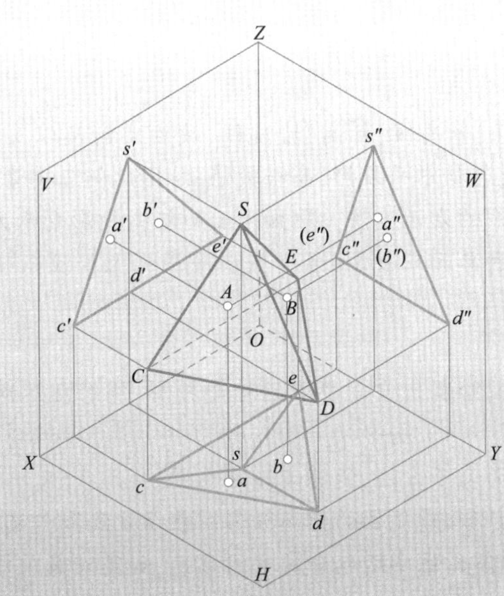

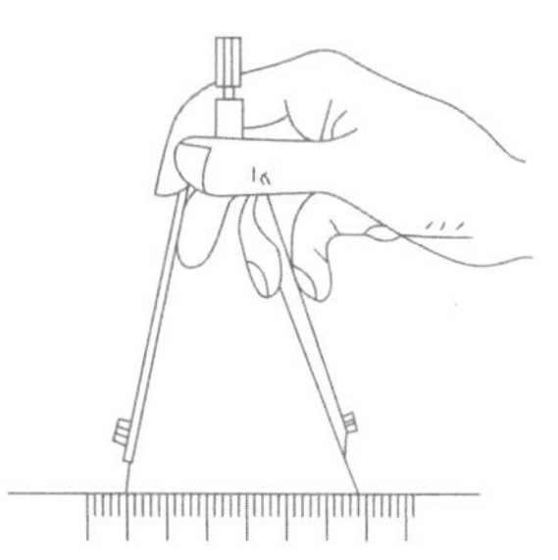

模块十一
标高投影

学习目标

※ 知识目标

1. 清楚标高投影、高程、等高线、标高、坡度线、坡度比例尺以及点的标高投影的概念。掌握标高投影的表示形式,包括水平投影、高程数值、绘图比例三要素等基本概念。

2. 知道直线的标高投影的表示方法。熟知平面的标高投影表示方法。

3. 理解标高投影是一种单面正投影,通过在水平投影上加注高程数值来表示空间物体的方法。

※ 技能目标

1. 能够通过已知的标高绘制出空间中点的标高投影,能够用不同的方法绘制直线的标高投影。

2. 掌握五种不同的平面表示方法,能够读懂地形图。

3. 熟悉点、线、面、曲面以及建筑物的标高投影图表示方法和作图方法,能够识别不同类型的标高投影图,并能准确解读图中所包含的空间信息,如高程数值与对应的实际高度位置的关系等。

※ 素养目标

1. 培养空间想象能力。能通过已知的标高绘制出空间中点的标高投影。培养从二维投影图想象出三维空间物体形状和位置关系的能力。

2. 培养解决问题的能力。能够运用标高投影的知识解决实际工程中的问题,如根据地形的标高投影图确定建筑物的布置位置、挖掘或填筑土壤的范围和深度等,以及解决建筑物与地面连接有关的问题。

3. 培养绘图能力。掌握标高投影图的基本画法,能够准确地绘制出点、线、面及建筑物等的标高投影图,包括正确标注高程数值、按照绘图比例进行绘制,并保证图形的准确性和规范性。

4. 培养逻辑思维品质。在理解标高投影概念、分析投影图与实际空间物体关系,以及进行绘图操作时,需要遵循一定的逻辑顺序,如先确定基准面,再根据高程数值确定点、线、面的位置关系，最后构建出完整的空间物体形状。这有助于准确、高效地工作。

5. 培养细致性思维品质。由于标高投影图中的高程数值的准确性对于表示空间物体至关重要，所以在学习和操作过程中需要培养细致性思维，确保每个数值的标注准确无误，每个绘图元素的位置和比例正确，避免小的失误导致对整个空间物体理解和工程实施的偏差。

第一节　标高投影概述

标高投影图是在物体的水平投影上加注某些特征面、线以及控制点的高程数值和比例的单面正投影。它常用来表达地形和工程建筑物。例如，图 11-1a）就是用标高投影图表达的一个山丘的地形图。

图 11-1b）说明了形成图 11-1a）所示的地形图的概念：假设平坦的地面是高度为零的水平基准面 H，将 H 面作为投影面，它与山丘相交得到一条交线，也就是高程标记为零的等高线；高于水平基准面 H 10m、20m 的水平面与山丘相交，分别得到高程标记为 10、20 的等高线。作出这些等高线在水平基准面 H 上的正投影，标注高程数字，并画出比例尺或标注比例，就得到了图 11-1a）所示的用标高投影图表达的这个山丘的地形图。

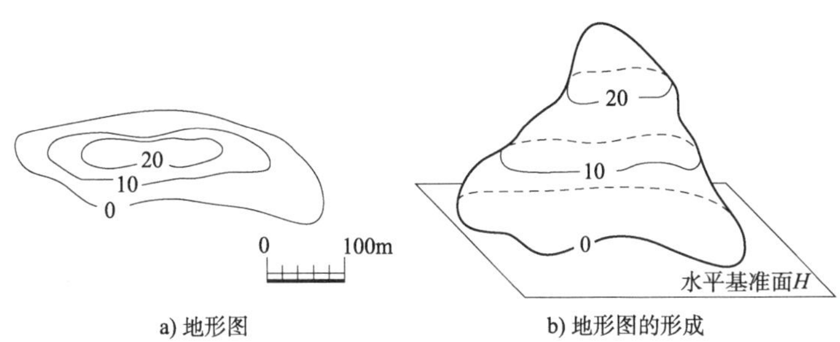

a）地形图　　b）地形图的形成

图 11-1　标高投影图

高程指的是某点沿铅垂线方向到绝对基准面的距离，称绝对高程，简称高程。高程常用的单位为 m，水平基准面的高程为零，基准面以上的高程为正，基准面以下的高程为负。

第二节　点的标高投影

如图 11-2a）所示，设空间有三个点 A、B、C，作出它们在高程为零的水平基准面 H 上的正投影 a、b、c，在它们的投影符号字母的右下角加注各点距离水平基准面 H 的高程数字 4、0、-3。这些标注的高程数字称为点 A、B、C 的标高，如此就得到了这三个点的标高投影，如图 11-2b）所示。

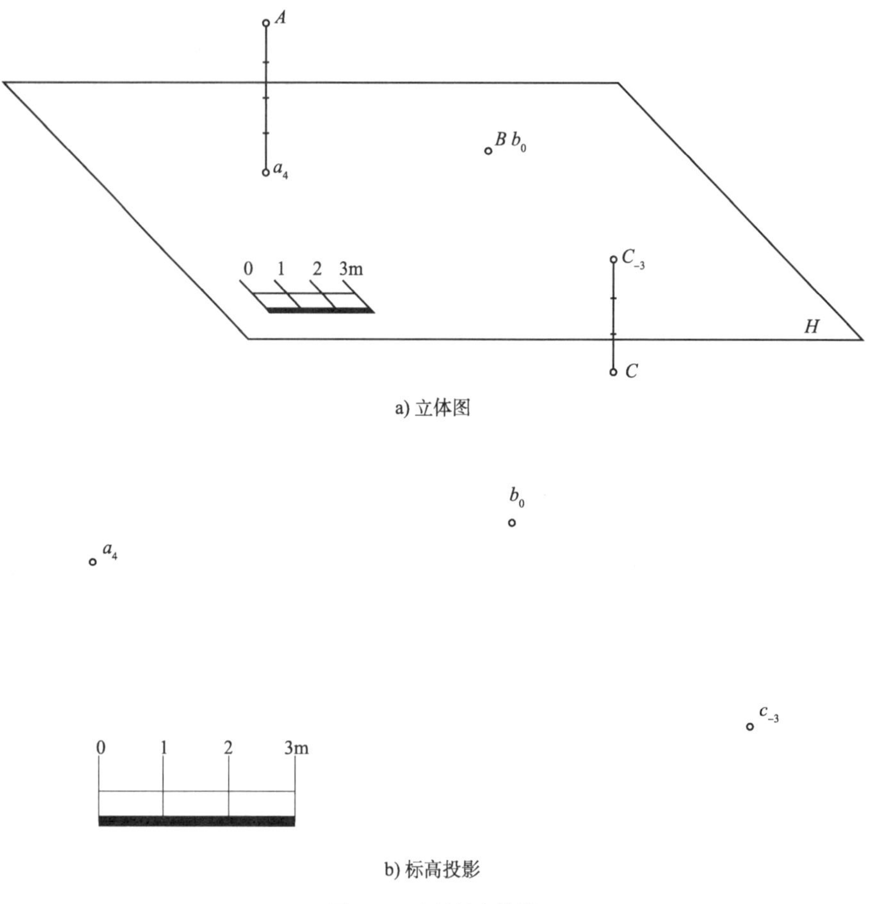

a) 立体图

b) 标高投影

图 11-2 点的标高投影

第三节 直线的标高投影

一、直线的标高投影的一般表示法

直线的标高投影一般由它的水平投影及标注两个端点的高程表示。如图 11-3a) 所示，空间有三条直线，分别为与水平基准面倾斜的直线 AB、铅垂线 CD、水平线 EF，作出它们的标高投影 a_4b_5、c_8d_5、e_6f_6。这三条直线的标高投影图如图 11-3b) 所示。

二、直线的标高投影的其他表示法

直线的标高投影除了的一般表示法，还有两种常见的表示法：

(1) 等高线由它的水平投影加注一个高程数字来表示，可以标注在它的水平投影的任一端，如图 11-4 中左侧的高程为 9m 的等高线；高程数字也可以标注在等高线的上方，或者两端都标注。

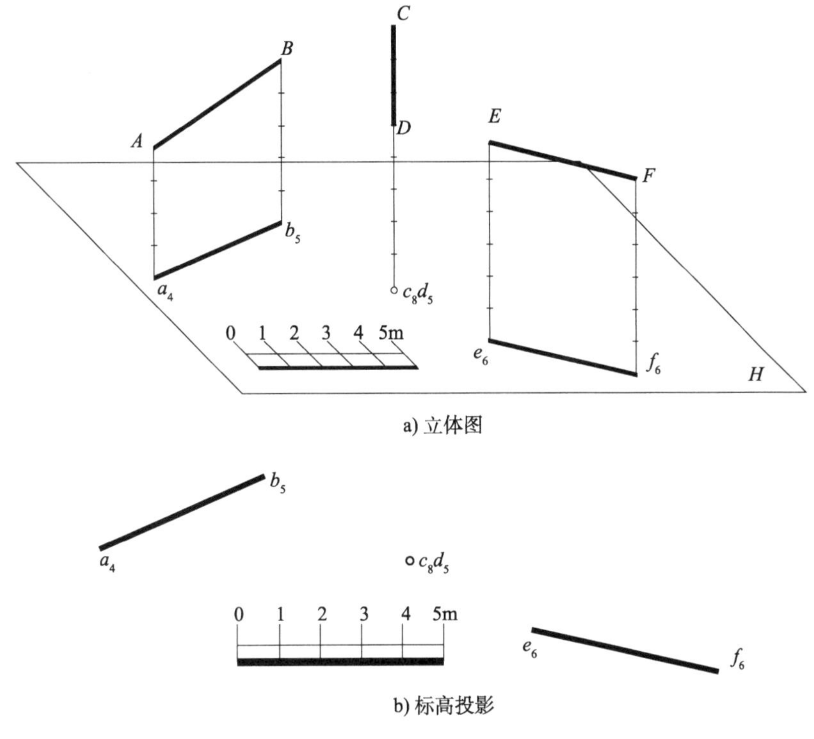

图 11-3　直线的标高投影的一般表示法

(2)与水平基准面倾斜的直线也可用直线上的一个点的标高投影并绘注直线的坡度和方向来表示。直线的坡度和方向用注明坡度数值的画出箭头的细实线表示,如图 11-4 中右侧的过高程为 6m 的点 B 和用具有箭头与坡度 $i=1:3$ 的细实线表示方向的一条直线的标高投影。箭头所指的方向为下降方向,也就是箭头指向下坡;坡度也可用分数表示,如 $i=1:3$ 也可写成 $i=1/3$,还可省略不注"$i=$"。

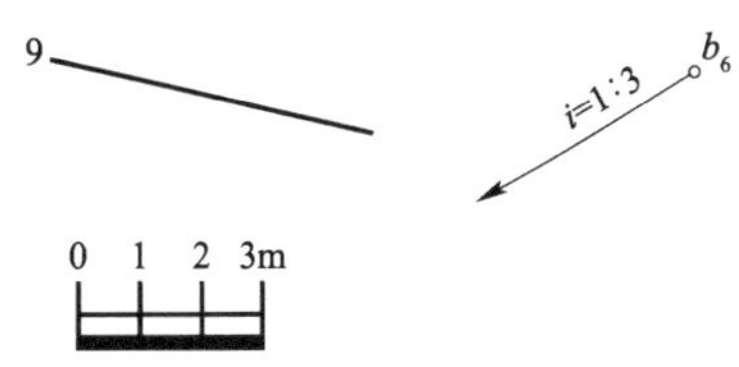

图 11-4　直线的标高投影的另外两种表示法

第四节　平面的标高投影

一、平面上的等高线、坡度线和坡度比例尺

(一)平面上的等高线

如图 11-5a)、图 11-5b)所示,平面上的水平线称为平面上的等高线,它们是这个平面与诸水平面的交线。因此,平面上的各等高线是高程不同的直线,在同一条等高线上的各点的高程都相等。平面上的各等高线互相平行,且各等高线间的高差与水平距离的比例相同。当相邻等高线的高差相等时,诸等高线的间距(水平距离)也相等。通常在实际应用中采用

平面上整数标高的水平线作为等高线。平面与水平基准面 H 的交线，即平面的水平迹线，是高程为零的等高线。

(二) 平面上的坡度线

如图 11-5a) 所示，平面上与该平面上的等高线相垂直的直线，如图 11-5a) 中的直线 AB、平面上所有平行于 AB 的直线，都是这个平面上的坡度线。因为平面上的坡度线与 H 面的倾角就是这个平面与 H 面的倾角，所以平面上的坡度线的坡度，也就是这个平面的坡度。

如图 11-5a) 所示，在实际应用中，平面上的坡度线常用细实线表示的带有下降方向箭头的坡度方向的水平投影表示，标出坡度，画出过坡度方向线的上端点的平面上的一条等高线的标高投影，如图 11-5c) 所示。

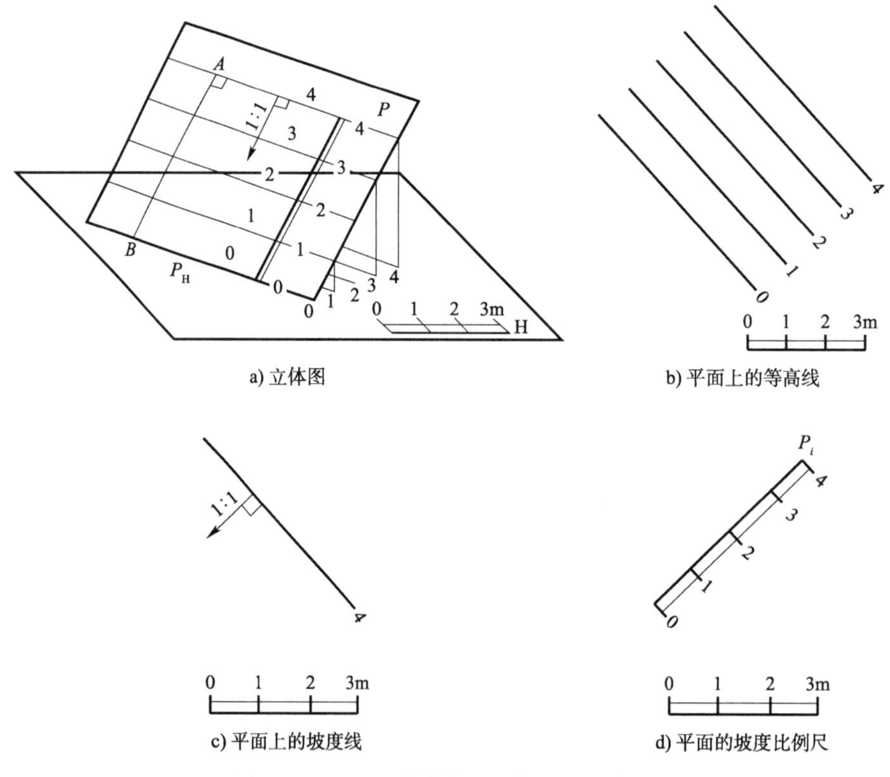

a) 立体图

b) 平面上的等高线

c) 平面上的坡度线

d) 平面的坡度比例尺

图 11-5 平面上的等高线、坡度线和坡度比例尺

(三) 平面的坡度比例尺

如图 11-5d) 所示，平面上带有刻度的坡度线的水平投影，称为平面的坡度比例尺。为了使平面的坡度比例尺与一般的带有刻度的直线有所区别，画成一粗一细的双线，并标注带有下标 i 的平面名称的大写字母，如图 11-6a) 中的 P_i。由于平面上的坡度线的水平投影与平面上的等高线的水平投影垂直，平面的坡度比例尺的平距就是平面上的坡度线的平距，也是平面上高程相差一个单位长度的两等高线之间的水平距离的相同单位的长度数值。

二、平面的标高投影表示法

平面在标高投影中常用图 11-6a)～图 11-6e)所示的五种形式来表示。

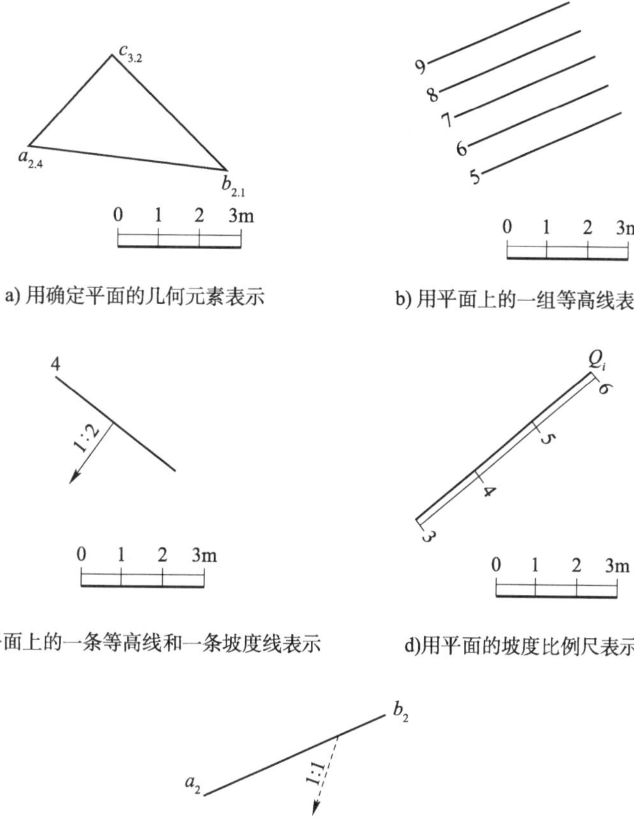

图 11-6　平面的标高投影表示法

(一)用确定平面的几何元素表示

如图 11-6a)所示,平面可以用确定这个平面的三角形表示,还可以用确定平面的几何元素表示:不在同一直线上的三点、直线及线外一点、两相交直线、两平行直线等。

(二)用平面上的一组等高线表示

平面可以用其上的两条或两条以上的等高线表示。由于平面上的等高线都是互相平行的,所以当用两条以上的等高线表示平面时,诸等高线不仅互相平行,诸等高线间的高差和间距的水平投影的比例也应相同。在实际应用中常采用这种形式,如图 11-6b)所示。

(三)用平面上的一条等高线和一条坡度线表示

如图 11-6c)所示,坡度线的下坡方向也是平面的下坡方向;注明坡度线的坡度,就是平面的坡度。

实际上,只要用平面上的一条坡度线就可表示这个平面。例如图 11-6c)所表示的平面,只要完整地表达出这条坡度线的标高投影,也就是在它与高程为 4m 的等高线的交点处,明确画出这个交点的水平投影,并标注它的标高数 4,不画出这条高程为 4m 的等高线,就可确定这个平面,因为平面上的等高线的水平投影一定垂直于平面上的坡度线的水平投影,所以不论这条高程为 4m 的等高线是否画出,都是唯一确定的。但实际应用中,还是常用平面上的一条等高线和一条坡度线来表示。

(四)用平面的坡度比例尺表示

如图 11-6d)所示,用平面 Q 的坡度比例尺 Q_i 表示这个平面。因为这条坡度比例尺本身就是平面 Q 上的一条坡度线,而在标高投影中,过坡度比例尺的任一个刻度点都可唯一地确定一条平面上的高程与刻度点高程相同的等高线。由于相交两直线能唯一地确定一个平面,所以仅用这条坡度比例尺 Q_i 就可唯一地确定这个平面 Q,也就可以用 Q_i 表示这个平面 Q。

(五)用平面上的一条与水平面倾斜的直线、平面的坡度和在直线一侧的大致下降方向表示

制图六体

例如图 11-6e)所示的平面,由平面上的一条与水平面倾斜的直线 AB、平面的坡度 1:1、在直线 AB 的一侧用虚线表示的平面坡度的大致下降方向来表示,箭头的方向表示下坡方向。平面的坡度、平面坡度的下降方向也就是平面上的坡度线的坡度、平面上的坡度线的下降方向。由于带箭头的平面上的坡度线的下降方向不是准确的方向,而是大致的方向,为了与准确的方向有所区别,本书中平面上坡度线的大致方向不画成带箭头的细实线,而画成带箭头的细虚线。目前,在标高投影中,对这样的平面上的坡度线的大致方向的表示方法尚未统一。

第五节 地面的标高投影

地面的标高投影就是地形图,地形图是用地面上的一组等高线在水平基准面上的水平投影,标注各等高线与水平基准面上的距离的高程数字来表达的,我国以青岛附近的黄海平均海平面为基准面。

一、山丘和盆地

图 11-7 所示为两种不同地形的标高投影地形图和地形断面图。如图 11-7a)所示,等高线的高程数字是由里向外递减的,表示山丘;而图 11-7b)则相反,等高线的高程数字由里向

外递增,表示盆地。若在地形图上等高线较密,即等高线的间距小,地形的坡度大,也就是地形陡峭;相反,若等高线较稀,即等高线的间距大,地形的坡度小,也就是地形平缓。图 11-7 所示的地形都是北坡的坡度较陡,而南坡的坡度较平缓。

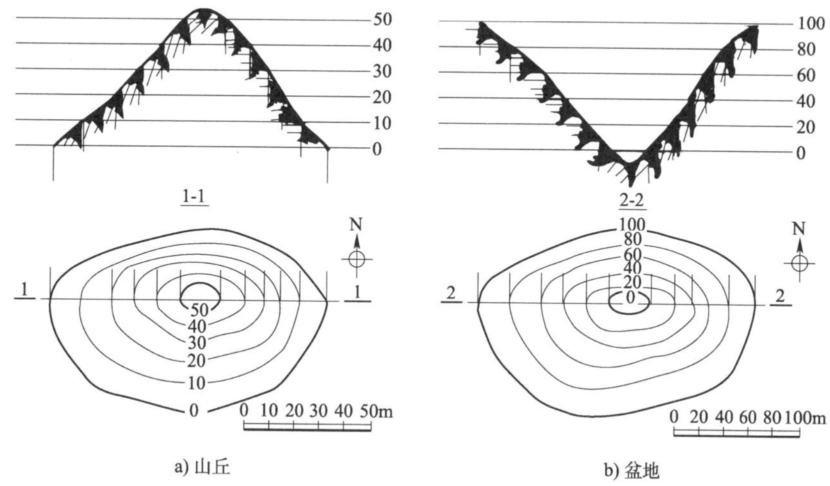

图 11-7　两种不同地形的标高投影地形图和地形断面图

地形图的绘制应符合下述规定:

(1)地形面上等高线高程数字的字头按规定指向上坡方向。

(2)每隔四条等高线应有一条画得较粗并注有单位为 m 的标高数字的等高线,称为计曲线。两条计曲线之间的四条高差相等的细等高线,则可以注出标高数字,也可以不注。

(3)图中除了等高线,还应画出比例尺和指北针。

(4)等高线一般都是封闭曲线,有时只画出地形的一个局部,等高线只画出一段。形式上是一段,但如全部画出,则仍是封闭的。除悬崖绝壁以外,等高线不相交。

如有需要,除了用标高投影画出的地形图,还可画出地形断面图。用铅垂面剖切地形面,画出截交线的真形,称为地形断面图。图 11-7a)、图 11-7b)分别画出了地形断面图。现以图 11-7a)所示的地形断面图为例,说明地形断面图的画法和有关规定如下:

(1)作铅垂的截平面,在它的水平迹线的两端分别画两段粗实线直线(称为剖切位置线),并标注编号(通常用阿拉伯数字顺序编号,也可用大写拉丁字母顺序编号)。编号应写在剖切位置线的投射方向(或称观察方向、剖视方向)的一侧。

(2)作图时将两端的剖切位置线连成细实线,与诸等高线相交。在适当位置作一系列剖切位置线的平行线,平行线之间的间距以相邻等高线之间的高差按比例尺量取后画出,以剖切位置线与高程数字最小的等高线相交的高程数字标注在最靠近剖切位置线的平行线上,并以等高线的高程数字以逐步递增的顺序向远离剖切位置线的方向继续标注在这些平行线上。从剖切位置线与诸等高线的交点作剖切位置线的垂线,与标注了与等高线相同高程数字的剖切位置线的诸平行线相交,将交点按顺序连成光滑曲线,即截交线的真形。若在求截交线真形的作图过程中,山丘的截交线真形上的上述交点中的最高点是两个点,或盆地的截交线真形上的上述交点中的最低点是两个点,则应将两侧连得的曲线的截交线真形在这两点处按趋势继续延长,并在相当接近处以光滑平缓过渡的方式连起来。真正的最高点或最低点与上述已画出的两点之间的高程差不能超过两相邻等高线之间的高差。

(3)将连出的截交线真形用粗实线加深,并在土地一侧画上自然土壤的材料图例,就得到了所指定的剖切平面(铅垂的截平面)所截得的地形断面图,并在地形断面图的下方标注以剖切平面的编号命名的断面图的图名。

二、山峰、山脊、山谷、鞍地

如图 11-8a)所示,山峰是山丘的最高部分,是圆顶形或圆锥形的高地,山峰的等高线呈环形,环形越小,标高越大。若在地形图上未明确标注山峰,则山峰应在最小环形的中间的某一点。在相连的两山峰之间的低洼处,地面呈马鞍形,称为鞍地。如图 11-8b)所示,高于两侧并连续延伸的高地,称为山脊,山脊处的等高线的凸出部分指向下坡方向,通过山脊上各个最高点的线称为分水线或山脊线。山谷的凹凸情况与山脊正好相反,它是低于两侧并连续延伸的谷地。山谷处的等高线的凸出部分指向上坡方向,通过山谷中各最低点的连线,称为山谷线、集水线或河床。

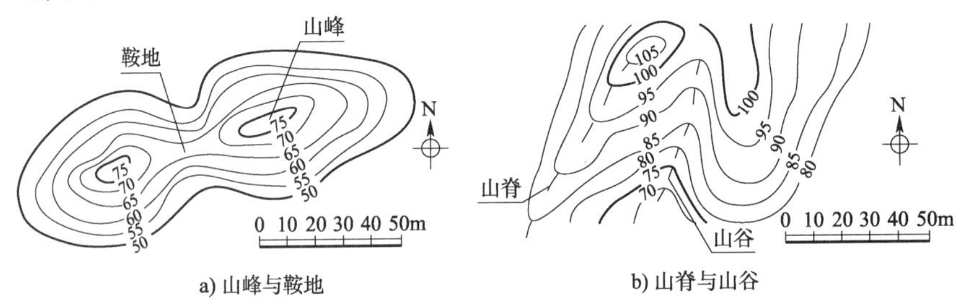

a) 山峰与鞍地　　b) 山脊与山谷

图 11-8　基本地形的等高线特征

在土木、水利工程中,工程建筑物的坡面与地面的交线称为坡边线。通过填筑建成的部分称为填方,通过开挖建成的部分称为挖方。填方部分的坡边线称为填筑坡边线,简称坡脚线;挖方部分的坡边线称为开挖坡边线,简称开挖线。当工程建筑物的一部分由填筑建成,而另一部分由开挖建成时,地面上有一条等高线是填方区和挖方区的分界线,称为填挖分界线。填筑坡面(填方坡面)、开挖坡面(挖方坡面)、工程建筑物表面的三面共点,也就是坡脚线。开挖线、工程建筑物的轮廓线、填挖分界线共同的交点,称为填挖分界点。

习题

一、填空题

1. 标高投影中应标注________和________。
2. 常用的高程单位为________。
3. 直线的标高一般用________表示。
4. 平面上的水平线称为平面上的________,它们是这个平面与诸水平面的________。
5. 平面与水平基准面 H 的交线,即平面的________,是高程为________的等高线。

二、判断题

1. 在土木、水利工程中,工程建筑物的坡面与地面的交线称为坡边线。　　(　　)

2. 通过填筑建成的部分称为填方。（　）

3. 通过开挖建成的部分称为挖方。（　）

4. 填方部分的坡边线称为填筑坡边线，简称坡脚线。（　）

5. 挖方部分的坡边线称为开挖坡边线，简称开挖线。（　）

三、简答题

1. 什么是填挖分界线？

2. 什么是填挖分界点？

四、作图题

1. 如下图所示，已知以管道中心线 $a_{50}b_{10}$ 表示的一条管道穿过一个小山峰，求作管道穿过山峰的两个贯穿点。图中，未确定贯穿点之前的管道的标高投影暂用细双点长画线表示，贯穿点确定后，要求改成中虚线和粗实线。

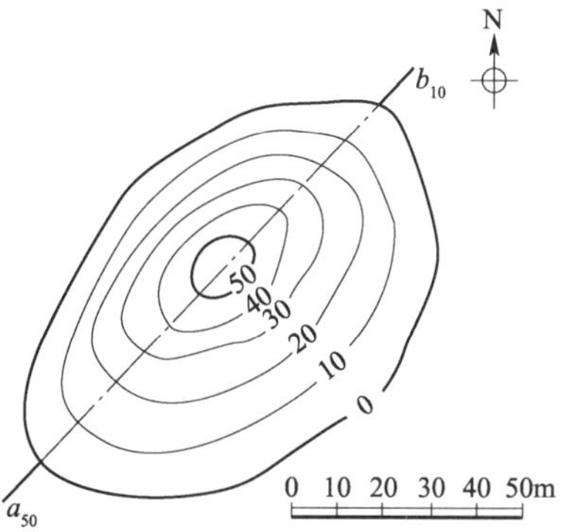

2. 如下图所示，已知标高为 20m 的平台和地面的标高投影，填方坡面的坡度为1∶1.5，挖方坡度为 1∶1，求作开挖线、坡脚线和坡面交线。

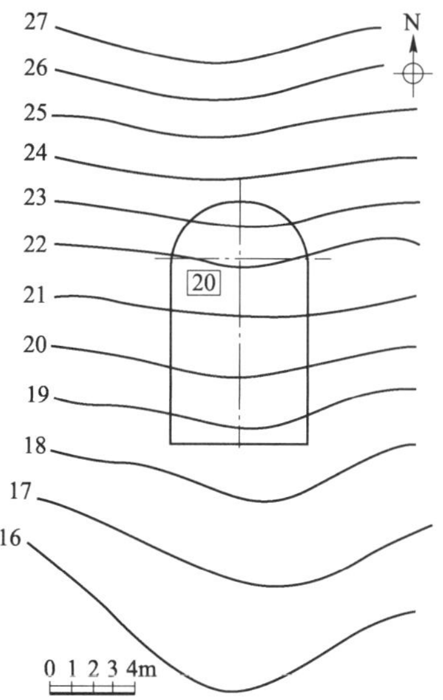

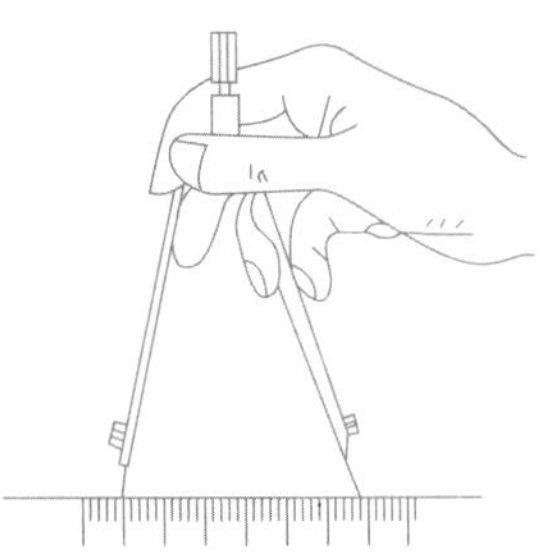

模块十二 图样画法

学习目标

◈ 知识目标

1. 知道工程形体的图样画法是在组合体的三视图的基础上发展而来的。

2. 熟练掌握基本视图的名称、投射方向及其之间"长对正""高平齐""宽相等"的投影关系；了解向视图的概念，即自由配置的视图，以及其标注方法。

3. 理解剖视图的基本概念，包括全剖视图、半剖视图等；掌握断面图（如移出断面图、重合断面图）的定义；熟知剖面图和断面图的区别。

◈ 技能目标

1. 掌握剖视图的画法和标注方法，以及画剖视图应注意的问题；掌握断面图的画法标注及适用范围。

2. 能够应用常用的简化画法进行图样绘制，以提高绘图效率和简化图样表达。

3. 具有应用图样画法综合表达建筑的能力，能够根据建筑的形状、结构等特点，选择合适的视图、剖视图、断面图及简化画法等进行准确表达。

◈ 素养目标

1. 在掌握专业绘图技能的同时，培养良好的职业素养和价值观。

2. 在学习和实践图样画法时，更加注重细节，追求高质量的绘图成果，从而培养精益求精的工匠精神。

第一节 工程形体的图样画法概述

工程形体一般都可看作基本立体或组合体，但当它们的形状和结构比较复杂时，仅用前述的三面投影图很难表达清楚，因此，《房屋建筑制图统一标准》（GB/T 50001—2017）中的图样画法对工程形体规定了一些表达方法，画图时可按需选用。这里主要介绍《房屋建筑制图统一标准》(GB/T 50001—2017)中所述的图样画法。

中国古代最完整的建筑技术书籍
——《营造法式》

第二节　投影法及视图

《技术制图　通用术语》(GB/T 13361—2012)对视图进行了定义:根据有关标准和规定,用正投影法所绘制出物体的图形称为视图。按《房屋建筑制图统一标准》(GB/T 50001—2017)的规定:房屋建筑的视图,应按正投影法并用第一角画法绘制。如图 12-1a)所示,将工程形体置于观察者与投影面之间,自前方 *A* 投影所得的视图称正立面图,自上方 *B* 投影所得的视图称平面图,自左侧 *C* 投影所得的视图称左侧立面图。这三个视图分别是本书前面所讲述的正面投影、水平投影、侧面投影,但这里又增加了三个视图:自右侧 *D* 投影所得的视图称右侧立面图,自下方 *E* 投影所得的视图称底面图,自后方 *F* 投影所得的视图称背立面图,如图 12-1b)所示。

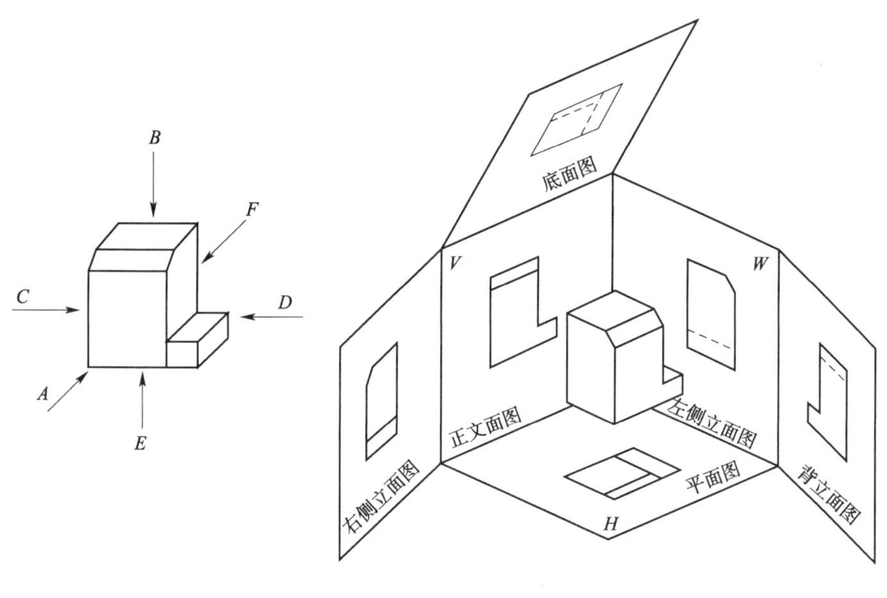

a) 基本视图的投射方向　　b) 基本投影面的展开方法

图 12-1　基本视图的形成

一、基本视图

当工程形体的形状比较复杂时,设想在已有 3 个投影面的基础上再增加 3 个投影面,这 6 个投影面中的每个投影面与 4 个相邻的投影面都垂直,围成一个盒子,按第一角画法在这些投影面上就能得到从工程形体的上方、前方、左侧、右侧、后方、下方投影所形成的 6 个视图。根据《技术制图　投影法》(GB/T 14692—2008)规定的投影面的展开方法,就可将 6 个视图展开在同一平面上,即将 5 个视图都展开到正立面图所在的投影面上,展开后的视图配置如图 12-2a)所示。这 6 个投影面和 6 个视图分别称为基本投影面和基本视图。同三视图一样,六视图之间仍然保持着一定的投影联系和“长对正、宽相等、高平齐”的“三等”规律。

按《技术制图　投影法》(GB/T 14692—2008)的规定,正立面图、平面图、左侧立面图、右侧立面图、底面图、背立面图也可分别称为主视图、俯视图、左视图、右视图、仰视图、后视图。当房屋建筑在同一张图纸上绘制若干个视图时,各视图宜按《房屋建筑制图统一标准》(GB/T 50001—2017)提出的顺序布置,如图 12-2b)所示。

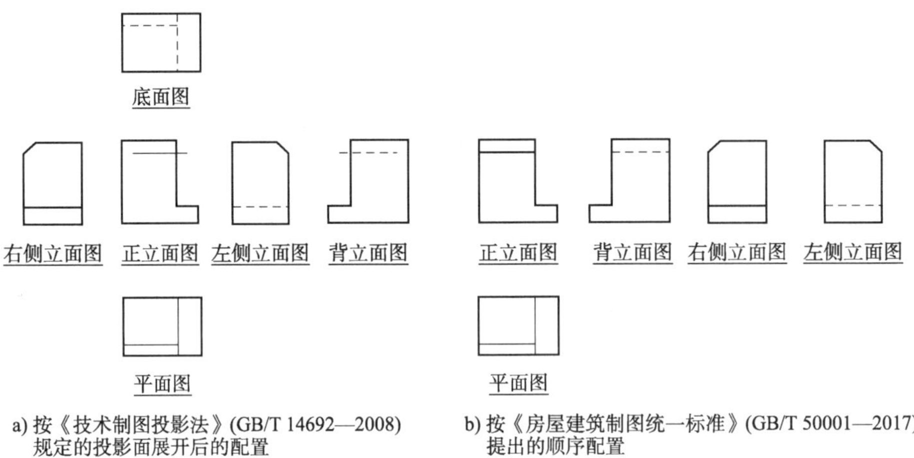

图 12-2　基本视图的配置

用基本视图表达工程形体时,正立面图应尽可能反映工程的主要特征,其他视图的选用,可在保证表达完整、清晰的前提下,使视图数量最少,力求制图简便。例如,图 12-3 用了 4 个立面图和 1 个屋顶平面图,完整、清晰地表达了一幢房屋的外形。

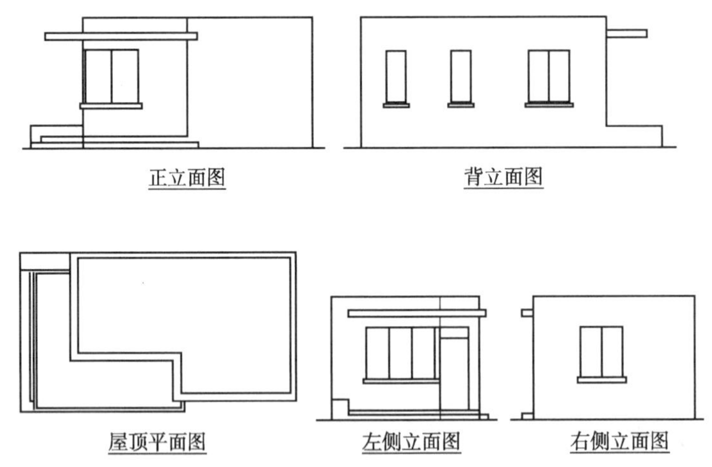

图 12-3　用基本视图表达一幢房屋的外形

见证强国之路的“共和国殿堂”——人民大会堂

在视图中,通常用粗实线画工程形体的可见轮廓;对于工程形体的不可见轮廓,若在其他视图或其他图样中已经表达,则不必画出,但必要时也可用中虚线画出不可见轮廓。在土木工程专业图中,工程形体的可见轮廓和必须画出的不可见轮廓,应按各专业的制图标准规定的线型和线宽绘制。在学习制图基础阶段,一般用粗实线画可见轮廓,用中虚线画出不可见轮廓;但在画房屋时,可根据表 12-1,主要可见轮廓画粗实线,一般的可见轮廓画中实线,次要的可见轮廓画细实线;必须画出的主要不可见轮廓画中虚线,次要不可见轮廓画细虚线。

图线 表 12-1

名称		线型	线宽	用途
实线	粗		b	1. 平面图、剖面图中被剖切的主要建筑构造(包括构配件)的轮廓线。 2. 建筑立面图或室内立面图的外轮廓线。 3. 建筑构造详图中被剖切的主要部分的轮廓线。 4. 建筑构配件详图中的外轮廓线。 5. 平面、立面、剖面的剖切符号
	中粗		$0.7b$	1. 平面、剖面图中被剖切的次要建筑构造(包括构配件)的轮廓线。 2. 建筑平面图、立面图、剖面图中建筑构配件的轮廓线。 3. 建筑构造详图及建筑构配件详图中的一般轮廓线
	中		$0.5b$	小于 $0.7b$ 的图形、尺寸线、尺寸界限、索引符号、标高符号、详图材料做法引出线、粉刷线、保温层线、地面、墙面的高差分界线等
	细		$0.25b$	图例填充线、家具线、纹样线等
虚线	粗		b	见各有关专业制图标准
	中粗		$0.7b$	1. 建筑构造详图及建筑构配件不可见的轮廓线。 2. 平面图中的起重机(吊车)轮廓线。 3. 拟建、扩建建筑物轮廓线
	中		$0.5b$	投影线、小于 $0.5b$ 的不可见轮廓线
	细		$0.25b$	图例填充线、家具线等
单点长画线	粗		b	起重机(吊车)轨道线
	中		$0.5b$	见有关专业制图标准
	细		$0.25b$	中心线、对称线、定位轴线等
双点长画线	粗		b	见有关专业制图标准
	中		$0.5b$	见有关专业制图标准
	细		$0.25b$	假想轮廓线、成型前原始轮廓线
折断线			$0.25b$	部分省略表示时的断开界线
波浪线			$0.25b$	部分省略表示时的断开界线、曲线形构件断开界线、构造层次的断开界线

注:地平线宽可用 $1.4b$。

平面图、墙身剖面图,详图图线宽度选用示例分别如图 12-4 ~ 图 12-6 所示。

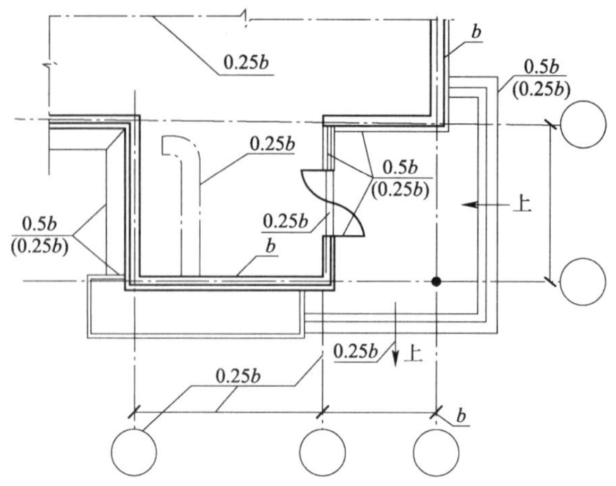

图 12-4　平面图图线宽度选用示例

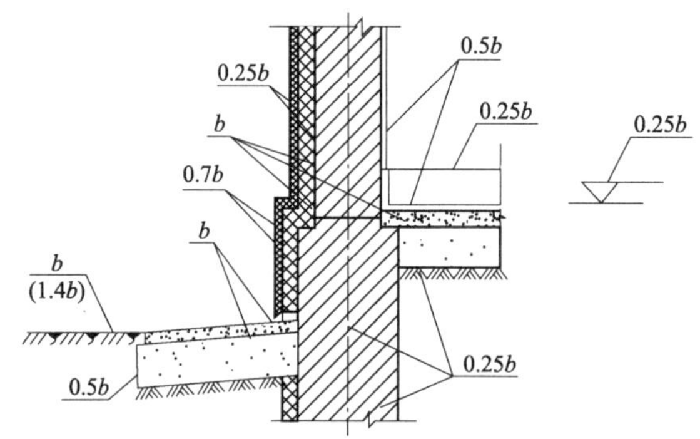

图 12-5　墙身剖面图图线宽度选用示例

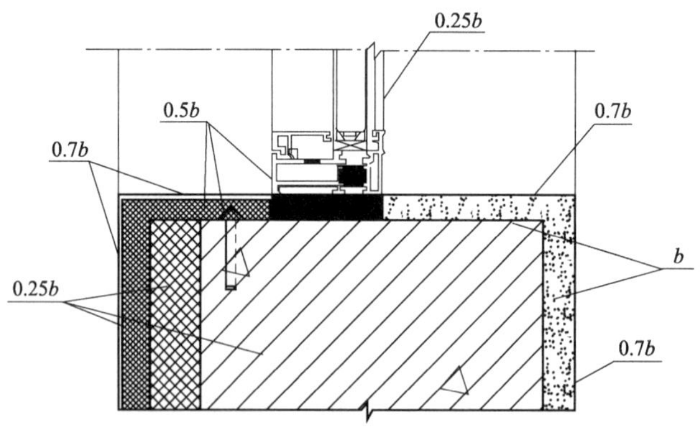

图 12-6　详图图线宽度选用示例

二、剖面图和断面图

(一)剖面图

1. 剖面图的用途和定义

当一个工程形体的内部构造复杂时,仅以中虚线表示不可见部分,视图中图线繁多,易混淆不清,导致读图困难。为了清晰表达内部复杂的工程形体,假想用剖切面剖开物体,将处在观察者与剖切面之间的部分移去,将剩余部分向剖切面所平行的投影面投射所得的图形,称为剖面图。剖切面可以是一个,也可以是两个或两个以上。通常用平面剖切,也可以用柱面剖切,剖切平面和剖切柱面统称剖切面。

2. 剖切方法

如图 12-7 所示,剖面图应按下列方法剖切后绘制(图中所画的剖切面假设是透明的):

(1)用一个剖切面剖切,如图 12-7a)、图 12-7b)所示。图 12-7a)是用一个剖切面完全剖开工程形体,图 12-4b)是用一个剖切面局部剖开工程形体。

(2)用两个或两个以上平行的剖切面剖切,如图 12-7c)所示。

(3)用两个或两个以上相交的剖切面剖切,如图 12-7d)所示。

(4)用两个或两个以上平行的剖切面分层剖切,如图 12-7e)所示。

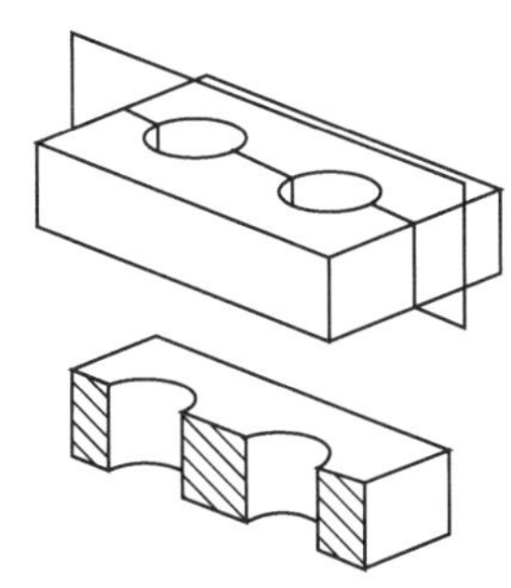

a) 一个剖切面完全剖开工程形体

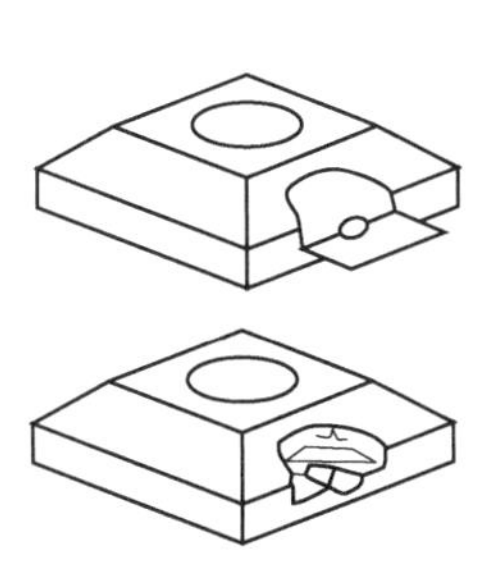

b) 用一个剖切面局部剖开工程形体

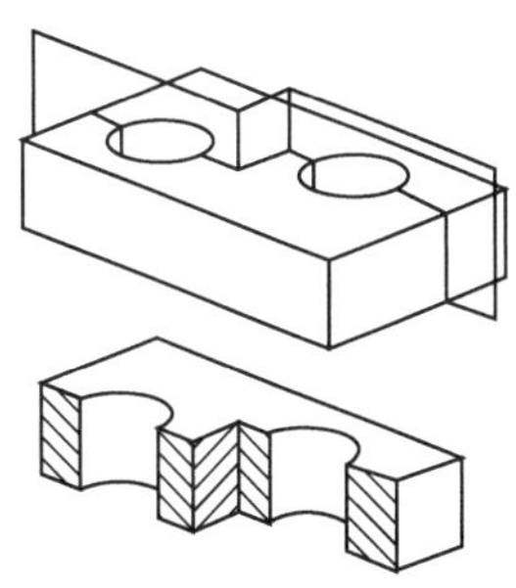

c) 用平行的剖切面剖开工程形体

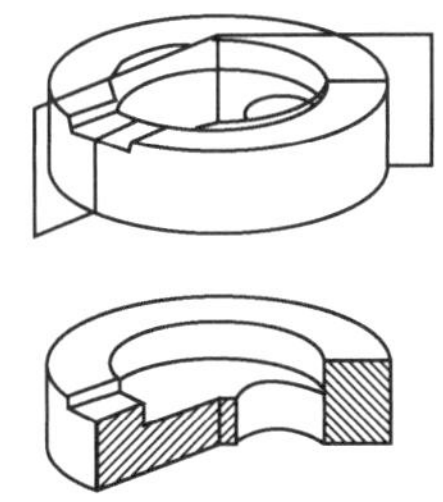

d) 用相交的剖切面剖开工程形体

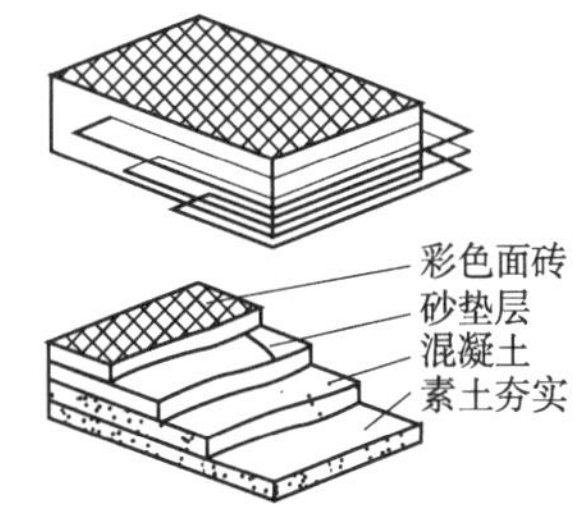

e) 用平行的剖切面分层剖开工程形体

图 12-7　剖面图的剖切方法示例

3. 画剖面图的有关规定

1)剖视剖切符号

剖视剖切符号宜优先选择国际通用方法表示,如图 12-8 所示;也可采用常用方法表示,如图 12-9 所示。同一套图纸应选用同一种表示方法。

(1)剖切符号位置的标注应符合以下规定:

①建(构)筑物剖面图的剖切符号应标注在 ±0.000 标高的平面图或首层平面图上。

②局部剖切图(不含首层)、断面图的剖切符号应标注在包含剖切部位的最下面一层的平面图上。

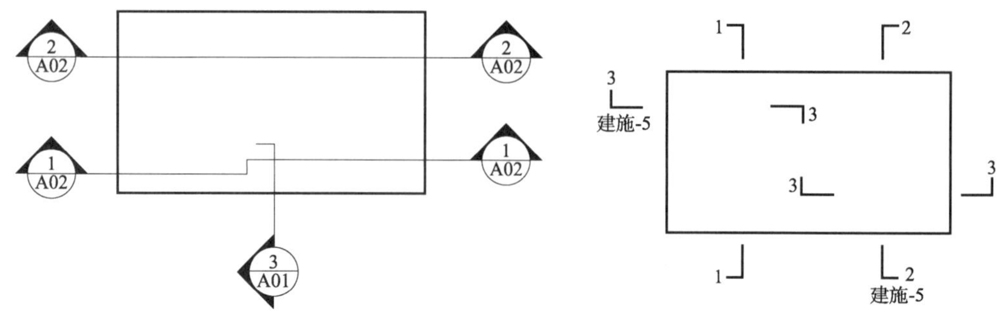

图 12-8　国际通用剖视的剖切符号　　图 12-9　常用方法剖视的剖切符号

(2)采用国际通用剖视表示方法时,剖面及断面的剖切符号应符合下列规定(图 12-8):

①剖面剖切索引应符合由直径为 8～10mm 的圆和水平直径以及两条相互垂直且外切圆的线段组成,水平直径上方应为索引编号,下方应为图纸编号,详细规定见《房屋建筑制图统一标准》(GBT 50001—2017)7.2.1;线段与圆之间应填充黑色并形成箭头表示剖视方向,索引符号应位于剖线两端,如图 12-8 所示。

②剖切线与符号线线宽应为 0.25b。

③需要转折的剖切位置线应连续绘制。

④剖号的编号宜由左至右、由下向上连续编排。

(3)采用常用方法表示时,剖面的剖切符号应由剖切位置线及剖视方向线组成,均应以粗实线绘制,线宽宜为 b。剖面的剖切符号应符合下列规定(图 12-9):

①剖切位置线的长度宜为 6～10mm;剖视方向线应垂直于剖切位置线,长度应短于剖切位置线,宜为 4～6mm。绘制时,剖视剖切符号不应与其他图线接触。

②剖视剖切符号的编号宜采用粗阿拉伯数字,按剖切顺序由左至右、由下向上连续编排,并应标注在剖视方向线的端部。

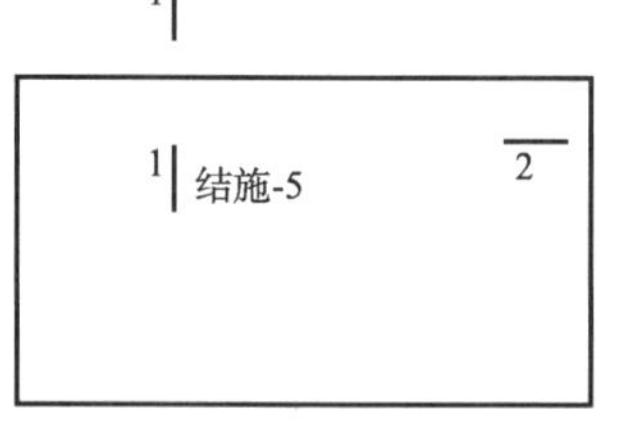

图 12-10　断面的剖切符号

③需要转折的剖切位置线,应在转角的外侧标注与该符号相同的编号。

④断面的剖切符号应仅用剖切位置线表示,其编号应标注写在剖切位置线的一侧;编号所在的一侧应为该断面的剖视方向,其余同剖面的剖切符号。断面的剖切符号如图 12-10 所示。

⑤当剖切符号与被剖切图样不在同一张图内时,应在剖切位置线的另一侧注明其所在图纸的编号,如图 12-11 所示。

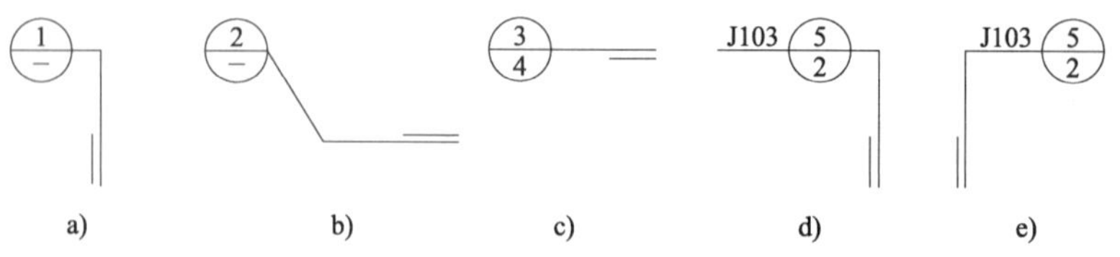

图 12-11　用于索引剖视详图的索引符号

⑥索引剖视详图时,应在被剖切的部位绘制剖切位置线,并以引出线引出索引符号,引

出线所在的一侧应为剖视方向。索引符号的编号应符合《房屋建筑制图统一标准》(GB/T 50001—2017)7.2.1 条的规定。

2)建筑材料图例

当工程形体被假想的剖切面剖切后,断面上应该画出工程形体的材料图例。表 12-2 中的常用建筑材料图例选自《房屋建筑制图统一标准》(GB/T 50001—2017)。图例不够使用时,可查阅该标准。使用时应做到:图例正确、表示清楚,图例线间隔匀称,疏密适度。当不需要表明是哪一种材料时,按惯例可画同方向、等间距的 45°细实线。当一张图纸内的图样只有一种建筑材料或图形小而无法画出建筑材料图例时,可以不画建筑材料图例,应加文字说明。两个相同的图例相接时,图例线宜错开或使倾斜方向相反,如图 12-12 所示;若断面很小,断面内的建筑材料图例可用涂黑表示,在两个相邻的涂黑或涂灰的图例间应留有空隙,其净宽度不得小于 0.5mm,如图 12-13 所示;面积过大的建筑材料图例,可沿轮廓线局部表示,如图 12-14 所示。

表 12-2　常用建筑材料图例

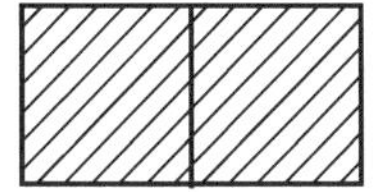

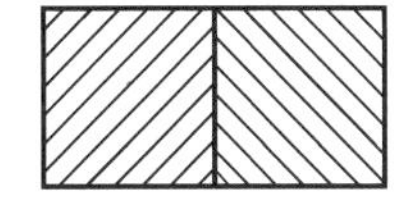

图 12-12　相同图例相接时的画法

图 12-13　相邻的涂黑图例

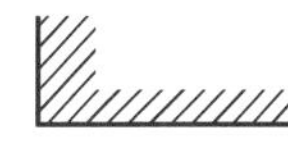

图 12-14　局部表示图例

画剖面图时要注意:剖面图是画工程形体剖开后留下部分的投影图,但剖面图是假想剖开工程形体,所以只是在画剖面图时才切去形体的一部分,画其他图样时仍然应该画完整的工程形体。剖面图与视图一样,一般只画出可见轮廓线,必要时才用中虚线画出不可见的轮廓线。《房屋建筑制图统一标准》(GB/T 50001—2017)规定:被剖切面切到部分的轮廓线用 0.7b 线宽的粗实线绘制,剖切面没有切到,但沿投射方向可以看到的部分,则用 0.5b 线宽的实线绘制。但《技术制图图样画法剖视图和断面图》(GB/T 17452—1998)、《道路工程制图标准》(GB/T 50162—1992)规定:被剖切面切到部分的轮廓线和剖切面没有切到,但沿投射方向仍可见的部分,都用粗实线绘制。本书在制图基础阶段仍按过去的习惯都用粗实线画剖切到的和没有切到,沿投射方向可见的轮廓线,使图形简单、清晰明了,但在土木工程专业制图中则必须按有关专业图的要求绘制。

3)画剖面图示例

图 12-15a)画出了一个房屋模型的三视图,前墙面上有一个门窗连在一起的门窗洞,左墙面上有一个窗洞,屋顶、墙壁和地坪作为同一材料构成的整体。图 12-15b)是用正立面图,编号为 1 的侧平面通过门洞剖切后,向左投影所得的 1-1 剖面图,以及用编号为 2 的水平面通过窗洞剖切后,向下投影所得的 2-2 剖面图,三者联合在一起,组成表达这个房屋模型的图样。在 2-2 剖面图和正立面图上分别画出编号为 1 和 2 的剖切符号,表示剖切面的剖切位置和剖切后的投射方向。对比图 12-15a)、图 12-15b)可以看出:图 12-15b)用 2-2 剖面图代替了平面图,水平剖切面之上的墙和屋顶已被剖去,按向下的投射方向(也可称剖视方向)画出了留下部分被剖切到的墙、窗洞下可见的墙和门洞下可见的地坪轮廓线,在被剖切到的墙的断面上画出断面的材料图例。若不需表明是哪一种材料,则可按图中所示,画同方向、等间距的 45°细实线。图 12-15b)用 1-1 剖面图代替了左侧立面图,侧平剖切面右侧的屋顶、墙

面和地面已被剖去,按向左剖视的方向画出了留下部分被剖切到的屋顶、墙面和地面。由于将这个房屋模型看作同一材料构成的整体,因而屋顶、墙面和地面的断面间都没有分界线,并在断面上画出不需要表明是哪一种材料的材料图例,还画出了前墙面上门窗洞下左侧可见的墙和左墙面上可见窗洞的轮廓线。正立面图由于在 1-1 和 2-2 剖面图中已标明了所有不可见的投影虚线所表达的内容,这些虚线应全部省略不画。为了表明剖切面的位置和投射方向,方便按编号查找相应的剖面图,应该在图 12-15b)中标绘出剖切符号、编号和图名。

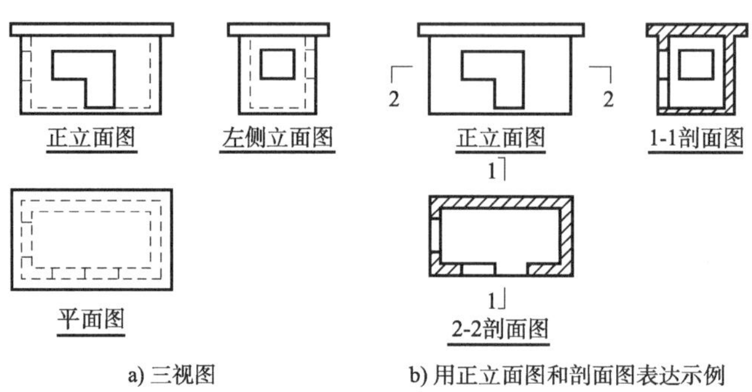

图 12-15　房屋模型的剖面图示例

4. 分层剖切的剖面图

分层剖切的剖面图,应按层次用波浪线将各层隔开,波浪线不应与任何图线重合,如图 12-16 所示。

(二)断面图

1. 断面图的用途和定义

为了清晰地表达工程形体,用假想的剖切面剖开工程形体时,除了以剖视图表达,有时需要用断面图表达。假想用剖切平面将工程形体的某处切断,仅画出断面的图形,称为断面图。

2. 剖面图和断面图的区别

剖面图除应画出剖切面切到部分的图形,还应画出沿投射方向看到的部分,被剖切面切到部分的轮廓线用 0.7b 线宽的实线绘制。剖切面没有切到但沿投射方向可以看到的部分,用 0.5b 线宽的实线绘制。断面图只需(用 0.7b 线宽的实线)画出剖切面切到部分的图形,如图 12-17 所示。

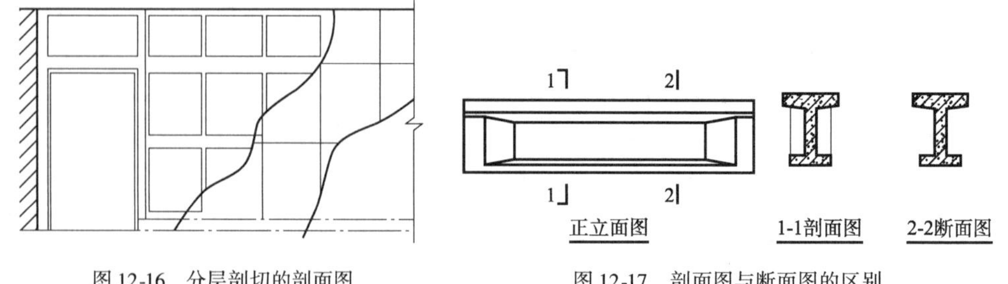

图 12-16　分层剖切的剖面图

图 12-17　剖面图与断面图的区别

3. 剖面图和断面图的绘制方法

剖面图和断面图应按下列方法剖切后绘制：

(1)用一个剖切面剖切,如图 12-18 所示。

(2)用两个或两个以上平行的剖切面剖切,如图 12-19 所示。

(3)用两个相交的剖切面剖切,如图 12-20 所示。

(4)用(2)(3)方法剖切时,应在图名后注明“展开”字样。

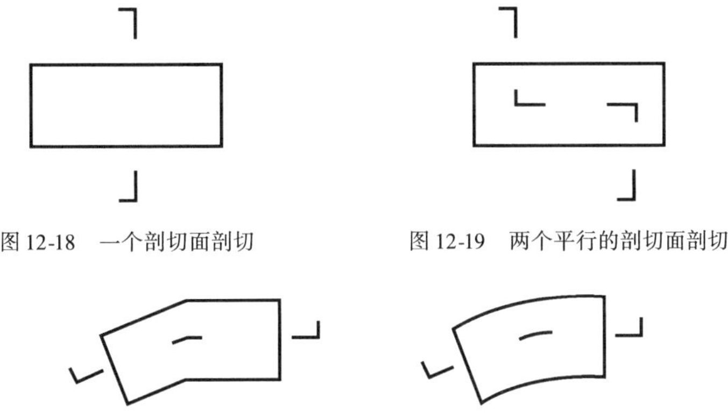

图 12-18　一个剖切面剖切

图 12-19　两个平行的剖切面剖切

图 12-20　两个相交的剖切面剖切

4. 杆件、结构梁板的断面图

杆件的断面图可绘制在靠近杆件的一侧或端部处并按顺序依次排列,如图 12-21 所示；也可绘制在杆件的中断处,如图 12-22 所示。结构梁板的断面图可画在结构布置图上,如图 12-23 所示。

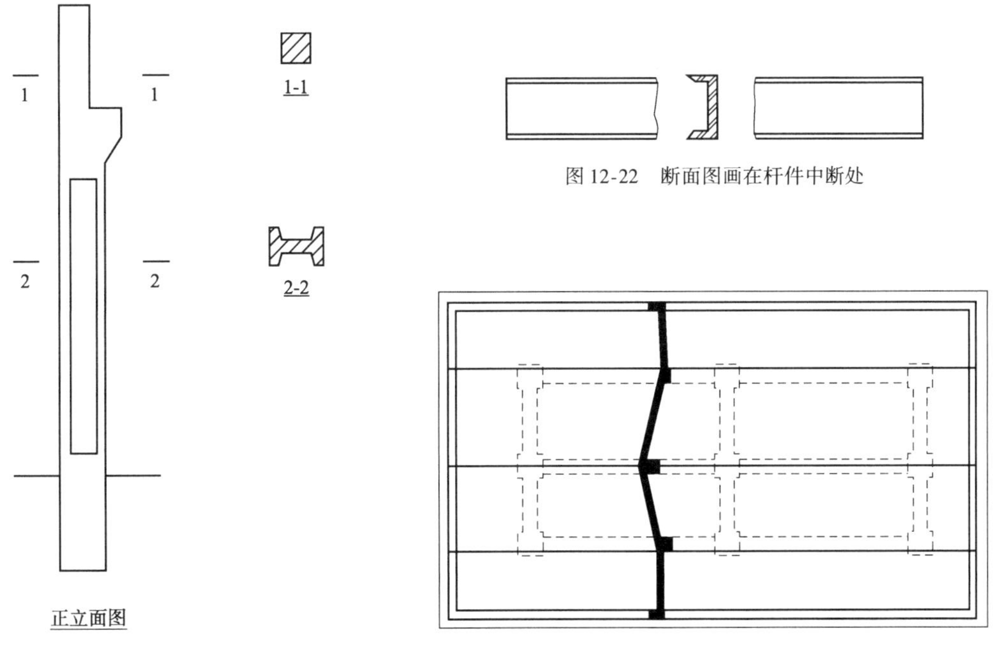

图 12-21　断面图按顺序排列

图 12-22　断面图画在杆件中断处

图 12-23　断面图画在结构布置图上

三、简化画法

应用简化画法可提高工作效率,图 12-24 ~ 图 12-27 列出了《房屋建筑制图统一标准》(GB/T 50001—2017)规定的一些简化画法。

(一)构配件的对称图形

如图 12-24 所示,构配件的视图有一条对称线,可只画该视图的一半;视图有两条对称线,可只画该视图的四分之一,并画出对称符号。图形也可稍超出其对称线,此时可不画对称符号,如图 12-25 所示。对称的形体需要画剖面图或断面图时,可以对称符号为界,一半画视图(外形图),一半画剖面图或断面图,如图 12-26 所示。

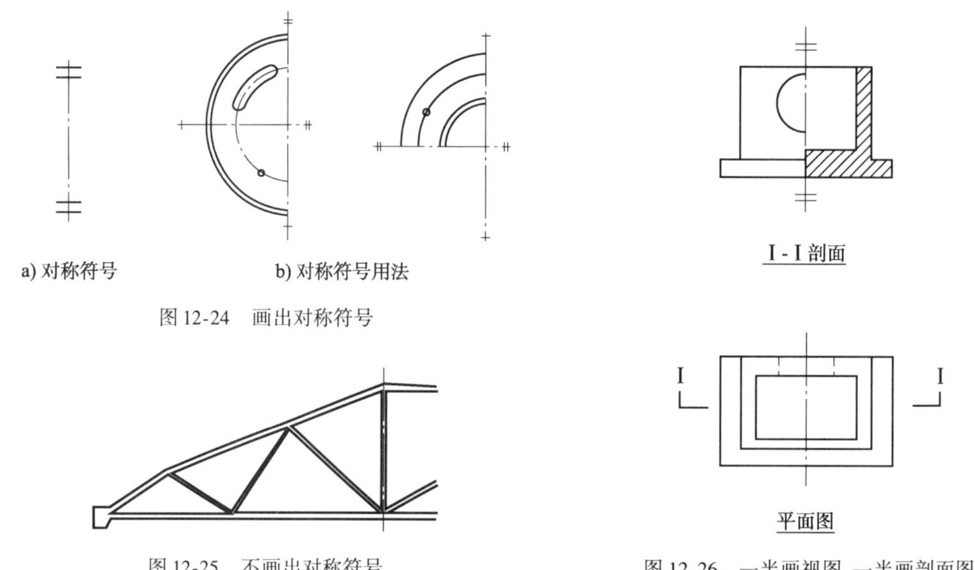

图 12-24　画出对称符号

图 12-25　不画出对称符号

图 12-26　一半画视图,一半画剖面图

(二)构配件内有多个完全相同而连续排列的构造要素

如图 12-27 所示,可仅在两端或适当位置画出一个或几个完整形状,其余部分可以中心线或中心线交点表示,如图 12-27a)所示。如相同构造要素少于中心线交点,则其余部分应在相同构造要素位置的中心线交点处用小圆点表示,如图 12-27b)所示。

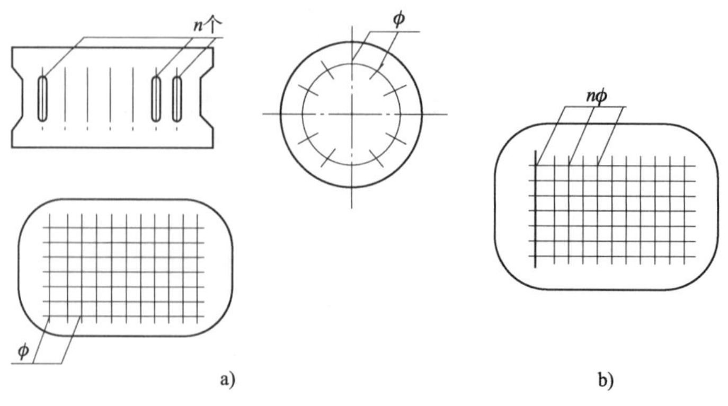

图 12-27　相同要素简化画法

(三)较长的构配件

当较长的构配件沿长度方向的形状相同或按一定规律变化时,可断开省略绘制,断开处应以折断线表示,如图 12-28 所示。

(四)一个构配件绘制位置不够

一个构配件如绘制位置不够时,可分成几个部分绘制,并应以连接符号表示相连,如图 12-29 所示。

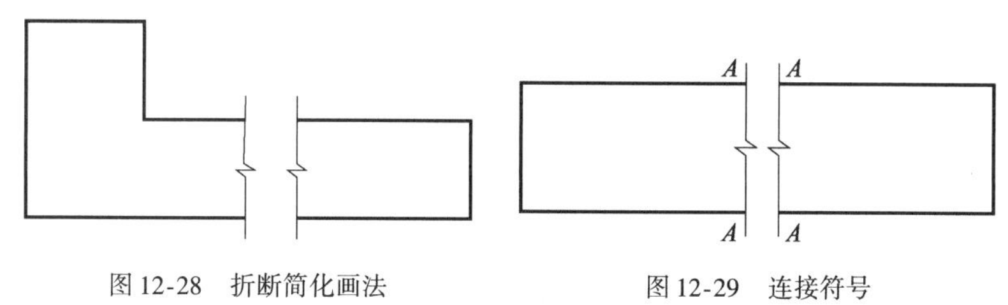

图 12-28　折断简化画法　　图 12-29　连接符号

(五)一个构配件与另一构配件仅部分不相同

一个构配件与另一构配件仅部分不相同时,该构配件可只画不同部分,但应在两个构配件的相同部分与不同部分的分界线处,分别绘制连接符号,如图 12-30 所示。

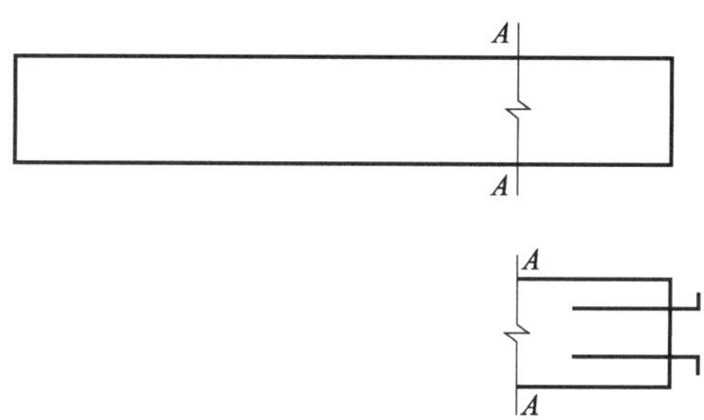

图 12-30　构件局部不同的简化画法

习题

一、填空题

1. 根据有关标准和规定,用正投影法绘制出的物体的图形称为________。

2. 按《技术制图　投影法》(GB/T 14692—2008)规定,正立面图、平面图、左侧立面图、右侧立面图、底面图、背立面图也可分别称为________、________、________、________、________、________。

3. 用基本视图表达工程形体时,正立面图应尽可能反映工程的________,其他视图的选用,可在保证________、________的前提下,使视图数量最少,力求制图简便。

4. 画房屋时,主要可见轮廓画________,一般的可见轮廓画________,次要的可见轮廓画________;必须画出的主要不可见轮廓画________,次要不可见轮廓画________。

5. 建(构)筑物剖面图的剖切符号应注在________的________或________上。

二、简答题

1. 局部剖切图(不含首层)、断面图的剖切符号应标注在哪一层的平面图上?
2. 剖号的编号宜怎么编排?
3. 剖面图和断面图的区别是什么?
4. 怎么用简化画法画对称的构配件?
5. 分层剖切的平面图应该怎么画?

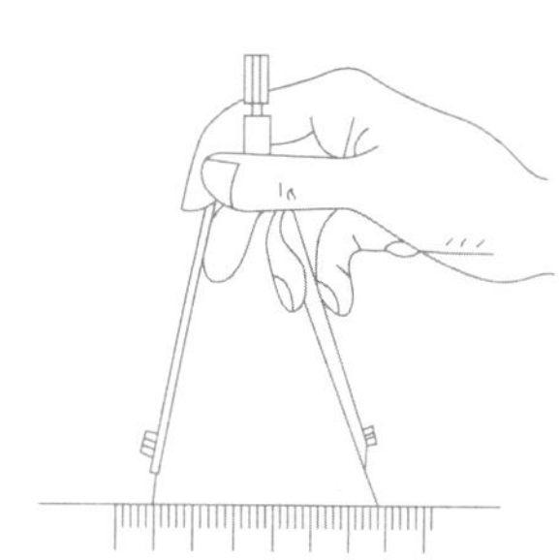

模块十三 钢筋混凝土识图基础

学习目标

※ 知识目标

1. 熟知钢筋混凝土构件的概念，以及钢筋的种类、作用和混凝土的成分、强度等级。

2. 熟悉钢筋混凝土构件图的图示内容与特点。

3. 掌握钢筋混凝土构件图的识图方法，了解钢筋混凝土构件结构外形轮廓、图示特点等。

※ 技能目标

1. 能够识读钢筋混凝土结构图，包括简单构件和较复杂的构件等的构造图，能准确回答图中钢筋的种类、数量、分布位置、长度、间距、重量等相关问题。

2. 能准确理解钢筋编号标注的方式及其含义，并能运用到识图过程中。

3. 能正确识读混凝土梁、柱、板等构件的配筋图，理解结构平面布置图。

※ 素养目标

1. 发扬工匠精神，在识图过程中注重细节，认真对待每一个构件、每一根钢筋的识别与理解。

2. 培养民族自豪感，如通过了解交通建设者克服重重困难，创造人间奇迹，为祖国作出重大贡献的故事来提升民族自豪感。

3. 养成利用一切资源学习的习惯，通过搜索网络资源来辅助学习钢筋混凝土识图知识。

第一节　钢筋混凝土构件概述

一、混凝土的强度等级和钢筋混凝土构件

土木工程中，起承重和支撑作用的基本构件有柱、梁、楼板、基础等，它们通常是钢筋混

凝土构件。

中国乡村最早出现钢筋混凝土建筑的地方

钢筋混凝土构件由钢筋和混凝土两种材料组合而成。混凝土由水、水泥、黄砂、石子按一定比例拌和而成。《混凝土结构设计标准(2024 年版)》(GB/T 50010—2010)规定混凝土的强度等级按混凝土的抗压强度确定,分为 C15、C20、C25、C30、C35、C40、C45、C50、C55、C60、C65、C70、C75、C80 共 14 个等级。数字越大,表示混凝土抗压强度越高。混凝土的抗拉强度比抗压强度低得多,而钢筋不但具有良好的抗拉强度,而且与混凝土有良好的黏结力,其热膨胀系数与混凝土相近,两者结合组成钢筋混凝土构件。

为了增强混凝土的抗拉性能,通常在混凝土构件里面加入一定数量的钢筋。例如,一根支素混凝土梁在荷载作用下将发生弯曲,其中性层以上部分受压,中性层以下部分受拉。由于混凝土抗拉能力较差,在较小荷载作用下,梁的下部就会因拉裂而折断。若在该梁下部受拉区布置适量的钢筋,由钢筋代替混凝土受拉,由混凝土承担受压区的压力(有时也可在受压区布置适量钢筋,以帮助混凝土受压),能够有效提高梁的承载能力,如图 13-1 所示。

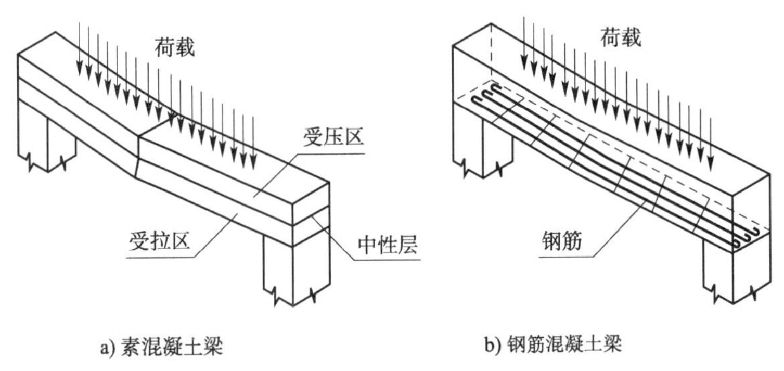

a) 素混凝土梁　　b) 钢筋混凝土梁

图 13-1　混凝土梁受力示意图

如图 13-2 所示,两端放在砖墙上的一根钢筋混凝土梁,在外力作用下产生弯曲变形。在跨中,上部为受压区,由混凝土或混凝土与钢筋承受压力;下部为受拉区,由钢筋和混凝土或钢筋承受拉力。

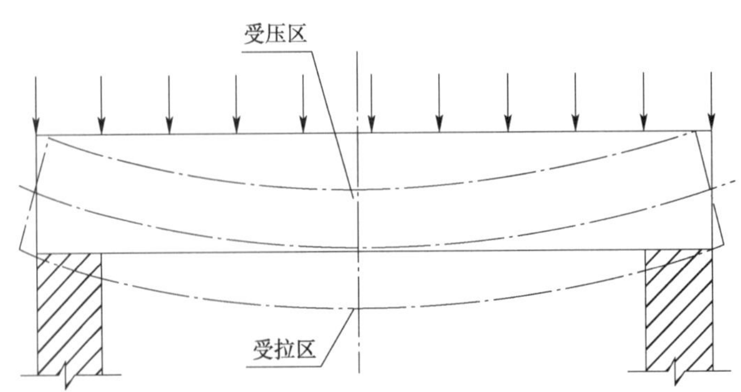

图 13-2　钢筋混凝土梁受力情况示意图

为了提高构件的抗拉和抗裂性能,有的构件在制作过程中,通过张拉钢筋对混凝土预加一定的压力,这种构件称为预应力钢筋混凝土构件。没有钢筋的混凝土构件称为混凝土构件或素混凝土构件。

钢筋混凝土构件按施工方法的不同,可分为现浇钢筋混凝土构件和预制钢筋混凝土构件两种。现浇构件是在建筑工地上现场浇捣制作的钢筋混凝土构件;预制构件在混凝土制品厂预先制造,然后运到工地进行吊装,或者在工地上预制后吊装。

二、钢筋

(一)钢筋的牌号、种类、符号和直径范围

普通热轧钢筋的牌号、种类、符号和直径范围见表13-1。

普通热轧钢筋的牌号、种类、符号和直径范围　　表13-1

牌号	种类	符号	直径(mm)
HPB300	热轧光圆钢筋	Φ	6~22
HRB335 HRBF335	普通热轧带肋钢筋 细晶粒热扎带肋钢筋	Φ $Φ^{F}$	6~50
HRB400 HRBF400 RRB400	普通热轧带肋钢筋 细晶粒热扎带肋钢筋 余热处理带肋钢筋	Φ $Φ^{F}$ $Φ^{R}$	6~50
HRB500 HRBF500	普通热轧带肋钢筋 细晶粒热扎带肋钢筋	Φ $Φ^{F}$	6~50

(二)钢筋的分类

如图13-3所示,钢筋按其在构件中所起的作用可分为以下几种:

(1)受力筋:在梁、板、柱等各种钢筋混凝土构件中承受拉力或压力的钢筋。在梁中支座附近弯起的受力筋,也称弯起钢筋。

(2)架立筋:一般只在梁中使用,与受力筋、箍筋一起形成钢筋骨架,并起固定钢筋位置的作用。

(3)箍筋:也称钢箍,一般用在梁和柱内,承受构件的一部分斜拉应力,并起固定构件内受力筋位置的作用。

(4)分布筋:一般用在板内,与受力筋一起构成钢筋网,并起固定受力筋位置的作用。

(5)构造筋:因构件在构造上的要求或施工安装需要配置的钢筋。

(三)保护层

为了保护钢筋,要注意防锈、防火、防腐蚀。钢筋混凝土的钢筋不能外露,如图13-3所示。钢筋的外边缘与混凝土表面的距离,即混凝土保护层。处于一类环境中,设计使用年限

为 50 年的混凝土结构，最外层钢筋保护层的厚度应符合表 13-2，且保护层的厚度不应小于钢筋的公称直径。

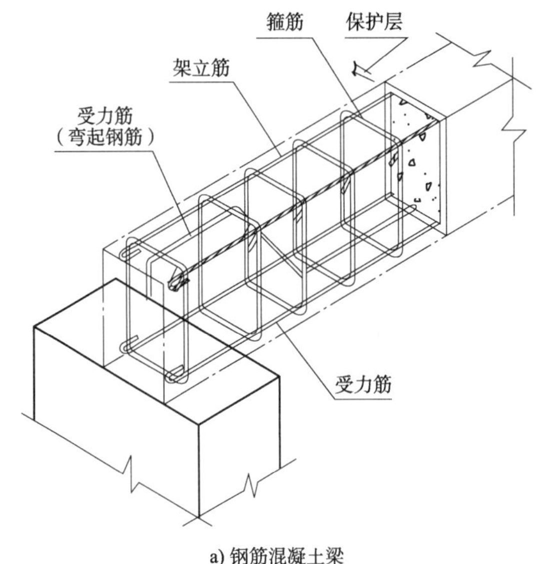

a) 钢筋混凝土梁

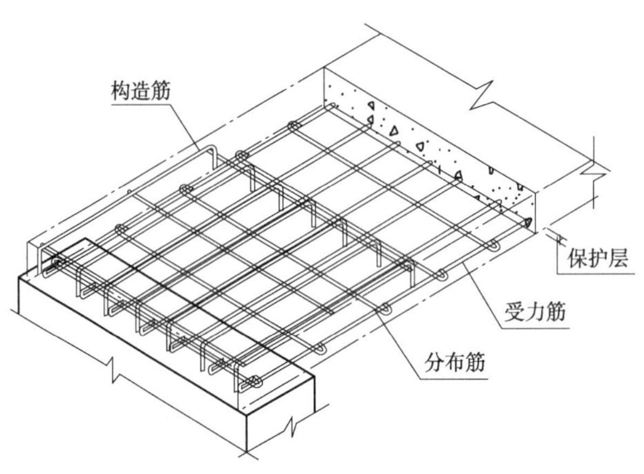

b) 钢筋混凝土板

图 13-3　钢筋名称及保护层示意图

纵向受力钢筋的混凝土保护层最小厚度　　表 13-2

构件类型	板、墙、壳	梁、柱、杆	基础
保护层厚度（mm）	15	20	40

注：1. 环境类别中，一类指“室内干燥环境或无侵蚀性静水浸没环境”；二 a 类、二 b 类及三 a 类、三 b 类和四类、五类等环境具体条件和混凝土保护层的最小厚度可查《混凝土结构设计标准》（GB/T 50010—2010）（2024 年版）。

2. 混凝土强度等级不大于 C25 时，表中保护层厚度数值应增加 5mm。

3. 钢筋混凝土基础宜设置混凝土垫层，基础中钢筋的混凝土保护层厚度应从垫层顶面算起。

（四）钢筋弯钩

为了使受拉钢筋末端和混凝土具有良好的黏结力，一般把钢筋两端做成弯钩，钢筋在搭接处的端部也要做成弯钩。弯钩的常用形式和画法如图 13-4a）所示，一般施工图都采用简化画法。钢筋因有弯钩，直钢筋下料长度 = 构件长度 - 保护层厚度 + 弯钩增加长度；箍筋下料长度 = 箍筋周长 + 弯钩增加长度 ± 弯曲调整值。弯曲调整值由弯曲半径、弯曲角度和钢筋直径决定，使用时可以查混凝土的施工手册。图 13-4b）表示封闭箍筋弯钩构造，最右边的图形表明用两个矩形箍筋叠合成四肢箍的制作方法及其简化画法，绘制箍筋的弯钩的长度，一般分别在箍筋两端各伸长 50mm 左右（实际工程中，箍筋两端伸长的直线段长度：非抗震为 $5d \sim 10d$，且不小于 50 ~ 70mm；抗震为 $\geqslant 10d$ 且 $\geqslant$100mm）。

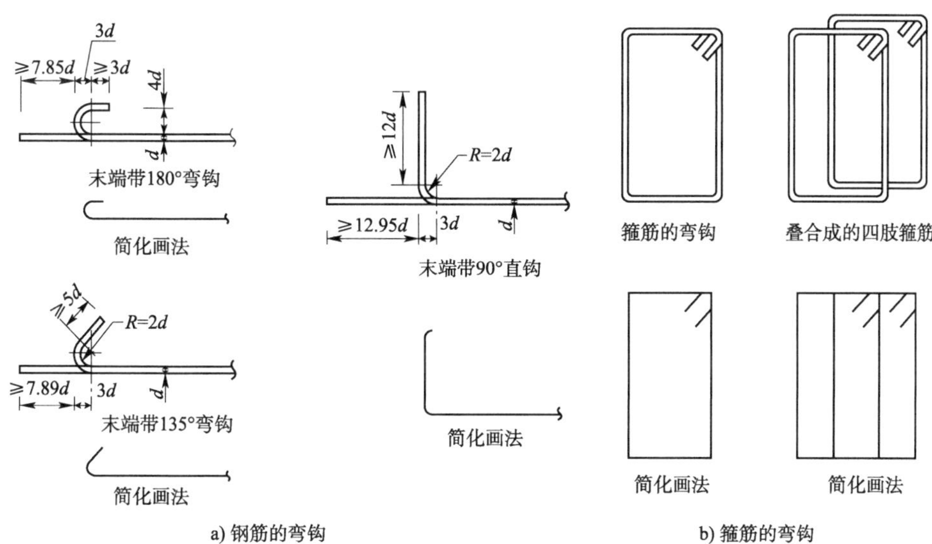

图 13-4　钢筋及箍筋的弯钩

（五）钢筋的表示方法和标注方法

一般钢筋的表示方法见表 13-3。表中，无弯钩的钢筋搭接表示钢筋在此范围重叠，45°短斜画线不表示钢筋的末端在端部需做成弯钩。

为了区分各种类型、不同直径和数量的钢筋，要求对所表示的钢筋加以标注，采用引出线的方法，一般有下列两种标注方法。

一般钢筋的表示方法　　表 13-3

序号	名称	图例
1	钢筋横断面	·
2	无弯钩的钢筋端部	下图表示长、短钢筋投影重叠时，短钢筋的端部用 45°斜画线表示
3	带半圆形弯钩的钢筋端部	
4	带直钩的钢筋端部	

续上表

序号	名称	图例
5	带丝扣的钢筋端部	
6	无弯钩的钢筋搭接	
7	带半圆弯钩的钢筋搭接	
8	带直钩的钢筋搭接	
9	花篮螺丝钢筋接头	
10	机械连接的钢筋接头	用文字说明机械连接的方式(如冷挤压或直螺纹等)

1. 标注钢筋的根数、代号和直径

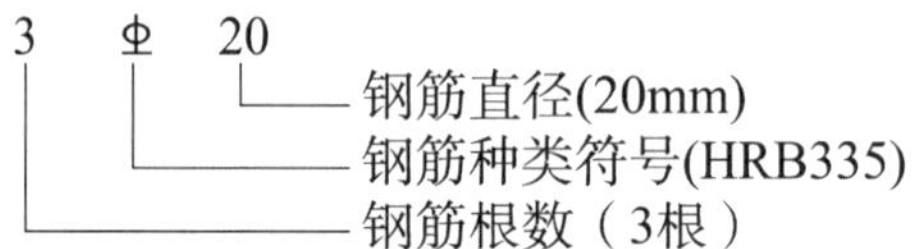

2. 标注钢筋的代号、直径和相邻钢筋中心距

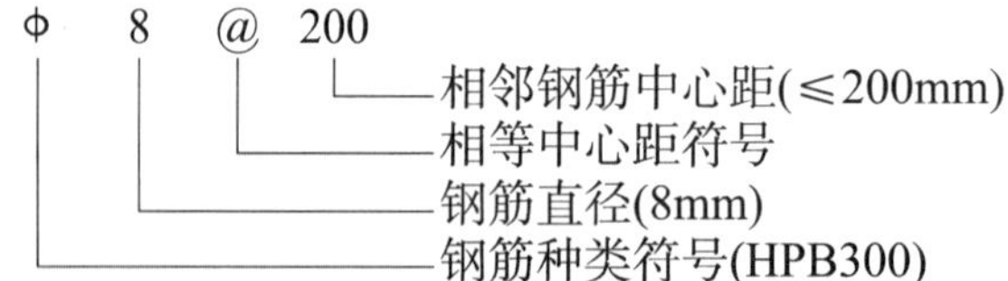

钢筋的长度一般列入构件的钢筋材料表,该表通常由施工单位编制。

三、构件的代号

为了简明扼要地表示基础、梁、板、柱等构件,构件名称可用代号表示。表 13-4 摘录了《建筑结构制图标准》(GB/T 50105—2010)中的一部分常用构件代号。代号后面应用阿拉伯数字标注该构件的型号或编号。例如 Z-1, 其中 Z 为柱的代号,代号后面的数字 1 表示该柱的编号为 1。

常用构件代号　　表 13-4

名称	代号	名称	代号	名称	代号	名称	代号
板	B	吊车梁	DL	框架	KL	柱间支撑	ZC
屋面板	WB	圈梁	QL	柱	Z	垂直支持	CC
空心板	KB	过梁	GL	框架柱	KZ	水平支撑	SC
槽形板	CB	连系梁	LL	构造柱	GZ	梯	T
楼梯板	TB	基础梁	JL	承台	CT	雨篷	YP
天沟板	TGB	楼梯梁	TL	基础	J	阳台	YT
梁	L	框架梁	KL	设备基础	SJ	梁垫	LD
屋面梁	WL	屋架	WJ	桩	ZH	预埋件	M

预制钢筋混凝土构件、现浇钢筋混凝土构件、钢构件、木构件，一般可直接采用表 13-4 中的代号。绘图时，若需要区别上述构件种类，应在图纸中加以说明。

应在预应力钢筋混凝土构件代号前加注“Y”，如 Y-DL 表示预应力钢筋混凝土吊车梁。

当选用标准图集或通用图集中的定型构件时，其代号或型号应按图集规定注写，并说明采用图集的名称和编号，以便查阅。

第二节　钢筋混凝土构件图

一、钢筋混凝土构件详图的图示特点

钢筋混凝土构件详图除了要符合投影原理和《房屋建筑制图统一标准》(GB/T 50001—2017)，还应遵守《建筑结构制图标准》(GB/T 50105—2010)，以及国家现行的有关标准、规范的规定。结构施工图中采用的各种图线应符合表 13-5 的规定。

图线　　表 13-5

名称		线型	线宽	一般用途
实线	粗	━━━━━	b	螺栓线、钢筋线、结构平面布置图中单线结构构件线、钢木支撑及系杆线、图名下横线、剖切线
	中粗	━━━━━	$0.7b$	结构平面图中及详图中剖到或可见墙身轮廓线、基础轮廓线、钢、木结构轮廓线，钢筋线
	中	─────	$0.5b$	结构平面图中及详图中剖到或可见墙身轮廓线、基础轮廓线、可见的钢筋混凝土构件轮廓线、钢筋线
	细	─────	$0.25b$	尺寸线、标注引出线、标高符号线、索引符号线

续上表

名称		线型	线宽	一般用途
虚线	粗		b	不可见的钢筋线、螺栓线，结构平面图中不可见的单线结构构件线及钢、木支撑线
	中粗		0.7b	结构平面图中不可见的构件、墙身轮廓线及不可见钢、木结构构件线，不可见的钢筋线
	中		0.5b	结构平面图中不可见的构件、墙身轮廓线及不可见钢、木构件线，不可见的钢筋线
	细		0.25b	基础平面图中管沟轮廓线、不可见的钢筋混凝土构件轮廓线
单点长画线	粗		b	垂直支撑、柱间支撑、设备基础轴线图中的中心线
	细		0.25b	中心线、对称线、定位轴线、重心线
双点长画线	粗		b	预应力钢筋线
	细		0.25b	原有结构轮廓线

在绘制结构施工图的钢筋混凝土构件图时，一般把混凝土视作透明体进行投影，用中实线表示混凝土的可见轮廓线，用细虚线表示混凝土的不可见轮廓线，用粗实线或黑圆点画出钢筋，并标注钢筋种类的符号、直径大小、根数、间距等。而被剖切到的或可见的墙身砌体的轮廓线，则用中粗实线或中实线表示，砌体与混凝土构件在交接处的分界线，仍按混凝土构件的轮廓线画中实线。在砖砌体的断面上，应画出砖的材料图例。

钢筋混凝土构件图按其着重表示的对象的不同分为配筋图和模板图。配筋图着重表示构件内部的钢筋配置、形状、数量和规格，是钢筋混凝土构件详图的主要图样。模板图是表示构件外形和预埋件位置的图样，图中标注构件的外形尺寸（也称模板尺寸）和预埋件型号及其定位尺寸，是制作构件模板和安放预埋件的依据。对于外形比较简单，又无预埋件的构件，因其在配筋图中已标注出构件的外形尺寸，就不需要再画出模板图了。

二、钢筋混凝土构件图示例

（一）钢筋混凝土基础

图 13-5 是一个柱下独立基础的正等轴测图。图 13-6 是柱下独立基础详图，用一个立面图和一个断面图表示。从图中可以看出：这个柱基础的底面的形状为 2900mm × 2900mm 的正方形，下面的垫层是素混凝土，没有钢筋，此处标注了基础垫层的厚度、混凝土强度和顶面的埋深标高；基础的下部放置了双向钢筋 HRB335，直径为 12mm，间距为 150mm，以小黑点表示的钢筋断面，可以按连续顺序向右画出，也可按图 13-6，只画出它们的一部分；为了满足施工的需要，在基础中预放了 4 根竖直的 HRB335 钢筋（俗称插铁）纵向受力，直径为 22mm，

直接支承在基础底部的钢筋网上，且在基础范围内配量两道封闭钢箍；柱子内的纵向受力筋自基础顶面起，在长度为 1100mm 范围内钢箍加密至间距 100mm，非加密区钢箍间距为 200mm。柱的受力筋与插铁重叠搭接用表 13-3 中无弯钩的钢筋搭接表示，搭接长度为 1100mm，在搭接区要加密箍筋，箍筋加密至间距 100mm。在图中，两道竖向粗实线（表示钢筋）的内侧，各有两条 45°斜画线，这不是表示钢筋弯钩，而是表示钢筋的断点，上面的两条是插铁的断点，下面的两条则是柱受力筋的断点。在基础范围内至少配置两道箍筋。

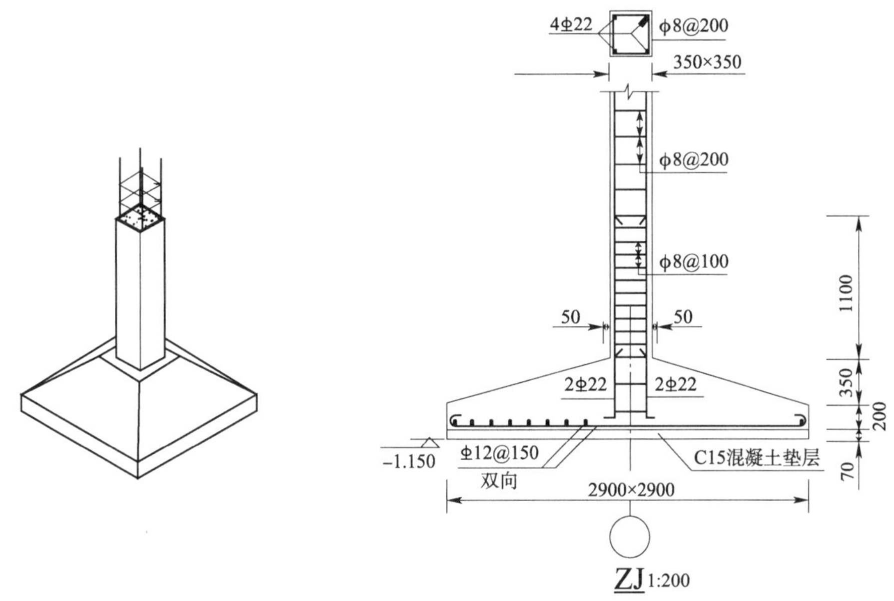

图 13-5　柱下独立基础的正等轴测图　　图 13-6　柱下独立基础详图

从图 13-5 中还可以看到：在该柱的移出断面中，标注了柱的断面尺寸和钢筋配置，受力筋为 4ϕ22，箍筋采用 ϕ8@200。按《建筑结构制图标准》（GB/T50105—2010）的规定：在标注钢筋、箍筋的引出线与钢筋、箍筋的相交处所加的斜短画线应为中实线或细实线。从钢筋的断面图小黑圆点引出标注时，则不画斜短画线。

图中的细单点长画线是基础的定位轴线，圆圈内写定位轴线的编号。若这个详图是通用详图，则圆圈内的编号不写，有关的概念和规定将在模块十五中介绍。

（二）钢筋混凝土梁

图 13-3a）是钢筋混凝土梁的构造示意图，梁端支承在砖墙上。从示意图中可以看到梁内的配筋情况：下部为受力钢筋，中间一根在近支座处按 45°方向弯起，梁的上部配置架立筋，箍筋均匀布置在梁内。

钢筋混凝土梁一般用立面图和断面图来表示梁的外形尺寸和钢筋配置。图 13-7 为某住宅的钢筋混凝土梁 L-1 的立面图和断面图。

从立面图可看到，L-1 的一端搁置在定位轴线编号为Ⓐ的砖墙上，另一端搁置在定位轴线编号为Ⓑ的柱 Z-1 上。梁的跨径为 2800mm，梁长为 3040mm，梁底标高为 2.58m。从断面图可知，梁宽为 240mm，梁高为 250mm。由立面图和两个断面图可知梁的钢筋配置情况。梁的下部配置 3 根直径 16mm 的 HRB335 钢筋，作为受力钢筋。其中一根在离支座 60mm 处成

45°角弯下来，这样的钢筋称为弯起钢筋；在梁的上部配置 2 根直径 10mm 的 HPB300 的架立钢筋。由于投影重叠的关系，3 根受力筋和 2 根架立筋在立面图中表示为下部一条粗实线和上部一条粗实线。箍筋采用 ϕ8@150，在梁中是均匀分布的，立面图中可采用简化画法，只要画 3～4 道箍筋，并注明箍筋的钢筋符号、直径和间距。

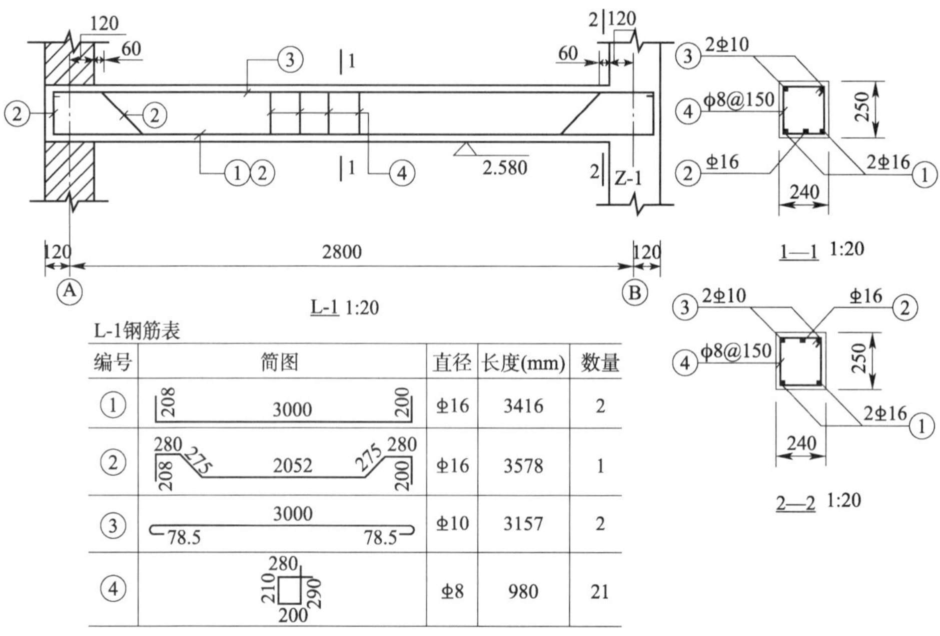

L-1钢筋表

编号	简图	直径	长度(mm)	数量
①	208 3000 200	ϕ16	3416	2
②	280 275 208 2052 275 280 200	ϕ16	3578	1
③	3000 78.5 78.5	ϕ10	3157	2
④	280 210 290 200	ϕ8	980	21

图 13-7　钢筋混凝土梁详图

注：混凝土强度等级采用 C30。

钢筋的编号，应按《房屋建筑制图统一标准》（GB/T 50001—2017）的规定，以直径为 5～6mm 的细实线圆表示，其编号应用阿拉伯数字按顺序编写在圆内。用钢筋的编号在立面图和断面图中标注钢筋的配置时，应按图 13-7 所示的方法表示。为了便于施工，可列出钢筋表，如图 13-7 所示。

计算钢筋的长度尺寸时，箍筋的尺寸应指箍筋外皮的尺寸；弯起钢筋的高度尺寸，应指钢筋外皮尺寸。在图 13-7 中，该梁的混凝土强度等级为 C30，处于一类环境，①号钢筋的长度是梁的构造长度减去两端保护层厚度，即 $(2800+2\times120)-2\times20=3000$（mm），简图上的各段尺寸相加即得 3416mm。②号弯起钢筋横向总尺寸也是梁的构造长度减去两端保护层，即 3000mm；竖向总尺寸是梁的构造高度减去上下各一个保护层厚度和箍筋直径，即 $250-2\times(20+8)=194$（mm）。由此按图中所示尺寸和弯起 45°，就可算出表中简图上的各段尺寸。如果不计钢筋的弯曲调整值，则相加即得总尺寸 3578mm。③号钢筋两端有半圆形弯钩，按图 13-4 所示，钢筋长度为直段加两端弯钩和端部延长的长度，即 $3000+2\times7.85\times10=3157$（mm）。④号箍筋则按里皮尺寸和箍筋弯钩，按两端各伸长 $10d$（不计钢筋的弯曲调整值），从而算出表中简图上的各段尺寸，相加即得总尺寸 980mm。表中的箍筋数量由梁内钢筋骨架的长度 3000mm 除以间距 150mm，得到 20 个间距，从而确定 21 个箍筋。简单的构件，箍筋可不编号，也可不列钢筋表。对于断面尺寸、配筋等都较简单的钢筋混凝土梁，如民用建筑中的圈梁、门窗过梁等，只需用断面图表示出外形尺寸和标注钢筋配置情况即可。

(三)钢筋混凝土板

钢筋混凝土板根据施工方法的不同,分为钢筋混凝土预制板和钢筋混凝土现浇板两种。

1. 钢筋混凝土预制板

钢筋混凝土预制板一般是工厂的定型产品,只需在图中注明预制板的型号,在施工说明中标注选用的图集号,如工业厂房中的槽形板、民用建筑中的预应力多孔板等。下面以选自某地区结构构件通用图集《120 预应力多孔板》(沪 G303)中的预应力多孔板为例,作简要说明。沪 G303 为图集的编号,该图集的板宽分 400mm、500mm、600mm、800mm、900mm、1200mm 六种,分别用 4、5、6、8、9、12 表示,板厚 120mm。其断面形状如图 13-8 所示。该通用图集所规定的预应力多孔板代号及各项数字的具体含义如下:

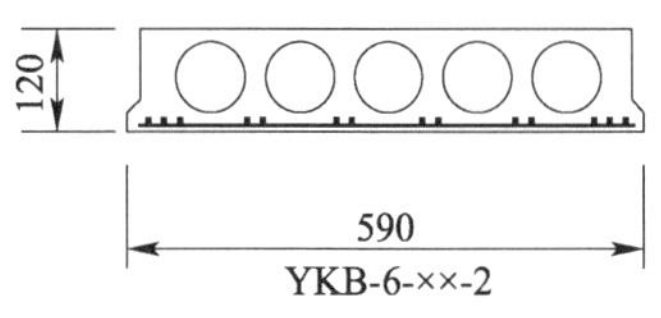

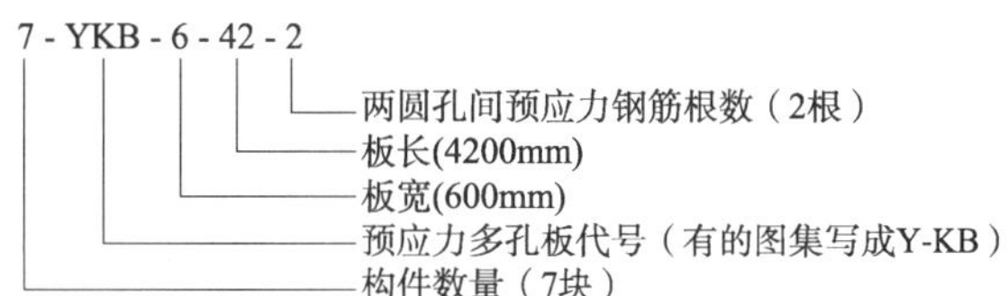

图 13-8　预应力多孔板

2. 钢筋混凝土现浇板

图 13-9 是某住宅的现浇雨篷板(YPB)构件图采用一个断面图来表示的示例。它是一块悬挑板,支承于雨篷梁(YPL)上,板的断面采用变截面,板的端部厚 80mm,根部厚 100mm,梁底标高是 2. 300m。受力筋 ф10@ 200 放在板的上部,分布筋为 ф8@ 200,置于受力筋之下。板的配筋图中标注了板的外形尺寸,板宽为 1200mm,板长一般标注在结构平面图中。雨篷梁(YPL)的断面也一起表示在雨篷板(YPB)结构详图中。为了便于识读配筋图,当配筋的投影互相重叠、不易分清时,可将易混淆的钢筋,用配筋简图的方式画在断面图的附近,并标注它们的符号、直径和间距。如图 13-9 所示,因雨篷板(YPB)是悬挑板,板中的受力筋须伸入梁内一定的长度,称为锚固长度;另外,雨篷梁(YPB)支承了悬挑板,梁中将受到扭矩的作用,箍筋的弯钩部分必须按构造要求加长。

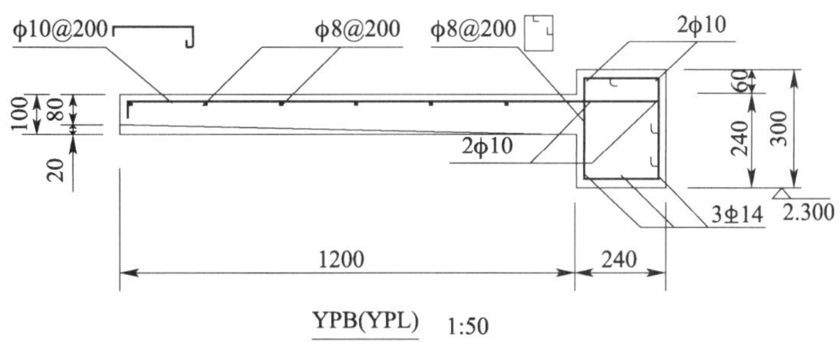

图 13-9　某住宅的现浇雨篷板(包括雨篷梁)构件

现浇钢筋混凝土楼板的配筋,当结构平面图采用较大比例(如 1∶50 等),板中配筋又较简单时,常可直接画在楼层结构平面图上。图 13-10 是某住宅卫生间楼面板(B-1)的配筋图。从图 13-10 中可以看出:板的厚度为 100mm, 板中配置双层钢筋,底层配置的受力筋是

ϕ10@150,分布筋是ϕ8@200,置于受力筋之上;板的四周伸进墙的地方,为防止板开裂,顶层还需配置一些构造筋(也称负弯筋),图中采用ϕ8@150和ϕ8@200。在结构平面图中,当板配置双层钢筋时,钢筋的弯钩向上或向左,表示底层钢筋;钢筋的弯钩向下或向右,表示顶层钢筋,如图13-11所示。

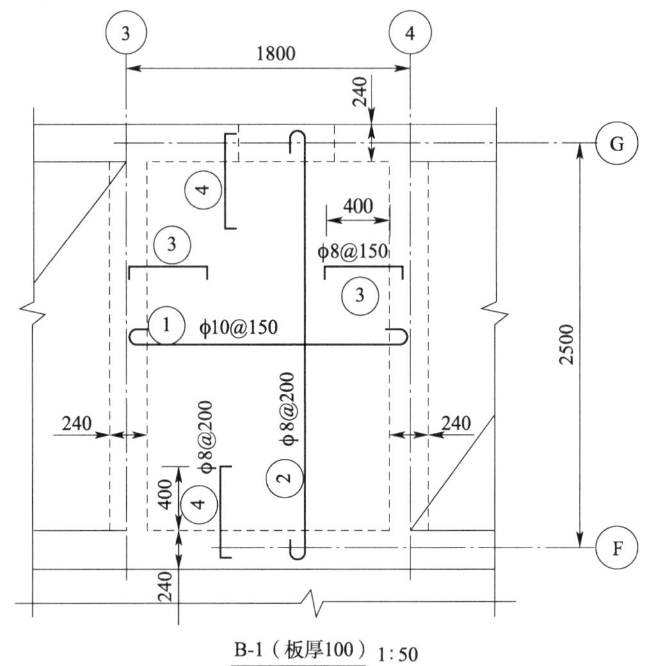

图13-10 某住宅卫生间楼面板(B-1)的配筋图

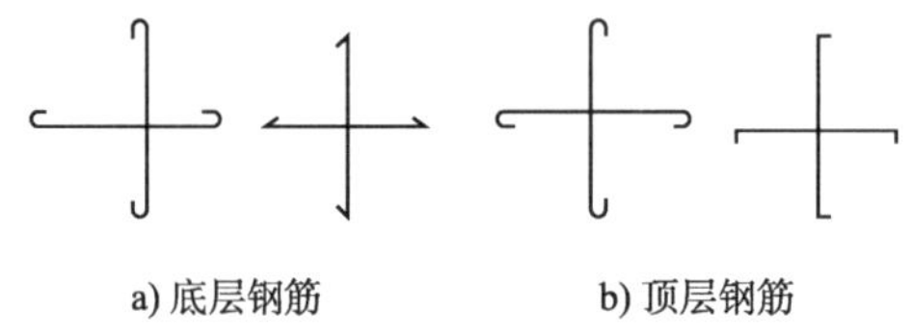

图13-11 板中双层钢筋的表示

(四)钢筋混凝土柱

钢筋混凝土柱的构件图一般用立面图和断面图表示,其图示方法与钢筋混凝土梁的图示方法基本相同。图13-12为某住宅的柱Z-1的构件图。

从立面图和断面图可知,Z-1的断面为250mm×250mm的正方形,受力筋为4Φ16。下端与柱基础中的预留插铁搭接,搭接长度为800mm;上端伸出二层楼面600mm,与二层柱的受力筋4Φ16搭接,搭接长度为600mm,搭接区的箍筋需加密为ϕ8@100,而柱中的箍筋则采用ϕ8@200。在图13-12中,两道竖向粗实线(钢筋)的内侧,各有4对45°斜短画线,表示钢筋错位搭接,见《混凝土设计规范》(GB 50010—2010)(2015年版)。

柱的立面图还表示了柱与二层楼面梁的连接情况,柱与梁L-1浇筑在一起,省略画出梁内钢筋。

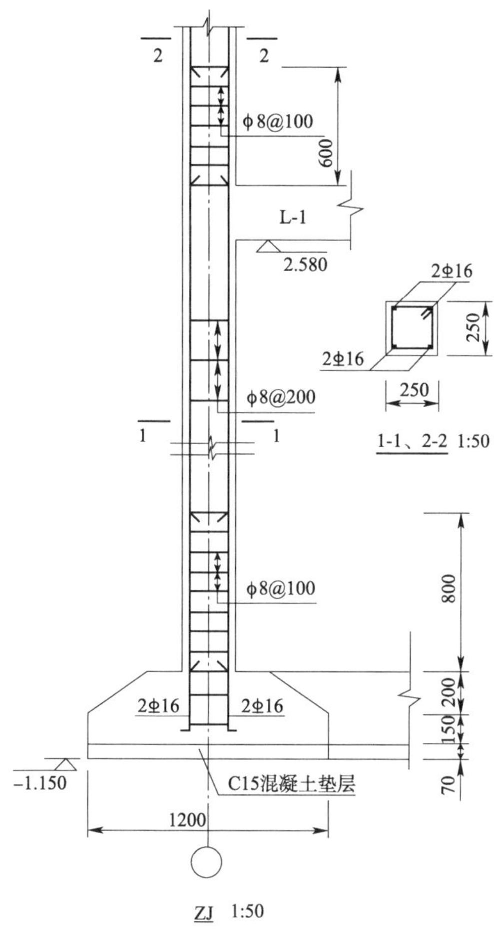

图 13-12　某住宅的柱 Z-1 的构件图

当柱的预埋件较多时,应将配筋图与模板图分别表示,图 13-13 是某单层工业厂房的柱 Z-1 的结构详图,从图中可见柱的立面图除了画出配筋图外,还画出了柱的模板图。

柱分上柱和下柱两部分。上柱顶支承屋架,上下柱中间的突出部分为牛腿,用来支承吊车梁;柱的下端插入杯形基础。为了固定屋架、吊车梁等预制构件,加强连接,在柱和牛腿表面埋有预埋件(M),施工时与预制构件中的预埋件焊接在一起。

模板图主要用来表示柱的外形尺寸、预埋件的位置和代号等。例如,柱的总长为 10.85m,柱顶标高为 9.75m,牛腿标高为 6.55m。牛腿之上的上柱主要用来支承屋架,断面较小,为 400mm×400mm。柱顶处 M-1 表示预埋件,编号为 1,用来与屋架焊接。牛腿面的 M-3 和上柱离牛腿面 720mm 处的 M-2 将与吊车梁焊接。预埋件的具体做法另有详图表示。牛腿之下的下柱,因受力较大,其断面也较大,为 400mm×800mm。

模板图是制作、安装模板和预埋件的依据,预埋件应注明代号和编号。若套用标准图,应注明标准图集号、页次和图号,以便根据编号对照查阅。

配筋图主要表示柱中钢筋的配置情况。上柱的受力筋采用 4Φ20;下柱的受力筋采用 6Φ25,均匀分布在柱的两边,每边 3 根,下柱在两边受力筋之间增配 2Φ12。上、下柱的受力筋都伸入牛腿,使上、下柱连成一体。当两根无弯钩的钢筋搭接时,在搭接钢筋的端部各用

45°粗斜画线表示；当长短钢筋的投影重叠时，在钢筋的端部也用45°粗斜画线表示。从图13-11中可见上柱受力筋与下柱受力筋在牛腿内的搭接长度为600mm。

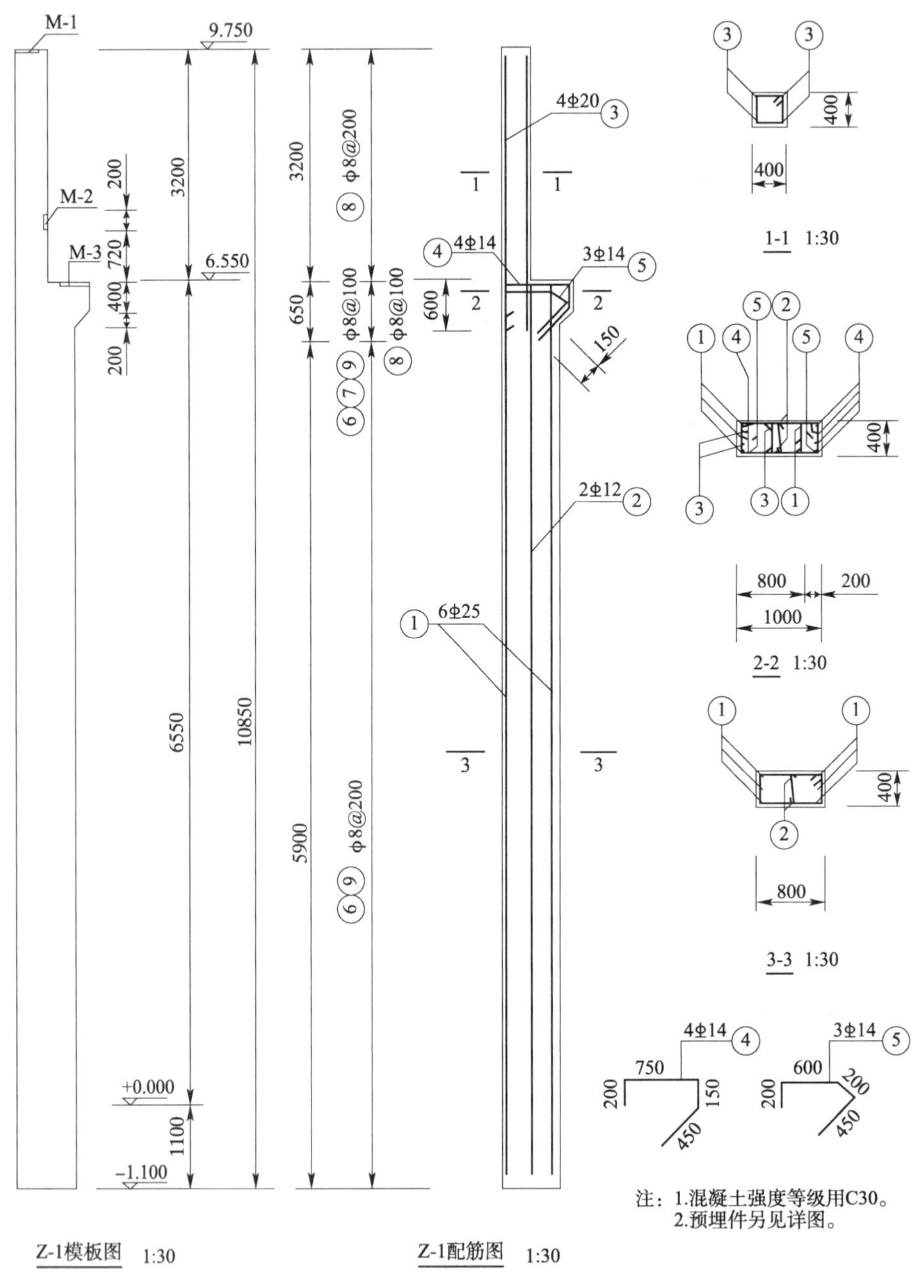

图13-13 钢筋混凝土柱构件图

牛腿部分配筋比较复杂，编号为4的弯筋4Φ14和编号为5的弯筋3Φ14，因投影重叠，在立面图中不易分清它们的弯曲形状和各段长度，在配筋图附近画出它们的具体形状，并注上其相应编号、根数、符号、直径和各段长度，以便与立面图和断面图对照识读。

柱的箍筋布置在立面图中省略，而以注写在尺寸线旁边的方式标注在柱外。从图13-11中可见，在柱的配筋图边上，有一条尺寸线和一条箍筋布置线，在箍筋布置线上，分段表示箍筋的布置，如上、下柱的箍筋均采用 ϕ8@200；牛腿部分要承受吊车梁荷载，所以箍筋需加密，采用 ϕ8@100，形状随牛腿断面变化。在 2-2 和 3-3 断面图中显示的两根这 2 号筋之间的钢筋，主要是帮助固定这 2 号筋与柱中其他 6 根 1 号筋的相对位置，称为单肢箍筋或拉筋。

习题

一、填空题

1. 土木工程中，起承重和支撑作用的基本构件有________、________、________及________、________等，它们通常是________。

2. 钢筋混凝土构件由钢筋和混凝土两种材料组合而成。混凝土由________、________、________、________按一定比例拌和而成。

3. 混凝土的强度等级按混凝土的________确定，分为 C15、C20 等共________个等级。数字越大，表示________。

4. 混凝土的________强度比________强度低得多，而钢筋不但具有良好的________强度，而且与混凝土有良好的________，其________与混凝土相近，因此，两者结合组成________。

5. 没有钢筋的混凝土构件称为________或________。

二、简答题

1. 钢筋混凝土构件按施工方法的不同可分为哪两种？它们分别是怎么制作的？

2. 钢筋按其在构件中所起的作用可分为哪几类？请对它们进行简述。

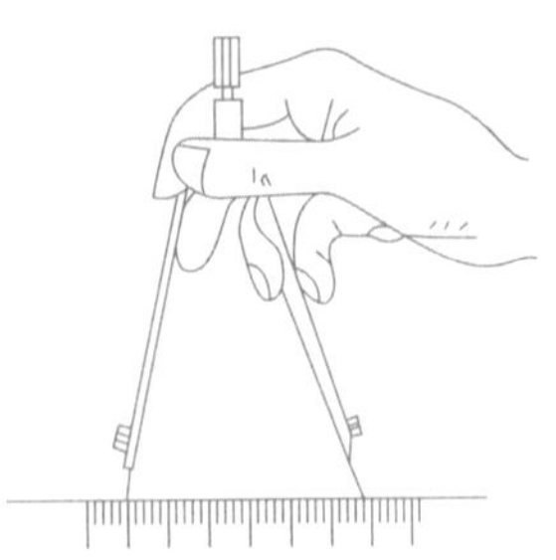

模块十四
建筑施工图

学习目标

❈ 知识目标

1. 熟悉绘制建筑项目工程施工图的工作要求与内容,包括了解施工图设计的依据、规范要求等相关工作要求,以及各部分工作内容的具体情况。

2. 熟知建筑工程图根据施工图所表示的内容和各不同工种分为建筑施工图、结构施工图、设备施工图等不同类型的图件及其各自涵盖的内容。

❈ 技能目标

1. 了解工程图的组成和表达,以及编制设计文件时在内容、格式、深度等方面的规定。

2. 能熟练识别建筑施工图的类别及内容:可以准确区分建筑施工图、结构施工图、设备施工图等各类施工图,并清楚它们各自包含的主要图件内容,如建筑施工图中的施工首页图、建筑总平面图等。

3. 能运用各种图例识读建筑施工图:掌握施工图中使用的各种图例所代表的含义,从而能够正确解读施工图所传达的建筑信息。

❈ 素养目标

1. 适应建筑行业的变化和变革,具备信息化的学习意识:建筑行业不断发展,新技术、新理念不断涌现,要积极适应这些变化,主动学习相关的信息化知识。

2. 具备严谨的、一丝不苟的工作态度:建筑施工图的设计与施工密切相关,任何小的错误都可能导致施工中的重大问题,所以在设计过程中必须严谨细致,不容许出现差错。

3. 具有团队意识及团队合作能力:建筑施工图设计往往不是一个人独立完成的,需要与其他专业人员(如结构工程师、设备工程师等)协作,所以要有团队意识,善于与团队合作。

4. 具有交流与沟通能力:在团队合作过程中,需要与不同专业人员进行有效的交流沟通,确保设计工作顺利进行。

第一节 房屋的建筑施工图概述

一、房屋的组成及房屋施工图的分类

(一)房屋的组成

各种房屋基本都是由基础、墙、柱、楼面、屋面、门窗、楼梯、台阶、散水、阳台、走廊、天沟、雨水管、勒脚、踢脚板等组成的,如图14-1所示。

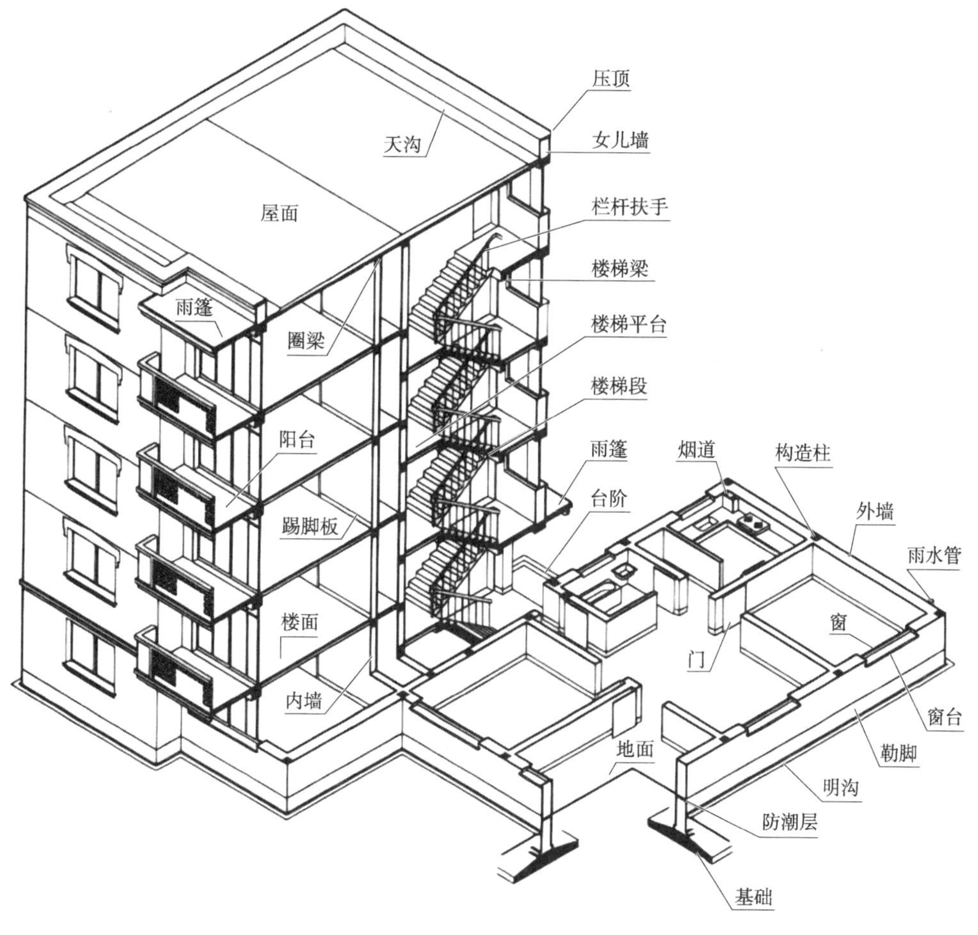

图14-1　房屋的组成

基础是建筑最下部的承重构件,承受整个建筑的荷载并将其传递给地基;墙和柱是建筑竖直方向的承重、围护和分隔构件,楼面和地面是建筑水平方向的承重和分层构件,楼梯是楼层建筑垂直交通的主要构件,屋顶是建筑最上部的承重、围护构件,门是建筑水平交通的配件,窗是建筑采光和通风的配件。另外,外墙、雨篷等起隔热、保温、避风遮雨的作用,屋面、天沟、雨水管、散水等起排水作用,台阶、门、走廊、楼梯起沟通房屋内外、上下交通的作用，窗起着采光和通风的作用，墙裙、勒脚、踢脚板等起保护墙身的作用。

（二）房屋施工图的分类

北京大兴国际机场

在工程建设中，首先要进行规划、设计，并绘制成图，然后照图施工。遵照建筑制图标准和建筑专业的习惯画法绘制建筑物的多面正投影图，并注写尺寸和文字说明的图样，称为建筑图。建筑图包括建筑物的方案图、初步设计图（简称初设图）以及施工图。

施工图根据其内容和各工种不同分为以下几种：

（1）建筑施工图（简称建施图）：主要用来表示建筑物的规划位置、外部造型、内部各房间的布置、内外装修、构造及施工要求等，内容主要包括施工图首页、总平面图、各层平面图、立面图、剖面图及详图。

（2）结构施工图（简称结构图）：主要表示建筑物承重结构的结构类型、结构布置、构件种类、数量、大小及作法，内容包括结构设计说明、结构平面布置图及构件详图。

（3）设备施工图（简称设施图）：主要表达建筑物的给水排水、暖气通风、供电照明、燃气等设备的布置和施工要求等，主要包括各种设备的布置图、系统图和详图等内容。

二、模数

为使建筑物的设计、施工、建材生产以及使用单位和管理机构之间容易协调，用标准化的方法使建筑制品、建筑构配件和组合件实现工厂化规模生产，从而加快设计速度，提高施工质量及效率，提高建筑物的经济效益，进一步提高建筑工业化水平，国家颁布了《建筑模数协调标准》（GB/ T 50002—2013 ）。

模数协调使符合模数的构配件、组合件能用于不同地区不同类型的建筑物，促使不同材料、形式和不同制造方法的建筑构配件、组合件有较高的通用性和互换性，在建筑设计中能简化设计图的绘制，在施工中能使建筑物及其构配件和组合件的放线、定位和组合等更有规律，更趋统一、协调，从而利于施工。

模数是选定的尺寸单位，作为尺度协调的增值单位。模数协调选用的基本尺寸单位，称为基本模数。基本模数的数值为100mm，其符号为M，即M＝100mm。整个建筑物和建筑物的一部分以及建筑组合件的模数化尺寸，应是基本模数的倍数。模数协调标准选定的扩大模数和分模数称为导出模数，导出模数是基本模数的整倍数和分数。

扩大模数应符合基数为2M、3M、6M、12M……的规定，其相应的尺寸分别为200mm、300mm、600mm、1200mm……

分模数应符合基数为M/10，M/5、M/2的规定，其相应的尺寸分别为10mm、20mm、50mm。

建筑物的开间或柱距，进深或跨度，梁、板、隔墙门和窗洞口宽度等部分的截面尺寸，宜采用水平基本模数和水平扩大模数数列，水平扩大模数数列宜采用2nM、3nM（n为自然数）。

建筑物的高度、层高和门窗洞口高度等宜采用竖向基本模数和竖向扩大模数数列，竖向扩大模数数列宜采用nM。

构造节点和分部件的接口尺寸等宜采用分模数数列，分模数数列宜采用M/10、M/5、M/2。

三、砖墙及砖的规格

目前我国房屋建筑中的墙身，如为框架结构，墙体多以加气混凝土砌块和水泥空心砖及页岩空心砖为主，墙体厚度一般为 100mm、150mm、200mm、250mm、300mm；如为承重结构，墙体多以砖墙为主，另外有石墙、混凝土墙、砌块墙等。砖墙的尺寸与砖的规格有密切联系。墙体承重结构中墙身采用的砖，不论是黏土砖、页岩砖还是灰砂砖，当其尺寸为 240mm×115mm×53mm 时，这种砖称为标准砖。采用标准砖砌筑的墙体厚度的标志尺寸为 120mm（半砖墙，实际厚度为 115mm）、240mm（一砖墙，实际厚度为 240mm）、370mm（一砖半墙，实际厚度为 365mm）、490mm（二砖墙，实际厚度为 490mm）等。砖的强度等级是根据 10 块砖抗压强度平均值和标准值划分的，共有 5 个级别，即 MU30、MU25、MU20、MU15、MU10，如图 14-2 所示。

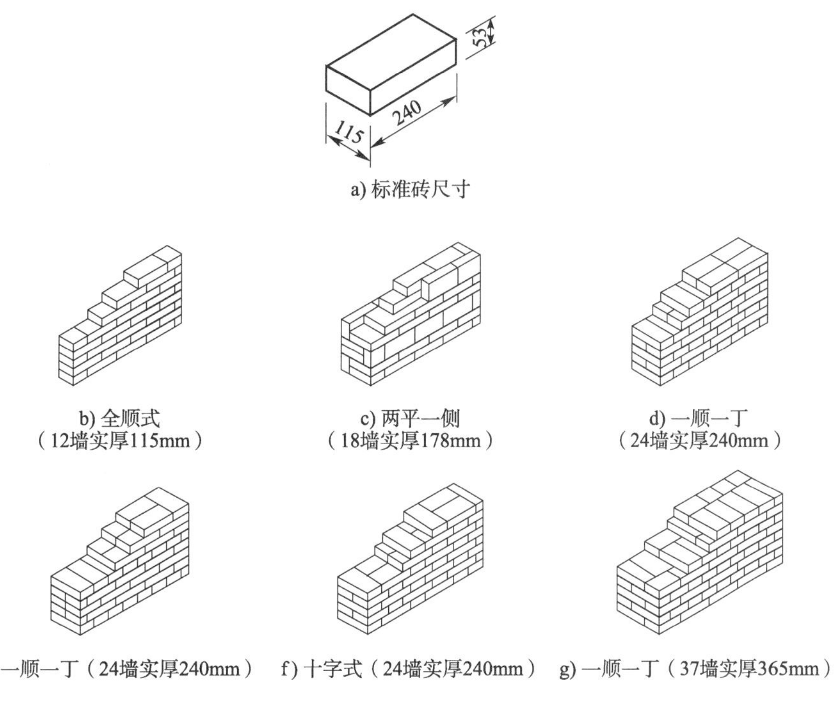

图 14-2　标准砖及砖墙厚度

砌筑砖墙的黏结材料为砂浆，根据材料不同可分为石灰砂浆（石灰、砂）、混合砂浆（石灰、水泥、砂）、水泥砂浆（水泥、砂）。砂浆的抗压强度等级有 M2.5、M5.0、M7.5、M10、M15 五个等级。

四、标准图和标准图集

为了加快设计与施工的速度，提高设计与施工的质量，把各种常用的、大量的房屋建筑及建筑构配件，按国家标准规定的统一模数，根据不同的规格标准，设计编出成套的施工图，以供选用。这种图样称为标准图或通用图，将其装订成册即标准图集。标准图集的使用范围限制在图集批准单位所在的地区。

标准图有两种：一种是整幢房屋的标准设计（定型设计）；另一种是目前大量使用的建筑构配件标准图集。建筑标准图集的代号常用“建”或字母“J”表示。例如，北京市“铝合金门窗图集”代号为“京 97SJ-01”；西南地区（云、贵、川、渝、藏）“屋面构造图集”代号为“西南 03J201-1 屋面”（“西南”代表中国西南地区联合编制的区域性标准图集；“03”代表图集发布年份为 2003 年；“J”是专业分类代号，代表“建筑专业”（“建”字拼音首字母）；“201”是图集分类顺序号，对应“屋面工程”相关构造设计；“ -1”是分册编号，表示该图集为系列中的第一分册）。结构标准图集的代号常用“结” 或字母“G” 表示。例如，国家颁布的《现浇钢筋混凝土楼梯图集混凝土结构施工图平面整体表示方法制图规则和构造详图（现浇混凝土板式楼梯）》代号为“16G101-2”；重庆市的“过梁、小梁、雨篷图集”《重庆市建筑标准设计图集 过梁、雨蓬、空调板等构造》代号为“渝 16J04”等。

五、房屋施工图的有关规定

我国制定了《房屋建筑制图统一标准》（GB/T 50001—2017）、《建筑制图标准》（GB/T 50104—2010）、《总图制图标准》（GB/T 50103—2010）等，在绘制、阅读建筑施工图时，应该严格遵守。

对于图纸的图幅、标题栏、图线、字体、尺寸标注、比例、常用的建筑材料图例等都在前面已经介绍，现在补充说明建筑施工图中常用的几项规定和表示方法。

（一）定位轴线及其编号

建筑施工图中的定位轴线是建造房屋时砌筑墙身、浇筑柱与梁、安装构（配）件等施工定位的重要依据。凡是墙、柱、屋架等主要承重构件，都应画出定位轴线，并编注轴线号来确定其位置。对于非承重的分隔墙、次要的承重构件等，可编绘附加轴线；有时也可以不编绘附加轴线，而直接注明其与附近的定位轴线之间的尺寸。

定位轴线用细单点长画线表示，轴线编号圆的圆心在定位轴线的延长线端部或延长折线端部，画直径 8 ~ 10mm 的细实线圆，在圆中写出轴线的编号。平面图上定位轴线的编号，宜标注在图样的下方与左侧，横向编号应用阿拉伯数字，从左至右按顺序编写，竖向编号应用大写拉丁字母（除 I、O、Z 以外），自下而上按顺序编写。

附加轴线的编号应以分数表示，如图 14-3 左边两个图例所示，分母表示前一轴线的编号，分子表示附加轴线的编号，编号宜用阿拉伯数字按顺序编写，中间用 45°方向的直径细线分隔。若在第一根轴线前有附加轴线，例如在 1 号轴线或 A 号轴线之前的附加分轴线的分母，应以 01 或 0A 表示，如图 14-3 右边两个图例所示。

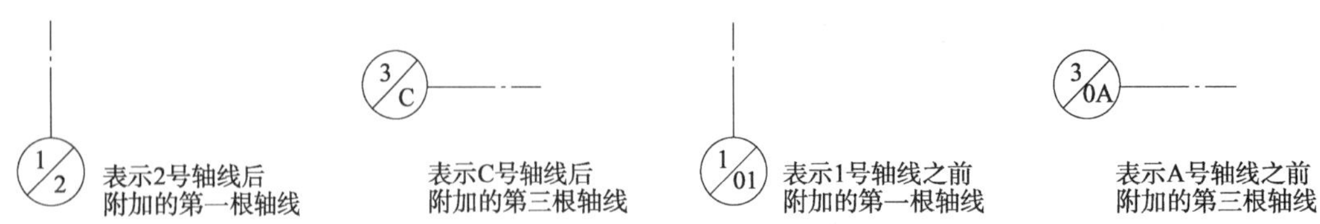

图 14-3　附加轴线及其编号

(二)标高

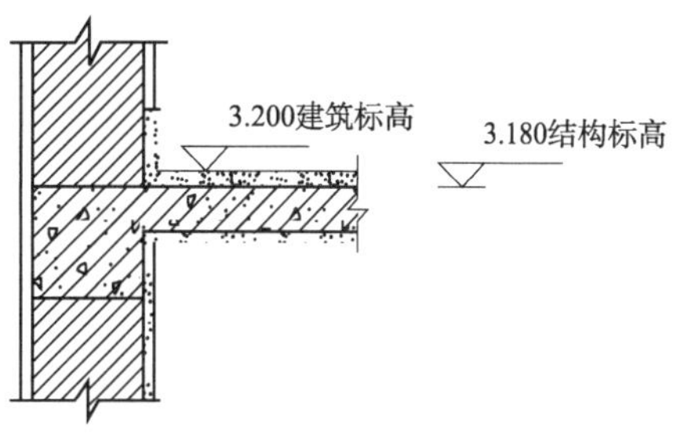

图 14-4　建筑标高和结构标高示例

标高是标注建筑物高度的一种尺寸形式,有绝对标高和相对标高之分。绝对标高是我国以青岛附近黄海的平均海平面为零点的高度尺寸,相对标高是以建筑物底层室内主要地面为零点的高度尺寸。房屋各部位的标高还分建筑标高和结构标高,如图 14-4 所示。建筑标高是指包括粉刷层在内的、装修完成后的标高,结构标高则是不包括构件表面粉刷层厚度的构件表面的标高。

个体建筑物图样上的标高符号应用细实线按图 14-5a)左起第一、二张图的形式绘制;总平面图上的标高符号,宜用涂黑的三角形表示,具体画法如 14-5a)左起第三张图所示。如图 14-5b)所示,标高符号的尖端应指至被注的高度,尖端可向上,也可向下;标高数字应以米为单位,注写到小数点以后第三位,零点标高应注写成 ±0.000,在总平面图中,可注写到小数点以后第二位,正数标高不注" + ",负数标高应注"-"。在图样的同一位置需表示几个不同标高时,标高数字可按图 14-5c)所示的形式注写。

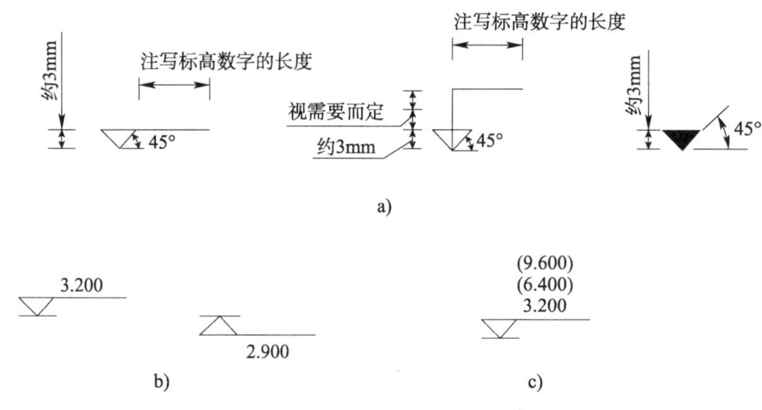

图 14-5　标高符号的画法与标高数字的标注

(三)索引符号和详图符号

在施工图中,有时会因所用比例较小而无法表示清楚某一局部或某一构件,需要另画详图,用引出线引出索引符号给予索引,并在所画的详图上编注详图符号。索引符号和详图符号内的详图编号与图纸编号两者必须对应,以便看图时查找相互有关的图纸。有关索引符号和详图符号的画法与编号方法分别如图 14-6a)、图 14-6b)所示。索引符号的圆和水平直径均应以细实线绘制,圆的直径为 8 ~ 10mm。详图符号的圆应用粗实线绘制,圆的直径为 14mm。详图与被索引的图样不在同一张图纸上的详图符号,水平直径是细实线。索引出的详图,如采用标准图,应在索引符号水平直径的延长线上加注该标准图册的编号,如图 14-6a)的右上图所示。

索引符号如用于索引剖面详图,应在被剖切的部位绘制剖切位置线,并应以引出线引出索引符号,引出线所在的一侧应为投射方向,如图 14-6a)的右下图所示。

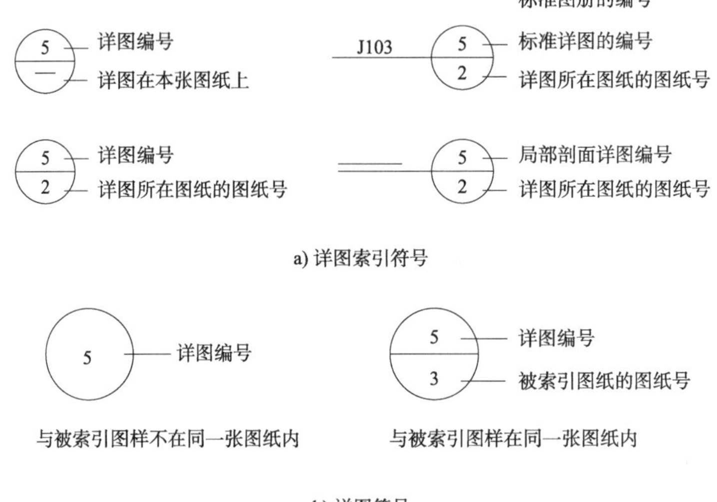

图 14-6　详图索引符号和详图符号

第二节　建筑总平面图

中国最早的平面设计图——《兆域图》

建筑总平面图是新建房屋在基地范围内的地形、河道、绿地、广场、道路、建筑物、构筑物等的水平投影图。它表明了房屋的平面形状、位置、朝向，新建房屋周围的建筑、道路、绿化布置以及有关的建筑层数、场地设计的绝对标高等。建筑总平面图是新建房屋施工定位和规划布置场地的依据，也是其他专业（如水、暖、电等）的管线总平面图规划布置的依据。建筑总平面图的图示内容如下。

一、基地范围

建筑总平面图反映工程基地的红线范围，它是由有关机构批准使用土地的地点及大小范围。当地形起伏较大时，还应画出地形等高线。

二、图例与建筑物、构筑物名称

表 14-1　总平面图图例

建筑总平面图要反映新建房屋在基地范围内的情况，显示的面积很大，只能选用较小比例，宜用比例为 1∶300、1∶500、1∶1000、1∶2000。在基地地形图上，除用《总图制图标准》（GB/T 50103—2010）指定的图例表示工程基地范围内的建筑物、构筑物平面形状，还应标注建筑物、构筑物的名称。表 14-1 摘录了《总图制图标准》（GB/T 50103—2010）指定的部分图例，图例不够用时可查阅该标准。如果该标准指定的图例不适合应用，可以另行设定图例，但应在图上作出说明：画出自定的图例，并注明其名称。

三、新建建筑物及构筑物的定位尺寸或坐标

新建建筑物、构筑物有两种坐标系统：以细实线画成交叉十字坐标网格，坐标代号用“X、Y”，表示测量坐标；坐标网格画成网格通线，坐标用代号“A、B”，表示建筑坐标。当总平面图中同时绘注这两种坐标系统时，应在附注中注明两种坐标系统的换算公式。根据工程具体情况，新建建筑物、构筑物也可以根据与原有建筑物、构筑物的相对位置来定位（以米为单位，标高、距离取至小数点后两位，坐标取至小数点后三位，不足用“0”补齐）。

四、新建建筑物的层数、总高和地面标高

在新建建筑物的图例内注明新建房屋层数、总高（室外地坪至女儿墙高度）、相对标高零点处的地面和室外整平地坪的绝对标高。

五、指北针图或风向频率玫瑰图

图 14-7 为指北针图，但没有画出风向频率玫瑰图（简称风玫瑰图）。风玫瑰图不仅画出指北方向，而且按当地多年统计的各个方向的吹风次数占总统计数的百分比以一定比例在 8 个或者 16 个方位线上画出诸端点，然后连成多边形。端点与中心的距离表示当地这一风向在一年中发生的频率，粗实线表示全年风向，细虚线范围表示 6—8 月 3 个月统计的夏季风向频率。风向即风吹来的方向，是指从各方位吹向中心。由风玫瑰图可以看出建筑物、构筑物的朝向和该地区的风向频率。

指北针图应按《房屋建筑制图统一标准》（GB/T 50001—2017）规定绘制，如图 14-7 所示，指针方向为北向，圆用细实线，直径为 24mm，指针尾部宽度为 3mm，指针针尖处应注写“北”或“N”。如需用较大直径绘制指北针，指针尾部宽度宜为直径的 1/8。

风玫瑰图中风向线最长者为主导风向，如图 14-8、图 14-9 所示。

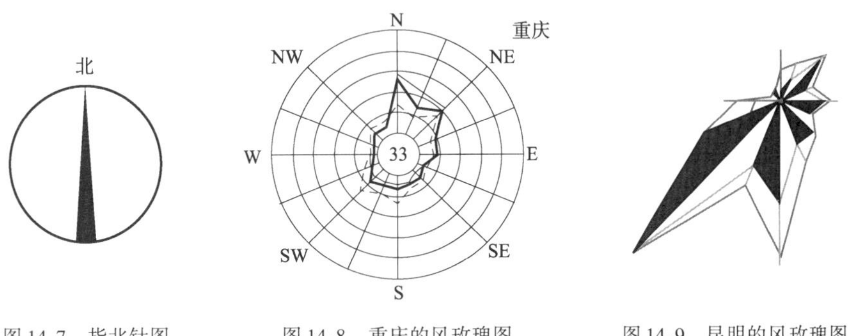

图 14-7　指北针图　　图 14-8　重庆的风玫瑰图　　图 14-9　昆明的风玫瑰图

六、比例

由于总平面图包含的地区较大，《总图制图标准》（GB/T 50103—2010）规定：总平面图应采用 1∶500、1∶1000、1∶2000 的比例来绘制。实际工程中，由于国土局以及有关单位提供的地形图常为 1∶500 的比例，总平面图常用 1∶500 的比例绘制，如图 14-10 所示。

图 14-10　总平面图

第三节 建筑平面图

一、建筑平面图概述

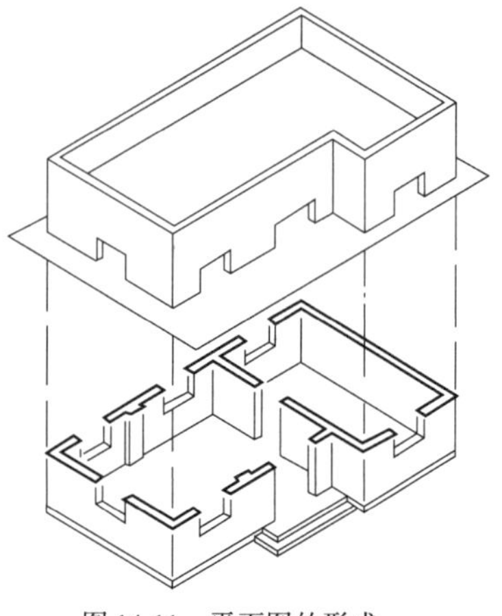

图 14-11 平面图的形成

建筑平面图(除屋顶平面图外)是用一个假想水平剖切面,在房屋的窗台上方剖开整幢房屋,移去剖切面上方的部分,将留下部分向水平面作正投影所得的水平剖面图(图 14-11)。建筑平面图包含被剖切到的断面、可见的建筑构配件和必要的尺寸、标高(图 14-12)。它反映了建筑物的平面形状、平面布置、墙的厚度、门窗的大小与位置以及其他建筑构配件的设置等情况。它是墙体砌筑、门窗安装和室内装修的重要依据。

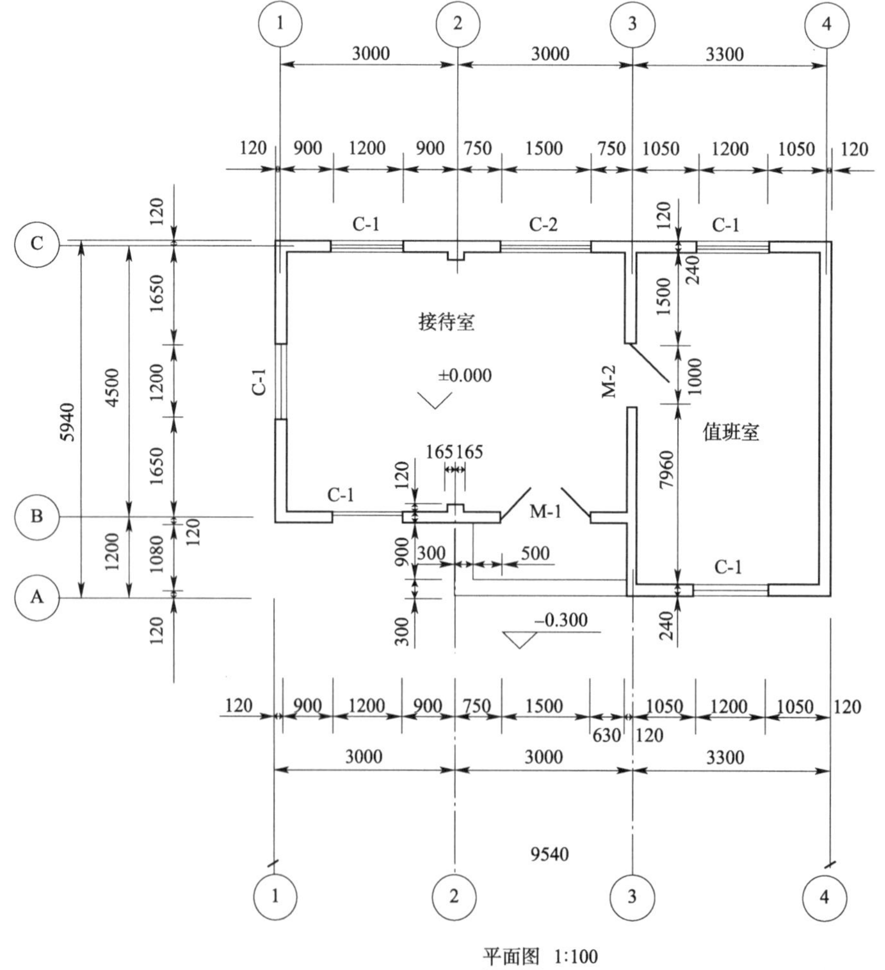

图 14-12 平面图

二、建筑平面图的图示内容

(一)图名、比例

1. 图名

房屋有几层,通常就应画几个平面图,在平面图的下方注上图名,如“底层平面图”“二层平面图”等。底层以下的地下室可用“负一层平面图”“负二层平面图”等表示。当楼层房屋某两层或几层平面布置相同时,这两层或几层平面可以合用一个平面图,图名注“标准层平面图”或“*X*、*Y* 层平面图”“*X*、*Y*、*Z* 层平面图”(如“二、三层平面图”“二、三、四层平面图”)等;如果某两层或几层平面布置只有局部不同,也可以合用一个平面图,对于局部不同部分,则另画局部平面图。有时,局部平面图用较大的比例清晰地表示出室内某些固定设施的形状,标注它们的细部尺寸、定位尺寸,作为建筑平面图中某个局部的放大补充。

建筑平面图除了表示本层内部情况,还需反映下一层平面图未反映的可见建筑构配件(如雨篷等);底层平面图需反映室外的台阶、散水(或明沟)、花坛等;屋顶平面图是一幢房屋的水平投影图。

2. 比例

比例视房屋的大小和复杂程度选定。建筑平面图的比例宜采用 1∶50、1∶100、1∶150、1∶200、1∶300,常用 1∶50、1∶100、1∶200。由于绘制建筑平面图的比例比较小,所以平面图内的一些构造和配件要用《建筑制图标准》(GB/T 50104—2010)指定的图例表示,表 14-2 摘录了该标准的部分图例,图例不够用时可查阅该标准。

表 14-2 构造及配件图例

(二)线型应用

建筑平面图的线型按《建筑制图标准》(GB/T 50104—2010)规定:凡是剖到的墙、柱的断面轮廓线,宜用粗实线;门扇的开启示意线用中粗实线;其余可见投影线则用细实线。用线宽 b 的粗实线画剖切到的墙和柱等主要轮廓线,用线宽 $0.7b$ 的中粗实线画被剖切到的次要轮廓线和可见的轮廓线,用线宽 $0.5b$、$0.25b$ 的中实线、细实线画较细小的建筑构配件,用线宽 $0.25b$ 的细实线画图例填充线、家具线、纹样线等,如图 14-12 所示。

(三)定位轴线和墙、柱

1. 定位轴线的概念

为适应建筑产业化,在建筑平面图中,采用轴线网格划分平面,使房屋的平面布置以及构件和配件趋于统一,这些轴线称为定位轴线,定位轴线是确定房屋主要承重构件(墙、柱、梁)位置及标注尺寸的基线。

2. 定位轴线的编号规则

《房屋建筑制图统一标准》(GB/T 50001—2017)规定:水平方向的轴线自左向右用阿拉伯数字依次连续编为①②③…;竖直方向自下而上用大写英文字母连续编为ⒶⒷⒸ…,并除去 I、O、Z 三个字母,以免与阿拉伯数字中 1、0、2 三个数字混淆。如建筑平面形状较特殊,也可采用分区编号的形式来编注轴线,其形式为"分区号-该区轴线号"。定位轴线分区编号标注方法如图 14-13 所示。

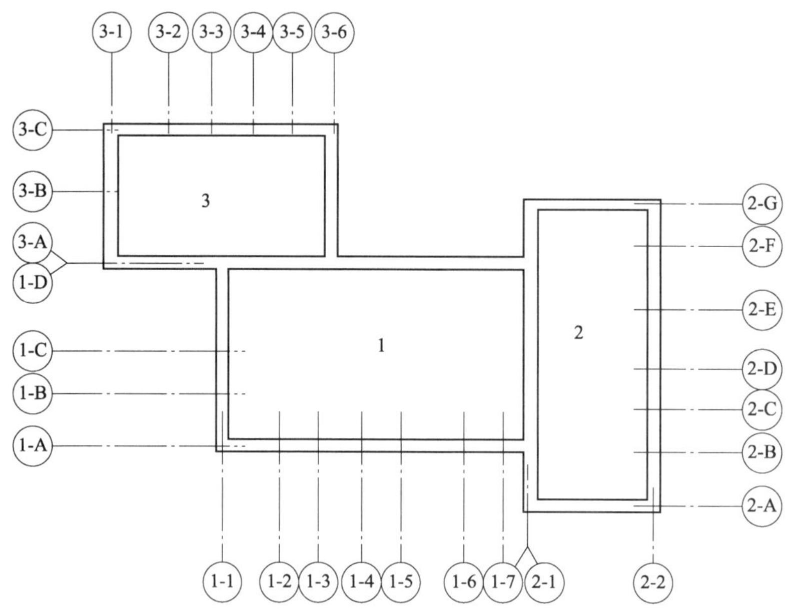

图 14-13 定位轴线分区编号标注方法

如果平面为折线形,定位轴线的编号也可用分区,还可以自左至右依次编注,如图 14-14 所示。如果平面为圆形,定位轴线则应以圆心为准,呈放射状依次编注,并以距圆心距离确定其另一方向轴线位置及编号,如图 14-15 所示。一般承重墙柱及外墙编为主轴线,非承重墙、隔墙等编为附加轴线(又称分轴线)。加轴线编号详见图 14-3。轴线线圈用细实线画出,直径为 8 ~ 10mm。

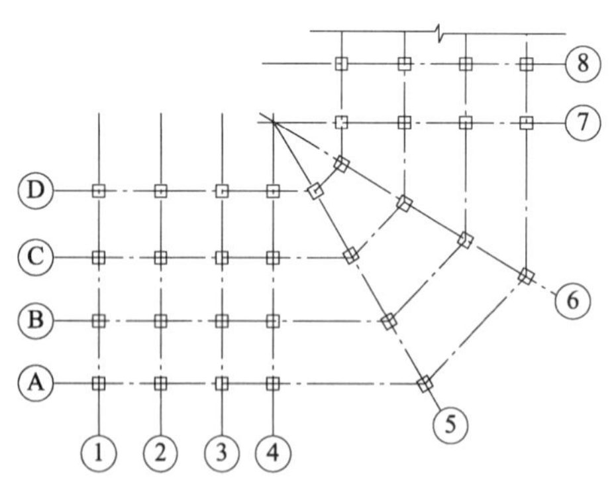

图 14-14 折线形平面定位轴线标注方法

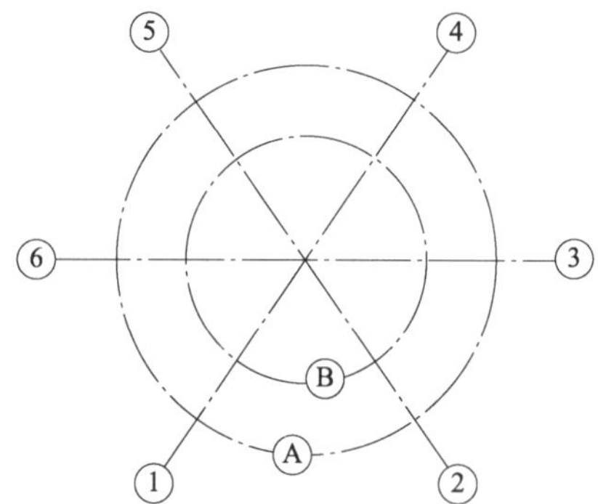

图 14-15 圆形平面定位轴线标注方法

(四)房间的名称或编号

房间应注写名称;若注写编号,则编号注写在直径为 5 ~ 6mm 的细实线圆圈内,并在同一张图纸上列出房间名称表。

(五)门窗代号及编号

门窗均按图例画出,并注写编号。编号为阿拉伯数字,数字前面的拼音字母“M”“C”“GM”“GC”是门、窗、钢门、钢窗的代号。但是,当设计选用的门窗是标准设计时,也可用所选用门窗标准图集中的门窗型号或代号来标注。同一类型的门窗编同一个编号。通常在首页设计说明中或在平面图的图纸上附一个门窗明细表,表中列出这幢房屋所选用门窗的编号以及相应的洞口尺寸、数量、选用标准图集的编号。

(六)尺寸和标高

建筑平面图通常注有总尺寸、定位尺寸及细部尺寸。外墙注三道尺寸:最外面一道是外包尺寸,表明房屋的总长度或总宽度;中间一道是轴线的间距尺寸,一般为房间的开间或进深尺寸(开间通常指一间房间的宽度,进深指该房间的深度);最里面一道标出门窗洞口、洞间墙等细部尺寸。此外,还应注出某些局部尺寸,如内墙上的门窗洞宽度与定位尺寸、墙厚,以及一些主要构配件与固定设施(根据图纸用途按需注写)的形状与定位尺寸等。建筑平面图中的上述尺寸均不包括粉刷层的厚度。

标高注明的是相对于室内底层主要地面为正负零点的各个楼地面、阳台、楼梯平台等装修完成以后的相对标高,即建筑标高。

(七)详图索引、剖切符号、指北针和文字说明等

在需要引出详图的细部处,应画出索引符号。在房屋的底层平面图上,应画出房屋剖面图的剖切符号(包括剖切位置线、投射方向线和编号)和表示房屋朝向的指北针。对于部分图样内容,用文字更能表示清楚,或者是图样表达方面需要集中补充说明的问题,可以在图纸上用文字说明。

(八)屋顶形状及其上面的构(配)件

屋顶形状及其上面的构(配)件用屋顶平面图表示,屋顶平面图上注有屋面排水坡度与方向,画出将雨水导向雨水管的屋面天沟。

(九)其他建筑构造和设施

在图中画出其他可见的或剖切到的建筑构造和固定设施及其位置,如需表示不可见部分,应以虚线绘制。

三、建筑平面图的识读

建筑平面图的识读,应先看底层平面图,再看楼层平面图,最后看屋顶平面图。

(一)底层平面图的识读

图 14-16 所示为一幢住宅的底层平面图,用 1∶100 比例绘制,表明新建房屋底层的平面布置情况:横向设有 9 道轴线,纵向设有 9 道轴线和 3 道附加轴线;砖墙的位置按轴线在墙身中的位置来确定,所有 365mm 厚外墙的外墙面距轴线 245mm,内墙面距轴线 120mm,其余 240mm 厚内墙、120mm 隔墙的轴线均与墙身中心线重合,墙身的厚度尺寸可以在住宅施工

总说明中看出。剖切到的墙身用粗实线表示,墙内涂黑的是钢筋混凝土构造柱。这种钢筋混凝土柱是按混合结构抗震和构造要求设置的,它与墙内圈梁一起用来提高房屋的整体性和砌体抗剪强度。以文字注明经墙体分隔后的各间房间的名称、厨房和卫生间内的部分设备或设施;门、窗、楼梯以图例表示;外墙四周用于排水的明沟,为了图面清晰,以间断的三条细线表示其轮廓,有雨水管的地方画出雨水管的断面。

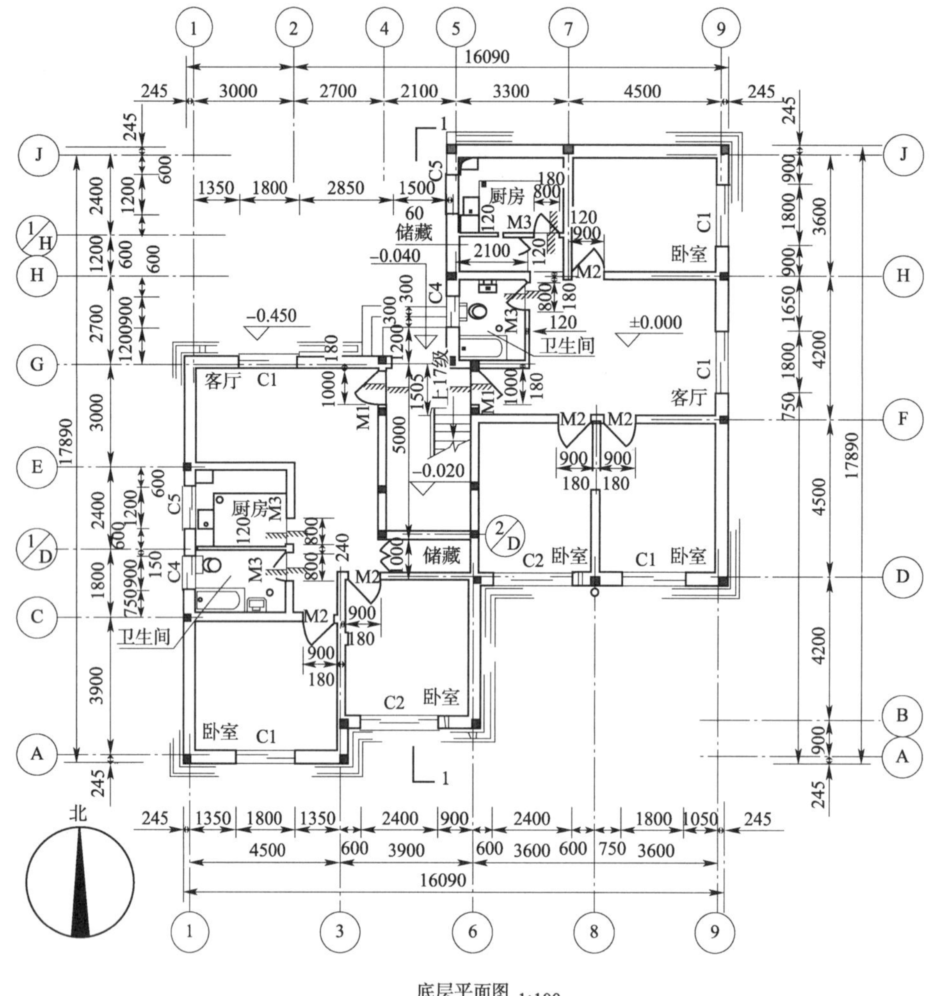

图 14-16　底层平面图

楼梯间内的楼梯平面图的图例是假设在窗台之上、楼梯休息平台之下做水平剖切后,往下作水平投影,画倾斜的折断线,画出第一上行楼梯段的下半部分,图中"上 17 级"是指底层地面到二层楼面的楼梯共有 17 级踏步。楼梯段也可简称梯段。

尺寸标注有外墙的三道尺寸和其他构配件必要的细部尺寸、定位尺寸,房屋的总长和总宽,各个房间的开间、进深,以及门、窗的宽度和位置等尺寸。注出室内外不同地面高度的相对标高,底层的卧室、客厅地面标高为相对标高的正负零点。比它们高,则为正标高(标高数字前省略正号);比它们低,则为负标高(标高数字前有负号)。在地面不同的标高分界处,画出分界线。

另外,在图的左下方画出指北针,指北针指明住宅朝向,应与总平面图中风玫瑰图上的指北针一致。剖切符号表明建筑剖面图的剖切位置选在通过楼梯间的部位,投射方向向东,编号为1。

(二)楼层平面图的识读

图14-17是图14-16所示住宅的标准层平面图,由于二、三、四层除二层平面图的楼梯间窗外应反映底层入口的雨篷,室内、室外的平面布置都相同,这几层平面可以合用一个平面图。标准层平面图不再画出底层平面图中已经显示的指北针、剖切符号,以及室外地面上的构配件,其图示方法与底层平面图基本相同,一些与底层相同的次要尺寸可以省略。如果单独画这幢住宅的二层平面图,其图示内容与标准层平面图基本相同,但底层入口处的雨篷则必须在相应的位置表示出来,在图14-17中未画。

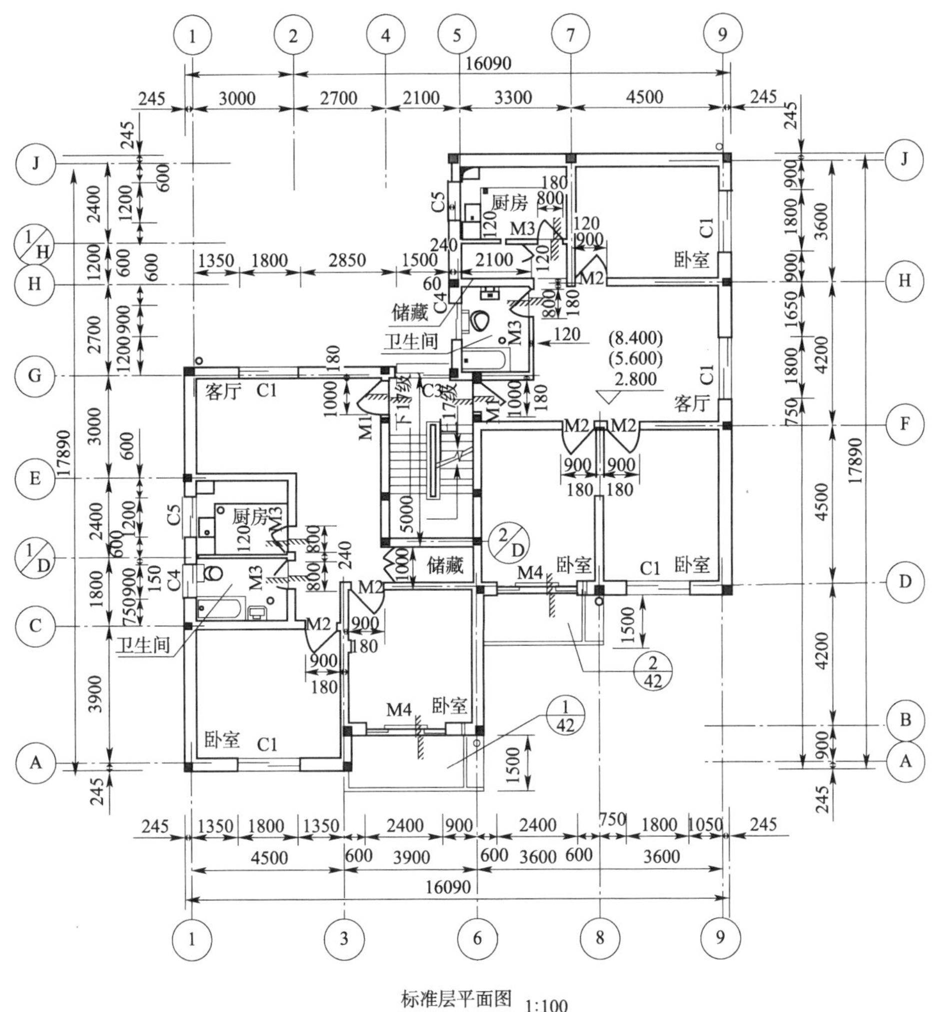

图14-17　标准层平面图

标准层楼梯间部分表达梯段的情况应参照表14-2中的楼梯图例,按实际情况绘制。东侧梯段不但看到了上行梯段的部分踏步、扶手,也看到了下行的第二楼梯段的部分踏步、扶手,它们以倾斜的折断线分界,西侧是下行的第一楼梯段的踏步、扶手,南侧是两个梯段之间的休息平台。这种布置形式的楼梯称双跑楼梯,即一个楼层至相邻楼层的楼梯由两个梯段、一个休息平台组成。

图 14-18 所示的五层平面图是一个假想用水平面剖切五层窗台上方的水平剖面图,反映五层平面室内、室外的各项内容。因为该住宅只是一幢局部五层楼,所以图中除了反映与标准层相同的西住户平面布置,还反映了四层东边住户的屋顶平面图。因为顶层楼梯间不再有上行梯段,所以楼梯的扶手、两段下行梯段和一个中间休息平台都完整画出,而且将栏杆和扶手(图中只画出可见的扶手)沿着五层楼面与四层楼面出现高差处的楼梯口一直延伸到墙壁。为防止屋面雨水流到楼梯间,上东边的屋顶要先上两级踏步,图中画出了两级踏步的水平投影和它的局部重合断面图图例。四层东边住户的屋顶平面图画出了与屋顶上构配件形状有关的轴线,完整地显示了屋顶的形状、女儿墙兼屋顶的围护栏板、南面四层楼阳台的雨篷、屋面流水的分水线、屋面的排水方向及坡度、天沟和雨水出口、一至四层的东边住户厨房的西北墙角排烟道出屋面的排烟口等内容。屋面排水的路线是:雨水顺屋面排水方向流向天沟,再流入雨水出口。标高 11.160m 标注的是钢筋混凝土屋面板板面结构标高。屋顶的具体构造可以参见建筑立面图、建筑剖面图和檐口节点详图。

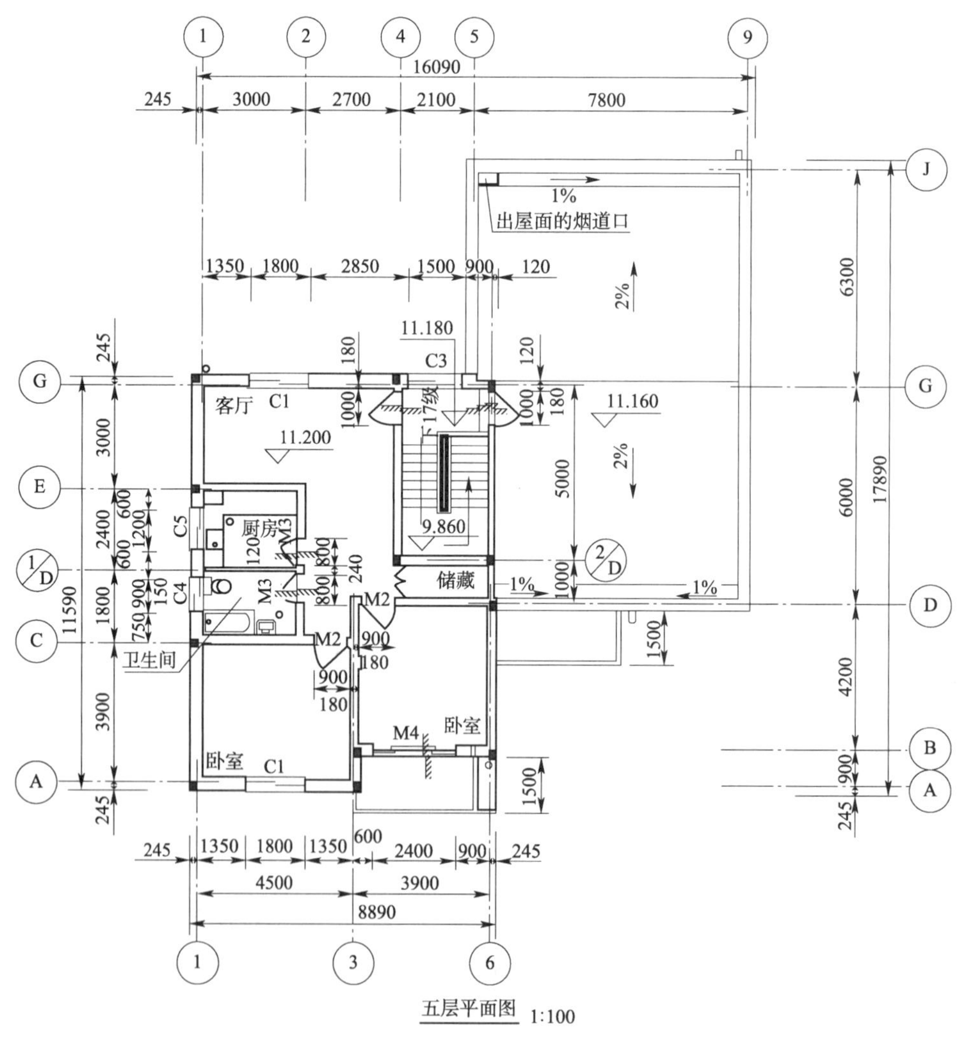

图 14-18 五层平面图

(三)屋顶平面图的识读

图 14-19 是用 1∶100 比例绘制的五层楼房部分的屋顶平面图。由于该住宅东边的屋顶已经在五层平面图中画出,所以这里仅画出该住宅的西边住户及楼梯间的屋顶平面图。图中画出了与屋顶上的构配件形状有关的轴线,屋顶的形状、女儿墙、南面五层平面图未标明的阳台雨篷和上东边屋顶的门洞雨篷、屋面流水的分水线、屋面的排水方向及坡度、天沟和雨水出口和一至五层的西边住户厨房的西北墙角排烟道出屋面的排烟口等内容。屋面排水的路线是:雨水顺屋面排水方向流向天沟,再流入雨水出口。标高 14.000m 标注的是钢筋混凝土屋面板板面的结构标高。

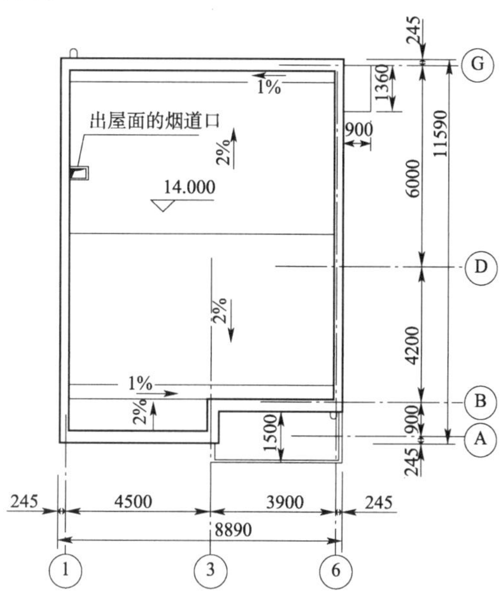

图 14-19　五层楼房部分的屋顶平面图

(四)局部平面图的识读

图 14-20 是这幢住宅的西边住户的厨房、卫生间的局部平面图。在比例为 1∶100 的建筑平面图中,由于图形太小,只能用细线画出固定设备或设施的外形轮廓或图例,不能标注它们的细部尺寸和定位尺寸,所以用较大的比例(1∶50)画出局部平面图。图 14-20 中的洗涤盆、洗脸盆、浴盆、坐式大便器等通常是按规格和型号订购成品,再按有关规定或说明书安装,因此,只需标注它们的定位尺寸,以便施工留位。

(五)门窗表的识读

门窗根据设计选用的门窗标准设计图集中的型号,可以直接注写其代号,特殊型号则自行编号,另行绘制详图;也可以全都自行编号,在门窗表中说明哪些是选用的门窗标准设计图集中的哪种型号,哪些是自行设计的特殊型号。图中显示的是全部自行编号,都采用门窗标准设计图集中的门窗,在门窗表中对照说明的目的是反映自行编号对应哪本图集上的哪个编号的门窗。表 14-3 综合列出了这幢住宅中各种门窗型号、门窗洞尺寸、数量,以便加工或订购。

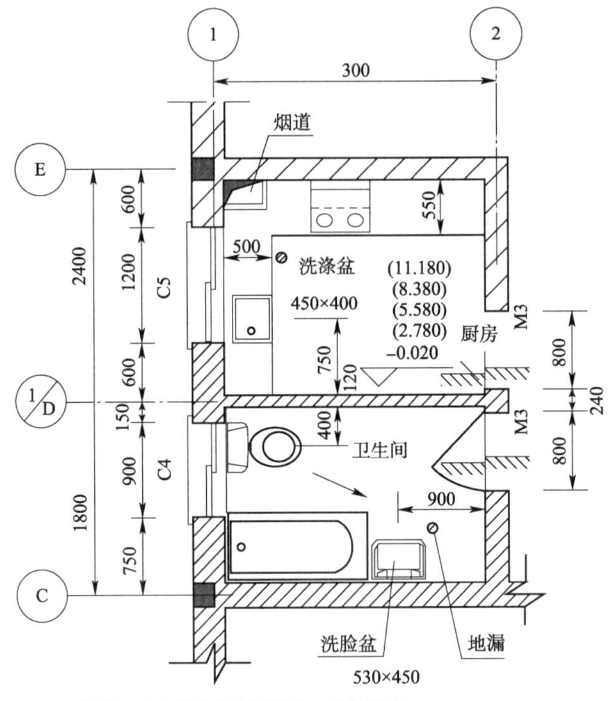

说明：卫生间的楼地面标高与厨房相同。

厨房、卫生间平面图1:50

图 14-20 局部平面图

某住宅的门窗表 表 14-3

类别		洞口尺寸(mm) 宽×高	各层数量					合计	采用标准图集及编号		备注
			底层	二层	三层	四层	五层		图集代号	编号	
门	M1	1000×2100	2	2	2	2	2	10	××标准设计图集	JM7	夹板门
	M2	900×2400	5	5	5	5	2	22		JM17	
	M3	800×2100	4	4	4	4	2	18		JM4	
	M4	2400×2400		2	2	2	1	7	××标准设计图集	TM2424	85 系列硬聚氯乙烯塑钢门窗
窗	C1	1800×1400	5	5	5	5	2	22		TC1814	
	C2	2400×1400	2					2		TC2414	
	C3	1500×1400		1	1	1	1	4		TC1514	
	C4	900×1400	2	2	2	2	1	9		TC0914	
	C5	1200×1400	2	2	2	2	1	9		TC1214	

第四节 建筑立面图

一、建筑立面图概述

建筑立面图是房屋各个方向的外墙面以及投影方向可见的构配件的正投影图

（图 14-21），简称立面图。立面图的形成如图 14-22 所示。有定位轴线的建筑物，宜根据两端定位轴线号编注立面图名称（如：①-⑤立面图、Ⓐ-Ⓗ立面图等）。无定位轴线的建筑物，可按平面图各面的朝向确定名称（如南立面图、西立面图等）。在《建筑制图标准》（GB/T 50104—2010）中还有关于室内立面图的有关条文，需要时可查阅。

建筑平面图的绘制步骤

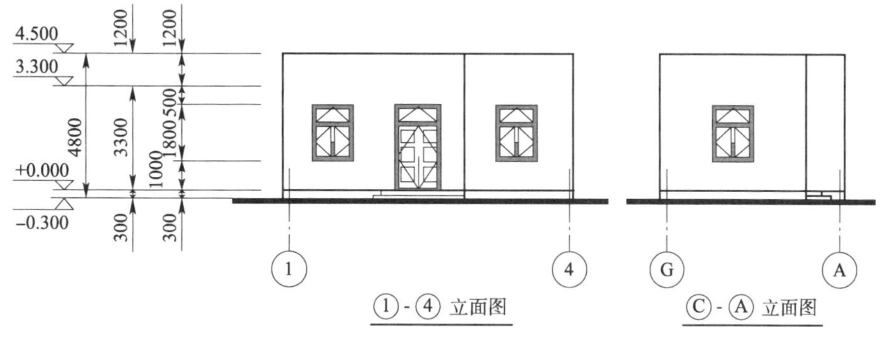

图 14-21　立面图

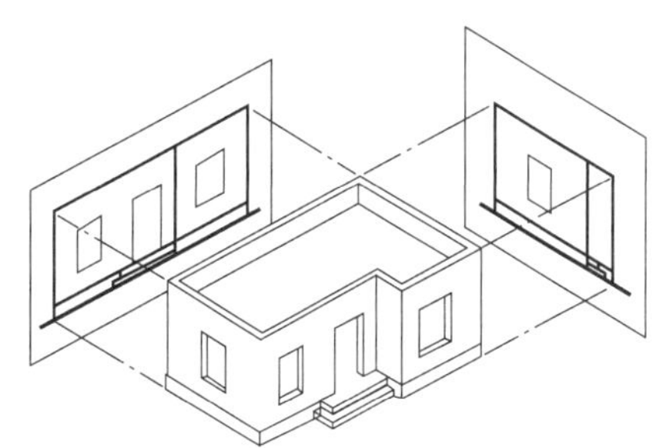

图 14-22　立面图的形成

建筑立面图是用来反映房屋的外形、门窗形式和位置、墙面的装修材料和色调等的图样。

二、建筑立面图的图示内容

（一）图名、比例

1. 图名

建筑立面图常用以下三种方式命名：

（1）以建筑墙面的特征命名，常把建筑主要出入口所在墙面的立面图称为正立面图，其余几个立面相应地称为背立面图、侧立面图。

（2）以建筑各墙面的朝向来命名，如东立面图、西立面图、南立面图、北立面图。

（3）以建筑两端定位轴线编号命名，如①-⑨立面图、Ⓓ-Ⓐ立面图等。《总图制图标准》（GB/T 50103—2010）规定：有定位轴线的建筑物，宜根据两端轴线号编注立面图的名称，如图 14-24、图 14-25 所示。

2. 比例

建筑立面图的比例通常与平面图相同。

(二)线型应用

为使立面图外形更清晰,通常用粗实线画立面图的最外轮廓线,而凸出墙面的雨篷、阳台、柱子、窗台、窗梢、台阶、花池等投影线用中粗线画出,地坪线用加粗线(粗于标准粗度的1.5~2倍)画出,其余(如门窗及墙面分格线、落水管,以及材料符号引出线、说明引出线等)用细实线画出,如图14-23、图14-24所示。

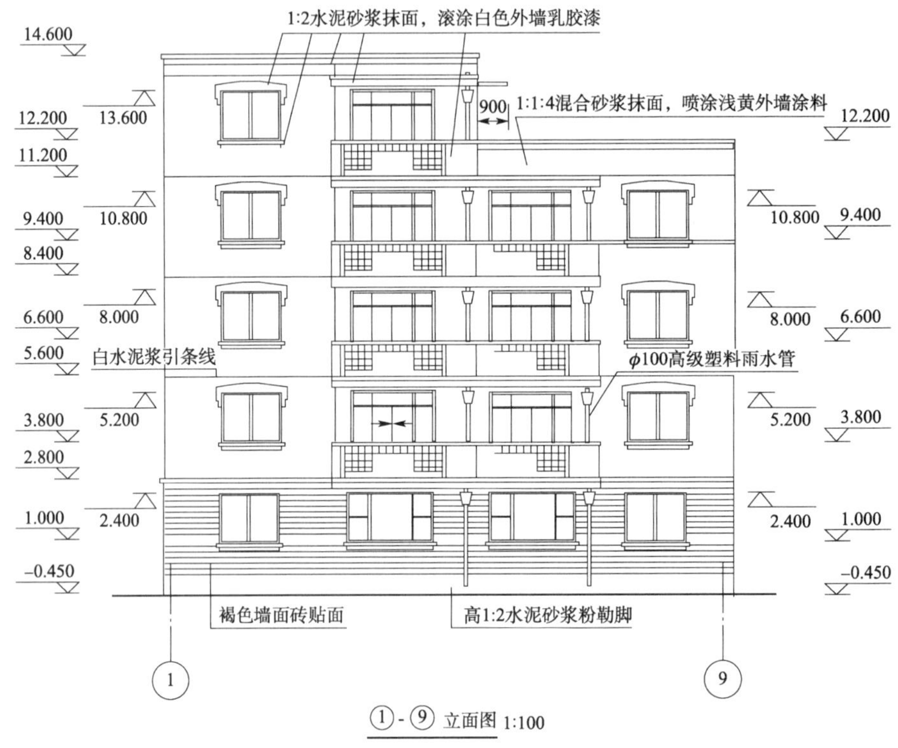

图14-23 ①-⑨立面图

立面图中的图线要求是:用线宽 b 的粗实线画建筑立面的外轮廓,用线宽 $0.7b$ 或 $0.5b$ 的中粗线或中实线画立面上凹进或凸出墙面的轮廓线、门窗洞、较大的建筑构配件的轮廓线,用线宽 $0.25b$ 的细实线画较细小的建筑构(配)件或装修纹样线。

(三)定位轴线和编号

在立面图中一般只画出立面两端的定位轴线和编号,以便与平面图对应起来阅读。

(四)门窗

门窗的形状与门窗扇的分格,用图例按实际情况绘制。而门窗的开启线在一般立面图上可不表示,在详图及室内设计图上表示。

(五)标高和尺寸

1. 竖直方向

立面图上的高度尺寸主要采用标高形式,宜在竖直方向标注建筑物的室内外地坪、门窗洞上下口、台阶顶面、雨篷、房檐下口,屋面、墙顶、水箱等处的标高。并应在竖直方向标注三道尺寸:里边一道尺寸标注房屋的室内外高差、门窗洞口高度、垂直方向窗间墙高度、窗下墙高度、檐口高度尺寸,中间一道尺寸标注层高尺寸,外边一道尺寸为总高尺寸。标高要注意建筑标高和结构标高之分,一般楼地面、屋面标注装修完成后的建筑标高,门窗洞上下口及构件的下底面标注不包括装修层的结构标高。

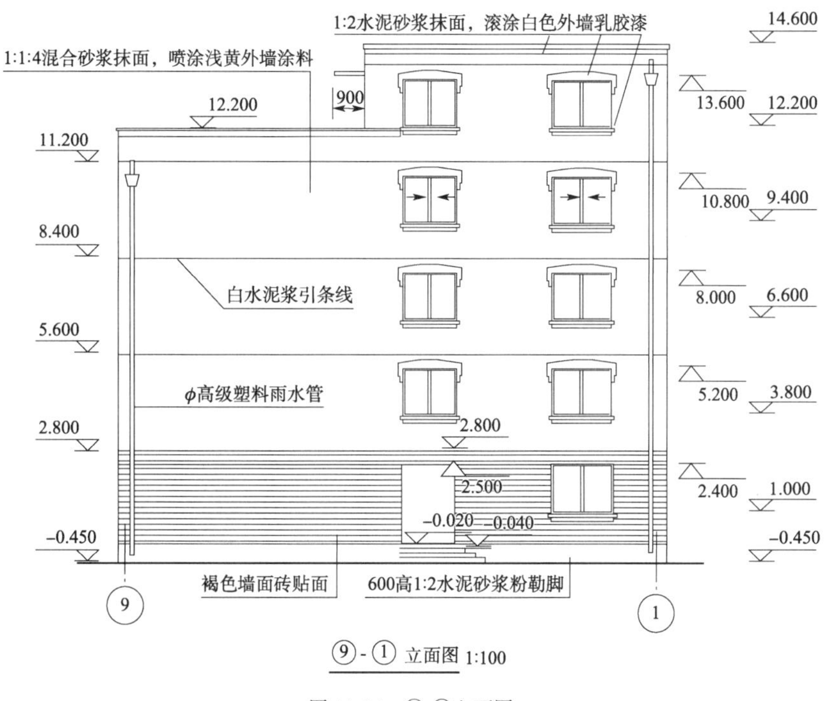

图 14-24　⑨-①立面图

2. 水平方向

立面图水平方向一般不注尺寸,但需要标出立面图最外两端墙的轴线及编号。

3. 其他标注

除了标高,有时还补充一些局部的建筑构造或构配件的尺寸。立面图上可在适当位置用文字标出其装修,也可以不注写在立面图中,而在建筑设计总说明中列出外墙面的装修,以保证立面图的完整美观。

(六)详图索引和文字说明

凡需绘制详图的部位,应画出详图索引符号、立面面层装饰的主要做法,也可以在立面图中注写简要的文字说明。

(七)外墙上其他构配件

外墙上的其他构配件、装饰物的形状、位置、用料和做法,画出或注写出立面上所能够看得见的细部。

三、建筑立面图的识读

图 14-23 是图 14-16 ~ 图 14-19 所示的住宅的①-⑨立面图,采用 1∶100 比例绘制。结合

平面图,可以看出这幢住宅朝南的立面上的建筑轮廓线变化、建筑构配件情况、墙面的装修、标高和一些局部的建筑构造或构配件的尺寸。为了加强图面效果,使图层次分明,在立面图上采用多种线型表示。用粗实线的外轮廓表示它的主要立面轮廓总长、总高(五层东墙面上的雨篷作为立面的次要轮廓,未用粗实线画出);用中粗实线画出南立面上墙面后退的分界线;用中实线画出南立面上门窗洞的形状与分布、楼层的阳台轮廓、顶层阳台上的雨篷轮廓、五层东墙面上的雨篷轮廓;用细实线画出勒脚、窗台、窗框、窗扇、窗顶的装饰、阳台立面上的凸出装饰、顶层阳台的雨篷立面上的凸出装饰、屋顶女儿墙立面上的凸出装饰、一层和二层之间立面上的凸出装饰、外墙立面上的面砖装饰示意线和引条线、水斗及雨水管等细部情况。

标高尺寸显示房屋的室外地面、门窗洞上下口、阳台的扶手面、女儿墙顶等的高度。标高除门窗洞口不包括粉刷层外,通常在标注构件的上顶面时,用建筑标高,即完成面的标高;在标注构件的下底面时,用结构标高。

外墙面的装修做法在立面图上用引出线作简要的文字注释,可以帮助读图者了解墙面装饰的处理和装修做法(包括用料和颜色)。标高 -0.450 ~0.150m 为 1:2 水泥砂浆粉勒脚(标高 0.150m 图中未注,可由勒脚高 600mm 算出);标高 0.150 ~2.400m 用外墙面砖饰面;标高 2.400 ~2.800m 的腰饰、女儿墙的顶饰、雨篷、窗台、阳台为 1:2 水泥砂浆抹面后,滚涂白色外墙乳胶漆;标高 2.800m 以上为 1:1:4 混合砂浆抹面,喷涂浅黄色外墙涂料,白水泥浆勾引条线。由屋面、阳台引下的墙面雨水管采用 ϕ100 高级塑料雨水管。

图 14-24 ~图 14-26 为该住宅的⑨-①立面图、Ⓐ-Ⓙ立面图、Ⓙ-Ⓐ立面图,其图示内容和阅读方法与①-⑨立面图基本相同。为了表明西边房屋五层楼面到东边四层屋顶的门是外开门,在门的图例上画出了开启线。

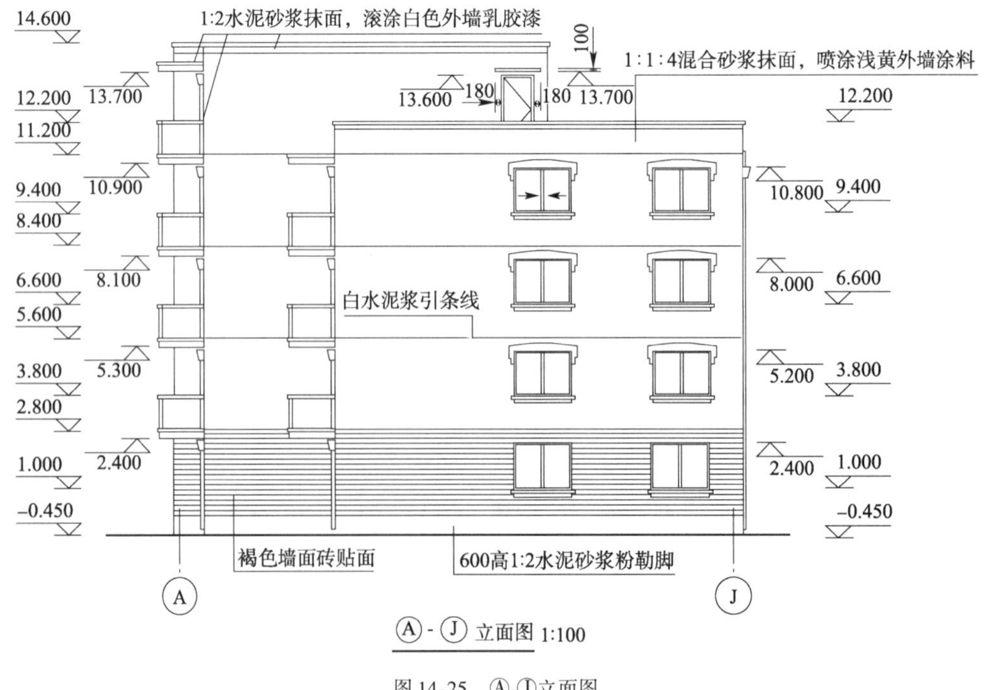

图 14-25 Ⓐ-Ⓙ立面图

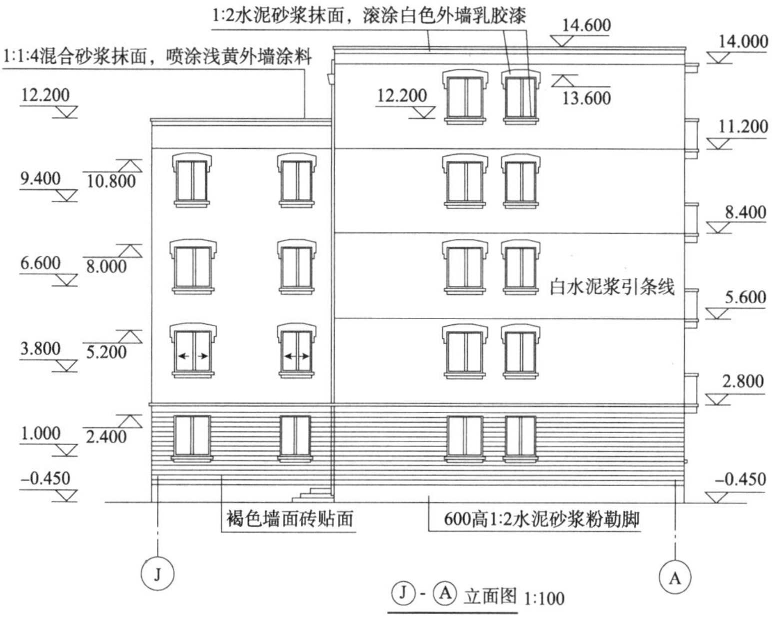

图 14-26　Ⓙ-Ⓐ立面图

第五节　建筑剖面图

建筑立面图的绘制步骤

一、建筑剖面图概述

建筑剖面图是假想用垂直于横向或纵向轴线的竖直平面剖切房屋所得到的剖面图(图 14-27、图 14-28)。它主要用于反映房屋内部垂直方向的高度、分层情况与层高、门窗洞口与窗台的高度,以及简要的结构形式和构造方式等情况。因此,剖面图的剖切位置,应选择能反映房屋全貌、构造特征,以及有代表性的部位,常常选择在通过门厅和楼梯、门窗洞口、高低变化较多的地方,并在底层平面图中标明剖面图的剖视剖切符号。如果用一个剖切平面不能满足要求,可用两个或两个以上平行的剖切面剖切后绘制阶梯剖面图。一幢房屋画几个剖面图,视房屋的复杂程度和实际需要而定。

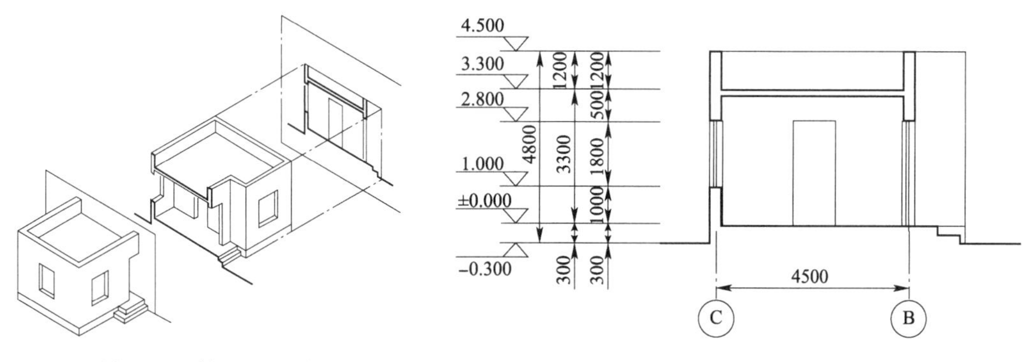

图 14-27　剖面图的形成　　　　图 14-28　剖面图

二、建筑剖面图的图示内容

(一)图名、比例

1. 图名

图名、剖切到的外墙定位轴线和编号,分别应与底层平面图中标明的剖切位置编号、轴线编号一一对应。

2. 比例

比例通常与平面图相同或比平面图大一些,即采用 1∶50、1∶100 和 1∶200 的比例绘制(图 14-28),具体可视房屋的复杂程度而定。由于比例较小,剖面图中的门窗等构件也是采用《建筑制图标准》(GB/T 50104—2010)规定的图例来表示,见表 14-2。为了清楚地表达建筑各部分的材料及构造层次,当剖面图比例大于 1∶50 时,应在剖到的构件断面画出其他材料图例(材料图例见表 12-2)。当剖面图比例小于 1∶50 时,不画具体材料图例,而用简化的材料图例表示其构件断面的材料,如钢筋混凝土构件可在断面涂黑以区别于砖墙和其他材料。

(二)线型应用

室内外地坪线可画线宽为 1.4b 的加粗线;用线宽为 b 的粗实线画剖切到的墙和多孔板的主要轮廓线;用线宽为 0.7b 的中粗实线画被剖切到的次要轮廓线和未剖切到的可见建筑构配件轮廓线;用线宽为 0.5b、0.25b 的中实线和细实线画较细小的建筑构配件与装修面层线。1∶200～1∶100 比例的剖面图不画抹灰层,但宜画楼地面、屋面的面层线,以便准确地表示完成面的尺寸及标高,并可在剖切到的断面轮廓线内画砖墙涂红、实心钢筋混凝土涂黑简化的材料图例。

(三)尺寸和标高

1. 尺寸

(1)竖直方向的尺寸。外墙的竖向尺寸,通常标注三道:最外一道为总高尺寸,从室外地平面起标到墙顶,标注建筑物的总高度;中间一道尺寸为层高尺寸,标注各层层高(两层之间楼地面的垂直距离称为层高);最里边一道尺寸称为细部尺寸,标注墙段及洞口尺寸。

(2)水平方向的尺寸。水平方向常标注两道尺寸:里边一道标注剖到的墙、柱及剖面图两端的轴线编号及轴线间距;外边一道标注剖面图两端剖到的墙、柱轴线总尺寸,并在图的下方注写图名和比例。

(3)其他尺寸。由于剖面图比例较小,某些部位(如墙脚、窗台、过梁、墙顶等节点)如不能详细表达,可在剖面图上的该部位处画上详图索引标志,另用详图来表示其细部构造尺寸。此外,楼地面及墙体的内外装修可用文字分层标注。

2. 标高

标高宜标注室外地坪,以及楼地面、地下层地面、阳台、平台、台阶等处的完成面标高。

(四)剖切到的构配件、未剖切到的可见部分构配件及构造

剖切到的构配件、未剖切到的可见部分构配件及构造按剖开后的实际情况画出正投影图,除有地下室外,一般不画出地面以下的基础。

(五)详图索引号与某些用料、做法的文字注释

由于建筑剖面图的比例限制了房屋构造与配件的详细表达,是否用索引符号索引详图或者用文字进行注释,应根据设计深度和图纸用途确定。例如,楼地面、屋面等是用多种材料构筑成的,其构造层次和做法一般可以用索引符号予以索引,另用详图详细标明,或者由施工说明来统一表达,也可直接用多层构造的共用引出线顺序说明。

三、建筑剖面图的识读

图14-29有图名"1-1剖面图"和轴线编号,与底层平面图上的1-1剖切位置线、轴线编号相对照,可以看出,该住宅通过室外台阶、楼梯间入口、楼梯间、西住户的储藏室、卧室、窗户的竖直剖面,表达了从地面到屋面,在这个部位的内外墙厚度、墙内的构配件、楼板厚度、楼地面、梁、楼梯、阳台、屋面的结构形式、分层高度以及竖直方向的空间组合情况。

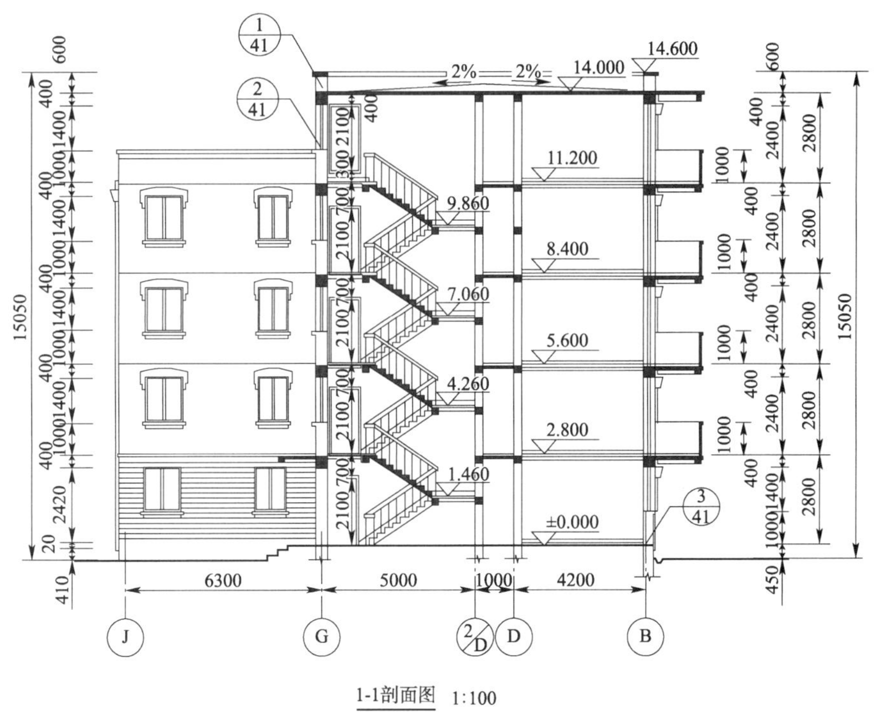

图14-29 1-1剖面图

因为室内外楼地面的层次和做法已在施工说明中说明,所以在图中以一条加粗线来表示室内外地面线和台阶。卧室和楼梯的楼板是预制的钢筋混凝土预应力多孔板,被剖切到的多孔板用两条粗实线表示,距离等于板厚;储藏室的楼板是现浇板,用涂黑表示,厚度等于板厚,根据楼板面层的装修厚度,用中实线示意地画出楼板面装修层;阳台板、屋面板涂黑,

表示是现浇的钢筋混凝土板，厚度代表这些现浇板的实际厚度。为了满足屋面防水排水的要求，平屋顶屋面筑出排水坡。排水坡有两种做法：一种是结构找坡，将支承屋面板的结构构件筑成需要的倾斜坡度，再铺设屋面板；另一种是材料找坡，屋面板水平铺置，用轻质材料通过改变铺填厚度，填筑出需要的坡度，使屋面上的雨水排向檐口天沟板，再导向雨水管。图 14-29 显示屋面板水平铺置，而屋面材料面层线画成倾斜线，即材料找坡。室内外剖切到的墙身用两条粗实线代表砖墙的宽度，地面以下的基础墙画至折断线后省略不画；接近室内地面的墙内涂黑层，表示墙内的钢筋混凝土防潮层或基础圈梁；在门窗洞顶，楼面板和屋面板下的涂黑矩形断面为该住宅的钢筋混凝土门、窗过梁，楼面、屋面下的圈梁，楼梯梁，楼梯的休息平台梁，雨篷、阳台梁。过梁承受门、窗洞口上方的荷载，并把它传递到洞口两侧的墙上；圈梁的作用是增强房屋整体性，它贯通房屋的内外墙，并与构造柱一起形成骨架，提高房屋的抗震能力；若圈梁的梁底标高与门、窗过梁底标高一致，则合设一道梁。

楼梯剖切到的是每层上行第二梯段，断面涂黑，省略了梯段上的面层线。

在图 14-29 中未被剖切到的可见部分有：用中粗实线画出的东住户向西的外墙面轮廓线，用中实线画出的该住户卫生间和厨房向西的窗户，由楼梯间入东住户的分户门、墙、墙上的踢脚线，上四层屋顶的踏步、门、可见梯段和栏杆扶手，轴线墙上的门、窗洞的侧墙面，阳台东面的栏板，五层屋顶的东面女儿墙，等等。

图中标注出外墙的三道竖向尺寸，即阳台的高度尺寸、定位轴线间的尺寸、局部门洞的高度尺寸；对室内外地面、楼面、楼梯休息平台和屋顶标注了标高；屋面材料找坡注出了坡度 2%。

在需另见详图的部位，图 14-29 画出了详图索引符号。图中没有对楼面和屋面的构造层次、做法给予详图索引，又因图形太小，也没有引注多层构造分层说明。如需了解楼板的断面与搁置情况，可参阅楼层结构平面图；如需了解楼板的面层和板底粉刷的情况，可参阅施工说明中的楼地面和平顶粉刷。

第六节 建筑详图

一、建筑详图概述

建筑剖面图的绘制步骤

建筑平面图、立面图、剖面图是建筑施工图中最基本的图样，它们互相配合，反映了房屋的全局，但由于它们一般是用较小的比例绘制的，对于房屋细部或构配件的形状、构造关系等是无法表达清楚的。因此，在实际工作中，为详细表达建筑节点及建筑构配件的形状、材料、尺寸及做法，用较大的比例画出的图形，称为建筑详图或大样图。建筑详图是建筑平面图、立面图、剖面图的补充。

二、建筑详图的图示内容

（一）比例

《房屋建筑制图统一标准》（GB/T 50001—2017）规定：详图宜用 1∶1、1∶2、1∶5、1∶10、1∶20、

1∶50 的比例绘制,必要时,也可选用 1∶3、1∶4、1∶25、1∶30、1∶40 等比例。

(二)线型应用

建筑构配件断面的主要轮廓线或外轮廓线采用线宽为 b 的粗实线,建筑构配件的一般轮廓线采用线宽为 0.7b 的中粗实线,粉刷线、保温层线、地面的高差分界线等采用线宽为 0.5b 的中实线,材料图例线采用线宽为 0.25b 的细实线。

(三)套用标准图或通用详图的情况

对于套用标准图或通用详图的建筑构配件和剖面节点,只要注明所套用图集的名称、编号、页次与图号即可,可不画详图。例如,由表 14-3 可知:这幢住宅套用定型设计的木门和塑钢门窗,选自建房时执行的某塑钢门钢窗和木门标准设计图集,没有画详图;若是自行设计,则应画出详图。

(四)建筑索引符号和详图符号

1. 建筑索引符号和详图符号

内容详见模块十四/第一节房屋的建筑施工图概述/五、房屋施工图的有关规定/(三)索引符号和详图符号。

2. 屋面、楼面、地面为多层次构造的详图符号

多层次构造可用分层说明的方法标注其构造做法。多层次构造的引出线,应通过被引出的各层。文字说明宜用 5 号或 7 号字注写在横线的上方或横线的端部,说明的顺序为由上至下,并应与被说明的层次一致。例如层次为横向排列,则由上至下的说明顺序应与由左至右的层次一致,如图 14-30 所示。

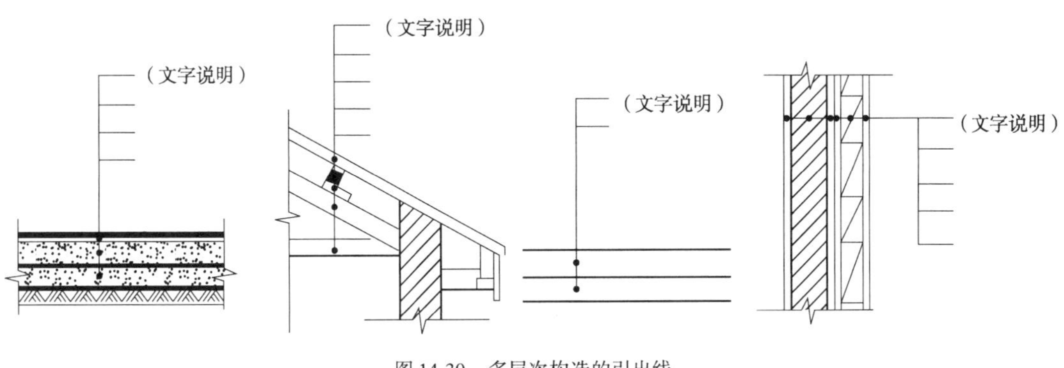

图 14-30　多层次构造的引出线

三、常用建筑详图的识读

(一)楼梯详图

楼梯是楼层垂直交通的必要设施,由梯段、平台和栏杆(或栏板)扶手组成,如图 14-31 所示。

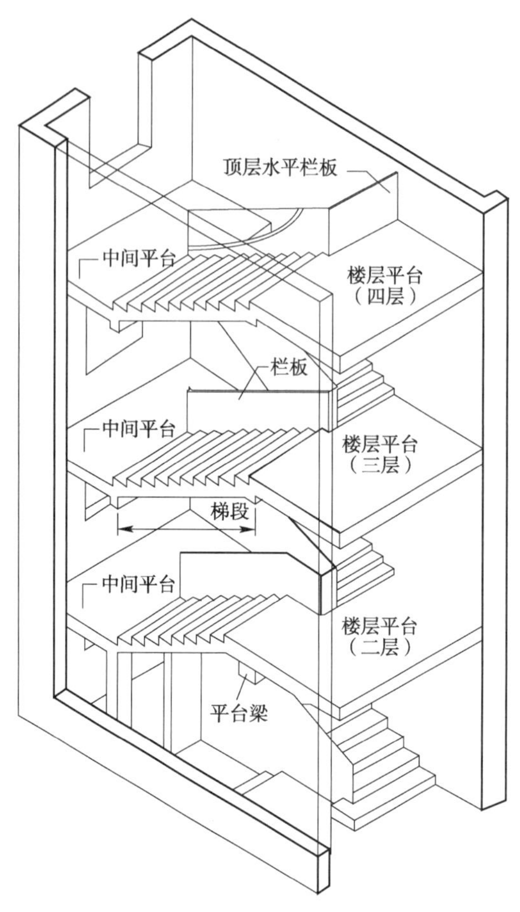

图 14-31 楼梯的组成

由于楼梯的构造比较复杂，所以需要单独画出楼梯详图来反映楼梯的布置类型、结构形式，以及踏步、栏杆扶手、防滑条等的详细构造方式、尺寸和装修做法。楼梯详图是楼梯施工放样的依据。

常见的楼梯平面图形式有单跑楼梯（上下两层之间只有一个梯段）、双跑楼梯（上下两层之间有两个梯段、一个中间平台）、三跑楼梯（上下两层之间有三个梯段、两个中间平台）等，如图 14-32 所示。

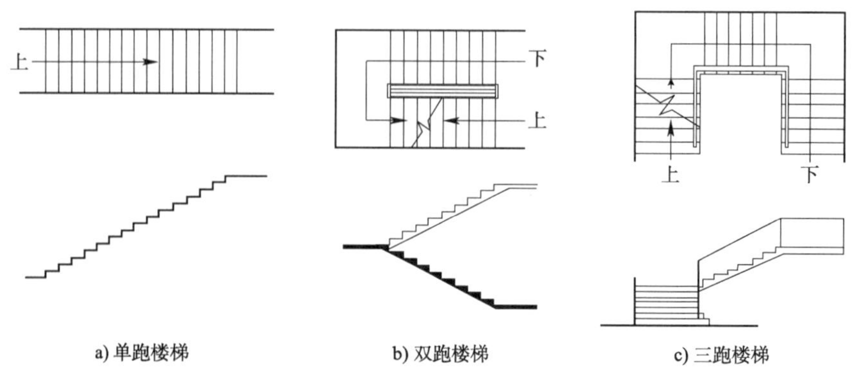

图 14-32 常见的楼梯平面图形式

楼梯详图由楼梯平面图、楼梯剖面图和楼梯节点详图(踏步、栏杆、扶手节点详图)组成。楼梯的建筑详图和结构详图一般是分别绘制的。但是,比较简单的楼梯,有时可将其建筑详图的全部或部分与结构详图合并绘制,列入建筑施工图或结构施工图。

1. 楼梯平面图

从图 14-33 可以看出,楼梯平面图的形成与建筑平面图相同,所以关于楼梯部分的表达内容基本相同。但是,由于建筑平面图选用的比例较小,不易把楼梯的构配件和尺寸详细表达清楚,需要用较大的比例另行画出局部平面图。楼梯平面图常用 1∶50 的比例画出。

楼梯平面图的水平剖切位置,除了顶层在安全栏板(或栏杆)之上,其余各层均在上行第一跑梯段中间,如图 14-33 所示。各层被剖切到的上行第一跑梯段,都在楼梯平面图中画一条与踢面线成 30°角的折断线(构成梯段的踏步中与楼地面平行的面称为踏面,与楼地面垂直的面称为踢面),各层下行梯段不予剖切。楼梯间平面图则为房屋各层水平剖切后的直接正投影,如同建筑平面图。如果中间几层构造一致,也可只画一个标准层平面图。故楼梯平面详图常常只画出底层、中间层和顶层 3 个平面图。各层楼梯平面图宜上下对齐(或左右对齐),这样既便于读图又便于尺寸标注和省略重复尺寸。楼梯平面图中的尺寸,应标注楼梯间的开间尺寸(2700mm)、进深尺寸(5000mm)、平台深度尺寸、梯段与梯井宽度尺寸、“踏面宽 × 梯段的踏面数(平面图上梯段踏面的投影数总是比梯段的级数少 1) = 梯段长度”三者的合并尺寸,以及楼梯栏杆扶手的位置尺寸;还应注出楼梯间楼地面和休息平台面的标高、定位轴线的编号;另有详图说明的节点应画出详图索引符号。如果有楼梯剖面图,应该在楼梯底层平面图上画出剖切符号,表明剖面的剖切位置与投射方向。

2. 楼梯剖面图

楼梯剖面图的形成与建筑剖面图相同,反映楼梯部分的内容基本相同。但是,它应该能够完整、清晰地表示出楼梯间内各层楼地面、梯段、平台、栏杆扶手等的构造、结构形式以及它们之间的相互关系。绘制楼梯剖面图的比例与楼梯平面图的比例相同或选更大的比例,绘制的内容是按在底层楼梯平面图中标明的剖切位置和投射方向画出剖切到的楼地面、梯段、楼梯休息平台及墙身断面,画出可见的梯段、栏杆扶手以及楼梯间可见的墙和其上的踢脚线、门等。

由底层楼梯平面图中标明的剖切位置可知:通过室外台阶、楼梯间入口剖切,楼梯剖切到的是每层上行第一梯段,投射方向向西。图 14-34 所示的楼梯剖面图,以一条加粗实线表示剖切到的室内外地面线和台阶;剖切到的现浇楼梯的每层上行第一梯段钢筋混凝土板,板上有 9 级踏步,涂黑表示;剖切到的储藏室楼板是现浇钢筋混凝土板,也涂黑;剖切到的楼梯休息平台是预制的钢筋混凝土多孔板,画成两条粗实线,旁边的涂黑矩形断面是钢筋混凝土门窗过梁、圈梁、楼梯梁、楼梯的休息平台梁、雨篷;剖切到的墙身用两条粗实线代表砖墙的厚度,地面以下的基础墙画出折断线后省略;图中涂黑表示的构配件厚度分别代表该现浇钢筋混凝土的实际厚度或高度;楼板面层的装修厚度用中实线示意表示,省略了梯段上踏步的面层线。按投射方向向东,可见的梯段为每层上行第二梯段,梯段板上是 8 级踏步,按投影画出可见的栏杆扶手以及楼梯间可见墙身上的踢脚线、西住户的分户门。

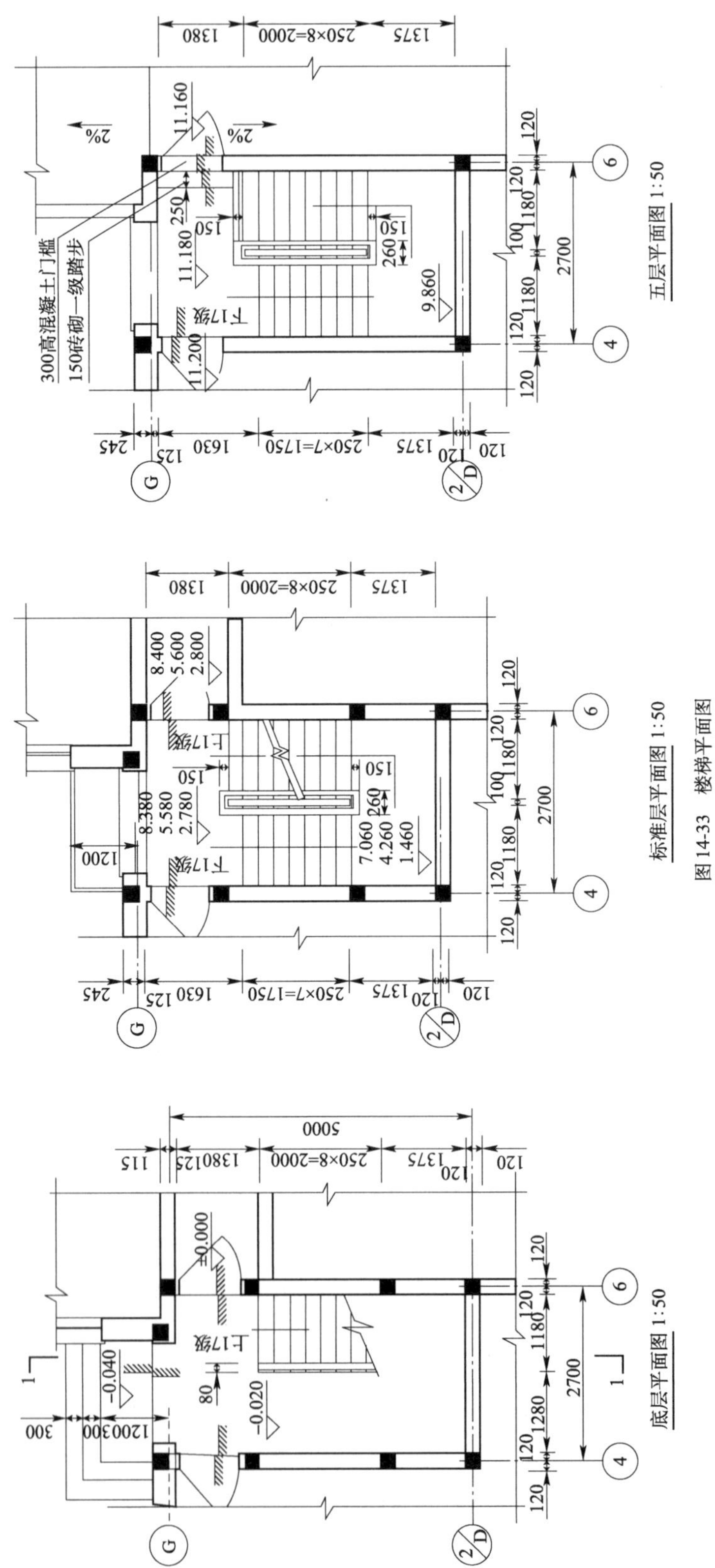
底层平面图 1:50
标准层平面图 1:50
五层平面图 1:50
上17级
下17级
300高混凝土门槛
150砖砌一级踏步
2%

图 14-33　楼梯平面图

该住宅每层楼面层高均为2.800m；每层楼面层之间均设两个楼梯段、一个楼梯的休息平台，上行第一梯段9级踏步，第二梯段8级踏步；每层楼面层之间的可见的栏杆扶手、楼梯间可见墙身上的踢脚线和门，以及剖切到的墙、窗、窗台、梁、板等，应表达的内容都重复。因此，在不影响楼梯剖面图表达的前提下，图14-34在二层楼面处用两根折断线表示省略画出中间层的各楼梯段。

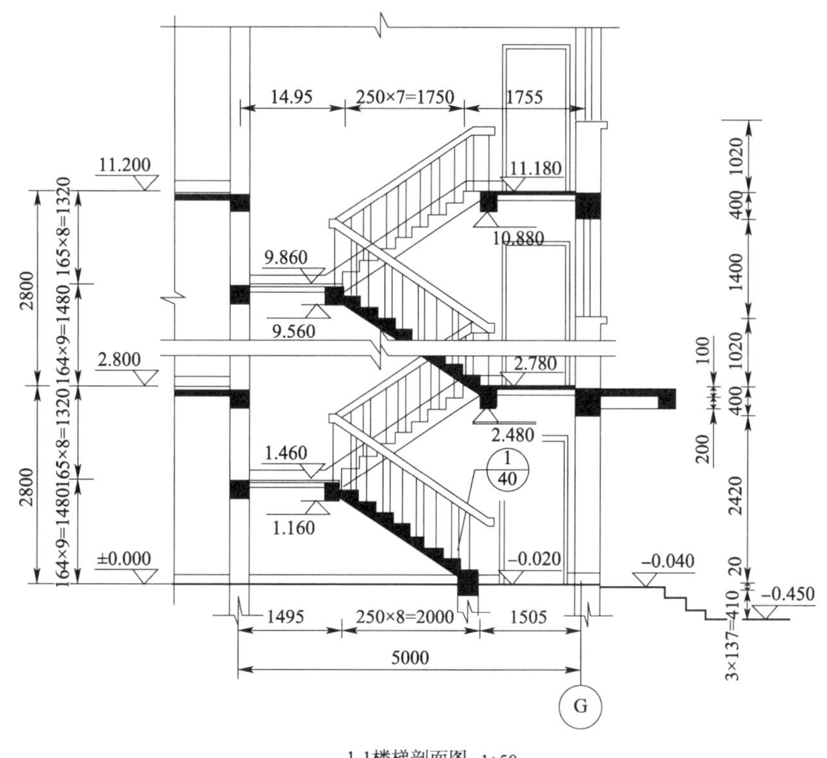

图14-34　楼梯剖面图

楼梯剖面图中的尺寸：水平方向的尺寸及轴线编号应与楼梯平面图一致；高度方向应标注“踢面高 × 每个梯段的级数 = 梯段高”三者的合并尺寸以及楼地面和平台面的标高等。

3. 楼梯节点详图

图14-35所示的楼梯节点详图表明了踏步、栏杆、扶手的形状及构造与尺寸。楼梯踏步节点详图是由楼梯剖面图(图14-34)引出的详图，图中显示这个现浇钢筋混凝土板式楼梯的踏步高分164mm、165mm两种，对照楼梯剖面图的尺寸标注可知每层楼面上行第一梯段为164mm、第二梯段为165mm，踏步宽均为250mm。扶手踏步中点至顶面的高为900mm，配合图14-35中的1-1剖面图可知扶手下栏杆的安装位置。由图14-35中的1-1剖面图的索引符号索引出的详图可知栏杆、预埋铁、扶手的材料、形状、构造与尺寸。图14-35中下方踏步防滑条详图表明踏步表面金刚砂防滑条的材料、断面的宽度尺寸、形状与位置。

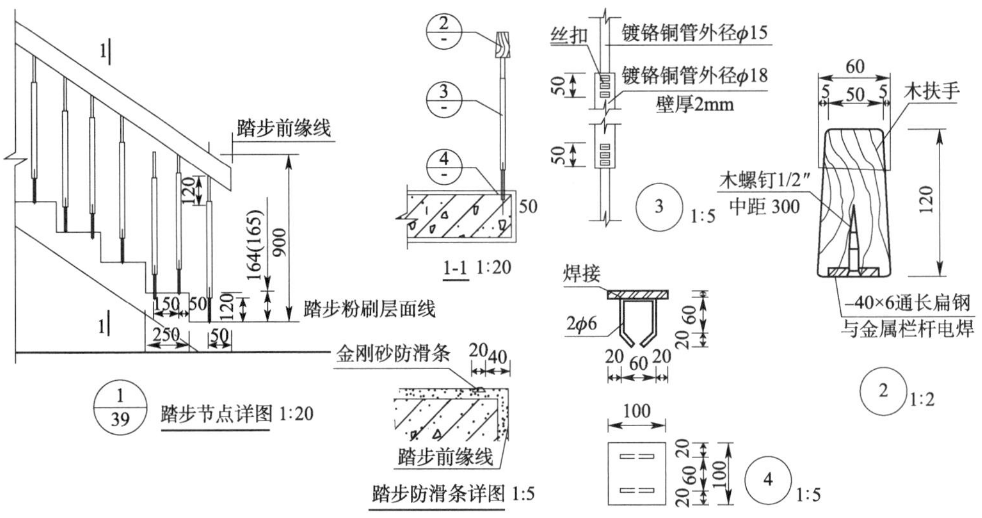

图 14-35　楼梯节点详图

(二)厨房、卫生间平面详图

厨房、卫生间及服务阳台平面详图(图 14-36、图 14-37)主要表达厨房和卫生间内各种设备的位置、形状及安装方法等。厨房、卫生间及服务阳台平面详图有平面详图、全剖面详图、局部剖面详图、设备详图、断面图等。其中,平面详图是必要的,其他详图根据具体情况选取,只要能将所有情况表达清楚即可。

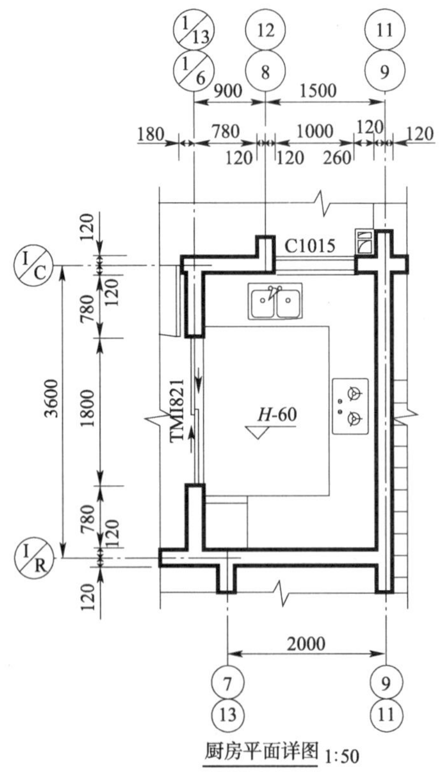

图 14-36　厨房平面详图

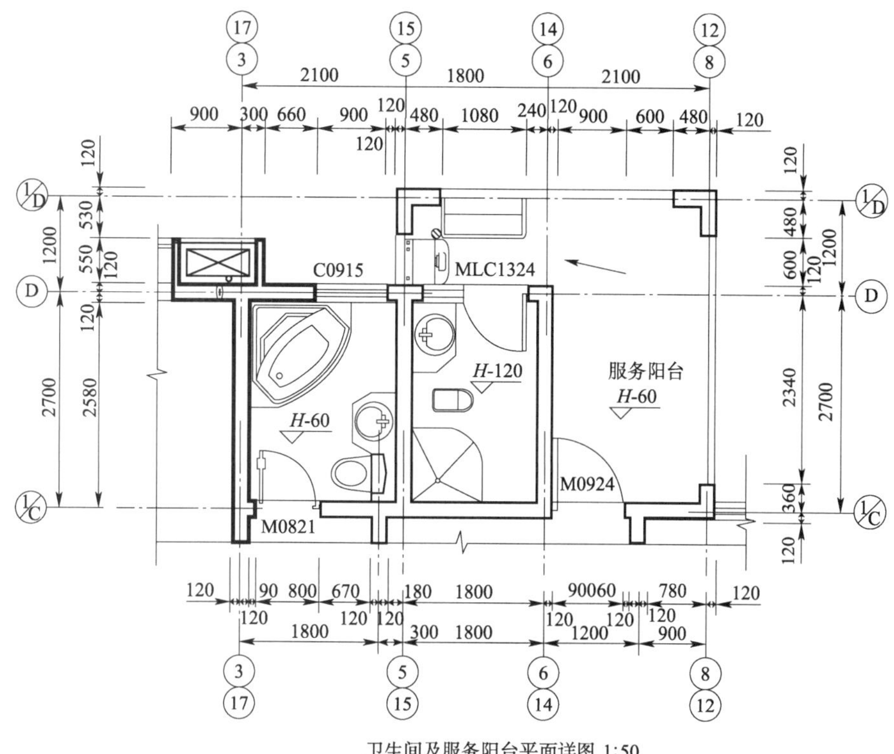

图 14-37　卫生间及服务阳台平面详图

厨房、卫生间及服务阳台平面详图是将建筑平面图中的厨房、卫生间及服务阳台用较大比例(如 1∶50、1∶40、1∶30 等),把厨房及卫生设备的必要设备一并详细地画出的平面图。它表达出各种厨房设备及卫生设备在厨房及卫生间内的布置、形状和大小。

厨房、卫生间及服务阳台平面详图的线型与建筑平面图相同,各种设备可见的投影线用细实线表示,必要的不可见线用细虚线表示。当比例≤1∶50 时,其设备按图例表示;当比例 >1∶50 时,其设备应按实际情况绘制。如果各层的厨房、卫生间布置完全相同,则只画其中一层的厨房、卫生间及服务阳台即可。

厨房、卫生间及服务阳台平面详图除标注墙身轴线编号、轴线间距和厨房、卫生间的开间、进深尺寸外,还要标注各卫生设备及厨房必要设备的定量、定位尺寸和其他必要的尺寸,以及各地面的标高等。厨房、卫生间及服务阳台平面详图上还应标注剖切线位置、投影方向及各设备详图的详图索引标志等。

(三)其他详图

根据工程的不同需要,还可以加画其他(如墙体、凸窗、阳台、阳台栏板、线脚、女儿墙、雨篷等)详图,以表达这些部分的材料、位置、形状及安装方法等。图 14-38 所示为某住宅的凸窗、阳台栏板及女儿墙栏板剖面详图,具体表达了凸窗、阳台栏板及女儿墙栏板各部分构造的剖面尺寸及材料和安装方法。其他详图的表达方式、尺寸标注等都与前面所述详图大致相同,故不再赘述。

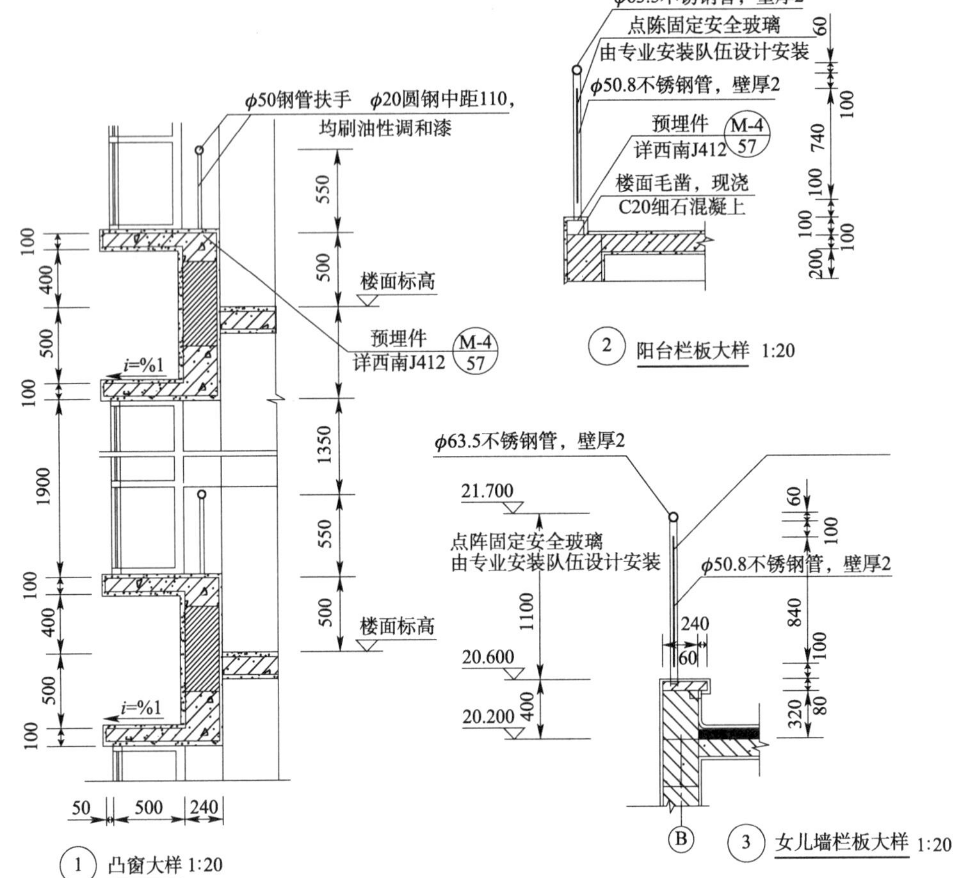

图 14-38　某住宅的凸窗、阳台栏板及女儿墙栏板剖面详图

习题

简答题

1. 各种房屋基本都是由哪些部分组成的？

2. 什么是建筑图？建筑图根据内容和工种不同分为哪几种？

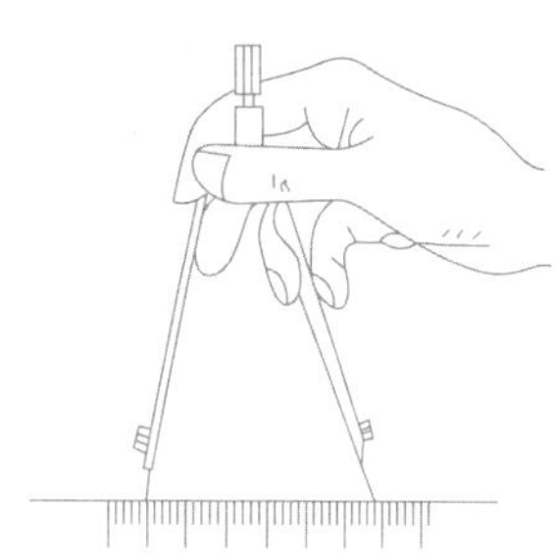

模块十五
建筑结构施工图

学习目标

※ 知识目标

1. 熟悉建筑结构施工图的组成。
2. 了解建筑结构施工图对建筑的意义。
3. 熟悉建筑结构施工图绘制需考虑的因素。

※ 技能目标

1. 能够读懂建筑结构施工图中各种符号、标注，从而了解建筑物结构相关的详细信息，如构件种类、数量、大小及做法等。

2. 掌握绘制建筑结构施工图的专业技能，能够识读、绘制各类建筑结构图，能够通过比例估测建筑体量，正确使用图例符号，准确了解或表示房屋的构配件和材料等。

※ 素养目标

1. 培养严谨细致的工作态度：在绘制和解读建筑结构施工图时，任何一个小的错误都可能导致建筑结构安全隐患或施工问题，所以需要严谨细致，一丝不苟地对待工作。

2. 培养遵循规范与标准的习惯：严格遵循国家相关设计规范和标准，确保结构施工图的设计依据、批文文号等内容交代准确无误，符合规范要求。

3. 培养较强的安全意识：在设计建筑结构施工图时，始终将建筑物的结构安全放在首位，考虑结构、材料等多方面因素，确保建筑物安全、稳定地运行，这体现了对生命财产安全高度负责的素养。

第一节　建筑结构施工图概述

建筑结构是指在建筑物(或构筑物)中，由建筑材料制成用来承受各种荷载或者作用的空间受力体系。组成这个体系的各种构件称为结构构件，其中一些构件，如基础、承重墙、柱、梁、板等，是建筑物的主要承重构件，它们互相支承并联结成整体，构成了建筑物的承重骨架。建筑结构施工图指的是关于承重构件的布置、使用的材料、形状、大小及内部构造的工程图样，是承重构件以及其他受力构件施工的依据①，简称结施图。它是建筑工程施工放线、基槽(坑)开挖、支模板、钢筋绑扎、浇筑混凝土、结构安装、施工组织、编制预算的重要依据。

由于结构构件的种类繁多，为了便于读图和绘图，在建筑结构施工图中常用代号来表示构件的名称(代号后面的数字表示构件的型号或者编号)。常用构件的代号见表 15-1。

常用构件代号(摘自 GB/T 50105—2010)　　表 15-1

序号	名称	代号	序号	名称	代号	序号	名称	代号	序号	名称	代号
1	板	B	11	框架梁	KL	21	托架	TJ	31	桩	ZH
2	屋面板	WB	12	屋面框架梁	WKL	22	天窗架	CJ	32	梯	T
3	空心板	KB	13	框支梁	KZL	23	框架	KJ	33	雨篷	YP
4	槽形板	CB	14	吊车梁	DL	24	刚架	GJ	34	阳台	YT
5	折板	ZB	15	圈梁	QL	25	支架	ZJ	35	梁垫	LD
6	密肋板	MB	16	过梁	GL	26	柱	Z	36	预埋件	M
7	楼梯板	TB	17	连系梁	LL	27	构造柱	GZ	37	天窗端壁	TD
8	墙板	QB	18	基础梁	JL	28	框架柱	KZ	38	钢筋网	W
9	梁	L	19	楼梯梁	TL	29	基础	J	39	钢筋骨架	G
10	屋面梁	WL	20	屋架	WJ	30	设备基础	SJ	40	挡土墙	DQ

注：预应力钢筋混凝土构件代号，应在构件代号前加注“Y-”如 Y-KB 表示预应力空心板。

本表摘录了常用的部分构件代号，其余构件代号请读者根据需要查阅《建筑结构制图标准》(GB/T50105—2010)。

第二节　混合结构民用建筑结构施工图

混合结构民用建筑结构施工图一般包括结构设计说明、基础施工图(基础平面布置图、基础断面详图和文字说明)、楼层结构布置图(楼层结构布置平面图、屋顶结构布置平面图、楼梯间结构布置平面图、圈梁结构布置平面图)、构件详图等。

一、建筑结构的组成和分类

建筑结构主要由梁、板、墙、柱、楼梯和基础等构件组成，按主要承重构件所采用的材料不同，可分为木结构、混合结构(如砖混结构)、钢筋混凝土结构、型钢混凝土结构和钢结构等，如图 15-1 所示。不同的结构类型，其建筑结构施工图的具体内容及编制方式也各有不同。

① 引自 https://baike.baidu.com/item/%E7%BB%93%E6%9E%84%E6%96%BD%E5%B7%A5%E5%9B%BE/6288942。

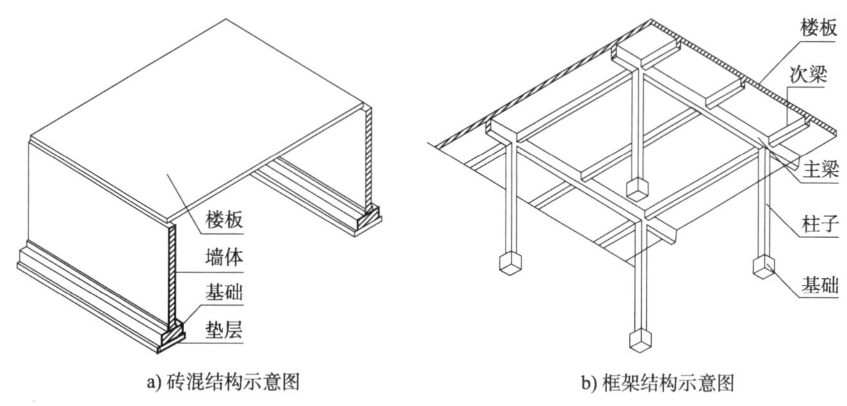

a) 砖混结构示意图　　b) 框架结构示意图

图 15-1　砖混结构与框架结构示意图

二、钢筋混凝土结构及构件

钢筋混凝土结构及构件内容详见本书模块十三。

三、结构设计说明

结构设计说明是以文字的形式表示的结构设计所遵循的规范、主要设计依据(如地质条件,风、雪荷载,抗震设防要求等)、设计荷载、统一的技术措施、对材料和施工的要求等,主要内容包括工程概况,结构的安全等级、类型、材料种类,相应的构造要求及施工注意事项等。对于一般的中小型建筑,结构设计说明可以与建筑设计说明合并编写成施工图设计总说明,置于全套施工图的首页。

四、基础施工图

(一)基础的组成

基础是建筑底部与地基接触的承重构件,埋置在地下并承受建筑的全部荷载。地基是建筑下方支撑基础的土体或岩体,分为天然地基和人工地基两类。基础按材料可分为砖基础、毛石基础、素混凝土基础和钢筋混凝土基础等;按构造方式不同可分为墙(柱)下条形基础、独立基础、桩基础、筏板基础和箱形基础等,如图 15-2 所示。

墙下条形基础是砖混结构民用建筑常用的基础形式之一,如图 15-3 所示。其中,基坑(槽)是为进行基础或地下室施工所开挖的临时性坑井(槽),坑底与基础底面或地下室底板接触。埋入地下的墙体称为基础墙(±0.000 标高以下)。基础墙下阶梯状的砌体称为大放脚。在基坑和条基底面之间设置的素混凝土层称为垫层。防潮层是为了防止地面以下土壤中的水分进入砖墙而设置的防水材料层。

基础施工图一般包括基础平面图、基础断面详图和文字说明三部分。为了方便查阅图纸及施工,一般应将这三部分编绘于同一张图纸上。现以某工程墙下(素)混凝土条形基础为例,说明基础图的图示内容及其特点,如图 15-4 所示。

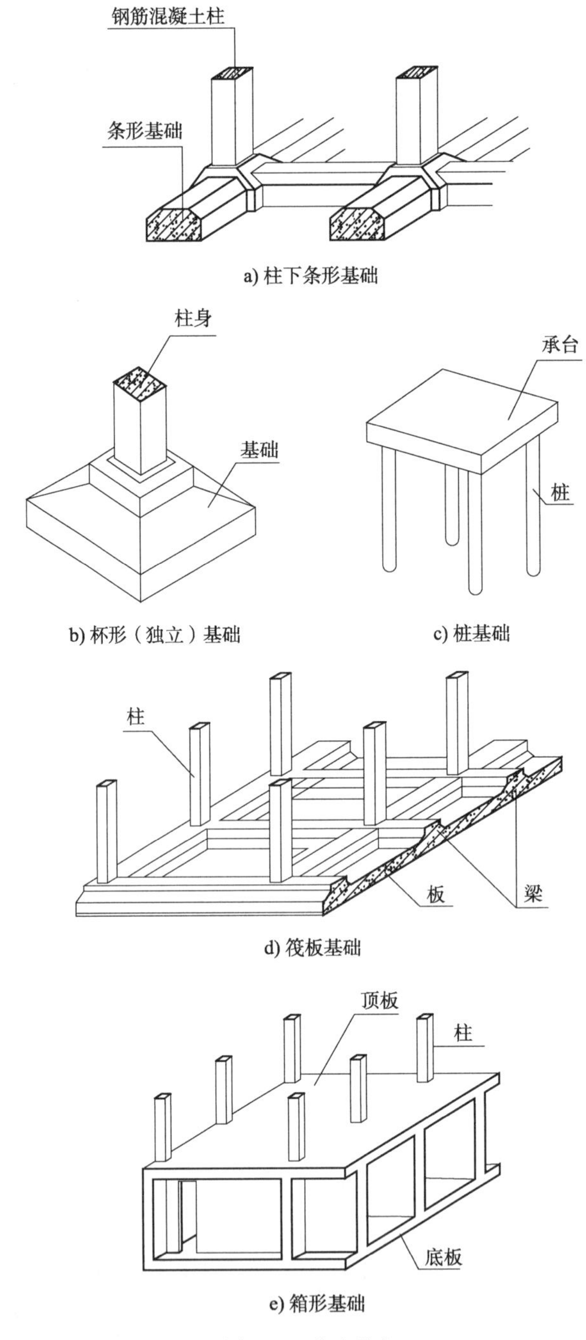

图 15-2　基础形式

(二) 基础平面图

基础平面图是假想用一水平剖切面，沿建筑物底层地面将其剖开，移去剖切面以上的建筑物并假想基础未回填土所作的水平投影。

基础平面图通常采用与建筑平面图相同的比例，如 1∶50、1∶100、1∶150、1∶200 等。其图示内容如下(图 15-4、图 15-5)。

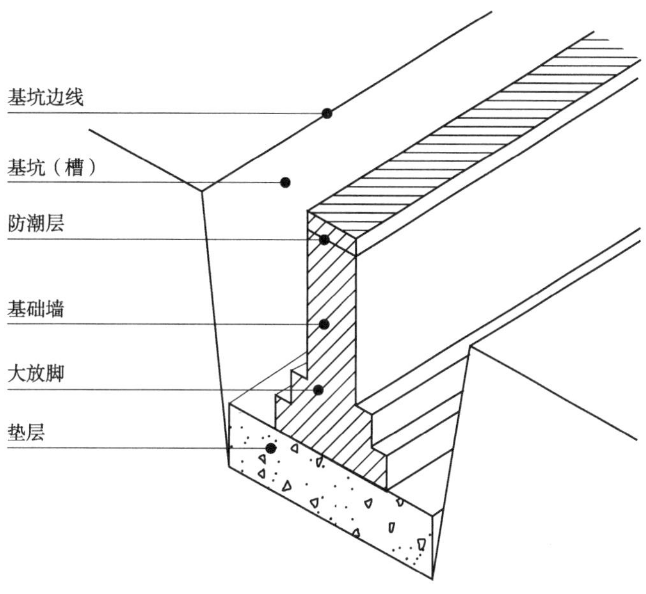

图 15-3　墙下条形基础

(1)线型:基础、基础墙轮廓线为中粗实线或中实线,基础底面、基础梁轮廓线为细实线,地沟为暗沟时为细虚线,其他线型与建筑施工图一致。

(2)轴线及尺寸:建筑结构施工图中的轴线编号和轴间尺寸必须与建筑平面图相一致,还应标注基础、基础梁与轴线的关系尺寸。

(3)基础墙:图 15-4 中基底轮廓线内侧的两条中粗实线为基础墙轮廓线,表示条形基础与地面上墙体交接处的宽度(一般与地面上墙体等宽)。

(4)桩基础:图 15-5 中粗实线绘制的线圈即桩基础的轮廓线,代号"WZ"表示人工挖孔桩,线圈内的十字表示桩孔圆心的位置。

(5)基础梁:图 15-5 中连接桩基础的两条细实线表示基础梁轮廓线,基础梁承担其上方墙体的荷载,并加强结构的刚度。

(6)断面剖切符号:在基础的不同位置,断面的形状、尺寸、配筋、埋置深度及相对于轴线的位置等都可能不同,需分别画出它们的断面图,并在基础平面图的相应位置画出断面剖切符号,如图 15-4 所示。

从图 15-5 可以看出基础的平面布置情况及基础、基础梁相对于轴线的位置关系等。例如,整栋住宅的基础均采用人工挖孔桩,以①轴线为例,在该轴线上编号为 WZ1、WZ2 的桩基础和基础梁的中心都与轴线重合,而⑤轴线上⑴/B、⑴/C轴线间的基础梁没有居中而是偏心布置,梁中心距轴线为 300mm。此外,在基础平面布置图中可不画出基础的细部投影,而后在基础详图中将其细部形状反映出来。

(三)基础详图

基础详图主要表示基础的断面形状、尺寸、材料及相应的做法。图 15-6 所示为上述住宅的桩基础详图,包括基础设计说明、桩身配筋详图、桩护壁配筋详图和桩断面及配筋表。基础详图的线型表达为:构件轮廓线为细实线,主筋为粗实线,箍筋为中实线。

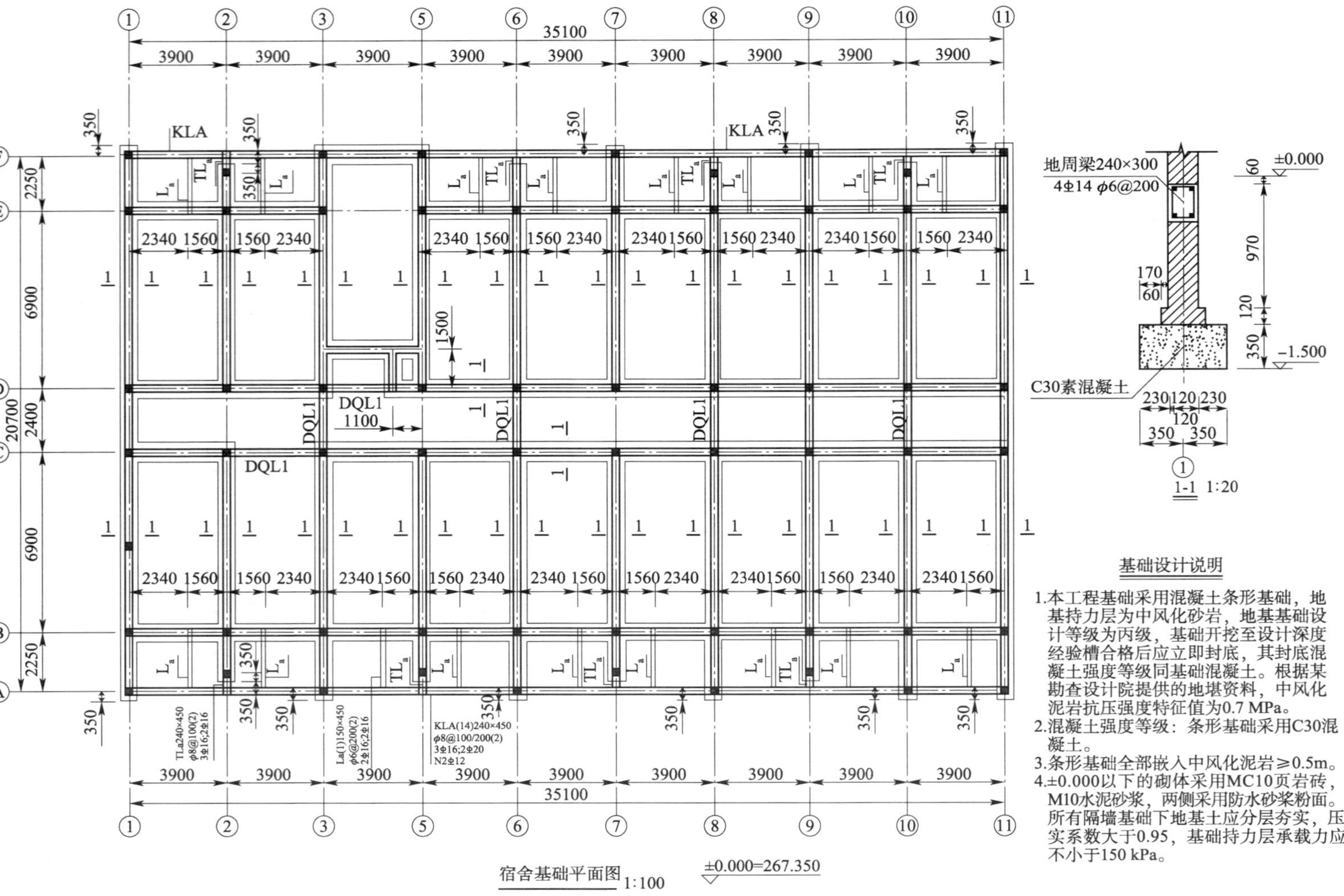

图15-4 某宿舍墙下条形基础平面布置图

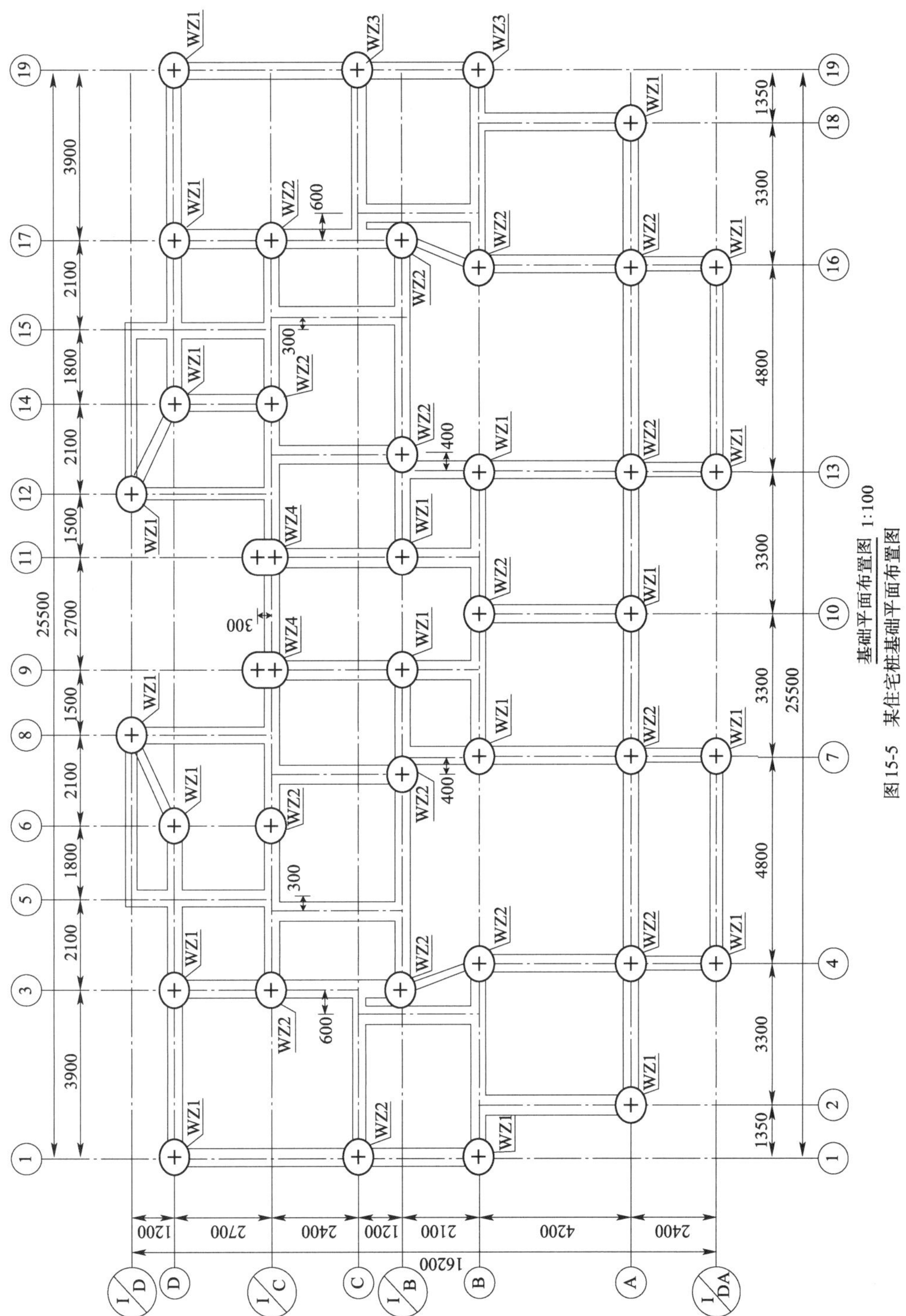

图15-5　某住宅桩基础平面布置图

基础设计说明

1.本工程基础采用人工挖孔扩底灌注桩基础，桩端持力层为中风化泥岩，要求桩端进入持力层不小于1倍桩径，桩长根据中风化泥岩深度确定且不小于6m，根据地勘资料，中风化泥岩层的天然湿度单轴料，中风化泥岩层的天然湿度单轴抗压强度标准值取为f_{rc}=4.5 MPa。尚应进行可靠的成桩质量检查和单桩竖向极限承载力标准值检测。

2.桩身混凝土为C25：混凝土护壁为C20混凝土，进入基岩后可不做桩身护壁。

3.桩身纵筋保护层厚度为50 mm，地梁纵筋保护层厚度为40 mm。

4.地梁及柱纵筋均须锚入桩内40*d*，桩间距≤2100mm时应采用跳挖施工。

5.各桩未注明定位尺寸时，桩中心与柱中心重合；地梁未注明定中心线均与轴线重合。

6.挖孔桩施工时必须采取可靠的降排水措施，孔底不得有积水，及时清除护壁上的泥浆和孔底残渣，并及时通知设计及相关人员检验验收，经验收合格成孔后，方可浇筑桩身混凝上。

7.±0.000以下砌体采用MU10页岩砖，M10水泥砂浆砌筑，两侧采用防水砂浆粉面

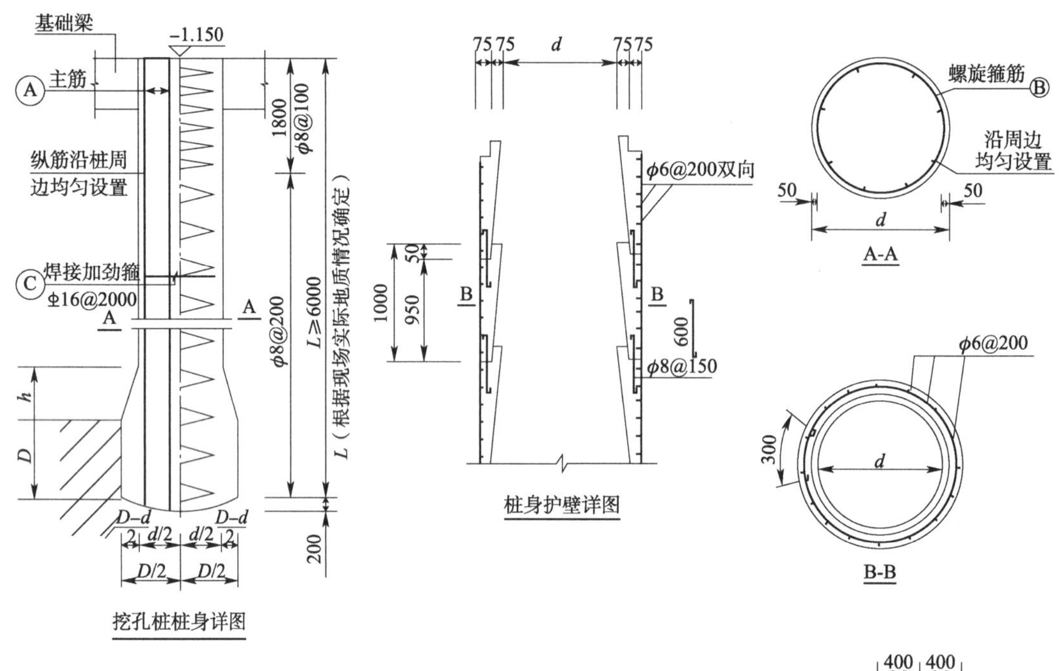

桩断面及配筋表

桩基编号	墩几何尺寸			纵筋Ⓐ	螺旋箍筋	单桩竖向承载力极限值(kN)	备注
	d(mm)	*D*(mm)	*h*(mm)				
WZ1	800	800		10Φ12	见桩身大样	2500	
WZ2	800	1200	600	12Φ12	见桩身大样	3600	
WZ3	800	1400	900	12Φ14	见桩身大样	4950	

400 400
16Φ12
ϕ8@300
拉结筋
150~200
焊接封闭箍筋
间距同WZ1
400 300 400
WZ4
不扩底

图 15-6　某住宅桩基础详图

基础设计说明可以放在基础详图中，也可以放在施工图设计总说明中，其主要内容有：①基础形式；②持力层选择；③地基承载力；④基础材料及其强度；⑤基础的构造要求；⑥防潮层做法及基础施工要求；⑦基础验收及检验要求。

在桩基础详图中，由于不同编号的桩的尺寸规格和配筋构造大致相同，可以用一个桩身详图来统一表示；而对于各桩的特殊尺寸、配筋、承载力等，则应列表注明，即桩断面及配筋表。

比萨斜塔

如图 15-6 所示，各桩桩顶标高均为 −1.150m；沿桩身长度方向均配有钢筋规格为 HPB235、直径为 8mm 的螺旋箍筋，距桩顶 1800mm 范围内为箍筋加

密区,螺旋箍筋的间距为100mm,而非加密区螺旋箍筋的间距为200mm;此外,沿桩身长度方向还配有钢筋规格为HRB335、直径为16mm、间距为2000mm的加劲箍筋。各桩的几何尺寸、主筋(纵筋)的配置情况和单桩承载力等则列表注明,如各桩桩径 d 为800mm,WZ2、WZ3为扩底桩(桩底部直径大于上部桩身直径),扩底直径 D 分别为1200mm和1400mm。而对于桩WZ4(不做扩底),由于其截面形状与其他各桩不同,所以单独画出其桩身断面图,以表达其截面尺寸和配筋情况。另外,图15-7还画出了桩身护壁详图,从图中可以详细了解护壁的截面尺寸和配筋情况。

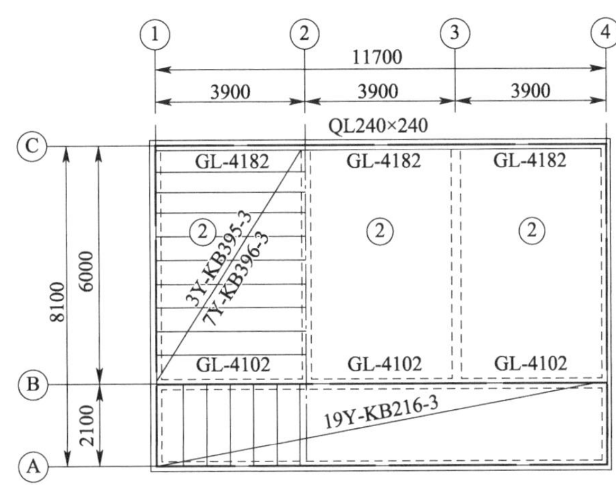

图15-7　某宿舍楼层预制楼盖结构布置图(局部)

五、楼层结构布置图

(一)楼层结构布置图的内容和方法

楼层(屋面)结构布置图是假想沿楼面(屋面)将建筑物水平剖切后所得的楼层的水平投影,剖切位置在楼板处。它反映了每层楼层上板、梁及楼层下层的门窗过梁、圈梁等构件的布置情况,以及现浇楼层板的构造及配筋情况。绘制楼层结构布置图时采用正投影法。钢筋混凝土楼层结构一般采用预制装配式和现浇整体式两种施工方法。

1. 预制装配式楼层结构布置图的内容和画法

预制装配式是指将预制厂生产的建筑构件运送到施工现场进行连接安装的施工方法。预制装配式楼层结构采用预制钢筋混凝土楼板压住墙、梁。构件一般采用其轮廓线表示:预制板轮廓线用细实线表示,被楼板挡住的墙体轮廓线用中虚线表示,没有被挡住的墙体轮廓线用中实线表示,梁(单梁、圈梁、过梁)用粗点画线表示,门、窗洞口的位置用细虚线表示。为了便于确定墙、梁、板和其他构件的施工位置,楼层结构布置图画有与建筑施工图完全一致的定位轴线,并标出轴线间尺寸和总尺寸。

预制装配式结构的常用构件(如板、过梁、楼梯、阳台等)多采用国家或各地制定的标准图集,读图时应首先了解其图集规定的构件代号的含义,然后看结构布置平面图,这样才能完全了解构件的布置情况。例如,《钢筋混凝土过梁》(03G322—1)所给出的钢筋混凝土过梁代号的注写方式如图 15-8 所示。

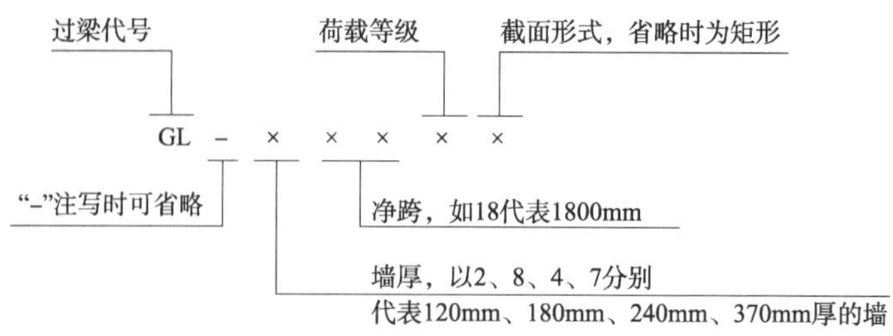

图 15-8 钢筋混凝土过梁代号注写方式

下面以图 15-8 为例，说明预制装配式楼层结构布置图的基本内容。图中Ⓑ轴线上标有“GL-4102”的粗点画线，表示该处门洞口上方有一根过梁，过梁所在的墙厚 240mm，净跨度(洞口宽度)为 1000mm，荷载等级为 2 级；外墙轴线上的粗点画线表示圈梁，编号为“QL”，截面尺寸为 240mm × 240mm；细实线绘制的矩形线框表示钢筋混凝土预制板，常见的类型有平板、槽形板和空心板。由于预制楼板大多选用标准图集，在施工图中应标明预制板的代号、跨度、度宽及所能承受的荷载等级，如图中“3Y-KB395-3”表示 3 块预应力空心板，板跨度为 3900mm，宽度为 500mm(常用板宽为 500mm、600mm 和 900mm 等)，荷载等级为 3 级。

2. 现浇整体式楼层结构布置图的内容和画法

现浇整体式钢筋混凝土楼盖由楼板、次梁和主梁构成，三者在施工现场用混凝土整体浇注，结构刚度较好，适应性强，但模板用量较多，现场作业量大，施工工期较长，成本比预制装配式楼层要高。

现浇整体式楼层布置图的线型表达为：中实线表示未被楼面构件挡住的墙体，被楼面构件挡住的墙体用中虚线表示；未被楼面构件挡住的梁为细实线；被楼面构件挡住的梁为细虚线；柱截面按实际尺寸绘制，需要用图例填充，当绘图比例小于 1∶50 时可以直接涂黑；屋顶柱用中实线绘制，不用涂黑。下层的门窗洞口及雨篷为细实线，现浇楼板有高差时，其交界线为细实线，并以粗实线画出受力钢筋。每种规格的钢筋可只画一根，并应注明其规格、直径、间距和数量等。

(二)楼层结构布置图的读图方法和步骤

(1)看图名、轴线、比例弄清各种文字、字母和符号的含义，了解常用构件代号。

(2)弄清各种构件的空间位置，如该楼层中哪个房间有哪些构件，构件数量是多少。

(3)弄清构件数量、构件详图的位置，采用标准图的编号和位置。

(4)弄清各种构件的关系及相互的连接和构造。

(5)结合设计说明了解设计意图和施工要求。

图 15-9 某住宅一层楼层结构布置图

图 15-9 ~ 图 15-13 分别为本书模块十二中建筑施工图所示住宅的顶板结构平面布置图，下面以其为例介绍现浇整体式楼层结构布置图的基本内容。如图 15-9 所示，本层(一层)现浇板钢筋采用规格为 HRB500 的热轧带肋钢筋，板厚 100mm。楼层结构布置图中应标注轴线编号、轴间尺寸、轴线总尺寸以及各梁与轴线的关系尺寸，此外，还应

标注该层的楼面标高。图中在图名右侧注有一层楼面标高为 3.000m，对于与楼面标高存在高差的房间，应将其高差注写在图中该房间位置。例如⑮-⑰轴线间的卫生间板面标高为 $h-0.060$m，表示该房间相对于本层楼面标高降低了 60mm；又如位于楼层两端的卧室、书房等房间的板面标高为 $h+0.450$m，表示这些房间相对于本层楼面抬升了 450mm。当个别房间的板厚与设计说明中的板厚不同时，应单独将其厚度注写在该房间位置，如图中①-③轴线间的卧室板厚 110mm，④-⑦轴线间的客厅板厚 120mm。对于楼层平面中的梁、柱等构件还应进行编号，如图中阳台转角柱 Z-1 等。

图 15-10　某住宅二至四层楼层结构布置图

图 15-11　某住宅五层楼层结构布置图

图 15-12　某住宅六层楼层结构布置图

图 15-13　某住宅屋面层结构布置图

由于该住宅单元的两个户型完全相同，结构布置也完全相同，所以左边的户型内仅绘制顶层的钢筋，而在右边的户型内绘制底层的钢筋，标注标高。在楼层结构布置图中表达楼板的双层配筋时，底层钢筋弯钩应向上或向左，如图 15-14a）所示；顶层钢筋则向下或向右，如图 15-14b）所示。

现浇楼板中的钢筋应进行编号。对型号、形状、长度及间距相同的钢筋采用相同的编号，底层钢筋与顶层钢筋应分开编号。图 15-9 中注明了各种钢筋的编号、规格、直径间距等，如 4Φ8@200（图左上方）表示编号为 4 号的钢筋，直径为 8mm，规格为 HRB500，间隔 200mm 布置一根。5 号钢筋与 4 号钢筋在直径、规格、间距等方面都相同，仅长度不同，所以也要分别编号。在布置板钢筋时，还应注明钢筋切断点到梁边或墙边的距离，如 4 号钢筋切断点到墙边的距离为 530mm。相同编号的钢筋可以仅对其中一根的长度、型号、间距和切断点位置进行标注，其他钢筋注明序号即可。

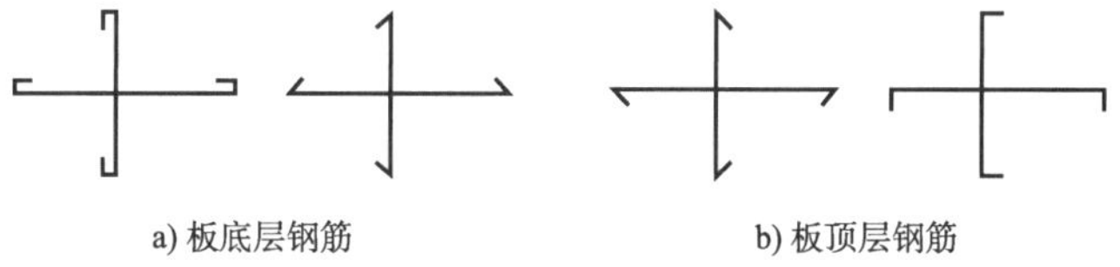

a) 板底层钢筋　　b) 板顶层钢筋

图 15-14　板双层配筋画法

在结构布置平面图中还应画出过梁的位置。从图 15-9 可以看出，门洞口和一些窗洞口上方均设有过梁，如Ⓑ轴线上的窗洞口过梁 GL4092；Ⓓ轴线上①-③轴线间的 TC 为凸窗梁；⑨-⑪轴线间有雨篷和楼梯，雨篷顶板由挑梁 TL-1 和边梁 BL1 承担；HTL 为楼梯横梁，XTB1 为 1 号现浇楼梯板。

当楼层若干层结构布置情况完全相同时，这些楼层可用同一楼层结构布置平面图来表示，称为结构标准层，如图 15-10 所示。二至四层的顶板结构布置情况相同，为一个结构标准层。与一层顶板结构布置图相比，结构标准层的区别只是在⑨-⑪轴间无雨篷，其他大致相同。

图 15-11 为五层顶板结构平面布置图，和结构标准层相比，不同之处在于图中②-④轴较Ⓐ-Ⓑ轴线房间内部增设由六层通向六加一层的楼梯。由于(1/0A)轴线上的柱 Z-1 已位于屋顶处，用中实线绘制，不用涂黑，其他结构布置情况大体相同。

图 15-12 为六层顶板结构布置平面图，其中的⑦-⑧轴线交Ⓐ-Ⓑ轴线处为孔洞，孔洞周

边的墙可见,画成中粗实线;Ⓐ轴线、⑴/D及Ⓓ轴线上的柱已位于屋顶处,用中实线绘制,不用涂黑。屋顶板结构布置平面图如图 15-13 所示,⑦-⑬轴线间为孔洞,孔洞周边的墙可见,画成中粗实线;屋顶柱用中实线绘制,不用涂黑。

六、构件详图

钢筋混凝土构件详图是加工钢筋,制作、安装模板,浇筑混凝土的依据,包括模板图、配筋图、钢筋明细表及文字说明。

(一)模板图

模板图是为安装模板、浇筑构件而绘制的图样,主要表示构件的形状、尺寸、预埋件位置及预留洞口的位置和大小等,并详细标注其定位尺寸。对于外形较简单的构件,一般不必单独画模板图,只需在配筋立面图中将构件的外形尺寸表示清楚即可。

(二)配筋图

配筋图主要表示构件内部各种钢筋的布置情况,以及各种钢筋的形状、尺寸、数量、规格等,包括配筋立面图、断面图和钢筋详图。具体内容及要求如下:

(1)梁的可见轮廓线以细实线表示,其不可见轮廓线以细虚线表示。

(2)图中钢筋一律以粗实线表示,钢筋断面以小黑圆点表示。箍筋若沿梁全长等距离布置,则在立面图中部画出三四个即可,但应注明其间距。钢筋与构件轮廓线应有适当距离,以表示混凝土保护层厚度(按照规范规定,梁的保护层厚度为 25mm,板的保护层厚度为 15 ~20mm)。

(3)断面图的数量应视钢筋布置的情况而定,以将各种钢筋布置表示清楚为宜。

(4)在钢筋立面图中应标注梁的长度和高度,在断面图中应标注梁的宽度和高度。

(5)对于配筋较复杂的构件,应将各种编号的钢筋从构件中分离出来,在立面图下方以与立面图相同的比例画出钢筋详图,并在图中分别标注各种钢筋的编号、根数、直径以及各段的长度(不包括弯钩长度)和总长。

(三)钢筋明细表

为便于预算编制和现场加工钢筋,常用列表的方式表示结构图中的钢筋形式及数量。其内容包括构件名称、构件数量、钢筋图(须画出钢筋形式)、钢筋根数、单根质量、总重等。

(四)文字说明

应以文字形式说明该构件的材料、规格、施要工求、注意事项等。下面以上述住宅的构件详图为例,说明构件详图的图示内容。

图 15-15　某住宅构件详图

如图 15-15 所示,在楼层结构布置图中进行过编号的构件都画出了其相应的构件详图,包括各种构件的断面图,如梁、柱、楼梯板、梁垫、凸窗梁等,以及圈梁的大样图和连接做法等内容。

从断面图中可以详细地看出构件的宽度、高度及配筋情况。例如,从梁 L-4(图 15-16)的断面图中可以看出,该梁宽度为 240mm,高度为 250mm,梁顶配有两根直径为12mm，规格为HRB335的纵向钢筋，梁底配有直径为16mm，规格为HRB335的纵向钢筋，梁沿长度方向通长配有间距为200mm，直径为8mm，规格为HPB235的箍筋。

又如，从楼梯板XTBl的配筋断面图（图15-17）可以看出，梯段长2430mm，梯段高1500mm，踏步宽270mm，踢面高150mm，梯段板厚100mm。梯段板距梯段端部800mm范围内配有板顶钢筋，梯段板下部配有通长的板底钢筋；梯段板所有钢筋直径为8mm，钢筋规格为HRB500热轧带肋钢筋。其中1号板底钢筋沿梯段板长度方向通长布置，间距为100mm，2号钢筋沿梯段宽度方向布置，间距为200mm，3号、4号钢筋分别位于板下端与上端，沿板长方向布置，钢筋间距均为100mm。

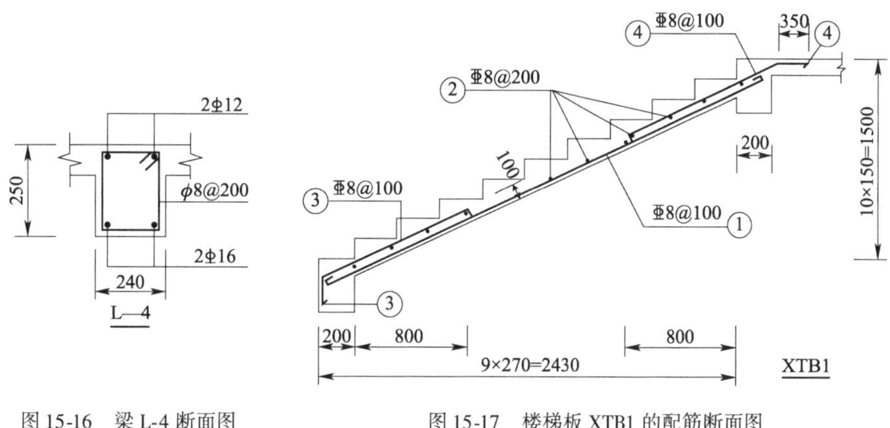

图15-16　梁L-4断面图　　　　图15-17　楼梯板XTB1的配筋断面图

构件详图中还可以加入必要的文字说明，如图15-17说明了梁伸入支座的构造要求，以及空调板的配筋情况。

第三节　钢筋混凝土结构施工图平面整体表示方法

一、概述

钢筋混凝土结构施工图平面整体表示方法，简称平法，是我国对钢筋混凝土结构施工图设计方法所作的重大改革，也是目前广泛应用的结构施工图画法。它是把结构构件的尺寸、形状和配筋按照平法制图规则直接表达在各类结构构件的平面布置图上，再与标准构件详图结合，构成一套完整的结构设计图。该方法表达清晰、准确，主要用于绘制现浇钢筋混凝土结构的梁、板、柱、剪力墙等构件的配筋图。

平法施工图是根据《混凝土结构施工图平面整体表示方法制图规则和构造详图（现浇混凝土框架、剪力墙、梁、板）》（22G101—1）中的制图规则绘制的。

二、梁平法施工图的表示方法

梁平法施工图是在梁平面布置图上采用平面注写方式或截面注写方式表达的梁构件配

筋图,钢筋构造要求按图集要求执行,并据此进行施工。

绘制梁平法施工图时,应分别按不同结构层将梁和与其相关的柱、墙、板一起采用适当的比例绘制,并注明各结构层的顶面标高及相应的结构层号。图中梁应进行编号,梁宽根据实际尺寸按比例绘制,梁平面位置要与轴线定位,对轴线未居中的梁,应标注其偏心定位尺寸,贴柱边的梁可不标注。

梁平法施工图的表示方法分为截面注写方式和平面注写方式。本书主要介绍平面注写方式。

(一)截面注写方式

截面注写方式是在标准层绘制的梁平面布置图上,从不同编号的梁中各选择一根梁用剖面号引出配筋图,并在其上注写配筋尺寸和配筋具体数值的方式来表达梁平法施工图。

(二)平面注写方式

平面注写方式(图 15-18)是在梁平面布置图上,将不同编号的梁各选一根为代表,在其上面注写截面尺寸、配筋情况及标高。平面注写法又分为集中标注与原位标注。集中标注表达梁的通用数值,原位标注表达梁的特殊数值。当集中标注的某项数值不适用于梁的某部位时,则将该数值原位标注,施工时,原位标注取值优先。

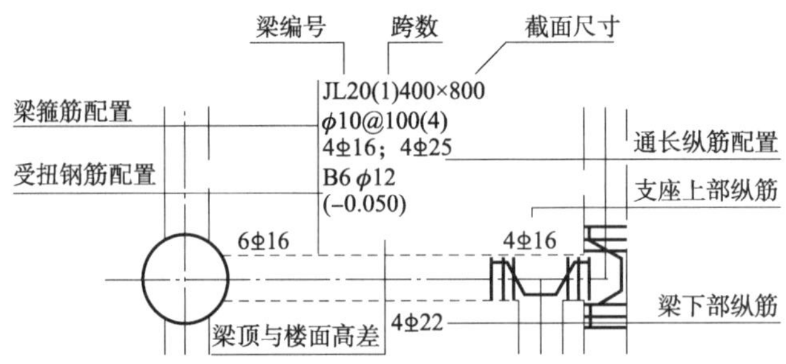

图 15-18 梁平面注写方式示意图

梁编号由梁类型、代号、序号、跨数及有无悬挑组成,应符合表 15-2 的规定。例如,JL19(2A)表示第 19 号基础梁 2 跨,一端悬挑;L9(7B)表示第 9 号非框架梁,7 跨,两端悬挑。

梁编号表 表 15-2

梁类型	代号	序号	跨数及有尤悬挑
楼面框架梁	KL	××	(××)、(××A)或(××B)
屋面框架梁	WKL	××	(××)、(××A)或(××B)
框支梁	KZL	××	(××)、(××A)或(××B)
非框架梁	L	××	(××)、(××A)或(××B)
悬挑梁	XL	××	
井字梁	JZL	××	(××)、(××A)或(××B)
基础梁	JL	××	(××)、(××A)或(××B)

注:(××A)为一端悬挑,(××B)为两端悬挑,悬挑不计入跨数。

图 15-19　某住宅基础梁平法施工图

下面以图 15-19 所示住宅的基础梁平法施工图为例，介绍平面注写方式的主要内容。

(1)梁集中标注的内容有 5 项必注值及 1 项选注值(集中标注可以从梁的任意一跨引出)，其中 5 项必注值及其标注规则如下：

①梁的编号：按表 15-2 执行。

②梁截面尺寸：等截面梁用 $b \times h$ 表示，b 为梁宽，h 为梁高；加腋梁用 $b \times h$、$YC_1 \times C_2$ 表示，其中 C_1 为腋长，C_2 为腋高；对于悬挑梁，当根部和端部高度不同时，用 $b \times h_1/h_2$ 表示，其中 h_1 为根部截面高度，h_2 为端部截面高度。

③梁箍筋：包括钢筋级别、直径、加密区与非加密区间距及肢数。箍筋加密区与非加密区的间距及肢数不同时需要用斜线“/”分隔；当梁箍筋为同一间距及肢数时，不需要用斜线分隔；当加密区与非加密区的箍筋肢数相同时，将肢数注写一次；箍筋肢数应写在括号内。加密区范围见相应抗震等级的标准构造详图。如图 15-20a)所示，“ϕ10@100/200(4)”表示箍筋为 HPB235 钢筋，直径 ϕ10mm，加密区间距为 100mm，非加密区间距为 150mm，且均为四肢箍筋。

④梁上部通长钢筋或架立钢筋配置：当同排纵筋中既有通长筋又有架立筋时，应用加号“ + ”将通长筋和架立筋相连，注写时须将角部纵筋写在加号前面，架立筋写在加号后面的括号内，以示不同直径及与通长筋的区别，当全部采用架立筋时，则将其写在括号内。如图 15-20a)所示，“2 ⌀ 20 + (2 ⌀ 12)”表示梁上部配有 2 根⌀ 20 通长筋，并配有 2 根⌀ 12 架立筋。当梁的上部纵筋和下部纵筋为全跨相同，且多数跨配筋相同时，此项可加注下部纵筋的配筋值，用分号“；”将上部与下部纵筋的配筋值分隔开来，少数跨不同者，采用原位标注处理。如图 15-20b)所示，“4 ⌀ 18；5 ⌀ 25”表示梁上部配有 4 根⌀ 18 通长筋，梁下部配有 5 根⌀ 25 通长筋。

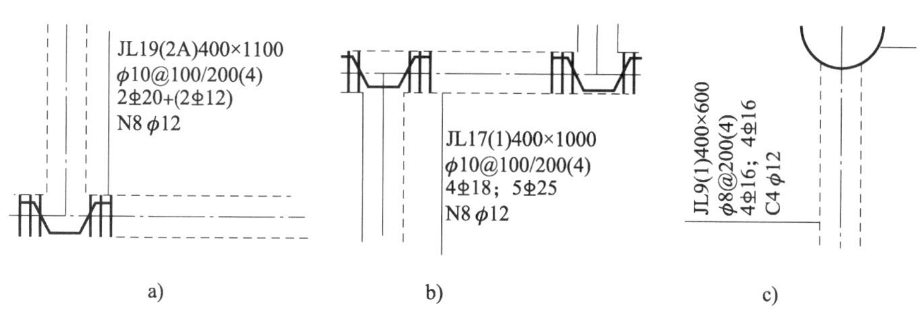

图 15-20　梁集中标注示意图(本图从图 15-18 中截取放大)

⑤梁侧面纵向构造钢筋或受扭钢筋配置：梁侧面纵向构造钢筋的注写值以大写字母“G”打头，接续注写配置在梁两个侧面的总配筋值，且对称配置。如图 15-20c)所示，“G4ϕ12”表示梁的两个侧面共配置 4 根 ϕ12 的纵向构造钢筋，每侧各配置 2 根。当梁侧面配置有受扭纵向钢筋时，注写值以大写字母“N”打头，接续注写配置在梁两个侧面的总配筋值，且对称配置。受扭纵向钢筋应满足梁侧面纵向构造钢筋的间距要求，且不再重复配置纵向构造钢筋。如图 15-20b)所示，“N8ϕ12”表示梁的两侧共配置 8 根 ϕ12 的受扭纵向钢筋，每侧各配置 4 根。

梁集中标注中的一项选注值为梁顶面标高与楼面标高的差值，当没有高差时无此项。如图 15-19 所示，(-0.050)表示该梁顶面标高比楼面标高低 50mm。

(2)梁原位标注就是在控制截面处标注，其内容规定如下：

①梁支座上部纵筋，该部位含通长钢筋在内的所有纵筋：

a. 当上部纵筋多于一排时，用斜线"/"将各排纵筋自上而下分开。如图 15-21a)所示，梁上部纵筋注写为 6 ф16 4/2，则表示上一排纵筋为 4 ф16，下一排纵筋为 2 ф16。

b. 当同排纵筋有两种直径时，用加号" + "将两种直径的纵筋相连，注写时将角部纵筋写在前面。如图 15-21b)所示，"2 ф18 +3 ф22"表示梁支座上部纵筋为 4 根，2 ф18 放在角部，3 ф22 放在中部。

c. 当梁中间支座两边的上部纵筋不同时，须在支座两边分别标注；当梁中间支座两边的上部纵筋相同时，可仅在支座的一边标注钢筋值，另一边省去不注，如图 15-21b)所示。

②梁下部纵筋：

a. 当梁下部纵筋多于一排时，用斜线"/"将各排纵筋自上而下分开。例如，梁下部纵筋注写为 6 ф22 2/4，表示上一排纵筋为 2 ф22，下一排纵筋为 4 ф22，全部伸入支座。

b. 当同排纵筋有两种直径时，用加号" + "将两种直径的纵筋相连，注写时将角部纵筋写在前面。

c. 当梁下部纵筋不全部伸入支座时，将梁下部纵筋减少的数量写在括号内。例如，梁下部纵筋注写为 6 ф25 2(-2)/4，表示上排纵筋为 2 ф25，且不伸入支座，下排纵筋为 4 ф25，全部伸入支座。

d. 当梁的集中标注中已注写了梁上部和下部均为通长纵筋，且此处的梁下部纵筋与集中标注相同时，则不需要在梁下部重复做原位标注。

③当在梁上集中标注的内容(梁截面尺寸、箍筋、上部通长筋或架立筋，梁侧面纵向构造钢筋或受扭纵向钢筋，以及梁顶面标高高差中的某一项或几项数值)不适用于某跨或某悬挑部分时，则将其不同数值原位标注在该跨或该悬挑梁部位，施工时应按原位标注数值取用。

④附加箍筋或吊筋，将其直接画在平面图中的主梁上，用引线引注总配筋值(附加箍筋的肢数注写在括号内)。当多数附加箍筋或吊筋相同时，可在梁平法施工图上统一注明，少数与统一注明值不同时，再原位引注，如图 15-21c)所示。

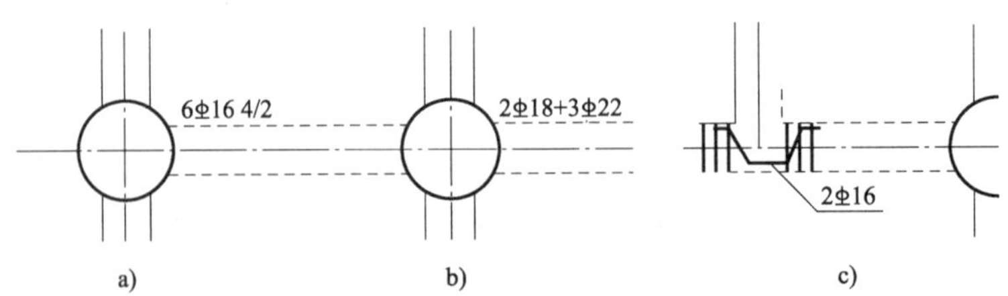

图 15-21　梁原位标注示意图(本图从图 15-17 中截取放大)

三、柱平法施工图的表示方法

柱平法施工图是在柱平面布置图上，采用列表注写方式或截面注写方式表示柱的截面尺寸和配筋情况的结构施工图。柱平面布置图可采用适当比例单独绘制，也可以与剪力墙平面布置图合并绘制。在柱平法施工图中应注明各结构层的楼面标高、结构层高及相应的结构层号。

列表注写方式是在柱的平面布置图上，分别在同一编号的柱中选择一个(有时需选择几个)截面标注几何参数代号；在主表中注写柱号、柱段起止标高、几何尺寸(含柱截面对轴线的偏心情况)与配筋具体数值，并配以各种柱截面形状及其箍筋类型图的方式来表达柱平法施工图，如图 15-22 所示。

图 15-22　柱平法——截面注写方式 1

截面注写方式是在柱平面布置图的柱截面上，分别在统一编号的柱中选择一个截面，以直接注写截面尺寸和配筋具体数值的方式来表达柱平法施工图，如图 15-23 所示。

图 15-23　柱平法——截面注写方式 2

关于柱平法施工图的具体绘制要求以及剪力墙平法施工图的内容，请根据专业需要查阅《混凝土结构施工图平面整体表示法制图规则和构造详图(现浇混凝土框架、剪力墙、梁、板)》(22G101—1)。

习题

简答题

1. 什么是建筑结构施工图？
2. 混合结构民用建筑的结构施工图一般包括哪些图？

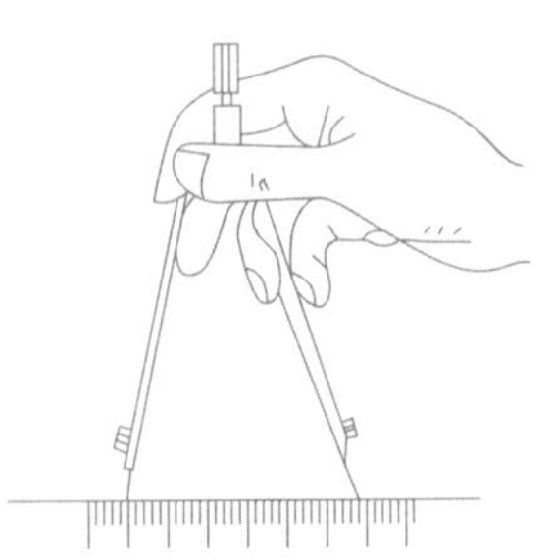

模块十六 给水排水施工图

学习目标

※ 知识目标

1. 了解给水排水系统的基本概念、分类及其功能，包括给水系统的分类、组成及工作原理，排水系统的分类、组成及工作原理等内容。

2. 掌握给水排水系统在建筑中的应用情况。

3. 理解并掌握给水排水系统施工的基本原理和方法，了解给水排水系统中给水管、排水管、水泵等组成部分及其功能。

※ 技能目标

1. 理解给水排水施工图中的符号、线型、标注等基本知识，能够识读给水排水施工图。

2. 掌握给水排水施工中常用的材料、设备及工具，并了解其性能和适用范围。

3. 培养通过观察、分析、解决实际给水排水问题的能力，能够运用所学知识解决给水排水工程设计和施工中的具体问题。

※ 素养目标

1. 培养对给水排水工程的兴趣，增强职业责任感，激发学习热情，提高专业认同感。

2. 树立安全意识，注重施工过程中的环境保护和资源节约，遵循可持续发展原则。

3. 培养严谨、细致的工作态度，注重细节，以确保给水排水工程的设计、施工等工作的高准确性和高质量。

第一节 给水排水施工图概述

一、给水排水施工图的用途和内容

对于居民的生活和生产用水，从水源取水，经过水厂的处理和净化，由管道输送到居民家中,属于给水工程;人们在生活和生产中产生的废水、污水以及雨水,通过管道汇总,经污水处理后排放出去,属于排水工程。

房屋的室内给水系统的流程一般为进户管(引入管)→水表→干管→支管→用水设备,房屋的室内排水系统的流程为排水设备→支管→干管→户外排出管。给水排水施工图是反映室内外的管道及其附属设备、水处理的构筑物、储存设备等专业设备的施工图,是房屋施工图中非常重要的设备施工图之一,是直接为施工服务的工程图样,是给水排水工程施工的技术依据。除了本专业的工艺图外,给水排水施工图与房屋的建筑施工图、结构施工图等有着密切的联系。给水排水施工图按其内容大致可分为室内给水排水施工图、室外给水排水施工图、水处理设备构筑物工艺图。

二、给水排水施工图的一般规定及图示特点

给水排水施工图与其他专业图一样,要符合投影原理和《房屋建筑制图统一标准》(GB/T 50001—2017)的规定。另外,由于管道是给水排水施工图的主要表达对象,这些管道的截面形状变化小,一般细而长,分布范围广,纵横交错,管道附件众多,所以还应遵守《建筑给水排水制图标准》(GB/T 50106—2010),以及国家规定的有关标准、规范。给水排水施工图图示有下列特点:

(1)按《建筑给水排水制图标准》(GB/T 50106—2010)规定,给水排水专业制图常用的各种线型应符合表16-1的规定,线宽 b 宜为0.7mm或1.0mm。

给水排水专业制图常用的各种线型　　表16-1

名称	线型	线宽	一般用途
粗实线	━━━━━━	b	新设计的各种排水和其他重力流管线
粗虚线	━ ━ ━ ━ ━ ━	b	新设计的各种排水和其他重力流管线的不可见轮廓线
中粗实线	──────	$0.7b$	新设计的各种给水和其他压力流管线、原有的各种排水和其他重力流管线
中粗虚线	— — — — — —	$0.7b$	新设计的各种给水和其他压力流管线及原有的各种排水和其他重力流管线的不可见轮廓线
中实线	──────	$0.5b$	给水排水设备、零(附)件的可见轮廓线,总图中新建的建筑物和构筑物的可见轮廓线,原有的各种给水和其他压力流管线
中虚线	— — — — — —	$0.5b$	给水排水设备、零(附)件的不可见轮廓线,总图中新建的建筑物和构筑物的不可见轮廓线,原有的各种给水和其他压力流管线的不可见轮廓线
细实线	──────	$0.25b$	建筑的可见轮廓线,总图中原有的建筑物和构筑物的可见轮廓线,图中的各种标注线

续上表

名称	线型	线宽	一般用途
细虚线	—— —— —— —— —— ——	0.25b	建筑的不可见轮廓线、总图中原有的建筑物和构筑物的不可见轮廓线
单点长画线	——·——·——·——	0.25b	定位轴线、中心线
折断线	——\/——	0.25b	断开界线
波浪线	～～～	0.25b	平面图中水面线、局部构造层次范围线、保温范围示意线等

给水排水施工中的管道及附件、管道的连接、阀门、卫生器具及水池、设备及仪表等，采用统一的图例表示。表 16-2 摘录了《建筑给水排水制图标准》(GB/T 50106—2010)中规定的部分图例。凡该标准中尚未列入的图例可自行设置，但在图纸上应专门画出自设的图例，并加以说明。

给水排水图中的常用图例 表 16-2

名称	图例	说明	名称	图例	说明
生活给水管	—— J ——		闸阀		
废水管	—— F ——	可与中水源水管合用	截止阀		
污水管	—— W ——		浮球阀	平面 系统	
雨水管	—— Y ——		水嘴	平面 系统	
多孔管			消火栓给水管	—— XH ——	
管道立管	XL-1 平面 XL-1 系统	X 为管道类别。L 为立管。1 为编号	室外消火栓		
刚性防水套管			(单口)室内消火栓	平面 系统	白色为开启面
柔性防水套管			(双口)室内消火栓	平面 系统	
立管检查口			台式洗脸盆		

续上表

名称	图例	说明	名称	图例	说明
清扫口	平面　系统		挂式洗脸盆		
通气帽	成品　蘑菇形		浴盆		
圆形地漏	平面　系统	通用。如无水封,地漏应加存水弯	盥洗槽		
自动冲洗水箱			污水地漏		
倒流防止器			坐式大便器		
法兰连接			小便槽		
承插连接			矩形化粪池	HC	HC 为化粪池代号
活接头			阀门井或检查井	J-×× W-×× Y-××　J-×× W-×× Y-××	以代号区别管道
S 形、P 形存水弯			水表井		
浴盆排水管			水表		

(2)给水排水施工图中管道很多,常分为给水系统和排水系统,它们都按一定方向通过干管、支管,最后与具体设备相连。当建筑物的给水引入管或排水排出管的数量多于一个时,应用阿拉伯数字进行编号,作为管道系统的编号,编号宜按图 16-1 所示的方式表示。

给水排水立管是指穿过一层或多层的竖向供水管道和排水管道。立管在平面图中以空心小圆圈表示,并用指引线注明管道的类别代号,如 JL、FL、WL 分别表示给水立管、废水立管、污水立管。当一种系统的立管数量多于一根时,应用阿拉伯数字进行编号。图 16-2a)是立管在平面图中的表示法,图 16-2b)是立管在剖面图、系统图和轴测图中的表示法。

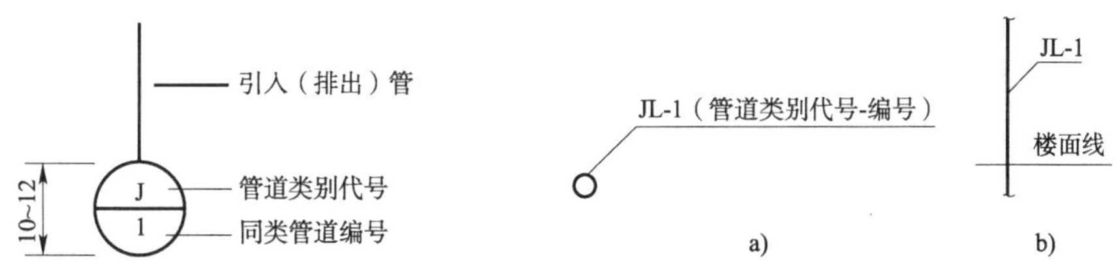

图 16-1　给水引入(排水排出)管编号表示法　　图 16-2　立管编号表示法

(3)给水排水施工图中室内工程应标注相对标高;室外工程宜标注绝对标高,当无绝对标高资料时，可标注相对标高，但应与总图一致。压力管道应标注管中心标高；重力流管道和沟渠宜标注沟（管）内底标高。标高以单位 m 计算，可注写到小数点后第二位。

（4）给水排水管道的管径应以 mm 为单位，管径的表达方法应符合下列规定：

①水煤气输送钢管（镀锌或非镀锌）、铸铁管等管材，管径宜以公称直径 DN 表示，如 DN150。

②无缝钢管、焊接钢管（直缝或螺旋缝）等管材，管径宜以外径 D × 壁厚表示，如 D108 ×4。

③铜管、薄壁不锈钢管等管材，管径宜以公称外径 Dw 表示，如 Dw32。

④建筑给水排水塑料管材，管径宜按公称外径 dn 表示，如 dn20。

⑤钢筋混凝土（或混凝土）管，管径宜以内径 d 表示，如 d500。

⑥复合管、结构壁塑料管等管材，管径应按产品标准规定的方法表示。

管径通常标注在该管段的旁边，当空间不够时，也可用引出线引出标注。

（5）因为在平面图上较难表明给水排水管道的空间走向，所以在给水排水施工图中，通常直观地画出管道轴测系统图或管道展开系统图。

（6）由于管道设备的安装须与土建工程密切配合，所以给水排水施工图也应与土建施工图（包括建筑施工图和结构施工图）密切配合。尤其在留洞、预埋件、管沟等方面对土建施工的要求，应在图纸上标明。

第二节 室内给水排水施工图

在一幢房屋的整套施工图中，室内给水排水施工图是用来表示卫生洁具、管道及其附件在房屋中的位置、安装方法等的图样，一般包括水施图纸目录、设计施工总说明、主要设备器材表、图例、平面图、管道系统图、局部平面放大图、剖面图等。

下面以图 16-3 所示的住宅的室内给水排水施工图为例，介绍给水排水施工图的图示特点和表达方法。

一、给水排水平面图

给水排水平面图中的各类管道、主要阀门、消防设施、卫生设备等均按图例以正投影法绘制在平面图上，图线应符合表 16-1 的规定，主要用来反映用水器具及设备、给水排水管道（包括立管、干管、支管）及其附件在房屋建筑中的平面位置和各种管道系统编号。

给水排水平面图是给水排水专业的基本图纸，它是绘制管道系统图的依据，也是建筑施工图、结构施工图等专业设计综合协调的依据。图 16-3 ~ 图 16-5 分别是这幢住宅的底层、二至四层和五层的给水排水平面图。

楼层给水排水平面图的数量应视卫生设备和给水排水管道的布置而定，一般应分层绘制。如果楼层的卫生设备和管道布置完全相同，可画一个合用的平面图，在图中注明各楼层的层次和标高；当管道种类较多，在一张平面图内表达不清楚时，可将给水排水、消防或直饮水管分开绘制相应的平面图。

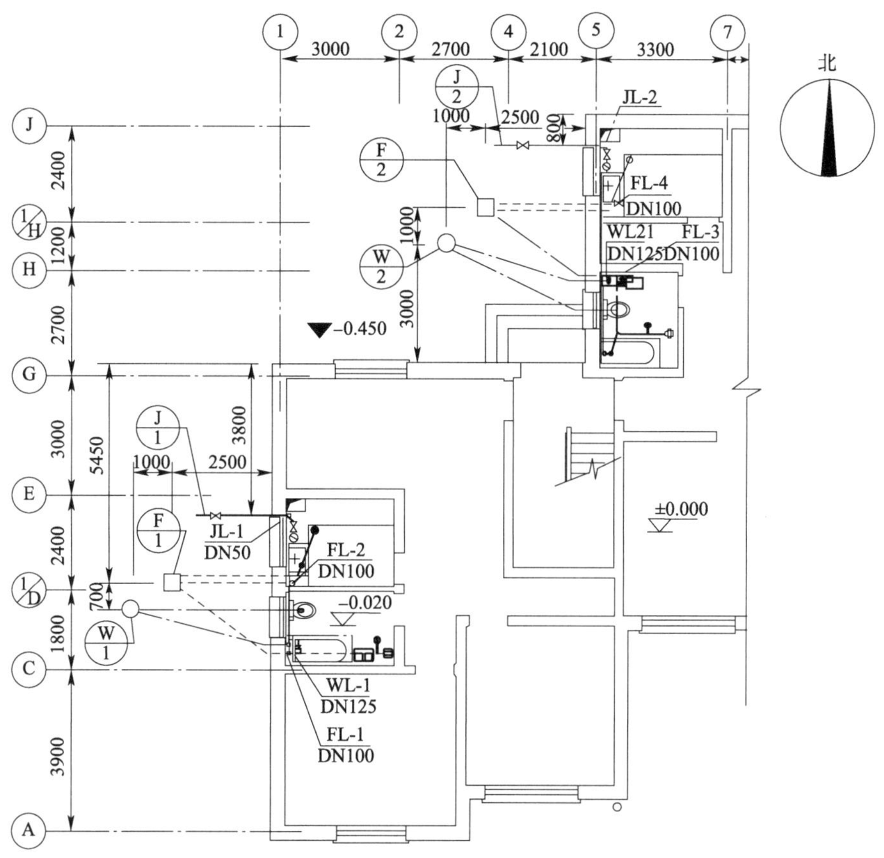

底层给水排水平面图 1:100

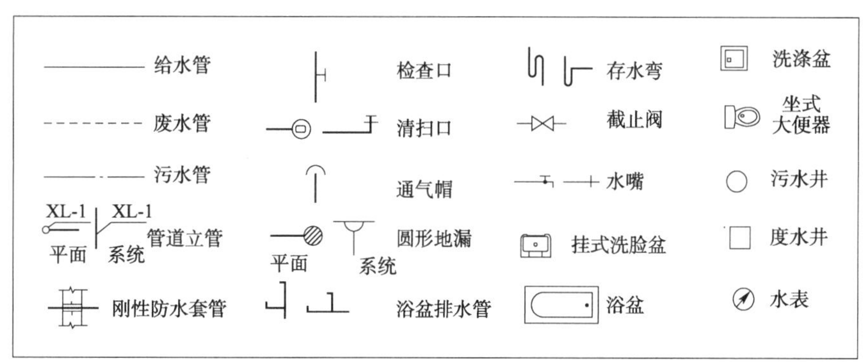

图 16-3　住宅的室内给水排水施工图

屋面给水排水平面图应画出屋面形状、屋顶水箱、分水线及坡向、汇水天沟、雨水斗，绘出污水管、废水管等通气帽的位置并注明各立管编号。

给水排水平面图中的建筑物、轴线号、房间名称、楼层标高、绘图比例均应与建筑专业一致，但图线应用细实线绘制。给水排水底层平面图由于要反映室内管道与室外管道相连，应画出一个完整的平面图，给水排水楼层平面图只需绘制与卫生设备和管道布置有关的平面图。图 16-3 限于页面篇幅只画出局部平面图。

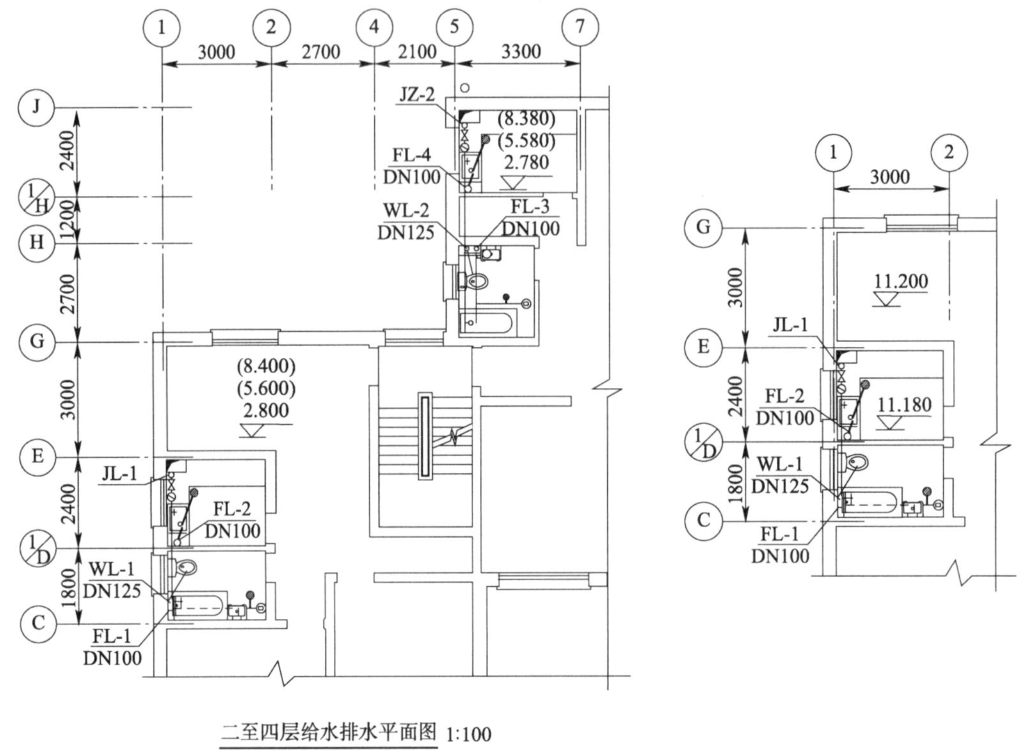

图 16-4　二至四层给水排水平面图　　　　图 16-5　五层给水排水平面图

(一)图示内容

(1)图名、比例,从图名了解这个平面图是表示房屋的哪一层平面;比例视房屋的大小和复杂程度选定,宜采用 1∶100、1∶150、1∶200,宜与建筑平面图一致。由于绘制平面图的比例较小,所以平面图内的管道、配件要用《建筑给水排水制图标准》(GB/T 50106—2010)指定的图例表示,表 16-2 摘录了该标准的部分图例,图例不够用时可查阅该标准。

(2)轴线号,建筑墙身轮廓线,门、窗、平台和房间名称,卫生设备(如洗脸盆、大便器、水池)和地漏等用水、排水设备点,用于了解和确定各种管道、设备等的定位与布置,应与建筑施工图一致。

从平面图可知该住宅每户各有一个卫生间和一个厨房。卫生间中有浴盆一个、洗脸盆一个、地漏一个、低水箱大便器一个、清扫口一个;每个厨房内有洗涤盆一个,地漏一个。

(3)各种管道布置、立管位置及编号。敷设在该层的各种管道均绘制在该层的平面上。由于本书中的插图通过缩尺后很难清晰表达,所以按过去的习惯自行设置图例表示:给水管用粗实线,废水管用粗虚线,污水管用粗单点长画线。各类给水排水管道立管按不同管道代号在图上自左至右分别进行编号,且不同楼层同一立管编号一致。为了便于读图,在底层给水排水平面图中的各种管道按系统编号,给水管以每一根引入管为一个系统,污水管、废水管以每一个承接排水管的检查井为一个系统。

从图 16-3 可以看出:给水系统$\frac{J}{1}$从室外引入,为西边五层的住户供水;给水系统$\frac{J}{2}$从室外引入,为东边四层的住户供水。废水系统则有$\frac{F}{1}$、$\frac{F}{2}$,分别将西、东两边各层住户厨房和卫生间内的浴盆、洗脸盆、地漏和洗涤盆的废水排出；污水系统$\frac{W}{1}$、$\frac{W}{2}$分别将西、东两边各层住户卫生间内低水箱大便器的污水排出。

结合图 16-4 和图 16-5 楼层给水排水平面图的识读，可了解各个管道系统的管路概况。

给水系统$\frac{J}{1}$：底层给水排水平面图显示了当给水引入管穿墙进入西边住户厨房后，接立管 JL-1。立管 JL-1 为一至五层住户分出支管，经阀门、水表和洗涤盆的水嘴后，再穿墙进入卫生间，依次接出大便器水箱给水，浴盆水嘴、洗脸盆水嘴各一个。

给水系统$\frac{J}{2}$：读图方法与$\frac{J}{1}$相同。

废水系统$\frac{F}{1}$：底层给水排水平面图显示了该系统的窨井接有 3 根排出管，排出西边住户的生活废水。一根从底层卫生间穿墙而出，连接立管 FL-1，排出汇总在该立管中的废水。底层、二至五层的给水排水平面图显示立管 FL-1 在底层和各楼层接有干管，干管末端接有清扫口，接入干管的是通向底层与各层住户卫生间的地漏、洗脸盆、浴盆的支管。另两根从厨房穿墙而出，其中一根接立管 FL-2，排出汇总在该立管中的废水。立管 FL-2 在底层没有分支。从二至五层给水排水平面图可以看到立管 FL-2 在各楼层接有干管，干管末端接有清扫口。接入干管的是通向该层住户厨房的地漏、洗涤盆的支管。另一根排出管直接排出底层该住户厨房的地漏、洗涤盆的废水。

废水系统$\frac{F}{2}$：读图方法与$\frac{F}{1}$相同。

污水系统$\frac{W}{1}$：底层给水排水平面图显示了该系统的窨井接有两根排出管，排出西边住户的生活污水。从底层给水排水平面图可以看到，一根从底层卫生间穿墙而出，将西边底层住户大便器的污水直接排出；另一根接自立管 WL-1，排出汇总在该立管中的西边二至五层各住户的污水。从底层给水排水平面图可以看到，立管 WL-1 在底层没有分支；从二至五层给水排水平面图可以看到立管 WL-1 在二至五层各楼层都有分支，分别与各层住户卫生间的大便器相连，排出西边二至五层各住户的污水。

污水系统$\frac{W}{2}$：读图方法与$\frac{W}{1}$相同。

(4)标注与建筑专业一致的楼地面标高、轴间尺寸，标注各类管道管径和管道中心的定位尺寸，必要时还应标注管道标高。从各层平面图可以看出：东边为 4 层，西边有 5 层；室外地坪的标高为 −0.450m；底层室内地面的标高为 ±0.00m，厨房和卫生间的地面标高为 −0.020m，比室内地面低，这主要是为了防止污水外溢。由于本书中的插图缩得较小，所以在图 16-3 至图 16-5 中仅标出废水立管和污水立管的管径，如立管编号 FL-1 的指引线下标注了该立管的管径为 DN100。给水立管 JL 由于管径是变化的，所以指引线下没有标注给水立管的管径。在图 16-3 中标出废水检查井、污水检查井的定位尺寸，在底层给水排水平面图的右上方绘制指北针。

为了使施工人员便于阅读图纸，无论是否采用标准图例，都需要把本图纸所用到的各种管道及卫生设备等的图例附在整套图纸的图例说明页中，并对施工要求和有关材料等用文字加以说明。图 16-3 列出了本书中用到的各种给水排水图例。

(二)绘图步骤

(1)先画底层给水排水平面图，然后画各楼层和屋顶的给水排水平面图。

(2)画各层平面图时，先抄绘建筑平面图，然后画卫生器具或水池，接着画管道，最后标注尺寸、符号、标高和文字说明。

(3)画管道平面图时,先画立管,然后按水流方向,画出分支管和附件,对底层平面图还应画引入管和排出管。

二、给水排水管道轴测系统图

给水排水管道轴测系统图是用来表示管道的空间布置和走向,各管段的管径、坡度、标高以及附件在管道上位置的图样,简称管道轴测图。卫生间放大图应绘制管道轴测图。多层建筑宜绘制管道轴测图。

管道轴测图按45°正面斜轴测绘制,常用正面斜等测,轴间角和轴向伸缩系数如图16-6所示。不平行于坐标轴方向的管道,可通过作平行于坐标轴的辅助线画出。例如,图16-7表示从立管画向左0.3m、向前0.42m的水平管的方法。当局部管道密集或重叠处不易表示清楚时,可以采用断开绘制画法,也可以采用细虚线连接画法绘制。

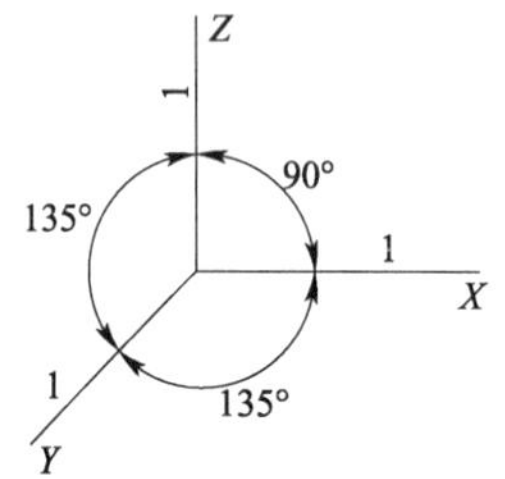

图16-6 管道轴测图常用的轴向伸缩系数和轴间角

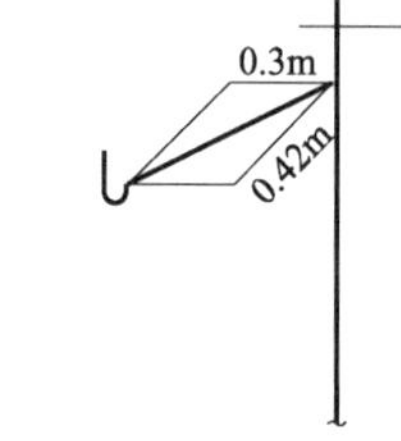

图16-7 不平行于坐标轴的管道画法

管道轴测图按底层给水排水平面图中进出口的编号所分的系统,分别绘制出各个系统的管道轴测图,每个管道轴测图的编号应与底层给水排水平面图中管道进出口的编号一致。图16-8～图16-10分别是这幢住宅的给水、废水和污水管道轴测图。

(一)图示内容

1.图名、比例

从图名了解这个管道轴测图是表示给水排水平面图的哪一管道系统,管道轴测图的比例宜选用1∶150、1∶100、1∶50,宜用与给水排水平面图相同的比例。

2.给水、废水、污水管道

管道轴测图反映了管道横管水平转弯方向、标高变化、接入管或接出管以及末端装置等;与平面图对应的各类阀门、附件、仪表等(如水表、截止阀、水嘴、地漏、立管检查口、通气帽、存水弯等)给水排水要素按数量、位置、比例在管道轴测图中一一绘出;布置相同的各层,可只将其中的一层画完整,其他各层只需在立管分支处用折断线表示,注明同该层即可。所有的卫生设备或配水器具已在给水排水平面图中表达清楚,所以这里就没有必要画出了。排水横管虽有坡度,但由于比例较小,可画成水平管道。在管道轴测图中不必画出管件的接头形式。当管道在管道轴测图中交叉时,应在鉴别其可见性后,在交叉处将可见的管道画成连续,将不可见的管道画成断开。

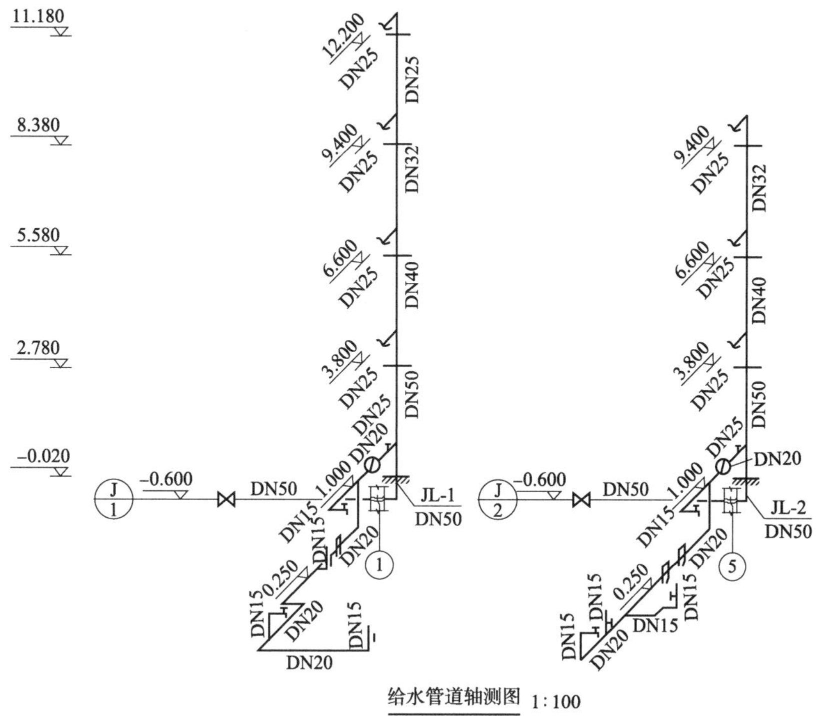

图 16-8 给水管道轴测图

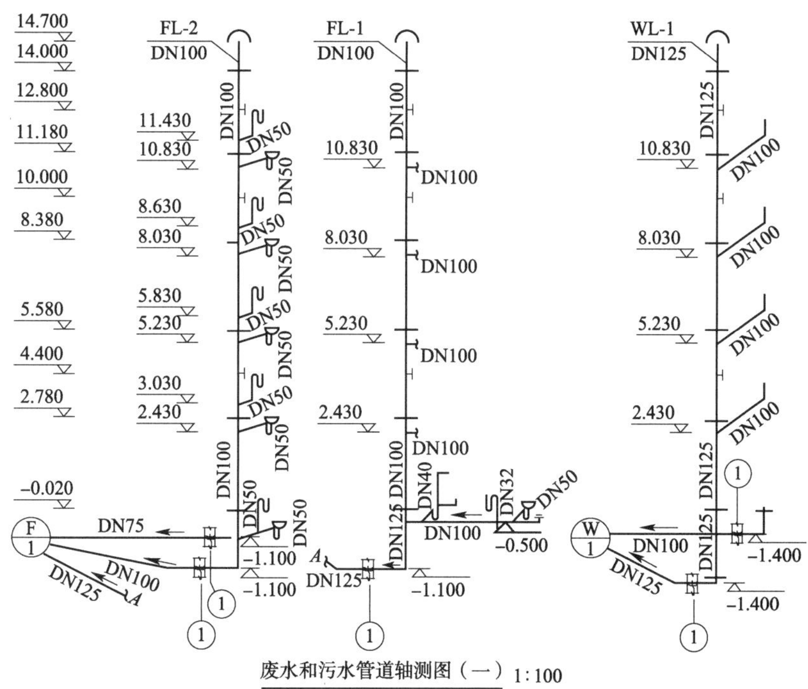

图 16-9 废水和污水管道轴测图(一)

当在同一系统中的管道因互相重叠和交叉而影响轴测图的清晰度时,可将一部分管道平移至空白位置画出,称为移置画法。例如,图 16-9 中由于立管 FL-1 与 FL-2 在图面上重叠,特别是横管上的给水排水设备前后遮挡,影响了轴测图的清晰度,因而在点 *A* 处将管道断开,把 FL-1 移到图面空白处,从断开处开始画。断开处都应画上断裂符号,并注明连接处的相应连接编号"*A*",以便对照读图。图 16-10 中由于立管 FL-3 与 FL-4 在图面上重叠,也采用了移置画法。

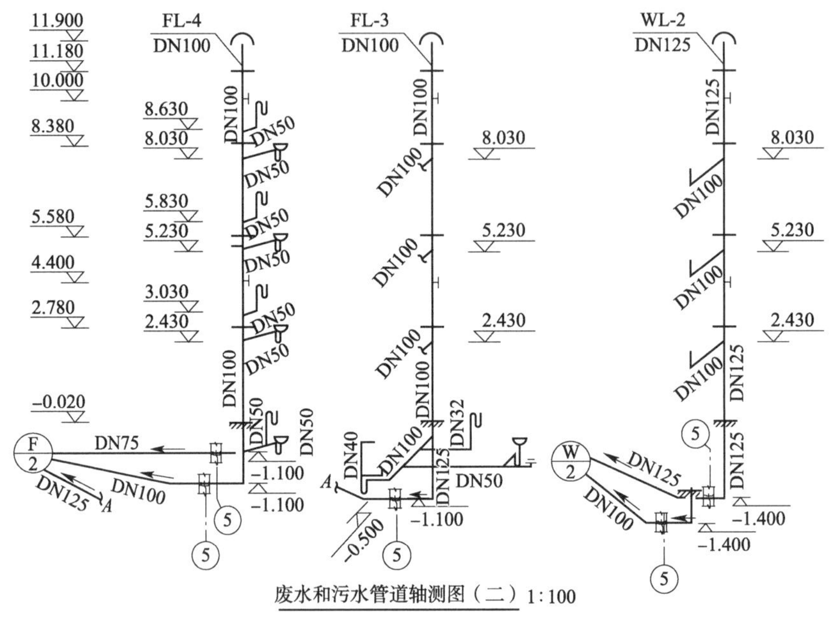

图 16-10　废水和污水管道轴测图(二)

3. 轴线号、楼层地面线

引入管和排出管穿越建筑外墙,应用细实线画出被管道穿越的墙,标出所穿外墙的轴线号;系统立管穿越楼层地面、楼层与屋面,应用细实线画出楼层地面线、楼面线、屋面线的位置,并标注标高。

4. 管道系统编号、立管类别和编号、管径、控制点标高

(1)管道系统编号应与底层给水排水平面图中的各种管道系统编号一致,立管类别和编号应与该层的平面上立管编号一致。

(2)管道的管径一般标注在该管段旁边,标注空间不够时可用指引线引出标注,管道各管段的管径要逐段标注;当连续几段的管径都相同时,可以仅标注它的始段和末段,中间段可省略不标。

(3)凡有坡度的横管(主要是排水管),都要在管道旁边或引出线上标注坡度,如图 16-9、图 16-10 所示,单边箭头表示下坡方向。当排水横管采用标准坡度时,在图中可省略不标,写在施工图的说明中。

(4)管道轴测图中标注的标高是相对标高,即以底层室内主要地面为零点。在给水管道轴测图中,标高以管中心为准,一般要注出引入管、横管、阀门及放水龙头、卫生器具的连接支管,各层楼地面及屋面等的标高。在排水管道轴测图中,横管的标高以管内底为准,一般应标注立管上的检查口、排出管的起点标高。其他排水横管的标高,一般根据卫生器具的安

装高度和管件的尺寸，由施工人员现场确定，不在图中标出。此外，还要标注各层楼地层及屋面等的标高。

(二)管道轴测图的识读

对照给水排水平面图，根据给水排水进出口的编号，逐个识读管道轴测图。

1. 给水管道轴测图

从各个系统的引入管开始，根据水流的流程方向，按引入管、干管、立管、支管到水嘴和卫生器具的顺次识读。

给水系统$\frac{J}{1}$：在图 16-8 中，编号为 1 的给水引入管(DN50)从室外 -0.600m 处穿墙入户后，接入立管 JL-1，穿出标高为 -0.020m 的地面，进入西边底层住户的厨房。在标高 1.000m 处接有水平支管(DN25)，接阀门、水表，管径改为 DN20。然后分为两个分支：一支(DN15)接洗涤盆的水嘴；另一支(DN20)向下在 0.250m 处折成水平支管(DN20)穿过一道墙进入卫生间，沿墙延伸接到大便器的水箱、浴盆的水嘴、洗脸盆的水嘴，管径如图 16-8 所示。立管 JL-1 在 1.000m 处接支管后，继续上行，穿过二层楼板，在标高 3.800m 处接水平支管(DN25)，为二层西边住户配水，具体分布同底层一样，因而在水平支管处画折断线，将它后面的全部管路省略不画。立管 JL-1 继续上行，管径由 DN50 减为 DN40，穿过三层楼板，在标高 6.600m 处接水平支管(DN25)，为三层西边住户配水，具体分布同底层一样。立管 JL-1 继续上行，管径由 DN40 减为 DN32，穿过四层楼板，在标高 9.400m 处接水平支管(DN25)，为四层西边住户配水，具体分布也同底层一样。立管 JL-1 继续上行，管径由 DN32 减为 DN25，穿过五层楼板，在标高 12.200m 处接水平支管(DN25)，为五层西边住户配水，具体分布也同底层一样。

给水系统$\frac{J}{2}$：该读图方法与$\frac{J}{1}$相同。

2. 废水管道轴测图和污水管道轴测图

在底层给水排水平面图中找出排出管以及与之相对应的系统，从各个系统的排出管开始，找到与该系统相连的立管，以及各楼层该立管的位置，以此作为联系，根据水流的流程方向，按卫生器具、连接管、横支管、立管、排出管的顺次识读。

废水系统$\frac{F}{1}$：从图 16-9 中可以看出该系统有 3 根排出管通向同一窨井。对照底层给水排水平面图可知，两根排出管由西边住户厨房地面下标高 -1.100m 处穿墙而出：其中的一根排出管(DN75)与底层厨房的地漏和洗涤盆的排水口相连，单独排出西边底层住户厨房的废水；另一根排出管(DN100)与废水立管 FL-2(DN100)相连，由于在各楼层给水排水平面图的同一位置，都可找到该立管，所以 FL-2 排出汇总到该立管的西边二层及二层以上各住户厨房的废水。立管 FL-2 在 -0.020m 处穿过地面，一直向上穿过各层楼面，并继续向上穿过屋顶，成为通气管，在立管顶端标高为 14.700m 处设蘑菇形通气帽，将废水管中的臭气排到大气中去。立管 FL-2 在各楼层处接有两根支管：一根位于各楼面线的上方，是排出厨房中洗涤盆中废水的支管；另一根位于各层楼板的下方，是排出厨房中地漏废水的支管。为了疏通管道，一般在管道系统中设检查口，图 16-9 中显示了在 FL-2 上标高 4.400m、10.000m 和 12.800m 处设检查口。第三根排出管(DN125)由西边住户卫生间 -1.100m 标高处穿墙而出,连接立管 FL-1。由于在图纸的同一位置画两根立管,图面上产生重叠,采用移置画法,将 FL-1 移至右侧空白处,在排出管的断开处,分别标注连接编号 *A*。立管 FL-1 在楼、地面的下方接有横管(DN100),横管的末端设清扫口,西边住户卫生间内的地漏、洗脸盆、浴盆的排水支管都接至横管。二层以上的管道分布与底层相同,因此只详细画出底层的管道连接,二层以上只画出部分横管后就折断,省略与底层相同的布置。FL-1 出地面后,管径减为 DN100,一直到顶,成为通气管,同 FL-2 一样,在标高为 14.700m 的管顶处设蘑菇形通气帽,立管在 4.400m、10.000m 和 12.800m 处设检查口。

废水系统$\frac{F}{2}$:如图 16-10 所示,它是为东边住户服务的废水系统,读图方法与$\frac{F}{1}$相同。

污水系统$\frac{W}{1}$:在图 16-9 中可以看出,该污水系统有两根排污管通向同一窨井。对照底层给水排水平面图可知,两根排污管由西边住户卫生间地面下标高 -1.400m 处穿墙而出。其中的一根排污管(DN100)与底层西边住户卫生间大便器的排污口相连,单独排出该大便器的污水;另一根排污管(DN125)与排污立管 WL-1(DN125)相连,二层及二层以上西边住户卫生间大便器的污水通过各层楼面线下方的支管汇总到 WL-1 立管。立管 WL-1 在标高 -0.020m 处穿过地面,一直向上穿过各层楼面,再继续向上,穿过屋顶,成为通气管,在立管顶端标高 14.700m 处装有蘑菇形通气帽,将排污管中的臭气排到大气中去。为了疏通管道,在 WL-1 上标高 4.400m、10.000m 和 12.800m 处设检查口。

污水系统$\frac{W}{2}$:如图 16-10 所示,它是为东边住户服务的污水系统,读图方法与$\frac{W}{1}$相同。

三、给水排水管道展开系统图表示方法

由于高层建筑越来越多,给水排水管道轴测图已很难适应,而且效率低,所以《建筑给水排水制图标准》(GB/T 50106—2010)规定了可以用管道展开系统图来代替给水排水管道轴测图。管道展开系统图是以立管为主要表示对象,按展开图绘制方法将不同管道种类分别绘制成管道展开系统图,如图 16-11a)所示的给水管道展开系统图示例。其主要功能是与平面图对照,反映各种管道的整体概念。《民用建筑工程给水排水施工图设计深度图样》(04S901)为民用建筑工程给水排水施工图的编制提供了一种示范画法,以利于保证施工图设计质量和便于全国同行间进行交流。

当采用展开系统图表示时,给水排水平面图应标注管道管径、安装标高、压力管道标注管中心标高,沟渠和重力管道宜标注沟(管)内底标高。

图 16-11a)是根据图 16-3 至图 16-5 给水排水平面图绘制的给水管道展开系统图。给水系统$\frac{J}{1}$:编号为 1 的给水引入管(DN50)从室外标高 -0.600m 处穿①轴线上的墙入户后,接入立管 JL-1,穿出地面,进入底层住户的厨房。在距地面 1.000m 处接有水平支管(DN25),接阀门、水表后折断,并注明详见图号。本图以插图号代替给水排水施工图的图纸号。例如,这里索引到水施-67b 右的详图,就是索引到本书图 16-11b)的右图。该详图为厨房、卫生间放大的给水管道轴测图。立管 JL-1 在标高 1.000m 处接支管后,继续上行,在二层上距楼面 1.000m 处接水平支管(DN25),为二层住户配水,注明详见图号,因而在水平支管处折断,将它后面的全部管路省略不画。立管 JL-1 继续上行,管径由 DN50 减为 DN40,穿过三层楼板,在距楼面 1.000m 处接水平支管(DN25),为三层住户配水,注明详见图号。立管 JL-1

继续上行，管径由 DN40 减为 DN32，穿过四层楼板，在距楼面 1.000m 处接水平支管（DN25），为四层住户配水，具体分布同底层一样，注明详见图号。立管 JL-1 继续上行，管径由 DN32 减为 DN25，穿过五层楼板，在距楼面 1.000m 处接水平支管（DN25），为五层住户配水，具体分布同底层一样，注明详见图号。对照给水排水平面图可知这路给水系统是为西边五层住户的厨房、卫生间供水的。给水系统$\frac{J}{2}$的表示方法与$\frac{J}{1}$一样，不再详述。

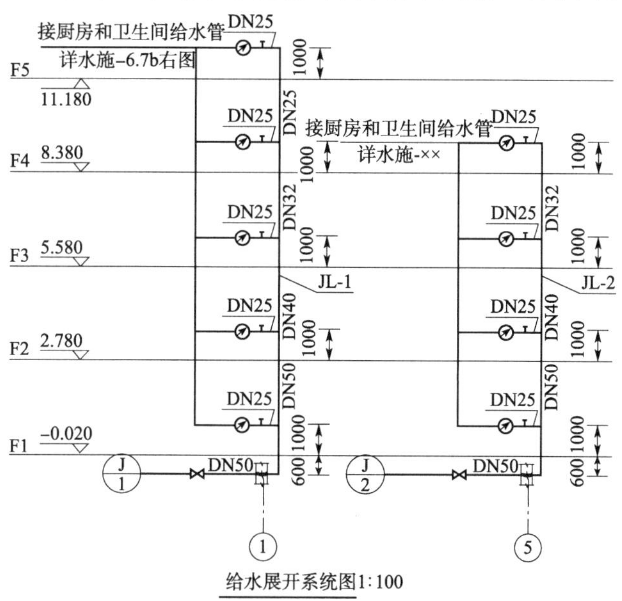

给水展开系统图1:100

a) 给水管道展开系统图示例

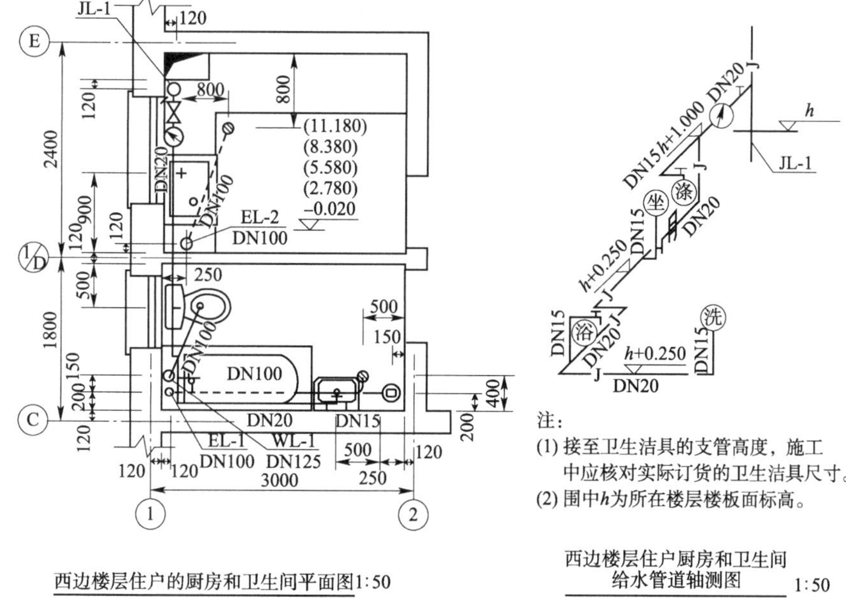

西边楼层住户的厨房和卫生间平面图1:50

西边楼层住户厨房和卫生间给水管道轴测图 1:50

b) 局部平面放大图和相应的给水管道轴测放大图

图 16-11　给水管道展开系统图

阅读图 16-11a）给水管道展开系统图时配套阅读的是：按图中引出线指明的“接厨房和

卫生间给水管水施-67b 右图,即本书图 16-11b)右图所示的西边住户厨房和卫生间给水管道轴测放大图。在图 16-11a)和图 16-11b)右图中,立管 JL-1 在高于楼层面标高 1.000m 处,接该层的给水横管(DN25),以给水横管(DN25)的另一端点为基点,接阀门、水表,管径改为 DN20。然后分为两个分支:一支(DN15)接洗涤盆的水嘴;另一支(DN20)向下在高于楼、地面标高 0.250m 处折成水平支管(DN20),穿过一道墙进入卫生间,沿墙延伸接大便器的水箱、浴盆的水嘴、洗脸盆的水嘴。标准层管道轴测放大图采用相对于本层楼、地面相对高度的方式标注管道标高,如高于楼、地面用 $h+×.×××$,低于楼层地面用 $h-×.×××$ 表示。《建筑给水排水制图标准》(GB/T 50106—2010)虽未要求轴测系统图标注卫生器具、用水器具给水和排水接管的外形或文字,但在图 16-11b)轴测放大图中,为方便读图应给予标注,注字意义:㊟——洗涤盆、㊣——坐式大便器、㊦——浴盆、㊧——洗脸盆。

给水系统$\frac{J}{2}$:该读图方法与$\frac{J}{1}$相同。

废水、污水和雨水管道展开系统图以及厨房和卫生间污水管道轴测放大图等绘制方法和阅读方法与给水管道展开系统图和厨房和卫生间给水管道轴测放大图相同。

四、局部放大图

本专业设备机房、卫生间等的给水排水管道较多处,如给水排水平面图难以表达清楚时,应绘制局部平面放大图,局部平面放大图应绘制相应的管道轴测图。图 16-11b)中的左图是本住宅西边住户的厨房和卫生间局部平面图和给水管道轴测放大图,洗涤盆、洗脸盆、浴盆、坐式大便器、地漏、清扫口等成品的摆放位置由建筑施工图确定,图中标出各种设备的定位尺寸与管道的管径、建筑轴线编号和楼、地面标高。图 16-11b)的右图是与左图相应的给水管道轴测图。西边住户厨房和卫生间废水、污水管道轴测图等绘制方法和阅读方法与给水管道系统图相同。

第三节 室外给水排水施工图

室外给水排水施工图是主要表示一个小区范围内的各种室外给水排水管道布置的图样,还表示与室内管道的引入管和排出管之间的连接、管道敷设的坡度、埋深和交接等。室外给水排水施工图包括给水排水总平面图、管道纵断面图、附属设备的施工图等。这里只通过例图简单介绍给水排水总平面图和管道纵断面图。

一、给水排水总平面图

图 16-12 是某住宅小区一幢新建住宅附近局部的给水排水总平面图,表示新建住宅附近的给水、污水、雨水等管道的布置及其与新建住宅室内给水排水管道的连接。

(一)比例

给水排水总平面图一般采用与建筑总平面图相同的比例,常用比例为 1:1000、1:500、1:300。图 16-12 所示的给水排水总平面图是用 1:500 的比例绘制的。

(二)建筑物及其附属设施

给水排水总平面图主要反映室外管道的布置,所以在平面图中,原有的房屋、道路、围墙等附属设施应与建筑总平面图的一致,用细实线绘制其轮廓线,新建建筑物则用中实线画出其轮廓线。

(三)管道及设备

给水、污水、废水、雨水等管道宜绘制在一张图纸上。当管道种类较多、地形复杂,在同一张图纸内不能将全部管道表示清楚时,宜按压力流管道、重力流管道等分类分开绘制。管道应按表16-1和表16-2规定的图线表示。图16-12由于受版面限制,给水、污水、废水、雨水等管道绘制在一张图纸内,管线仍暂按不同的线型予以区分。例如,给水管用粗实线表示,污水管用粗单点长画线表示,雨水管、废水管用粗虚线表示。图中各种附属设备,如检查井、化粪池等则按表16-2中所列的图例绘制。管径、管长及泄水方向都标注在相应管道的旁边。

图16-12　给水排水总平面图

给水管道是压力流管道,没有泄水坡度,宜标注中心标高。当给水管采用铸铁管时,以公称直径DN表示;给水管常沿地面敷设,如敷设时为统一埋深,可在说明中列出给水管的中心标高。例如,从图16-12所示的给水排水总平面图中可以看到:从小区北大门外市政管网引入给水总管DN100,沿道路一侧敷设,有两根长度分别为12.65m、6.30m的引入管从总管接入新建住宅,经过闸阀接室内引入管,给水总管的标高在图下的文字说明中标注3.60m,沿管道就不必标注标高。

排水管道是重力流管道(包括污水管、废水管和雨水管),应注出起止点、转角点、连接点、变坡点的标高,排水管道宜标注管底标高;当采用混凝土管时,管径以内径d表示。为简便起见,可在检查井处引一指引线,在指引线水平线的上面和下面,分别标注检查井的井底标高和检查井的代号和编号,如代号W为污水井,Y为雨水井,编号顺序按水流方向,从管上游编向管下游。从图中可以看到:新建住宅的污水自室内排出管排到户外,用支管分别接入标高都是2.80m的检查井W1-1和W1-2,检查井用污水干管(d200)连接,通过标高为2.75m的检查井W1-3接到化粪池。化粪池采用《钢混凝土化粪池》(03S702)中的标准设计,用图例表示。雨水干管(d150)在离墙2m处绕墙敷设,雨水通过支管流向检查井Y1-1(3.00)、Y1-2(2.95)、Y1-3(2.93),它们分别用干管连接,最后流向总管检查井Y0-1(2.90);另一根干管连接检查井Y1-4(2.95)、Y1-5(2.90)、Y1-6(2.86)、Y1-7(2.82),最后流向总管检查井Y0-2(2.80)。室内引出的废水从废水管流向相近的雨水井,如新建住宅的废水排出管分别流向检查井Y1-3和Y1-7。雨水管、污水管、废水管的坡度和检查井的尺寸可在说明中列出,图中可以不予表示。

海绵城市

(四)指北针、尺寸与标高、说明

在给水排水总平面图中,应画出指北针,管道应标注绝对标高,定位尺寸以m为单位。书写必要的说明,以便于读图和施工。对于范围和规模不大的小区的室外管道,不必另画排水干管纵断面图。

二、管道纵断面图

如果地形复杂，室外给水和排水的管道种类繁多，管道交叉较多，标高变化较大，宜绘制管道纵断面图，以显示路面的起伏、管道敷设的埋深和管道交接等情况。图中应表示出检查井编号、井距、管径、坡度、设计地面标高、管道标高（给水管标注管中心，排水管标注管内底）、埋深等。下面结合图 16-13 介绍管道纵断面图的图示内容和图示方法。

（一）比例

由于管道的长度比直径大得多，为了表明地面起伏情况，在纵断面图中通常采用纵横两种不同比例。纵向（高程）比例应与管道平面图一致，纵向比例宜为横向（水平距离）比例的 5 ~ 10 倍，并应在图样左端绘制比例标尺。

（二）断面图

图 16-13　污水管道纵断面图示例

管道纵断面图是沿干管轴线铅垂剖切后画出的压力流管道纵断面图、重力流管道纵断面图，以及在该干管附近的管道、设施和建筑物断面图。压力流管道管径不大于 400mm 时，管道用中粗实线单线绘制，重力流管道除建筑物排出管外，不分管径大小均用双中粗实线绘制（图 16-13 中的污水管）；设计地面线、竖向定位线、栏目分隔线、阀门井或检查井、标尺线宜用细实线绘制，自然地面线宜用细虚线绘制。

（三）平面示意图

平面示意图中的管道宜用中粗实线表示。如果室外给水和排水的管道不太复杂，可将这些管道合并画在一张图纸中；管道与其他管道、管沟、铁路及排水沟等水平投影重影时，按交叉位置画出。图 16-13 所示为某一街道污水管道纵断面图和给水排水平面示意图。

（四）标高与水平距离

标注与管道相交叉管道的标高：交叉管道位于该管道上面时，宜标注交叉管的管底标高（图 16-13）；交叉管道位于该管道下面时，宜标注交叉管的管顶或管底标高。“水平距离”标注交叉管距检查井或阀门井的距离，或相互间的距离。

图 16-13 管道纵断面图表示：某街道的污水干管纵断面、剖切到的检查井、设计地面线以及其他交叉管道的横断面；在交叉管道的横断面处，标注管道类型、管径和管底标高；在断面图的下方，用表格分项列出该干管的各项设计数据，如设计地面标高、自然地面标高、管内底标高（这里是指重力管）、管材、管径、水平距离、井距、井号、平面示意图、管道基础等内容。自然地面标高难以取值时可用设计地面标高替代。

图 16-13 管道的平面示意图与管道纵断面图对应，这样可补充表达该污水干管附近的管道、设施和建筑物等情况。除了画出在纵断面中已表达的污水干管和沿途的检查井外，图中还画出了这条街道下面的给水干管、污水干管、雨水干管，标注了这 3 根干管的管径，它们之间以及与街道的中心线、人行道之间的水平距离，各类管道的支管和检查井，街道两侧的雨水井、人行道、建筑物和支弄道口等。

第四节　管道上的构配件详图示例

给水排水平面图、给水排水管道系统图，只表示了管道的走向、连接情况，以及洗涤池、卫生器具、地漏等构配件的布置，这些图样的比例较小，配件均用图例表示，不能清楚表达卫生器具的安装、管道的连接。当无标准图可供选用时，为了便于施工，需要以较大比例（宜在 1∶50、1∶30、1∶20、1∶10、1∶5、1∶2、1∶1、2∶1 中按需选用）绘制的配件及其安装详图作为施工依据。常用的卫生器具安装详图、管道的连接图、管道穿墙防水套管安装图等，通常套用标准图集[如《全国通用给水排水标准图集　卫生设备安装》(19S308)]中的图样，不必另行绘制，只要在施工说明中写明所套用的图集名称及其中的详图图号即可。

安装详图必须按施工安装的需要表达详尽、具体、明确，一般都用正投影法绘制，设备的外形可以简化画出，管道用双线表示，安装尺寸也应注写得完整、清晰，主要材料表和有关说明都要表达清楚。

当各种管道穿过基础、地下室、屋面、水箱、墙等建筑构件时，常需设置穿墙套管，穿墙套管所需的预留孔和预埋件的位置，应在建筑或结构施工图中表示，而管道穿墙的具体做法，用安装详图表示。图 16-14 是刚性防水套管的安装详图，由于管道都是回转体，可采用一个剖面图表示，剖切位置通过水管的轴线。图中 L、D_1、D_2、D_3、D_4、b 等的尺寸，通常在图旁列表给出一系列相应的配套尺寸。

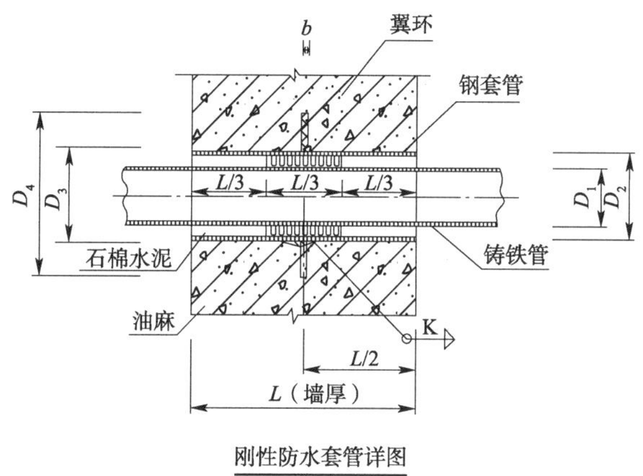

图 16-14　刚性防水套管的安装详图

习题

简答题

1. 什么是给水工程和排水工程？
2. 什么是给水排水施工图？

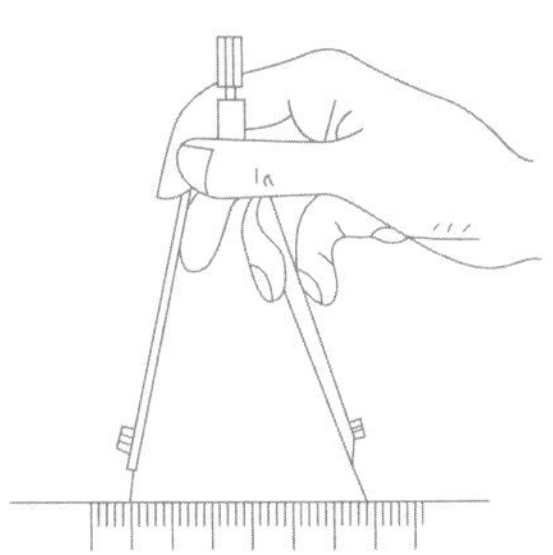

模块十七 道路与交通制图和识图

学习目标

※ 知识目标

1. 了解路线工程图的图示方法。
2. 熟悉道路路线工程图的组成及识读。
3. 知道道路路线工程图的绘制方法及技巧。
4. 熟悉交通工程图的组成。
5. 知道交通工程图的绘制方法及技巧。

※ 技能目标

1. 能够识读道路路线图及交通工程图，能够根据工程图样准确理解道路构造和布局，能够绘制出符合规范的道路工程图样。

2. 提高解决问题的能力，通过实际操作和案例分析，提高解决道路制图与识图过程中遇到的各种问题的能力。

※ 素养目标

1. 培养贯彻执行国家标准的意识，知道并熟悉《道路工程制图标准》（GB 50162—1992）等相关规定，能够准确、规范地进行制图与识图。

2. 培养工程意识，加深对工程实际的理解和认知，提升解决实际工程问题的能力。

3. 培养团队协作意识和精神，与团队成员紧密合作，共同完成任务，培养团队协作精神。

4. 提升创新意识和能力，在掌握基础知识的同时，勇于探索和创新，提高解决复杂工程问题的能力。

5. 形成认真负责的工作态度和一丝不苟的工作作风。

道路是城市交通网络基础设施建设的动脉，是供车辆和行人通行的基础设施；其按使用特点分为公路、城市道路、乡村道路、厂矿道路、林业道路、考试道路、竞赛道路、汽车试验道路、车间通道以及学校道路等。各性质和等级的道路都是由线形和结构两部分组成的，其中，道路线形是道路中线的立体形状。道路中线在平面上的投影称为平面图，以纵向展开图为立面图,以横断面图为侧面图。结构是承受荷载和自然因素的结构物,其基本组成包括路基、路面、桥梁、隧道、涵洞、防护工程和排水设施等。

第一节　道路及道路交叉口工程图

一、道路概述

道路是建筑在地面上的,供车辆和行人通行的线形带状构筑物。道路主要分为城市道路和公路,如图 17-1 所示。道路路线是指沿长度方向的行车道中心线。道路为了适应地面大的起伏或道路的立交,往往有纵向高度变化(上下坡、凸凹曲线)和平面弯曲变化(左右向、平曲线),所以实质上从整体来看,道路是由直线、圆曲线和缓和曲线构成的一条空间曲线。道路工程图由表达道路路线整体情况的路线工程图和表达各构造物的路基、路面、桥梁、隧道、涵洞等工程图组成。路线工程图主要由路线平面图、路线纵断面图和路线和断面图组成。下面主要介绍路线平面图。

a) 城市道路

b) 公路

图 17-1　道路图

路线平面图主要表达路线的方位、平面线形(直线和左、右弯道)以及沿线两侧一定范围内的地形、地物情况和沿线构造物。识图时应按以下步骤进行。

(一)比例

为了反映路线全貌,并使图形清晰,通常根据地形起伏不同选用不同的比例。丘陵和平原区一般采用 1∶5000 或 1∶10000 的比例,山岭区采用 1∶2000 的比例,特别复杂的地段可用 1∶500 或 1∶1000 的比例。

(二)方位

在路线平面图上应画出指北针或测量坐标网,用来指明道路在该区的方位与走向。指北针的箭头所指为正北方向。方位的坐标网 X 轴向为南北方向(上为北),Y 轴向为东西方向。坐标值的标注应靠近被标注点,书写方向应平行于网格或在网格延长线上,数值前应标注坐标轴线代号。

(三)地形地貌

路线平面图中的地形起伏情况主要用等高线表示。在识读平面图前,必须清楚每个图例符号的含义。道路工程常用地物图例见表17-1,构造物图例见表17-2。

道路工程常用地物图例　　表17-1

名称	图例	名称	图例	名称	图例
机场		港口		井	
学校	文	交电室		房屋	
土堤		水渠		烟囱	
河流		冲沟		人工开挖	
铁路		公路		大车道	
小路		低压电力线 高压电力线		电信线	
果园		旱地		草地	
林地		水田		菜地	
导线点		三角点		图根点	
水准点		切线交点		指北针	

道路工程中常用的构造物图例　　表17-2

项目	序号	名称	图例	项目	序号	名称	图例
平面	1	涵洞		平面	6	通道	
	2	桥梁 (大、中桥按实际长度绘制)			7	分离式立交 a)主线上跨 b)主线下穿	a) b)
	3	隧道			8	互通式立交 (采用形式绘)	
	4	养护机构			9	管理机构	
	5	隔离墩			10	防护栏	

续上表

项目	序号	名称	图例	项目	序号	名称	图例
纵断面	11	箱涵	□	纵断面	15	桥梁	
	12	盖板涵			16	箱形通道	
	13	拱涵			17	管涵	○
	14	分离式立交 a)主线上跨 b)主线下穿	a)　b)		18	互通式立交 a)主线上跨 b)主线下穿	a)　b)

(四)设计路线

用加粗实线表示路线,由于道路的宽度尺寸相较于长度尺寸小得多,道路的宽度只有在较大比例的平面图中才能画清楚,因此沿道路中心线画出一条加粗的实线来表示新设计的路线即可。

(五)里程桩号

图中用一条加粗的实线表示新设计的路线(道路中线)。道路路线的总长度和各段之间的长度用里程桩号来表示,里程桩应从路线的起点至终点依次顺序编号,前进方向总是自左向右。千米桩注写在沿路线前进方向的左侧,千米数注写在符号的上方,如 K5 表示离起点 5km。百米桩宜注写在沿路线前进方向的右侧,用垂直于路线的细短线表示桩位,其上用数字表示。例如,在 K5 千米桩的前方写的“3”,表示桩号为 K5 + 300,说明该点距离起点 5300m。

(六)平曲线

在路线转折处应设平曲线,常见的平曲线为圆弧,路线的两直线段相交的理论交点称为转折点(交点),标记为 JD;路线前进时向左或向右偏转的角度称为转折角,标记为 α;连接圆弧的半径长度称为圆曲线半径,标记为 R;切点与交角的长度称为切线长,标记为 T;曲线中点到交角点的距离称为外距,标记为 E;圆曲线两切点之间的弧长称为曲线长,标记为 L。在每个交点处根据道路等级分别设有圆曲线或缓和曲线,还要注出曲线段的起点 ZY(直圆)、中点 QZ(曲中点)、终点 YZ(圆直点)的位置。若设置了缓和曲线,还要将缓和曲线与前、后段直线的切点分别标记为 ZH(直缓点)和 HZ(缓直点),将圆曲线与前、后缓和曲线的切点分别标记为 HY(缓圆点)和 YH(圆缓点),如图 17-2 所示。

二、道路交叉口

两条或两条以上道路相交所形成的共同空间称为道路交叉口。道路交叉口是车辆、行人汇集、转向和疏散的必经之地,是交通的咽喉。因此,正确设计道路交叉口,合理组织、管理交叉口交通,是提高道路通行能力和保障交通安全的重要方式。根据相交道路所处空间位置的不同,道路交叉口分平面交叉口和立体交叉口。

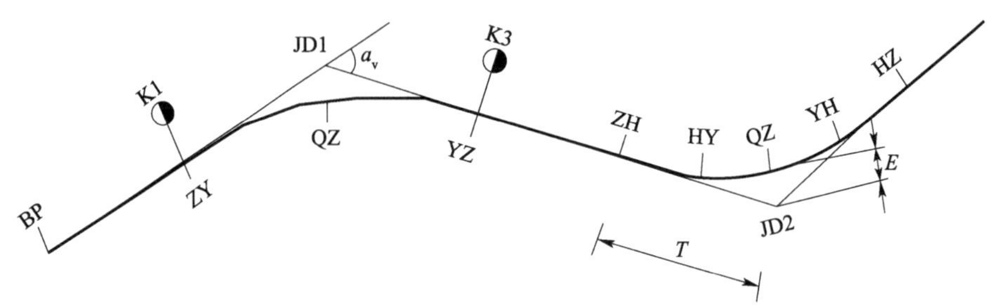

图 17-2　圆曲线和缓和曲线示意图

(一)平面交叉口

1. 平面交叉口的形式

平面交叉口是道路在同一个平面上相交形成的交叉口,通常有 T 形、Y 形、十字形、X 形、错位、环形、微型环岛交叉式等,如图 17-3 所示。

2. 平面交叉口的冲突点

在道路交通中,两条或多条道路在同一平面上相交的路口,不同方向的各类车辆和行人同时通过路口时往往相互干扰。行车路线通常在某交点处相交、分叉或汇集,这些点分别称为冲突点、分流点和交织点。如图 17-4 所示,为五路交叉口各向车流的冲突情况,图中箭线表示车流。

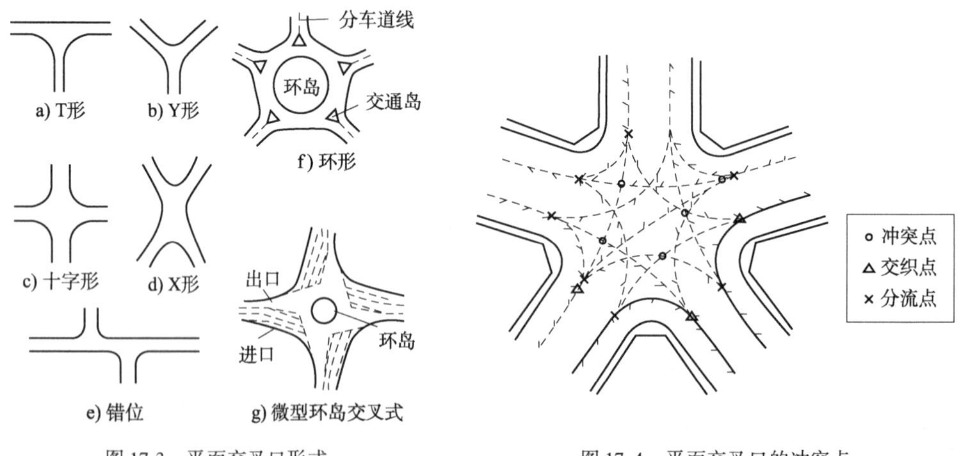

图 17-3　平面交叉口形式

图 17-4　平面交叉口的冲突点

3. 平面交叉口的交通组织

交通组织是对各类车辆和行人在时间和空间上进行合理安排,从而尽可能地消除人车行驶中的冲突点,使道路通行能力和安全运行达到最佳状态。平面交叉口的交通组织方式有渠化和环形等。如图 17-5 所示,渠化组织方式实现了人车的分道单向行驶,环形组织方式实现了“变左转为右转”,减少了冲突。

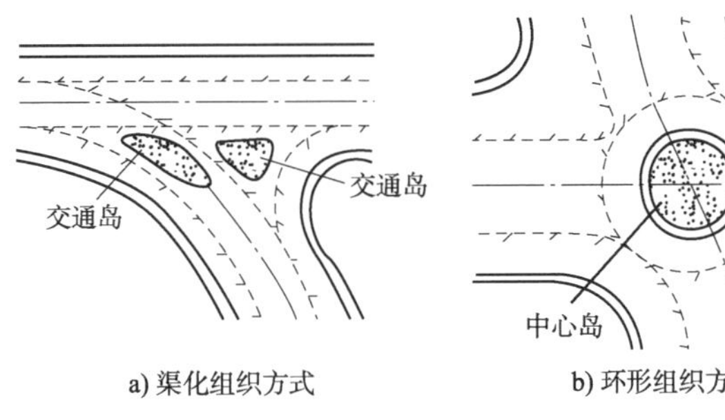

a) 渠化组织方式　　b) 环形组织方式

图 17-5　交通组织图

从天水 Y 形路口交通冲突减少案例看“以人为本”的核心价值

(二) 立体交叉口

立体交叉口是道路在不在同一个平面上相交形成的立体交叉。它将互相冲突的车流分别安排在不同高程的道路上，既保证了交通的通畅，也保障了交通安全。立体交叉口主要由出入口、主线、跨线桥、匝道、加减速车道等部分组成，如图 17-6 所示。

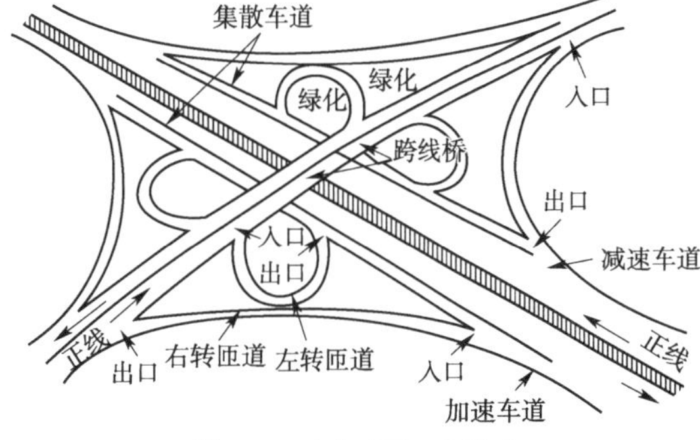

图 17-6　立体交叉口的组成

1. 立体交叉口的形式

立体交叉口根据交通道路是否有匝道连接可分为分离式和互通式两类，根据主线和相交道路的上下级关系分为主线上跨和主线下穿两类，如图 17-7 所示。

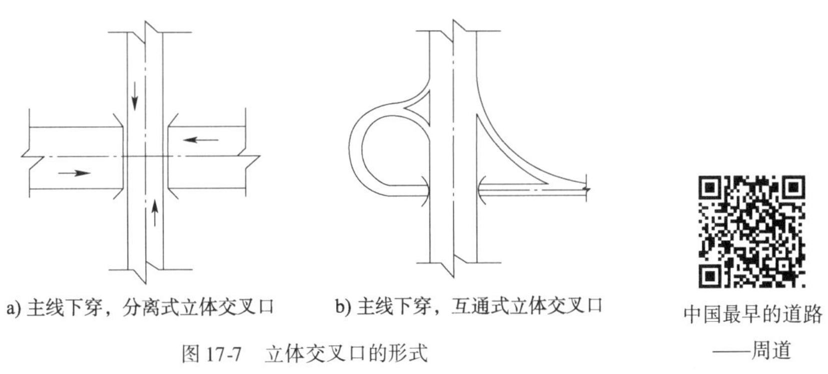

a) 主线下穿，分离式立体交叉口　　b) 主线下穿，互通式立体交叉口

图 17-7　立体交叉口的形式

中国最早的道路——周道

2. 立体交叉口的图示方法

近年来，我国交通事业发展迅猛，高速公路的通车里程与日俱增，交通量日益加大，平面交叉口已不能适应现代化交通的需求。《公路工程技术标准》(JTJ B01—2003) 规定：高速公路与其他各级公路交叉，应采用立体交叉；一级公路与交通量大的其他公路交叉，宜采用立体交叉。立体交叉从根本上解决了各向车流在交叉口处的冲突。现在，立体交叉工程已成为道路工程中的重要组成部分。修建一座立体交叉口不仅带来巨大的经济效益，而且为城市增加了一道亮丽的风景。

立体交叉是指交叉道路在不同高程相交时的道口，在交叉处设置跨越道路的桥梁，一条路在桥上通过，一条路在桥下通过，各相交道路上的车流互不干扰，保证车辆快速安全地通过交叉口,这样不仅提高了通行能力和安全舒适性,而且节约能源,提高了交叉口现代化管理水平。与道路平面图不同,立体交叉的平面图既要表示出道路的设计中线,又要表示出道路的宽度、边坡和各路线的交接关系。

(1)平面设计与交通组织图。平面设计与交通组织图表示立体交叉口的平面设计形式、道路各组成部分的位置、地形地物、附属构筑物及交通组织形式。

(2)纵断面图。纵断面图包括互通的主线、支线和匝道等各线均应进行纵向设计,它们各自独立分开,但又是一个统一协调的整体,表达方法与道路纵断面图相同,内容需包含图样部分和测试、设计数据表。

(3)横断面图。横断面图主要用来表达桥孔宽度、桥面坡度等内容。

(4)鸟瞰图。鸟瞰图就是立体交叉口的透视图,它以较高的视点展示出立体交叉口的全貌,供审查设计和施工使用。

(5)竖向设计图。竖向设计图是指与水平面垂直方向的设计,在平面图上绘出设计等高线。竖向设计图是规划场地设计中一个重要的有机组成部分,决定排水方向及雨水出口的位置。

(6)附属设计图。附属设计图主要包含跨线桥桥形布置图、路面(路基)结构图、管线图等。

第二节 公路路线工程图

一、公路路线工程图概述

公路就是连接城市、乡村,主要供汽车行驶的具备一定技术条件和设施的道路。公路路线是指公路沿长度方向的行车道路中心线。公路路线的线形由于受到地形、地物及地质情况的限制,往往在纵面上有起伏,由平坡、上坡、下坡及竖曲线组成。在平面上有转折,由直线和平曲线组成。所以公路总体上看是一条空间线段,如图 17-8 所示。公路路线工程图是表达路线整体状况的工程图样。

图 17-8 公路立体图

二、公路路线工程图的组成

公路路线工程图主要有公路路线平面图、公路路线纵断面图和公路路线横断面图组成。

(一)公路路线平面图

1. 概述

公路路线平面图是为了概括地反映工程全貌绘制的图样。它把地形、地物、坐标网、路中心线、路基边线、公里桩、百米桩等表示出来。

2. 图示内容

图 17-9 所示为某公路 K3 + 300 ~ K5 + 200 段路线平面图,其内容包括地形、路线两部分。

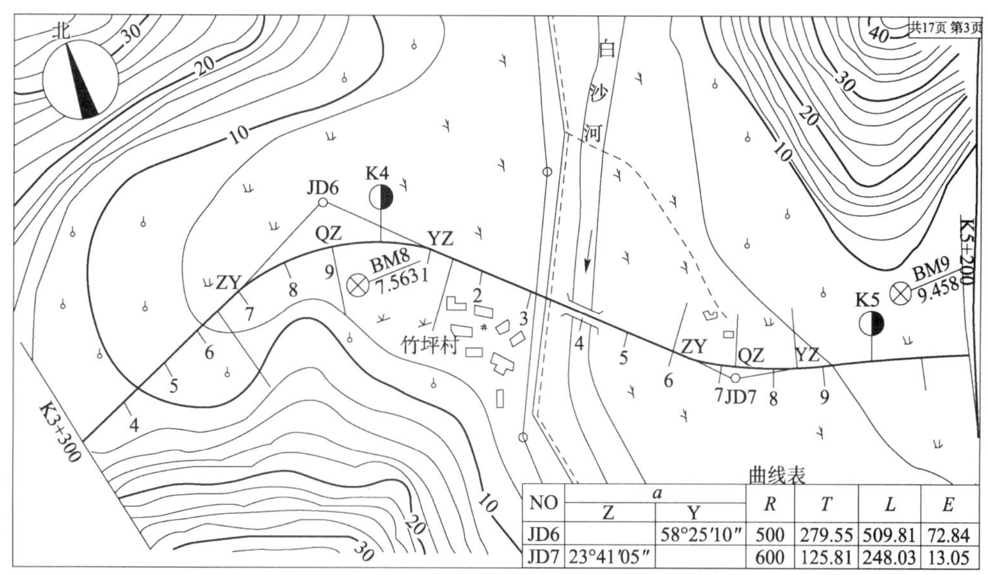

NO	a		R	T	L	E
	Z	Y				
JD6		58°25′10″	500	279.55	509.81	72.84
JD7	23°41′05″		600	125.81	248.03	13.05

图 17-9　某公路 K3 + 300 至 K5 + 200 段路线平面图

(1)图上的指北针箭头所指为正北方向,在图的右上角可以看出共几页,第几页图样。

(2)由常用地物、构造物图例可知,平面图中有一条白沙河,路线经过时要建桥梁通过,河岸两边是水田地,水田地外侧是旱地及果园,河岸左侧有一排低压电力线横穿道路,电力线左侧是竹坪村。

(3)每两根等高线之间的高差为 2m,每隔 4 条等高线画出一条粗的计曲线,并标有相应的高程数字,图中河岸左侧南部和北部地势高,中间地势低,路线在宽沟布设;河岸右侧地势为北面高南面低,路线在平坦的水田及旱地中布设。

(4)$\frac{\text{BM8}}{7.563}$表示路线的第 8 个水准点,该点的高程是 7.563m。

(5)图中有 2 个交点,JD6 为右转曲线,曲线半径为 500m;JD7 为左转曲线,曲线半径为 600m。

(二)公路路线纵断面图

1. 概述

路线纵断面图是用假设的铅垂面沿公路中心线进行剖切的。路线纵断面图有两条线，一条是设计线，一条是原地面线，主要为了表达公路沿着纵向设计线形反映原地面高低起伏情况、地质和沿线设置构造物。

2. 图示内容

图 17-10 所示为某公路路线纵断面图，包括图样和资料表两部分。

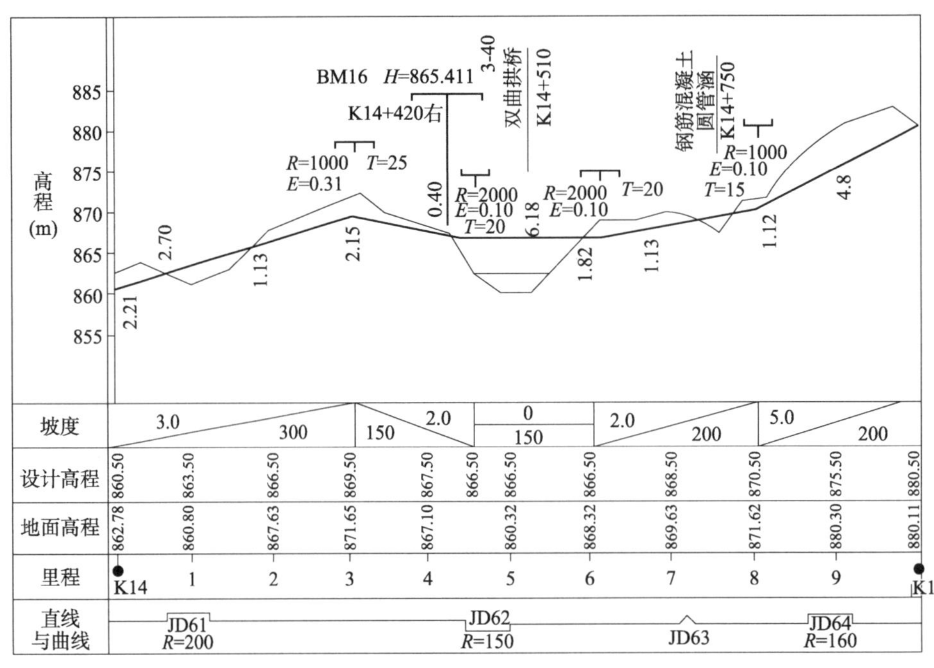

图 17-10　某段公路路线纵断面图

(1)图样部分。

①比例。路线纵断面图水平方向表示路线的长度，竖直方向表示设计线及地面的高程。由于设计线和地面线的高差比起路线的长度尺寸小得多，如果竖直方向高度与水平方向长度用同一比例绘制，则很难将高差明显地表示出来。所以绘图时，竖直方向比例按水平方向比例放大 10 倍。为了方便绘图和识图，一般还要在纵断面图的左侧按竖直方向比例画出高程标尺。

②设计线和地面线。在纵断面图中，有两条主要的连续线形，其中比较规则的直线与曲线相间的粗实线是设计线，它是道路中心线的纵向设计线形，指路基边缘的设计高程。另一条不规则的折线是地面线，它是根据原地面上沿线各点的实测中心桩高程绘制的。比较设计线与地面线的相对位置，可确定填挖高度。

③竖曲线。设计线是由直线和竖曲线组成的，在设计线的纵向坡度变更处，为了便于汽车行驶，根据技术标准在变坡处需设置圆形竖曲线。竖曲线分为凸形和凹形两种，在图中分

别用“┏┳┓”和“┗┻┛”来表示。例如,图 17-10 中 K14 +420 桩号处表示凸形竖曲线,半径 R 为1000m,切线长 T 为25m,外距 E 为0.31m。符号中部的竖线应对准边坡点,竖线左侧标注坡点的里程桩号,竖线右侧标注竖曲线中点的高程,符号的水平线两端应对准竖曲线的始点和终点。

④工程构造物。道路沿线的工程构造物,如桥梁、涵洞等,应在设计线的上方或下方用竖直引出线标注,竖直引出线应对准构筑物的中心位置,并注出构筑物的名称、规格和里程桩号。例如,图 17-10 中在涵洞中心位置用“1.12”处进行标注,表示在里程桩 K14 +750 处设有一座直径为 100 cm 的单孔圆管涵洞。

⑤水准点。沿线设置的测量水准点都应按所在里程的位置标注,并标出水准点编号、高程和路线的相对位置,左侧注写里程桩号,右侧写明其位置,水平线上方注出其编号和高程。

(2)资料表部分。

路线纵断面图的测试、设计数据表与图样上下对齐布置,以便阅读。数据表包括地质概况,坡度、坡长、高程、填挖高度、里程桩号和平曲线等。

①地质概况。根据实测资料注出沿线各段的地质概况,为设计、施工提供资料。

②坡度、坡长。标注设计线各段的纵向坡度和水平长度距离,第二栏中每一分格表示一坡度,对角线表示坡度方向,先低后高表示上坡,先高后低表示下坡,坡度和距离分注在对角线的上下两侧,坡长以 m 为单位。

③高程。高程分设计高程和地面高程,它们与图样互相对应,分别表示设计线和地面线上各点(桩号)对应的设计高程。

④填挖高度。设计线在地面线下方时需要挖土,设计线在地面上方时需要填土,挖或填的高度值应是高程与地面高程之差的绝对值。

⑤里程桩号。按测量的里程数值填入,桩号从左到右排列,以 m 为单位。在平曲线的始点、中点、终点及水准点、桥涵洞中心点和地形突变等处加桩。

⑥平曲线。平曲线一栏是路线平面图的示意图。用水平线表示直线段,用下凹线或上凸线表示曲线。

(三)公路路线横断面图

1.概述

路线纵横断面图是用假想的剖切平面,垂直于道路中心线剖切得到的,其主要作用是表达各里程桩处路基横断面的形状和横向高低起伏的情况。横断面图的水平方向和高度方向宜采用相同比例,一般用 1∶200、1∶100 或 1∶50。

滇缅公路——各民族共同修筑的抗战生命线

2.图示内容

路线横断面图的基本形式有三种:填方路基(路堤)、挖方路基(路堑)和半填半挖路基。

(1)填方路基(路堤)。整个路基都为填土区,填土高度等于设计高度减去地面高度,填方边坡一般为 1∶1.5,在图上要标注处断面处的里程桩号、中心线处的填方高度 H 以及填方

面积 A,如图 17-11 所示。

(2)挖方路基(路堑)。整个路基都为挖土区,挖土深度等于地面高度减去设计高度,填方边坡一般为 1∶1,在图上要标注处断面处的里程桩号、中心线处的挖方高度 H 以及填方面积 A,如图 17-12 所示。

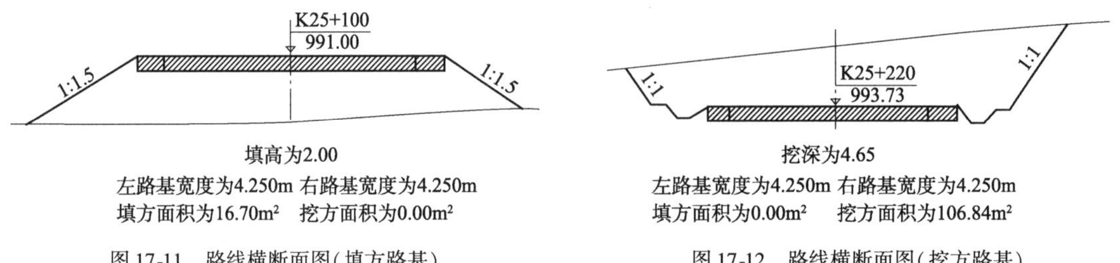

图 17-11　路线横断面图(填方路基)

图 17-12　路线横断面图(挖方路基)

(3)半填半挖路基。路基一部分为填土区,另一部分为挖土区,在图上要标注处断面处的里程桩号、中心线处的填方(挖方)高度 H 以及填方(挖方)面积 A,如图 17-13 所示。

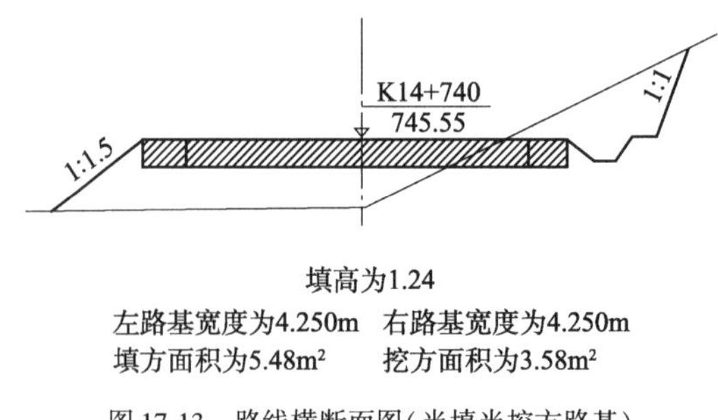

填高为1.24
左路基宽度为4.250m　右路基宽度为4.250m
填方面积为5.48m²　挖方面积为3.58m²

图 17-13　路线横断面图(半填半挖方路基)

第三节　城市道路路线工程图

城市道路由车行道、人行道、绿化带、分隔带、交叉口,以及高架桥、高速路、地下道路等各种设施组成。城市常用的道路布置形式为“三板块”形式和“四板块”形式,中央较宽为双向行驶的机动车车道,两侧是非机动车车道,最外侧是人行道。

城市道路的路线图设计也是通过平面、纵断面和横断面表示,它们的图示方法与公路路线工程图完全一样。城市道路所处的地形一般比较平坦,是在城市规划与交通规划的基础上建造的,交通性质和组成部分比公路复杂得多。

一、城市道路路线平面图

城市道路路线平面图与公路路线平面图相似,用来表示城市道路的方向、平面线形和车行道布置,以及沿路两侧一定范围内的地貌和地物情况,如图 17-14 所示。

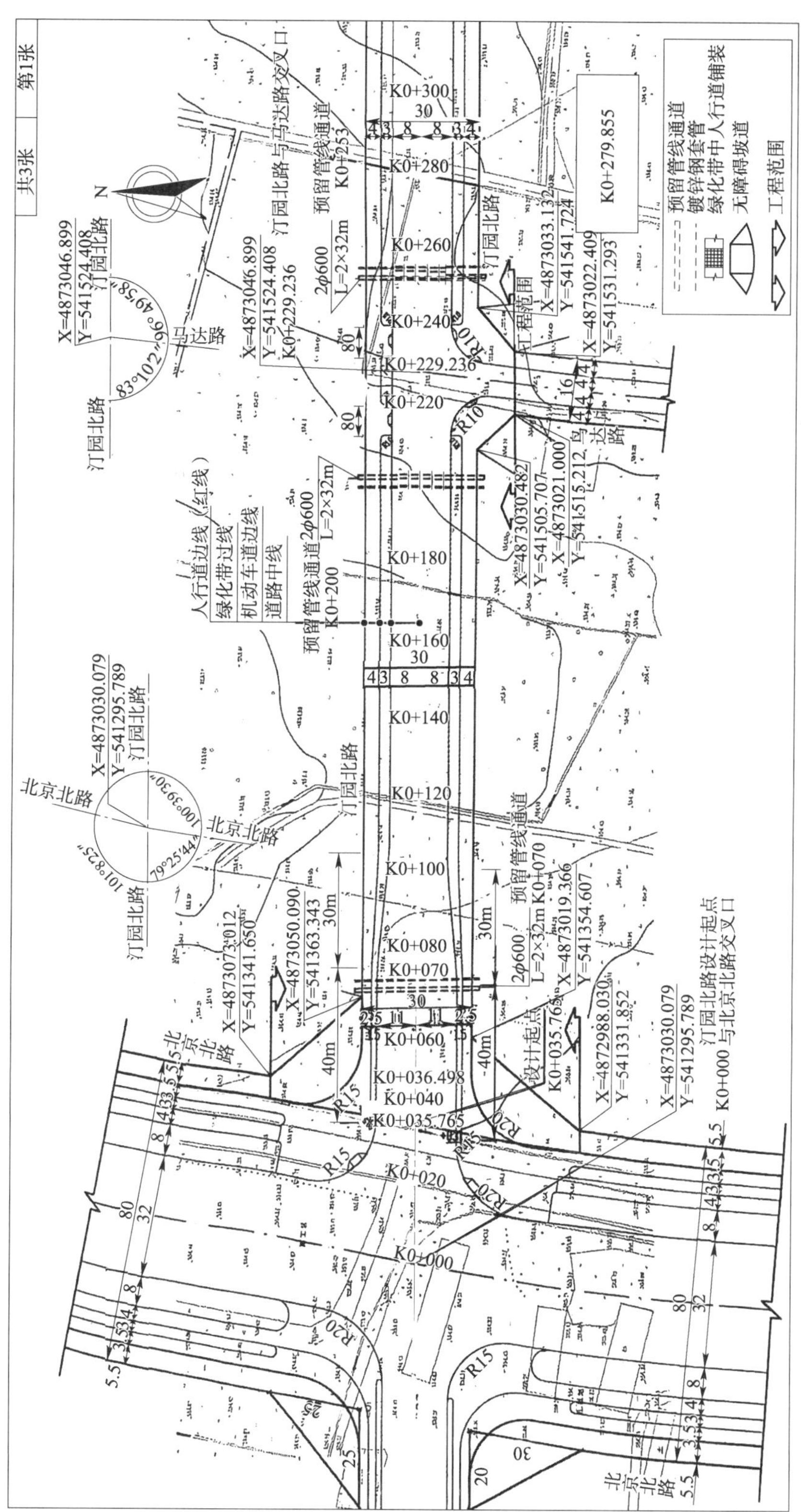

图 17-14　某道路路线平面图

(一)道路情况

(1)道路中心线用点画线表示。在道路中心线上标注里程,表示道路的长度。
(2)道路的走向用指北针或者坐标网来确定。
(3)道路平面图的绘图比例可按实际比例画出。

(二)地形和地物情况

城市道路所在的地形一般比较平坦。地形除用等高线表示外,还用地形点表示高程。

二、城市道路路线纵断面图

城市道路纵断面图是沿道路中心线展开的断面图,主要为了表达道路沿着纵向设计线形的原地面高低起伏情况、地质和沿线设置构造物。城市道路纵断面图也是由图样和资料表组成的,如图 17-15 所示。

(一)图样部分

城市道路纵断面图的图样与公路路线纵断面图的图示方法相同。竖向绘图比横向绘图比例放大 10 倍。

(二)资料表部分

(1)城市道路纵断面图的资料表部分与公路路线纵断面图基本相同。测试、设计数据表与图样不仅上下对齐布置,还要标注相关设计内容。

(2)城市道路除了绘制出道路中心线的纵断面图外,也可设计出排水系统;当纵向有排水困难时,还要绘制出街沟纵断面图。

三、城市道路路线横断面图

城市道路路线横断面图是道路中心线法线方向的断面图。城市道路路线横断面图由车行道、人行道、绿化带、分隔带等组成。在城市中,沿街两侧建筑红线之间的空间范围称为城市道路用地。

(一)城市道路横断面图的布置

(1)“三板块”断面:用两分隔带或分隔墩把机动车和非机动车交通分开,中间为双向行驶的机动车道,两侧为方向相反的非机动车道,如图 17-16 所示。

(2)“四板块”断面,在“三板块”断面的基础上增设一条中央隔离带,使机动车分向行驶,如图 17-17 所示。

(二)城市道路横断面图的内容

横断面图的最终成果用标准横断面图设计图来表示。图中要表示出横断面各组成部分的相互关系。为了表达清楚,一般采用 1∶100 的比例,如图 17-18 所示。

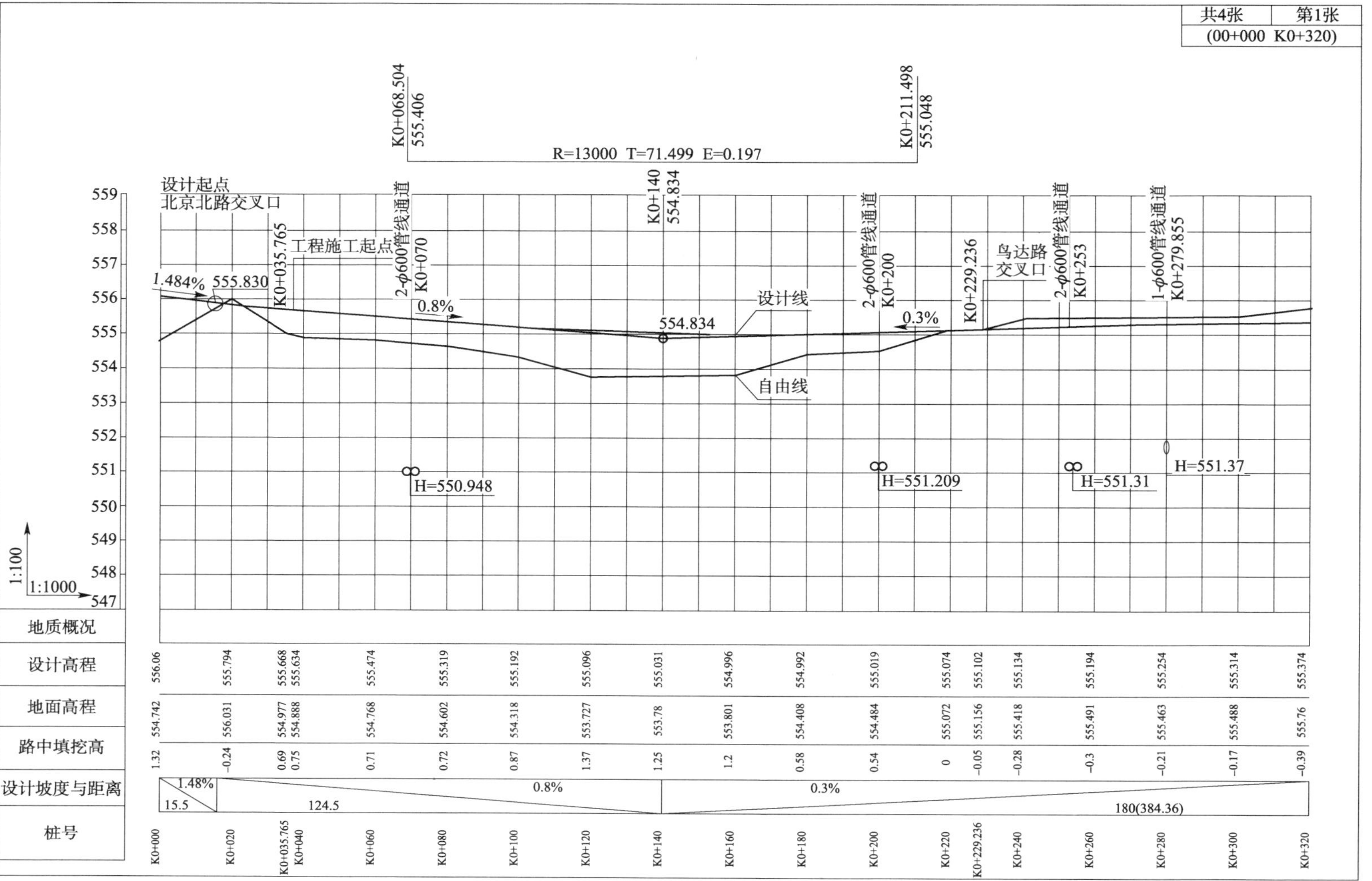

桩号	设计高程	地面高程	路中填挖高
K0+000	556.06	554.742	1.32
K0+020	555.794	556.031	−0.24
K0+035.765	555.668	554.977	0.69
K0+040	555.634	554.888	0.75
K0+060	555.474	554.768	0.71
K0+080	555.319	554.602	0.72
K0+100	555.192	554.318	0.87
K0+120	555.096	553.727	1.37
K0+140	555.031	553.78	1.25
K0+160	554.996	553.801	1.2
K0+180	554.992	554.408	0.58
K0+200	555.019	554.484	0.54
K0+220	555.074	555.072	0
K0+229.236	555.102	555.156	−0.05
K0+240	555.134	555.418	−0.28
K0+260	555.194	555.491	−0.3
K0+280	555.254	555.463	−0.21
K0+300	555.314	555.488	−0.17
K0+320	555.374	555.76	−0.39

设计坡度与距离		
1.48%	0.8%	0.3%
15.5	124.5	180(384.36)

图 17-15　城市道路路线纵断面图

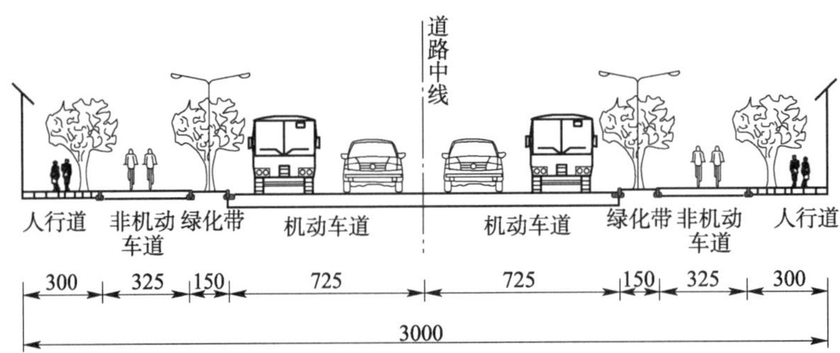

图 17-16　城市道路“三板块”横断面图

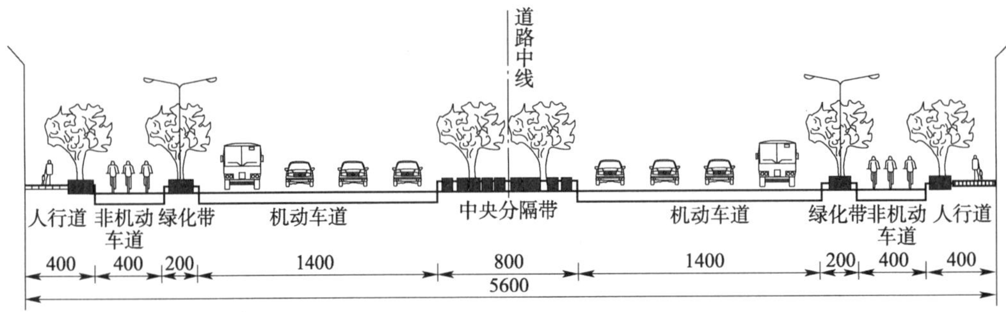

图 17-17　城市道路“四板块”横断面图

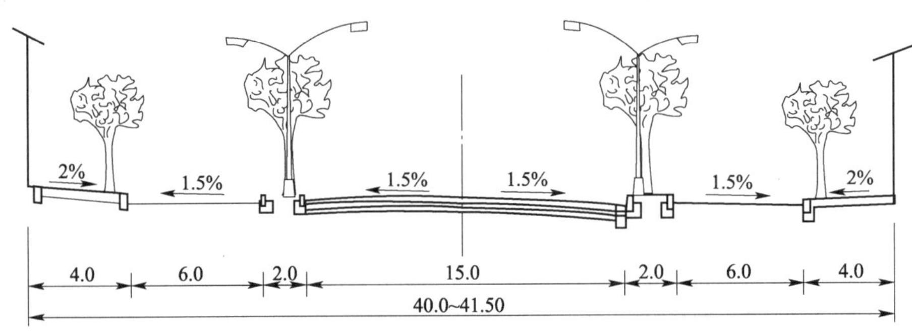

a) 标准断面图设计图

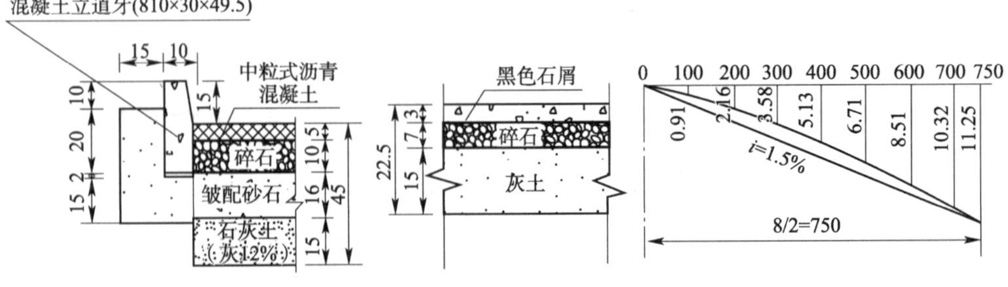

b) 路面结构与道牙大样图　　c) 路拱曲线大样图(纵1:4横1:100)

图 17-18　城市道路横断面图

第四节 交通工程图

一、交通工程概述

《交通强国建设纲要》中的中国式现代化

交通工程是运输工程学的一个分支。运输工程包括公路交通、铁路交通、航空交通、水上交通、管道交通五项内容。道路交通工程学仅研究道路上的交通。简单地说,就是把人、车、路、环境四者统一在一个交通系统中,探索各自和相互间的内在规律及其最佳配合,以达到道路交通通畅、通行能力强、交通事故少、运输效率高、公害程度低、节省燃料和运输费用及环境协调、舒适的目的。交通工程图主要包括道路线形的设计和交通安全设施工程图样。道路线形设计包括道路平面线形和纵断面线形、道路交叉口、道路景观、道路出入口和道路渠化设计。交通安全设施是为保障行车和行人的安全,充分发挥道路的通行能力,在道路沿线设置的人行地道、人行天桥、照明设备、护栏、标志标线等设施的总称,如图 17-19 所示。

图 17-19　交通安全设施

二、交通标线

根据《城市道路交通标志和标线设置规范》(GB 51038—2015)的规定,各类城市道路都应根据道路条件、交通流条件、交通环境、道路使用者的需求及交通管理的需要设置交通标志和标线。交通标志和标线应与周边的设施环境和景观条件相协调;交通标志不应被行道树、广告、灯箱等设施遮挡,且不应遮挡信号灯或其他交通标志;交通标志和标线应根据情况配合使用,其传递的信息应相互协调,同时应与交通管理措施、设施相协调。

城市道路交通标线应由施划或安装于城市道路上的各种线条、箭头、文字、图案及立面标记、突起路标和轮廓标等交通安全设施构成。交通标线按功能分为指示标线、警示标线和警告标线。城市道路交通标线的形式、颜色应符合现行《道路交通标志和标线 第3部分：道路交通标线》(GB 5768.3)的有关规定。

指示标线指示道路上机动车、非机动车、行人等通行的位置和方向。指示标线的类型应符合表17-3的规定。

指示标线的类型 表17-3

序号	分类	标线名称
1	纵向标线	可跨越对向车行道分界线、可跨越同向车行道分界线、潮汐车道线、车行道边缘线、待行区线、路口导向线、导向车道线
2	横向标线	人行横道线、车距确认线
3	其他标线	道路出入口标线、停车位标线、停靠站标线、导向箭头、路面文字标记、路面图形标记、减速丘标线

当警示道路使用者注意道路通行规则时，应设置警告标线。警告标线的类型应符合表17-4的规定。

警告标线的类型 表17-4

序号	设置方式	标线名称
1	纵向设置	路面(车行道)宽度渐变段标线、接近障碍物标线、铁路平交道口标线、纵向减速标线
2	横向设置	横向减速标线
3	其他	立面标记和实体标记

当严格禁止道路使用者某些交通行为时，应设置禁止标线。禁止标线的类型应符合表17-5的规定。

警示标线的类型 表17-5

序号	设置方式	标线名称
1	纵向设置	禁止跨越对向车行道分界线、禁止跨越同向车行道分界线、禁止停车线
2	横向设置	停止线、停车让行线、减速让行线
3	其他	非机动车禁驶区标线导流线、中心圈、网状线、专用车道线、禁止掉头(转弯)线

三、交通标志

交通标志是道路两侧或上方设置的用图形符号、颜色和文字向道路使用者传递引导、约束和规诫信息，用于管理交通、保障安全的设施。交通标志应结合道路及交通情况设置。交通标志应提供准确及时的信息和引导。交通标志按其作用分为主标志和辅助标志两大类。其中，主标志包括禁令标志、警告标志、指路标志、指示标志、旅游区标志、作业区标志、告示标志,辅助标志应附设在主标志下。标志版面的颜色、含义及图形应符合现行《道路交通标志和标线　第2部分:道路交通标志》(GB 5768.2)的有关规定。

交通标志应设置在车辆行进方向上易于看到的地方,并宜设置在车辆前进方向的右侧或车行道上方。当路段单向车道数大于4条,道路交通量大、大车比例高时,宜分别在车辆前进方向左、右两侧设置相同的交通标志。交通标志按显示位置分为路侧和车行道上方两种,对应的支撑式结构为柱式、悬臂式、门架式、车行道上方附着式和路侧附着式,如图17-20所示。

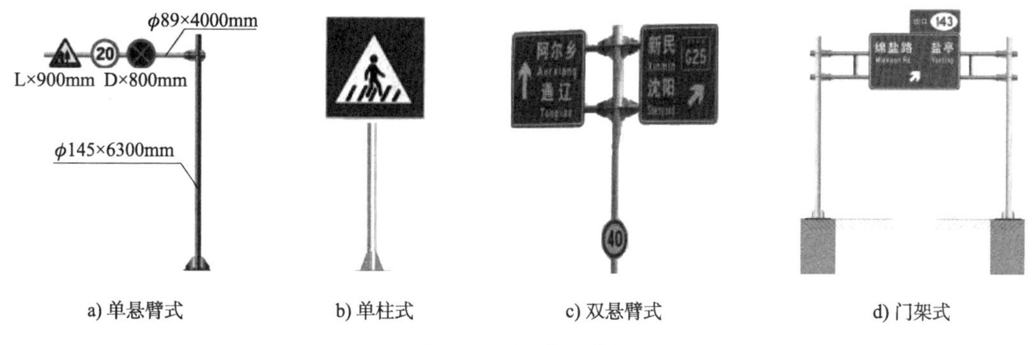

a) 单悬臂式　b) 单柱式　c) 双悬臂式　d) 门架式

图17-20　交通标志结构

标志的支撑方式应根据交通量、车型构成、车道数、沿线构筑物分布、风荷载大小以及路侧条件等因素按表17-6确定。

标志支撑方式及适用条件　表17-6

支撑方式		适用条件
柱式	单柱式	警告、禁令、指示及小型尺寸指路标志
	双柱式	大中型长方形的指示或指路标志
悬臂式		1. 道路较宽,交通量较大,外侧车道车辆阻挡内侧车道车辆视线。 2. 视距或视线受到限制
门架式		1. 同向3车道以上的多车道道路需分别指示各车道。 2. 交通量较大,外侧车道车辆阻挡内侧车道车辆视线。 3. 互通式立交间隔距离较近,标志设置密集。 4. 受空间限制,柱式、悬臂式安装有困难。 5. 隧道、匝道入口处以及出口匝道在行车方向的左侧
附着式		1. 支撑件设置有困难。 2. 采用附着式设置更为合理

四、交通护栏

交通护栏是设置在路肩外侧、交通分隔带以及人行道路牙等位置的一种交通安全设施,如图17-21所示。交通护栏通过自体变形或车辆爬高来吸收碰撞能量,从而改变车辆行驶方向，阻止车辆越到路外或进入对向车道，最大限度地减少对乘员的伤害。护栏按照结构性质可分为刚性护栏、半刚性护栏和柔性护栏。护栏按设置位置可分路侧护栏、中央分隔带护栏、桥梁护栏、过渡段护栏、端部护栏、防撞垫。

图 17-21　交通护栏

习题

一、填空题

1. 公路纵断面图主要包括________和________两部分。
2. 公路平面图中字母 E 表示________，字母 QZ 表示________。
3. 公路纵断面图中的细实线表示________，粗实线表示________。
4. 路线工程图主要指________、________和________。
5. 高速公路的路基横断面主要由中央分隔带、________、________和土路肩等组成。
6. 交通工程图主要包括________、________和________。
7. 交通标线按功能分为________、________和________。
8. 交通标志设计图包括________、________、________和________。
9. 护栏按结构性质可分为________、________和________。

二、选择题

1. 在路线平面图中，百米桩标在路线的(　　)。

A. 左侧　　B. 右侧　　C. 中间　　D. 下方

2. 路线纵断面图中，如果横坐标比例为 1∶1000，那么纵坐标比例为(　　)。

A. 200∶1　　B. 1∶200　　C. 100∶1　　D. 1∶100

3. 在路线平面图中，千米桩标在路线的(　　)。

A. 左侧　　B. 右侧　　C. 中间　　D. 下方

4. 路线走向规定由(　　)。

A. 由右向左　　B. 由左向右　　C. 由下向上　　D. 由上向下

5. 在钢筋混凝土构建详图中，构建轮廓应画成(　　)。

A. 点画线　　B. 细实线　　C. 中实线　　D. 粗实线

6. 桥梁总体布置图中立面图通常采用(　　)来表达。

A. 半剖面图　　B. 分层局部剖面图

C. 两处 1/2 剖面图合成　　D. 全剖面图

7. 交通标志和交通标线(　　)。

A. 不可一起使用,易混淆　　B. 必须一起使用,更明确

C. 可一起使用,也可单独使用　　D. 只能单独使用

8. 交通标线设计图包括(　　)。

A. 标线布设图、标线大样图和字符详图

B. 标线布设图、标志大样图和结构图

C. 标线布设图、标线大样图和结构图

D. 标线布设图、标志大样图和字符详图

9. 交通标志按作用分为(　　)。

A. 警告标志、禁令标志和指示标志　　B. 主标志和辅助标志

C. 主标志和警告标志　　D. 主标志、禁令标志和指示标志

10. 交通标志的支撑结构形式包括(　　)。

A. 柱式、悬臂式、门架式、车行道上方附着式及路侧附着式

B. 柱式、悬臂式、门架式路侧附着式

C. 柱式、悬臂式、车行道上方附着式及路侧附着式

D. 悬臂式、门架式、车行道上方附着式及路侧附着式

11. 防护设施根据设置位置不同分为(　　)。

A. 刚性护栏、半刚性护栏和柔性护栏

B. 刚性护栏、半刚性护栏和桥梁护栏

C. 路侧护栏、中央分隔带护栏和桥梁护栏

D. 刚性护栏、路侧护栏和中央分隔带护栏

三、简答题

1. 道路工程图包含哪些内容？其图示方法有何特点？

2. 道路路线工程图包含哪些图样？其作用是什么？

3. 什么是道路标准横断面图？

4. 什么是道路路基横断面图？

5. 道路交叉口工程包含哪些内容？图样的作用分别是什么？

6. 简述防护设施的意义和组成。

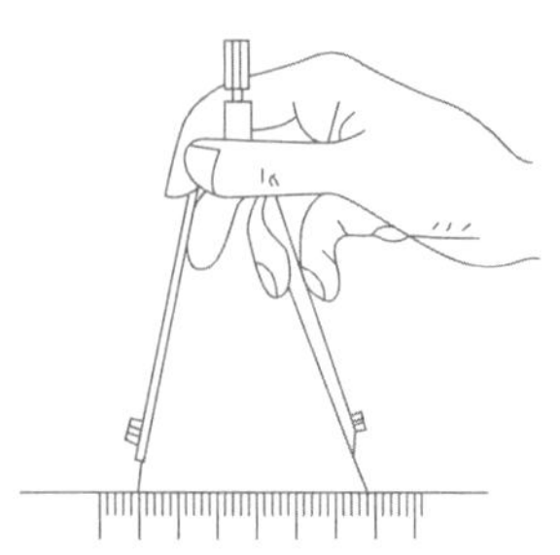

模块十八
桥梁制图与识图

学习目标

◈ 知识目标

1. 清楚桥梁结构的桥位平面图、桥位地质断面图、桥梁总体布置图、构件图的识读。
2. 熟悉桥梁的基本组成和钢筋的分类及作用。
3. 知道钢筋混凝土桥梁结构图的识读与绘制。

◈ 技能目标

1. 能够正确识读桥梁施工图,能够准确理解图纸中的符号、标注和说明,将图纸信息与实际桥梁结构相对应。
2. 掌握桥梁制图的基本技能,能够熟练绘制桥梁的平面图、立面图、剖面图等。
3. 能够识别桥梁结构形式和钢筋布筋样式,并绘制相应工程图。
4. 能够运用工程语言进行沟通交流,掌握工程领域常用的术语和表达方式,能够准确、清晰地与他人进行工程图纸的交流与讨论。

◈ 素养目标

1. 培养认真负责的工作态度,具备细心、耐心的品质,能够认真对待每一个制图与识图环节,确保图纸的准确性和完整性。
2. 提升团队协作和沟通能力,培养团队协作精神和沟通能力,能够与他人有效配合,共同完成任务。
3. 培养空间想象和思维能力,能够在二维图纸和三维空间之间进行转换。
4. 增强安全意识。
5. 培养创新意识和持续学习的能力,以适应不断变化的工作环境。

第一节　桥梁工程图概述

一、桥梁的基本组成

深中大桥——工程技术创新的典范

桥梁由上部桥跨结构(主梁或主拱圈和桥面系)、下部结构(桥台、桥墩和基础)及附属结构(栏杆、灯在、护斥、导流结构物等)三部分组成,如图18-1所示。

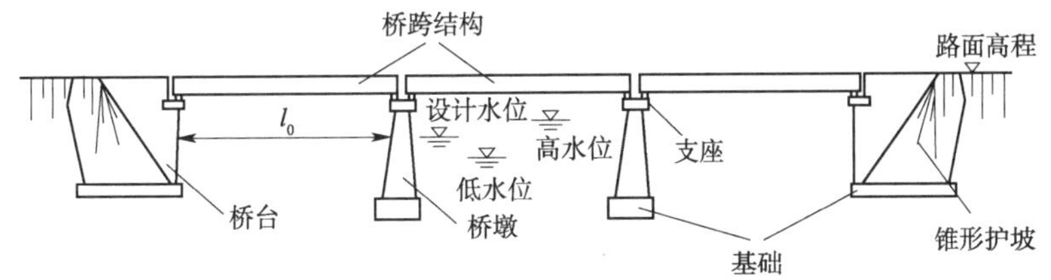

图18-1　桥梁的基本组成部分

(1)桥跨结构是在路线中断时,跨越障碍的主要承载结构,人们习惯称之为上部结构。

(2)桥墩和桥台是支撑桥跨结构并将恒载和车辆等活载传至地基的建筑物,又称下部结构。

(3)支座是桥跨结构与桥墩和桥台的支承处所设置的传力装置。

(4)锥形护坡在路堤与桥台衔接处,一般还在桥台两侧设置石砌的锥形护坡,以保证迎水部分路堤边坡的稳定。

(5)河流中的水位是变动的,枯水季节的最低水位称为低水位,洪峰季节的最高水位称为高水位,桥梁设计中按规定的设计洪水频率计算所得的水位,称为设计洪水位。

(6)净跨径是设计洪水位上相邻两个桥墩(台)之间的净距离。

(7)总跨径是多孔桥梁中各孔净跨径的总和,它反映了桥下泄洪的能力。

(8)桥梁全长是桥梁两端两个桥台的侧墙末端或八字墙后端点的距离。

二、桥梁的分类

桥梁可以根据结构形式、建筑材料、跨径等进行分类,同一座桥可以根据分类标准进行多项分类。

(1)桥梁按结构形式分为梁桥、拱桥、刚架桥、桁架桥、悬索桥和斜拉桥。

(2)桥梁按建筑材料分为钢桥、钢筋混凝土桥、石桥、木桥等。

(3)桥梁按全长和跨径的不同分为特殊大桥、大桥、中桥和小桥(表18-1)。

桥梁分类　　表18-1

桥梁分类	多孔桥全长L(m)	单孔跨径(m)	桥梁分类	多孔桥全长L(m)	单孔跨径(m)
特殊大桥	$L \geq 500$	$L \geq 100$	中桥	$30 < L < 100$	$20 \leq L \leq 40$
大桥	$L \geq 100$	$L \geq 40$	小桥	$8 < L < 30$	$5 \leq L \leq 20$

(4)桥梁按上部结构的行车位置分为上承式桥、下承式桥和中承式桥。

第二节 桥梁结构图

一、桥梁桥位平面图

桥位平面图主要表明桥梁所在位置、与路线的连接情况以及与地形地物的相互关系，通过地形测量绘出桥位处的道路、河流、水准点、钻孔及附近的地形和地物(如房屋、旧桥等)，以便作为设计桥梁、施工定位的依据。这类图一般采用较小的比例，如 1∶500，1∶1000，1∶2000等。图 18-2 所示为某桥的桥位平面图，该图除了表示路线平面形状、地形和地物外，还表明钻孔、里程、水准点的位置和数据。

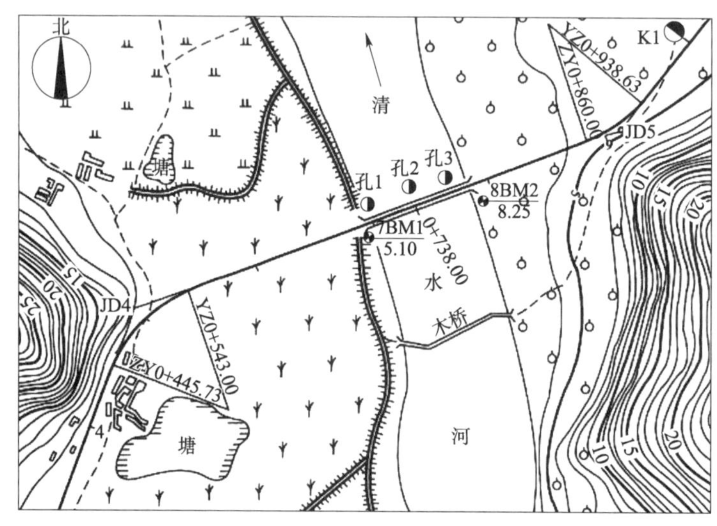

图 18-2　某桥的桥位平面图

港珠澳大桥创新技术——埋床法全预制墩台设计

二、桥梁桥位地质断面图

桥位地质断面图是根据水文调查和地质钻探所得资料绘制的河床地质断面图，表示桥梁所在位置的地质水文情况，包括河床断面线、最高水位线、常水位线和最低水位线，可作为桥梁设计和计算工程数量的依据。实际设计中，通常将桥位地质断面图铅垂方向和水平方向按同样比例直接画入总体布置图。

桥位地质断面图为了显示地质和河床深度变化情况，特意把地形高度(高程)的比例较水平方向比例放大数倍画出。如图 18-3 所示，地形高度采用 1∶200 的比例，水平方向采用 1∶500 的比例。

三、桥梁总体布置图

桥梁总体布置图主要表明桥梁的形式、跨径、孔数、总体尺寸、桥道高程、桥面宽度、各主要构件的相互位置关系，桥梁各部分的高程、材料数量以及总的技术说明等，作为施工时确定墩台位置、安装构件和控制高程的依据。总体布置图一般由立面图、平面图和横剖面图组成。

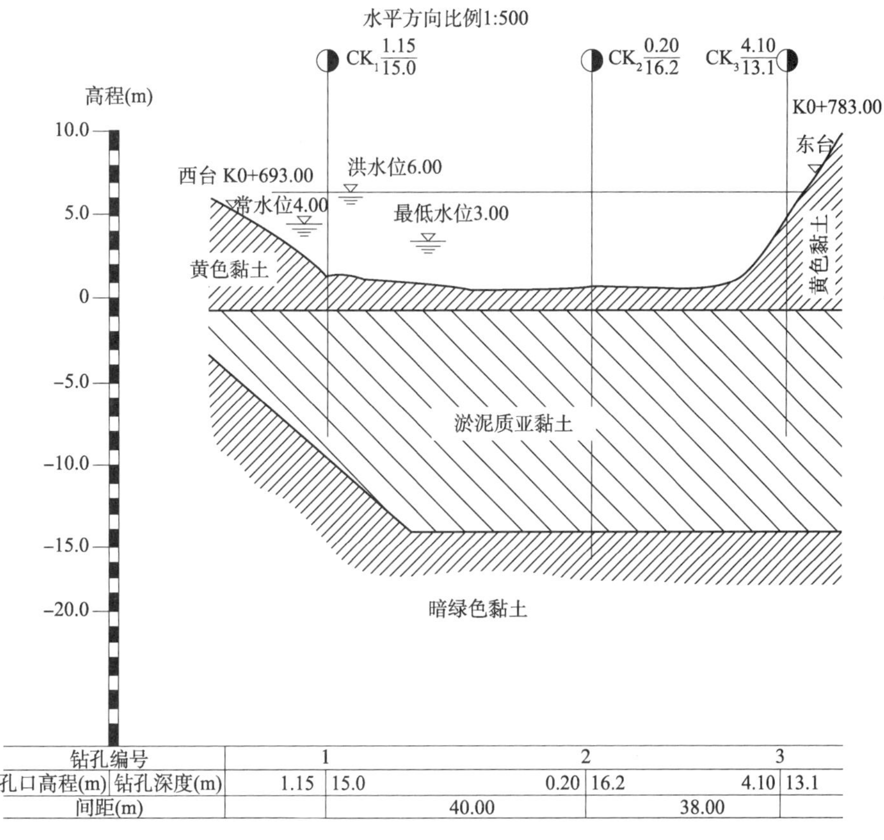

图 18-3　某桥桥位地质断面图

图 18-4 为某桥的总体布置图，采用的立面图绘图比例是 1∶200，横剖面图比例是1∶100。该桥为 5 孔 T 形桥梁，总长 90m，总宽 10m，中间 3 孔跨径各 20m，两边的孔跨径为 10m。桥中设有 4 个柱式桥墩，两端为重力式混凝土 U 形桥台，桥墩承台的上下盖梁为钢筋混凝土，桥上部结构为简支桥梁。

（一）立面图

桥梁一般是左右对称的，所以采用半立面图和半纵剖面合成，可以反映桥梁的特征和桥型。图 18-4 中下部结构左边 2 个桥墩画外形，右边 2 个桥墩画剖面；上部结构有 2 个边孔的跨径为 10m，上部结构为简支桥梁，有 2 个边孔的跨径为 10m，中间 3 孔的跨径均为 20m。左半部分剖面图在梁底至桥面之间画了 3 条线，表示梁高和桥中心处的桥面厚度；右半部分剖面图把 T 形梁及横隔板均涂黑，并用剖面线把桥面厚度画出。此外还画出了河床的断面形状及水文情况，根据高程尺寸可知桩和桥台基础的埋置深度、梁底、桥台、和桥中心等处的高程。由于混凝土桩埋置深度较大，不用全部画出，为了节省图幅，采用了断开画法。图 18-4 中还标出了桥梁两端和桥墩的里程桩号。

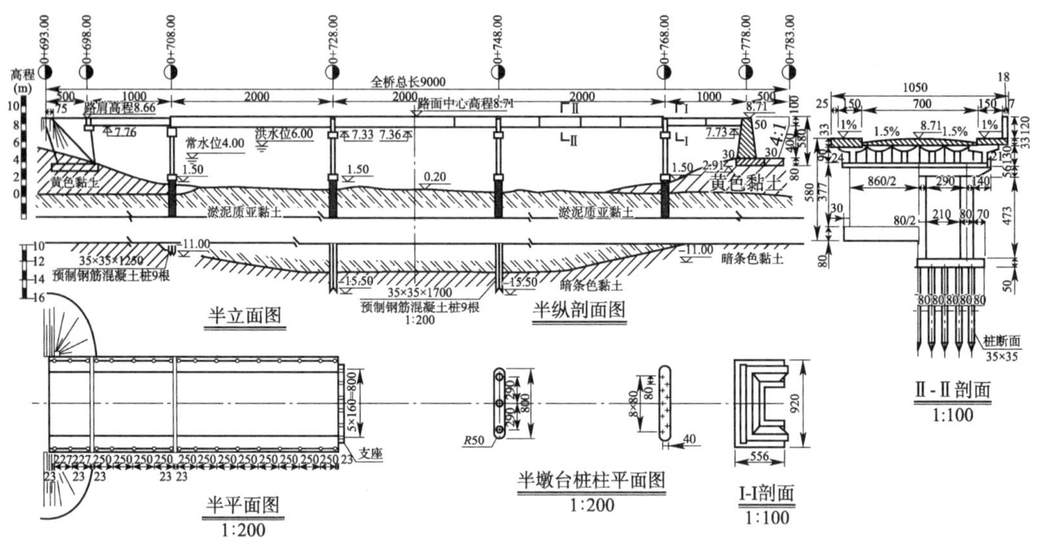

图 18-4　某桥的总体布置图

注：本图尺寸除高程以 m 计，其余均以 cm 计。

(二)平面图

桥梁的平面图也常采用分段揭层局部剖切画法来表达。图 18-4 中左半部分平面图是从上向下投影得到的桥面俯视图，主要画出了车行道、人行道、栏杆等的位置。由标注尺寸可知，桥面车行道净宽为 7m，两边人行道各 1.5m。右端是 U 形桥台的平面图，画图时，为了使桥台平面图更清晰，通常把桥台背台的回填土揭去，两边的锥形护坡省略。

(三)横剖面图

从立面图中所标注的剖切位置可以看出，Ⅰ-Ⅰ剖面是在桩中跨位置剖切的，Ⅱ-Ⅱ剖面是在边跨位置剖切的，桥梁的横剖面图是左半部分Ⅰ-Ⅰ剖面和右半部分Ⅱ-Ⅱ剖面拼成的。图 18-4 中桥梁的上部结构由 6 片 T 形梁组成，左半部分的 T 形梁尺寸较小，支承在桥台与桥墩上。对照立体图可知，这是跨径为 10m 的 T 形梁。右半部分的 T 形梁尺寸较大，支承在桥墩上。对照立体图可知，这是跨径为 20m 的 T 形梁。在Ⅱ-Ⅱ剖面图中画出了桥台各部分，包括台帽、台身、承台、桩等的投影。

四、桥梁构件图

在总体布置图中，由于比例较小，不可能将桥梁的各种构件详细地表示清楚。因此，还必须根据总体布置图采用较大的比例把构件的形状、大小完整地表示出来，作为施工的依据，这种图称为构件图。构件图常用的比例为 1∶50 ~ 1∶10，某些局部详图可采用1∶5 ~ 1∶2 的比例绘制。

(一)桥台图

桥台属于桥梁的下部结构，主要支承上部的桥梁，并承受路堤填土的水平推力。图 18-5 所示为 U 形桥台，它是由台帽、台身、侧墙和基础组成的，这种桥台是由前墙和 2 道侧墙垂直连成“U”字形。由于桥台各部分尺寸均较大且笨重,又称为重力式桥台。

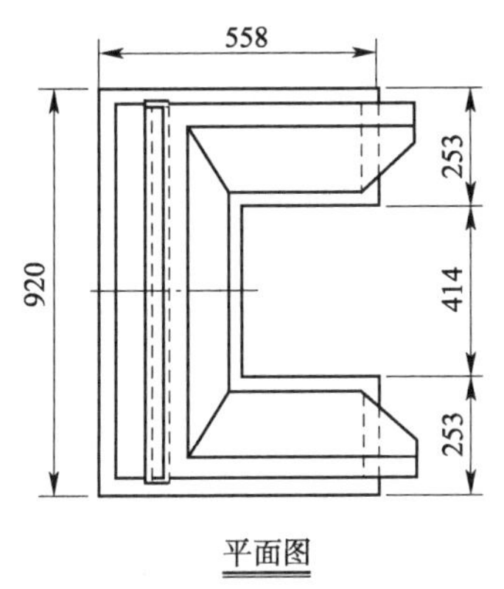

图 18-5　U 形桥台

注:本图尺寸除高程以 m 计外,其余均以 cm 计。

(二)桥墩图

桥墩和桥台一样,也属于桥梁的下部结构,图 18-6 为某桥 3、4 号桥墩构造图,主要表达了桥墩各部分的形状和尺寸。这里绘制了桥墩的立面图、侧面图、下盖梁平面图和断面图。因为桥墩是对称的,立面图和剖面图均只画出一半。从结构图可以看出,下面是 9 根35cm × 35cm × 1700cm 的预制钢筋混凝土桩。平面图把上梁盖移去,表示立柱、桩的排列和下盖梁钢筋网布置的情况。平面图中没有把立柱的钢筋表示出来,而是另用放大比例的立柱断面图表示。

(三)主梁图(T 形梁)

T 形梁由梁肋、横隔板和翼板组成,在桥面宽度内往往有几根梁并在一起,在两侧的主梁称为边主梁,中间的主梁称为中主梁。主梁之间用横隔板联系,沿着主梁长度方向,有若干个横隔板,在两端的横隔板称为端隔板,中间的横隔板称为中隔板。其中边主梁一侧有横隔板,中主梁两侧有横隔板,如图 18-7 所示。

(四)梁肋钢筋布置图

图 18-8 所示为跨径为 10m 的一片主梁骨架结构图,其中图 18-8a)为主梁骨架图),图中③2ϕ22 和①2ϕ32 共 4 根组成架立钢筋,⑧8ϕ8 由纵向钢筋和箍筋⑦组成,以提高梁的刚度,防止梁发生裂缝。钢箍距离除跨端和跨中外,均等于 26cm。②④⑤⑥均为受力钢筋。图中同时标出各构件的焊缝尺寸,如 8,16 及装配尺寸(如 60,78,79.7 等)。图 18-8b)为钢筋成

型图,把每根钢筋单独画出来,并标注加工尺寸。其中钢筋②和①重叠在一起,为了表示清楚,可以把重叠在一起的钢筋用小圆圈表示。

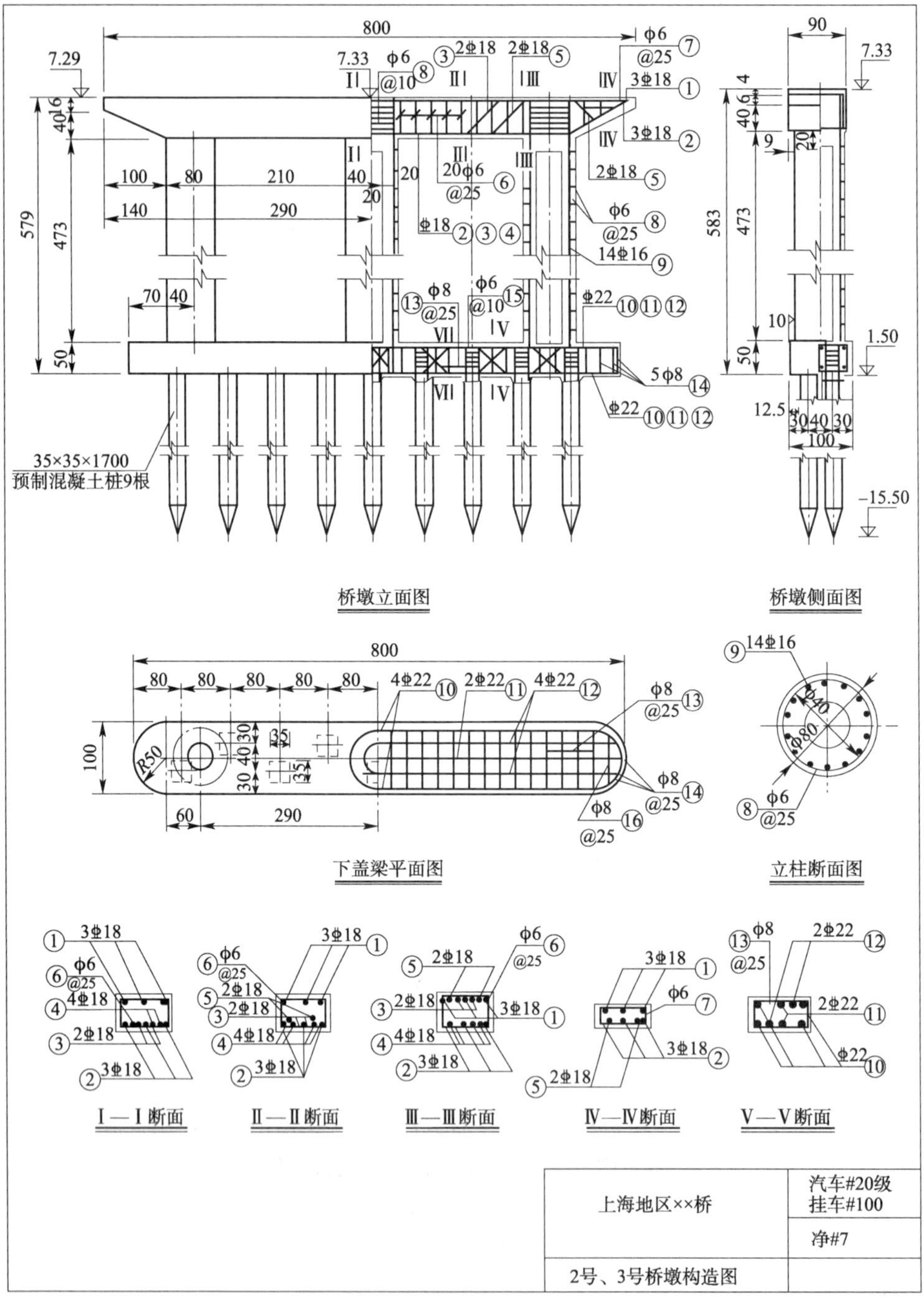

上海地区××桥	汽车#20级 挂车#100
	净#7
2号、3号桥墩构造图	

图 18-6　某桥 2 号、3 号桥墩结构图

注:1 本图尺寸钢筋以 mm 计,高程以 m 计外,其余均以 cm 计。

2. 混凝土强度等级为 C20。

3. 保护层采用 3cm。

4. 桩顶混凝土应凿掉,将使钢筋伸入下盖梁,伸入长度为 40cm。

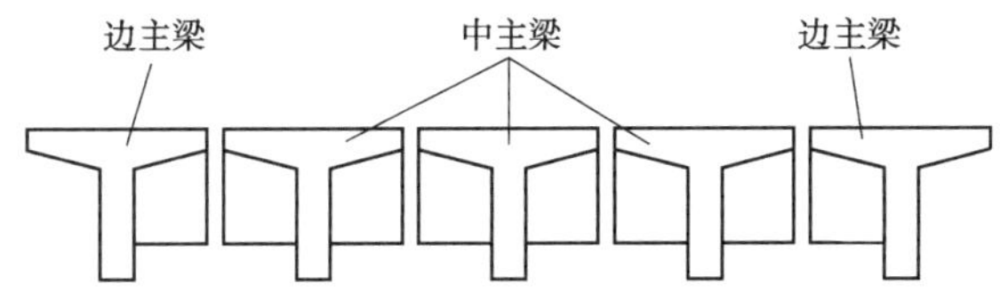

图 18-7　主梁与横隔板示意图

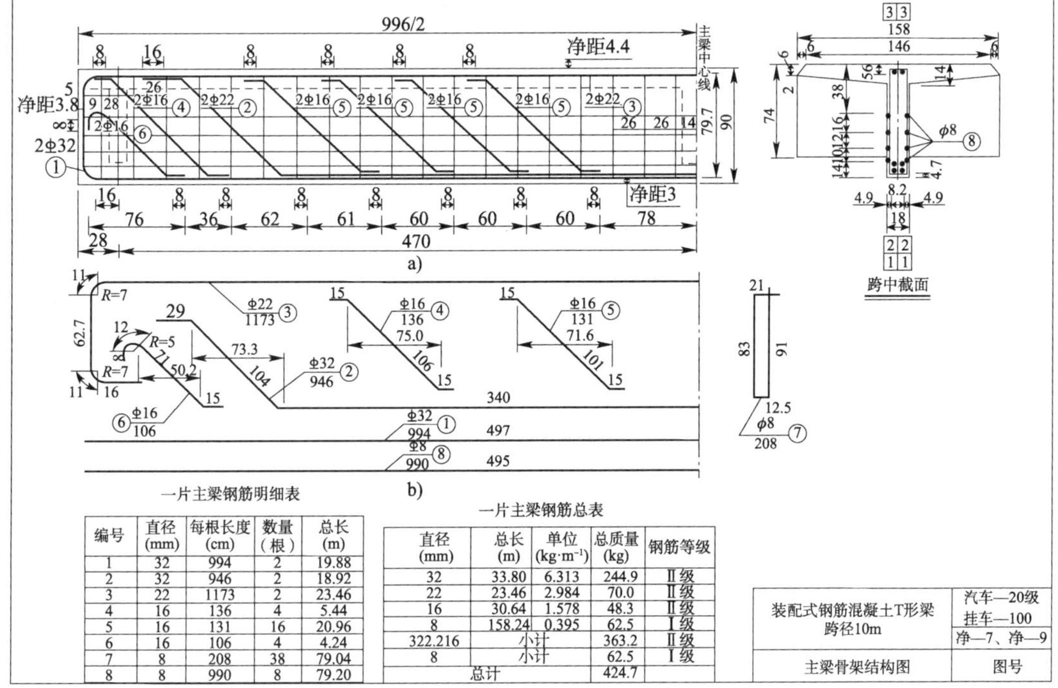

一片主梁钢筋明细表

编号	直径 (mm)	每根长度 (cm)	数量（根）	总长 (m)
1	32	994	2	19.88
2	32	946	2	18.92
3	22	1173	2	23.46
4	16	136	4	5.44
5	16	131	16	20.96
6	16	106	4	4.24
7	8	208	38	79.04
8	8	990	8	79.20

一片主梁钢筋总表

直径 (mm)	总长 (m)	单位 ($kg\cdot m^{-1}$)	总质量 (kg)	钢筋等级
32	33.80	6.313	244.9	Ⅱ级
22	23.46	2.984	70.0	Ⅱ级
16	30.64	1.578	48.3	Ⅱ级
8	158.24	0.395	62.5	Ⅰ级
322.216	小计		363.2	Ⅱ级
8	小计		62.5	Ⅰ级
总计			424.7	

图 18-8　梁肋钢筋布置图

注：1. 本图尺寸除钢筋直径以 mm 计，其余均以 cm 计。

2. 本图钢筋焊缝均为手工双面焊、一片主梁的焊缝 $\delta = 4$mm、总长度为 13.4m。

3. 一片平面骨架的质量为 0.18t。

习题

一、填空题

1. 桥梁总体布置图一般由________、________和________组成。

2. 桥梁由________、________及________三部分组成。

3. 桥梁工程的视图一般可分为________、________、________、________等。

二、简答题

1. 桥梁总体布置图包含哪些信息？

2. 钢筋混凝土桥梁内的钢筋有哪些种类？各有什么用？

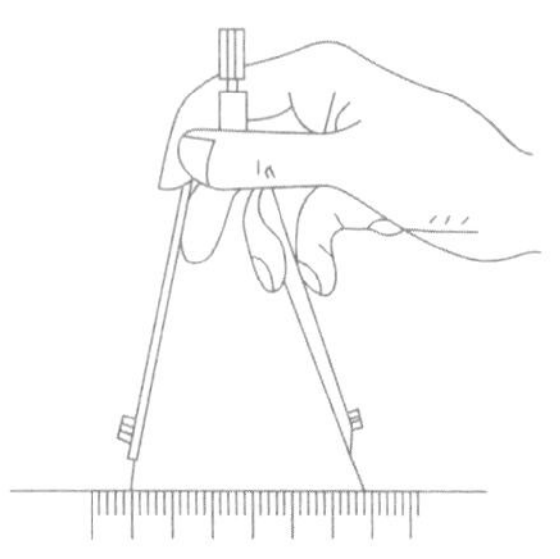

模块十九 隧道与涵洞制图和识图

学习目标

※ 知识目标

1. 知道隧道、涵洞的细部构造形状、尺寸及布设要求,及其工程图的组成和表达方式。
2. 熟悉隧道洞门、洞身的常见分类。
3. 熟悉涵洞的常见分类。
4. 知道隧道、涵洞的基本结构组成。

※ 技能目标

1. 能识别并理解隧道工程图的主要图样。
2. 能正确识读隧道洞门图。
3. 熟悉隧道衬砌断面图的表达及隧道附属设施设计图。
4. 掌握涵洞布置图的识读。
5. 熟悉涵洞结构设计图的表达和涵洞工程数量表。

※ 素养目标

1. 培养认真负责的工作态度,严谨细致地对待每一个细节,确保图纸的准确性和可读性。

2. 提升自主学习意识和能力,能够主动查阅资料、学习新知识,以便更好地理解和掌握相关技能。

3. 增强创新意识和创造能力,能够灵活运用所学知识,提出新的解决方案或改进方法,以应对不断变化的工作需求。

4. 具备良好的团队合作精神,能够与他人有效沟通、协作,共同完成任务。

5. 不断更新自己的知识和技能,以适应行业的发展。

第一节 隧道工程图

一、隧道概述

隧道是埋置于地层内的工程建筑物，是人类利用地下空间的一种形式。隧道由洞身、洞门、洞门墙和附属设备组成。

深中通道海底隧道：科技创新铸就工匠精神

（1）洞身是隧道的主体建筑物，是车辆通行的通道。其作用是承受围岩压力、结构自重及其他荷载，阻止围岩风化、崩塌和洞内防水、防潮等。根据周围岩体（土体）的不同，洞身可以分为直墙式衬砌、曲墙式衬砌、喷混凝土衬砌、喷锚衬砌及复合衬砌。

（2）洞门是为保持洞口上方及两侧路堑边坡的稳定，防止洞口塌方落石，排除仰坡流下的水，在隧道洞口修建的墙式构筑物。

（3）洞门墙是用来挡住山体和边坡，防止洞口塌方落石的，端墙和翼墙都是向后倾斜的，不易被推倒。

（4）附属设备包括避车洞、消防设施、应急通信设施和防排水设施等，如图 19-1 所示。

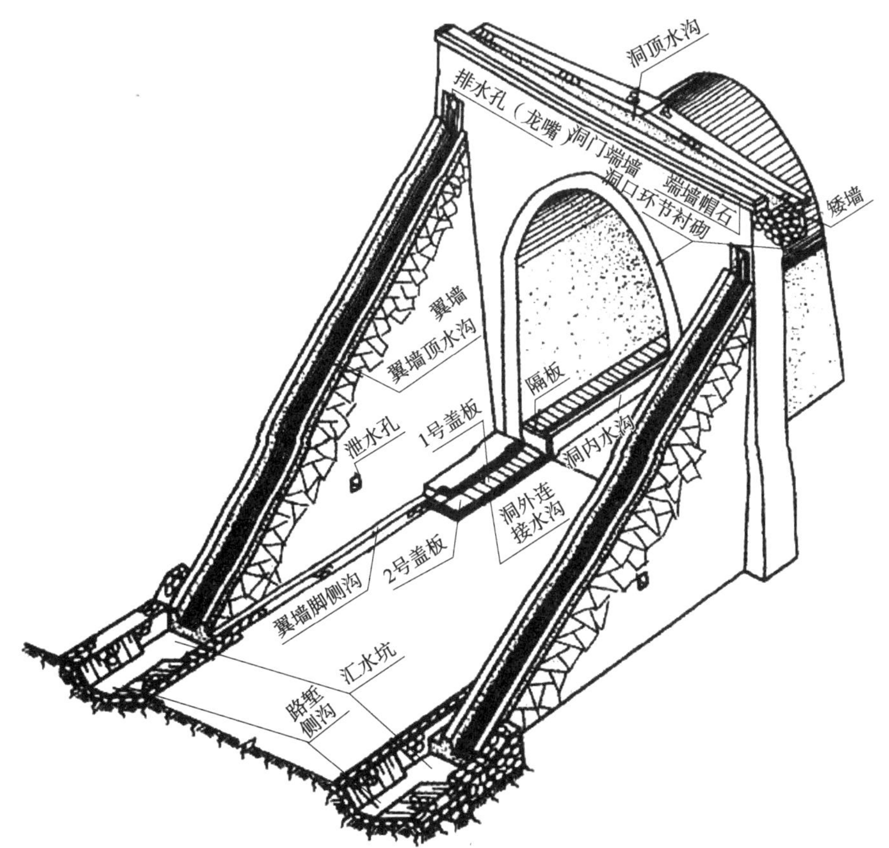

图 19-1　隧道的基本组成

二、隧道的构造图的组成

隧道的构造图主要由隧道洞门图、隧道洞身横断面图、避车洞图组成。

(一)隧道洞门图

1. 隧道洞门的分类

洞门根据洞口地段的地形、地质条件不同,分为环框式洞门、端墙式洞门、翼墙式洞门、柱式洞门、台阶式洞门、削竹式洞门等。

(1)环框式洞门:适用于洞口石质坚硬稳定的隧道,可仅设置洞口环框,如图 19-2 所示。

(2)端墙式洞门:适用于地形开阔、石质基本稳定的地区,如图 19-3 所示。

图 19-2　环框式洞门

图 19-3　端墙式洞门

(3)翼墙式洞门:适用于洞口地质条件较差的地区,在端墙式洞门的一侧或两侧加设挡墙,如图 19-4 所示。

(4)柱式洞门:适用于地形较陡,地质条件较差,仰坡下滑可能性较大,而修筑翼墙又受地形、地质条件限制的情况。柱式洞门比较美观,适用于城市要道、风景区或长、大隧道的洞口,如图 19-5 所示。

图 19-4　翼墙式洞门

图 19-5　柱式洞门

(5)台阶式洞门:在山坡隧道中,因地表面倾斜,开挖路堑后一侧边坡过高,极易丧失稳定,可采用台阶式洞门,如图 19-6 所示。

(6)削竹式洞门:凸出式新型洞门,这类洞门是将洞内衬砌延伸至洞外,一般凸出山体数米,它适用于各种地质条件,如图 19-7 所示。

2. 隧道洞门图的内容

用于表示隧道洞门各部分的结构形状和尺寸的图样称为隧道洞门图,常用三面投影图来表示，如图 19-8 所示。

图 19-6　台阶式洞门

图 19-7　削竹式洞门

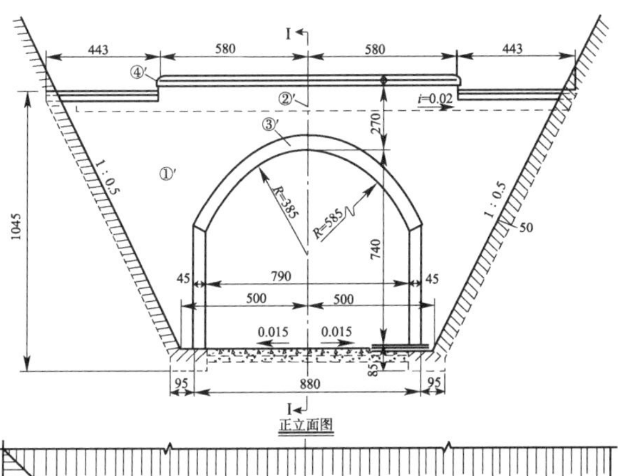

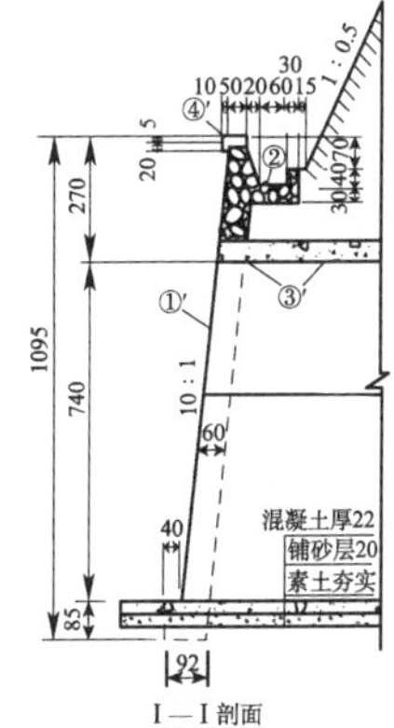

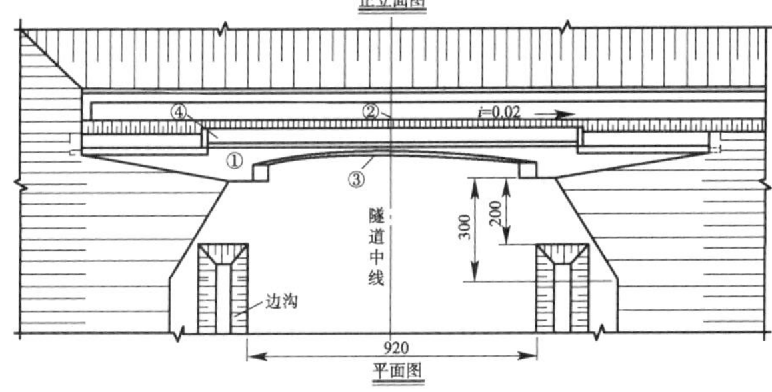

图 19-8　销竹式隧道洞门图

(1)正面图：即立面图，是洞门的正立面投影，不论洞门是否左右对称均应画全。正立面图反映出洞门墙的式样，洞门墙上面高出的部分为顶帽，同时，也表示出洞口衬砌断面类型，它是由 2 个不同半径($R=385$cm 和 $R=585$cm)的 3 段圆弧和 2 直边墙所组成，拱圈厚度为 45cm。洞口净空尺寸高为 740cm，宽为 790cm；洞门墙的上面有一条从左往右方向倾斜的虚线，并注有 $i=0.02$ 箭头，这表明洞门顶部有坡度为 2% 的排水沟，用箭头表示流水方向。其他虚线反映了洞门墙和隧道底面的不可见轮廓线，它们被洞门前面两侧路虾边坡和公路路面遮住，所以用虚线表示。

(2)平面图：仅画出洞门外露部分的投影，平面图表示了洞门墙顶帽的宽度，洞顶排水沟的构造及洞门口外两边沟的位置(边沟断面未示出)。

(3)剖面图：I — I 剖面图仅画靠近洞口的一小段，图中可以看到洞门墙倾斜坡度为 10:1，洞门墙厚度为 60cm，还可以看到排水沟的断面形状、拱圈厚度及材料断面符号等。

为读图方便，图 19-8 还在 3 个投影图上对不同的构件分别用数字注出，如洞门墙①′①，洞顶排水沟为②′②、拱圈为③′③、顶帽为④′④等。

(二)隧道洞身横断面图

隧道洞身结构主要为衬砌部分和附属结构部分,如图 19-9 所示。

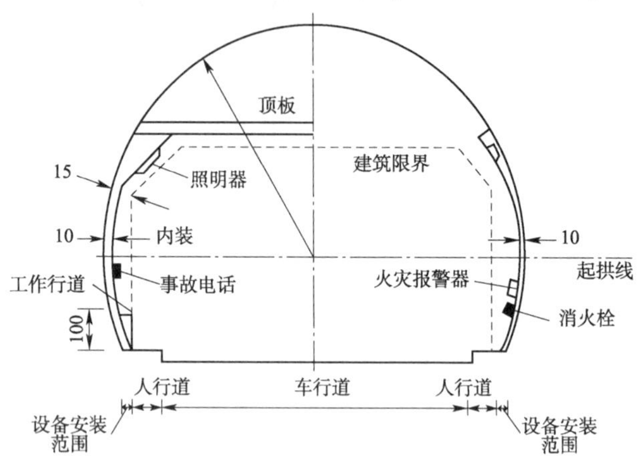

图 19-9　隧道洞身横断面

隧道衬砌部分为隧道的主要组成部分,当隧道被开挖成洞体以后,一般要用混凝土进行衬砌。隧道衬砌包括两边的边墙、顶上的拱圈。边墙是直的称为直墙式衬砌,边墙是曲线形的称为曲墙式衬砌。无论哪种衬砌,其拱圈一般都是由 3 段圆弧构成,故称三心拱。衬砌下部两侧分别设有洞内水沟和电缆槽。隧道衬砌是为了承受围岩和地岩风化、崩塌和洞内的放水,阻止坑道周围地层变形的永久性支撑。

表达衬砌结构的图称为隧道衬砌断面图。它把边墙的形状、尺寸,拱圈各段圆拱的中心及半径大小、厚度,洞内排水沟及电缆沟的位置及尺寸,混凝土垫层的厚度及坡度表示出来,如图 19-10 所示。

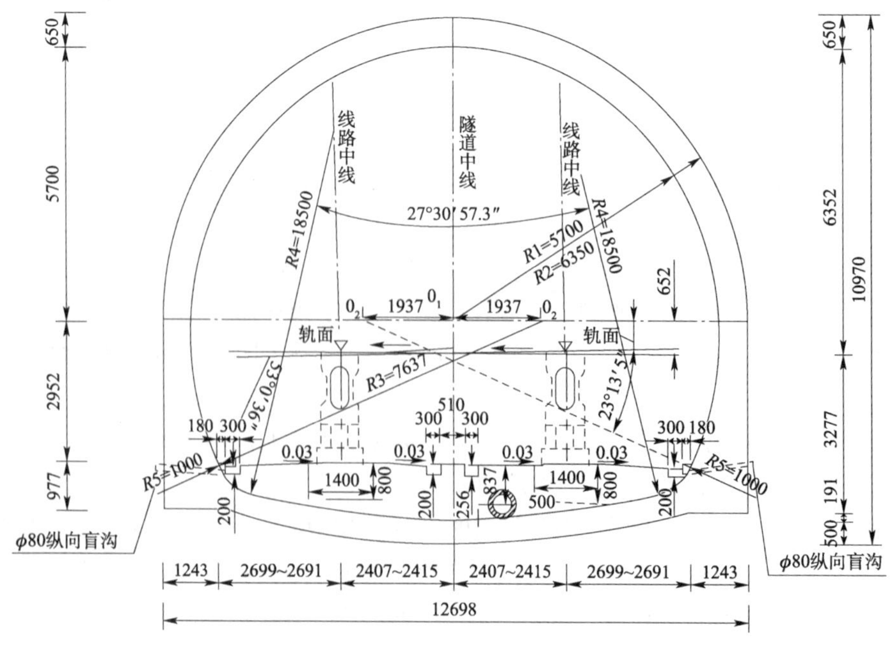

图 19-10　衬砌断面图

(三)避车洞图

避车洞是为行人和隧道维修人员及维修小车避让来往车辆而设置的,有大小两种,它们沿路线方向交错设置在隧道两侧边墙上。通常大避车洞每隔 150m 设置一个,小避车洞每隔 30m 设置一个。为了表示大、小避车洞的相互位置,采用位置布置图表示,如图 19-11 所示。图 19-12 为避车洞示意图,图 19-13 为大避车洞详图,图 19-14 为小避车洞详图。

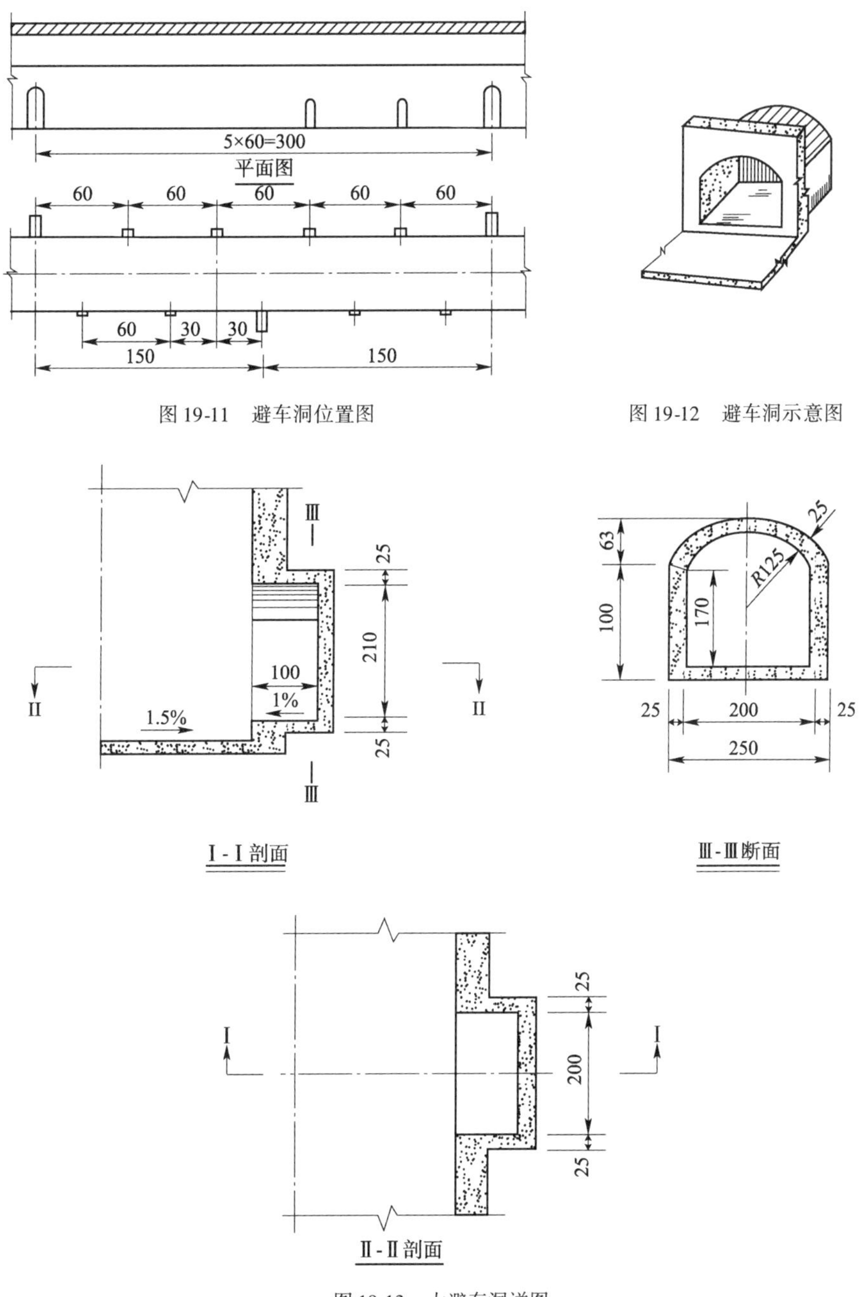

图 19-11　避车洞位置图

图 19-12　避车洞示意图

图 19-13　大避车洞详图

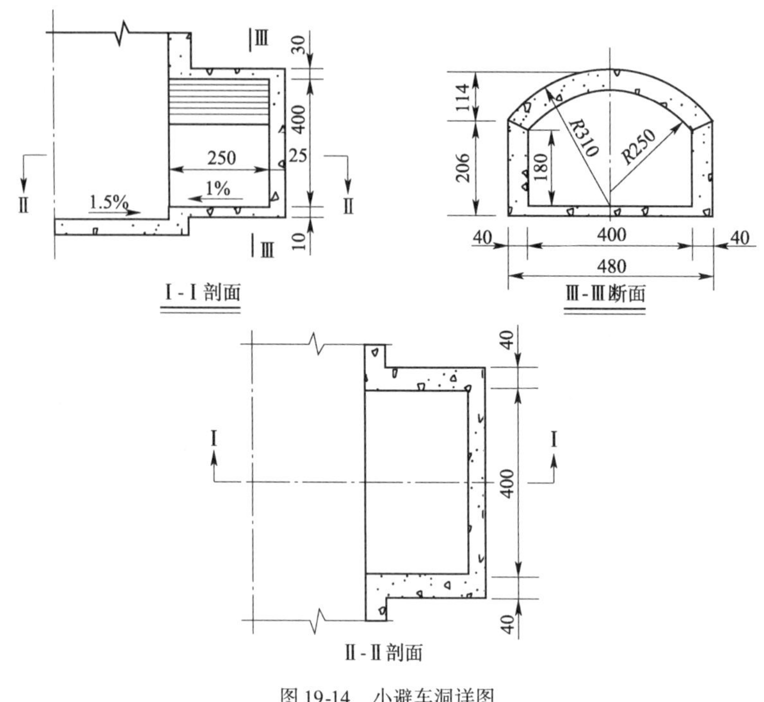

图 19-14 小避车洞详图

第二节 涵洞工程图

一、涵洞概述

敬业精神铸就
深中通道海底隧道

涵洞是指在道路工程建设中,为了使公路顺利通过水渠,不妨碍交通,设于路基下,修筑于路面以下的排水孔道(过水通道)。通过涵洞可以让水从道路的下面流过。涵洞用于跨越天然沟谷洼地排泄洪水,或横跨大小道路作为人、畜和车辆的立交通道,或作为农田灌溉水渠。涵洞是根据连通器的原理,用砖、石、混凝土和钢筋混凝土等材料筑成的。涵洞一般孔径较小,形状有管形、箱形及拱形等。常见的涵洞有圆管涵、盖板涵、拱涵和箱涵。

涵洞的作用是迅速排除公路沿线的地表水,保证路基安全。作为道路工程的重要组成部分之一,涵洞在道路工程中占较大比例,主要表现在工程数量和工程造价上。

涵洞主要由洞身、洞口、基础、端墙和翼墙等组成,如图 19-15 所示。洞身是涵洞的主要部分,它具有保证设计流量通过的必要孔径,同时要求本身坚固而稳定。洞身的作用一方面是保证水流通过;另一方面直接承受荷载压力和填土压力,并将其传递给地基。洞身通常由承重结构(如拱圈、盖板等)、涵台、基础、防水层以及伸缩缝等部分组成。洞口是洞身、路基、河道三者的连接构筑物。洞口由进水口、出水口和沟床加固三部分组成。洞口的作用:一方面使涵洞与河道顺接,使水流进出顺畅;另一方面确保路基边坡稳定,使之免受水流冲刷。沟床加固包括进出口调治构筑物、减冲防冲设施等。常用的洞口形式有翼墙式(八字式),端墙式(一字式),端墙锥坡式,扭坡式、走廊式等,如图 19-16 所示。

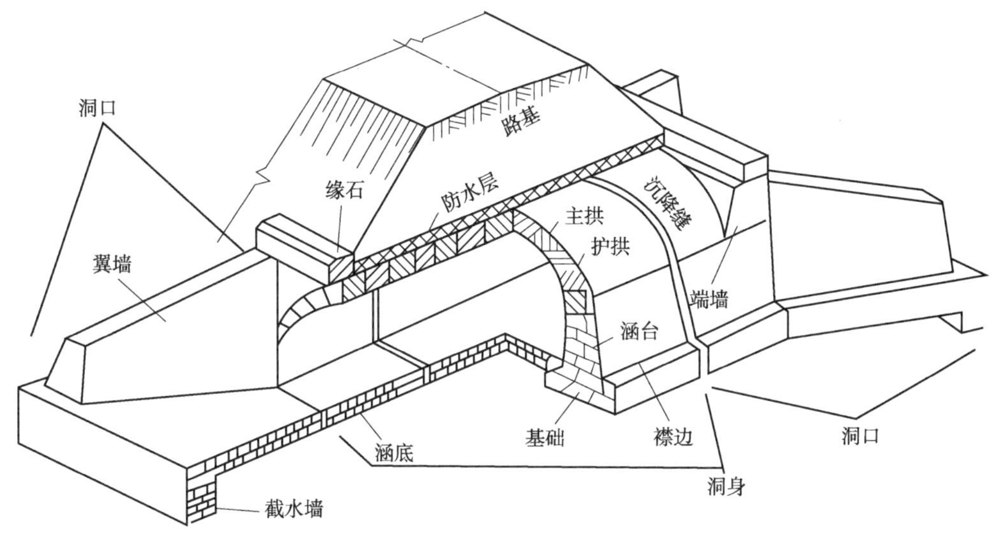

图 19-15　石拱涵示意图

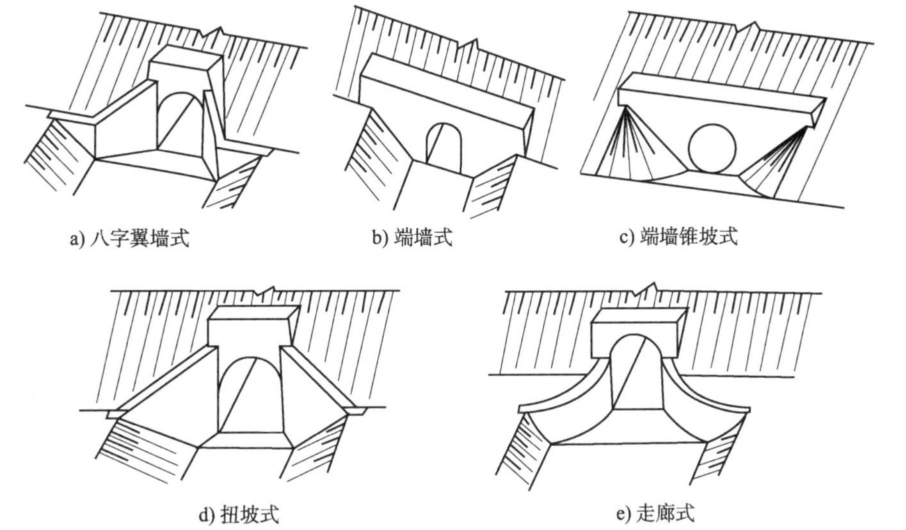

图 19-16　洞口形式

涵洞根据不同的标准,可以分为很多种,如图 19-17 所示。

(1)涵洞按建筑材料可分为砖涵、石涵、混凝土涵、钢筋混凝土涵。

(2)涵洞按照构造形式可分为圆管涵、盖板涵、拱涵和箱涵。

(3)涵洞按照填土情况不同可以分为明涵和暗涵。

(4)涵洞按水利性能可以分为无压力式涵洞、半压力式涵洞、压力式涵洞,按孔数可以分为单孔涵洞、双孔涵洞和多孔涵洞。

(5)涵洞按洞口形式分为端墙式(一字式)涵洞、翼墙式(八字式)涵洞、领圈式涵洞、走廊式涵洞等。

尽管涵洞的种类很多,但图示方法和表达内容基本相同,都是由纵剖面图、平面图和侧面图组成的。除此之外,还应画出必要的构造图,如钢筋布置图、翼墙断面图等。涵洞体积较桥梁小,故画图所选用的比例比桥梁图稍大。

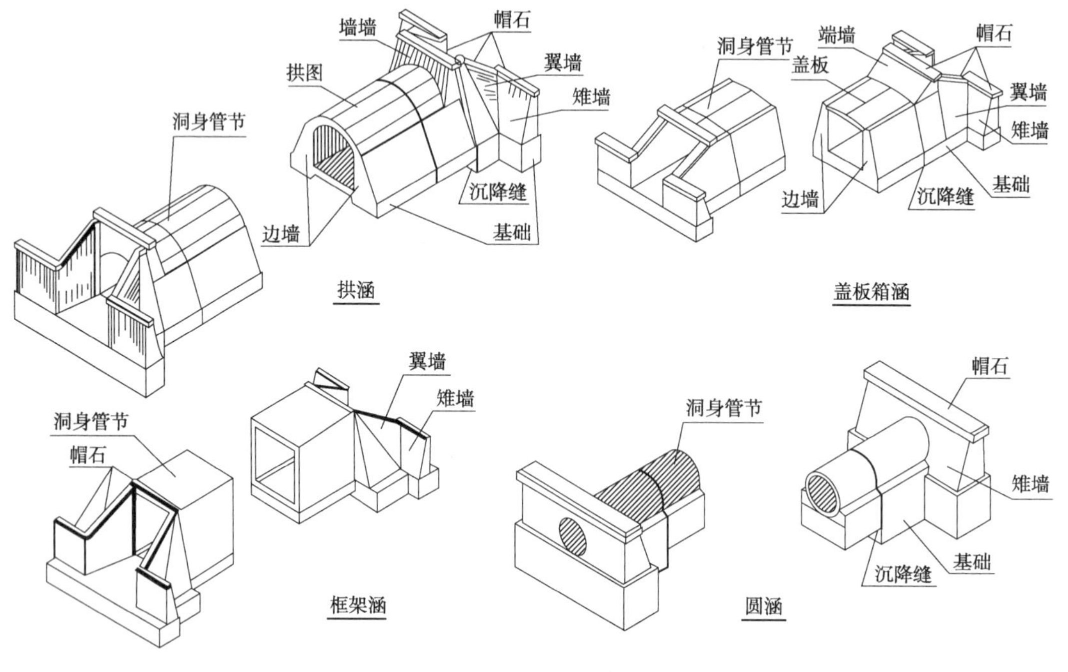

图 19-17　各涵洞构造图

二、各种涵洞工程图

(一)圆管涵工程图

圆管涵由洞身及洞口两部分组成。洞身是过水孔道的主体,主要由管身、基础、接缝组成。洞口是洞身、路基和水流三者的连接部位,主要有八字墙和一字墙两种洞口形式。圆管涵的管身通常由钢筋混凝土构成,管径一般有 0.75m、1m、1.25m、1.5m 和 2m 等五种。管径的大小根据排水要求选择,多采用预制安装,预制长度通常为 2m。图 19-18 所示为圆管涵立体分解图,洞口为端墙式,端墙前洞口两侧有 20cm 厚干砌片石铺面的锥形护坡,涵管内径为 75cm,涵管长为 1060cm,再加上两边洞口铺砌长度,得出涵洞总长为 1335cm。

1. 纵剖面图

由于涵洞进出洞口一样,构造对称,以对称中心线为界,故只画半纵剖面图,如图 19-19 所示。纵剖面图表示涵洞各部分的相对位置、形状和尺寸,如管壁厚 10cm、防水层厚 15cm、设计流水坡度 1%、涵身长 1060cm,涵洞铺砌厚 20cm,以及基础、截水墙的断面形状等,路基覆土厚度大于 50cm、路基宽 800cm、锥形护坡顺水方向的坡度与路基边坡一致,均为1∶1.5。各部分所用材料也在图中表达出来,但未表示出洞身的分段。

2. 纵平面图

为了与半纵剖面图相配合,平面图也只画一半,如图 19-20 所示。图中表达了管径尺寸与管壁厚度，以及洞口基础、端墙、帽石及护坡的平面形状和尺寸，涵顶覆土做透明处理，但路基边缘线应予画出，并以示坡线表示路基边坡。

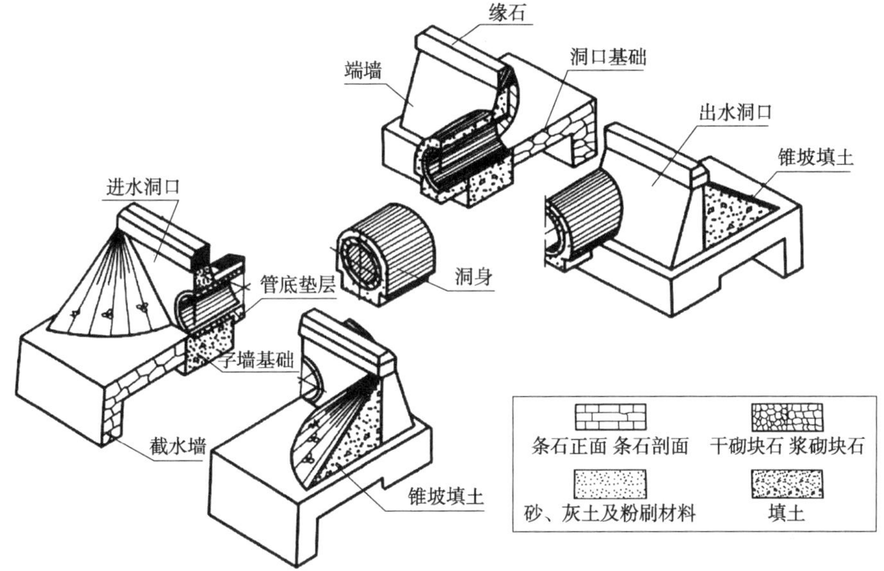

图 19-18　圆管涵立体分解图

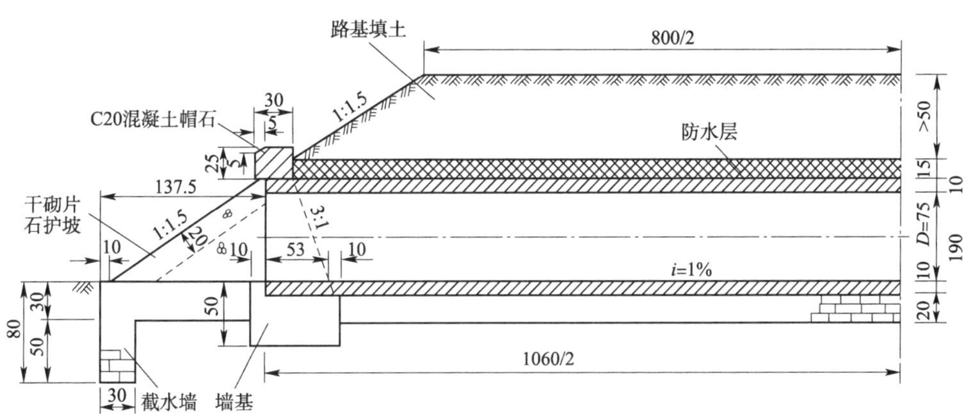

图 19-19　圆管涵半纵剖面图

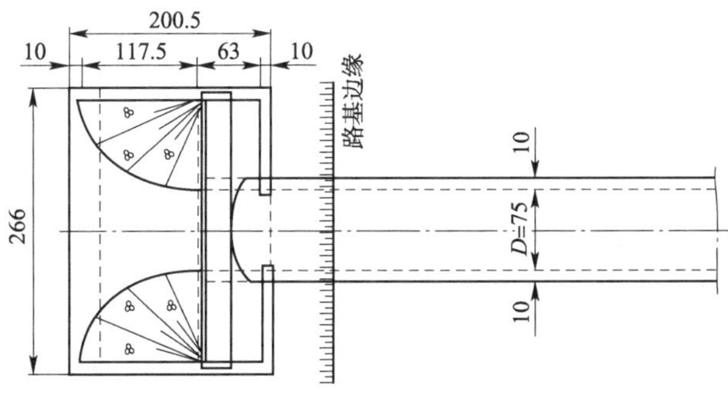

图 19-20　圆管涵纵平面图

3. 侧面图

侧面图主要表示管涵孔径和壁厚、洞口缘石和端墙的侧面形状及尺寸、锥形护坡的坡度等。在视图上,把土壤作为透明体处理,使埋土体的洞口部分、墙身及基础表达更为清晰。某些虚线未画出,如路基边坡与帽石背面的交线以及防水层的轮廓线等。图 19-21 所示为圆管涵的侧面图,称为洞口正面图。

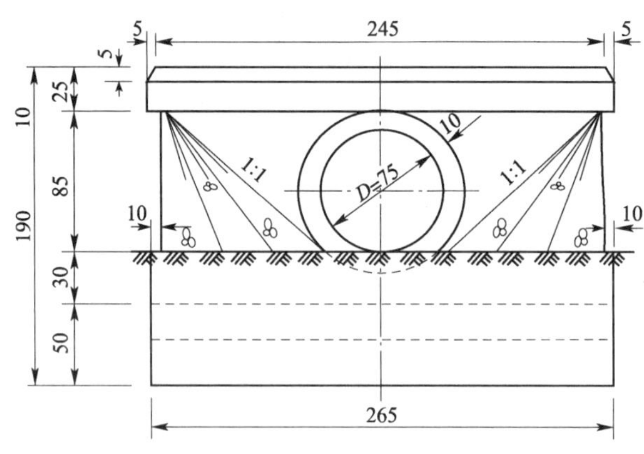

图 19-21　圆管涵侧面图

(二)盖板涵洞工程图

盖板涵是涵洞的一种形式,它受力明确,构造简单,施工方便。盖板涵主要由盖板、涵台及基础等部分组成。盖板涵与单跨简支板梁桥的结构形式基本相同,只是盖板涵的跨径较小。有铁路增建涵洞时,用圆管涵便于采用顶进法施工,对铁路运营影响小。但其过水面积远比拱涵、箱涵小,泄洪能力差,更不适用于洪水夹石块的河沟,也不宜用作立交涵或人工灌溉渠道。图 19-22 所示为钢筋混凝土盖板涵立体图。它主要由 C25 钢筋混凝土盖板、C15 钢筋混凝土缘石、盖板涵洞身、盖板涵洞底、八字翼墙及洞口铺砌组成。在视图表达时,采用纵剖面图、平面图及洞口正立面作为侧面图,再配以必要的涵身及洞口翼墙断面图来表示,各部分所用材料在图中均可表达出来。

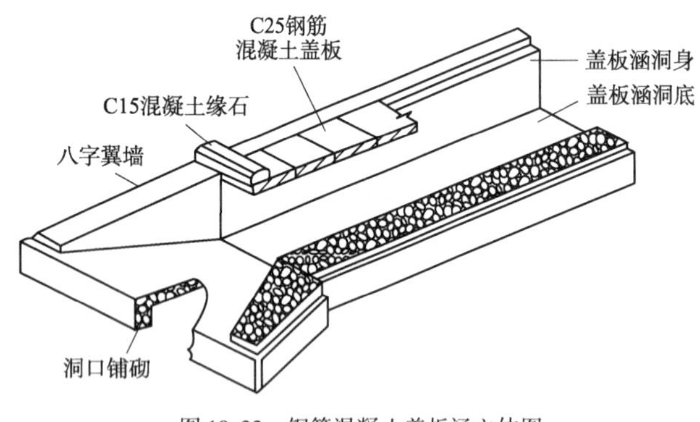

图 19-22　钢筋混凝土盖板涵立体图

1. 半纵剖面图

由于是明涵,盖板涵涵顶无覆土,路基宽度就是盖板的长度。图 19-23 所示为涵洞铺装顶面的坡度,涵洞行车道板的情况。涵顶铺装采用 C30 防水混凝土,行车道板采用 C25 混凝土,与有 1:1.5 坡度的八字翼墙和洞身连接,进水口涵底高程为 685.19cm,出水口涵底高程为 685.13cm,洞底铺砌厚 30cm,采用 7.5 号砂浆砌片石或 C15 混凝土,截水墙深 90cm,涵台基础另有 60cm 厚石灰土地基处理层。

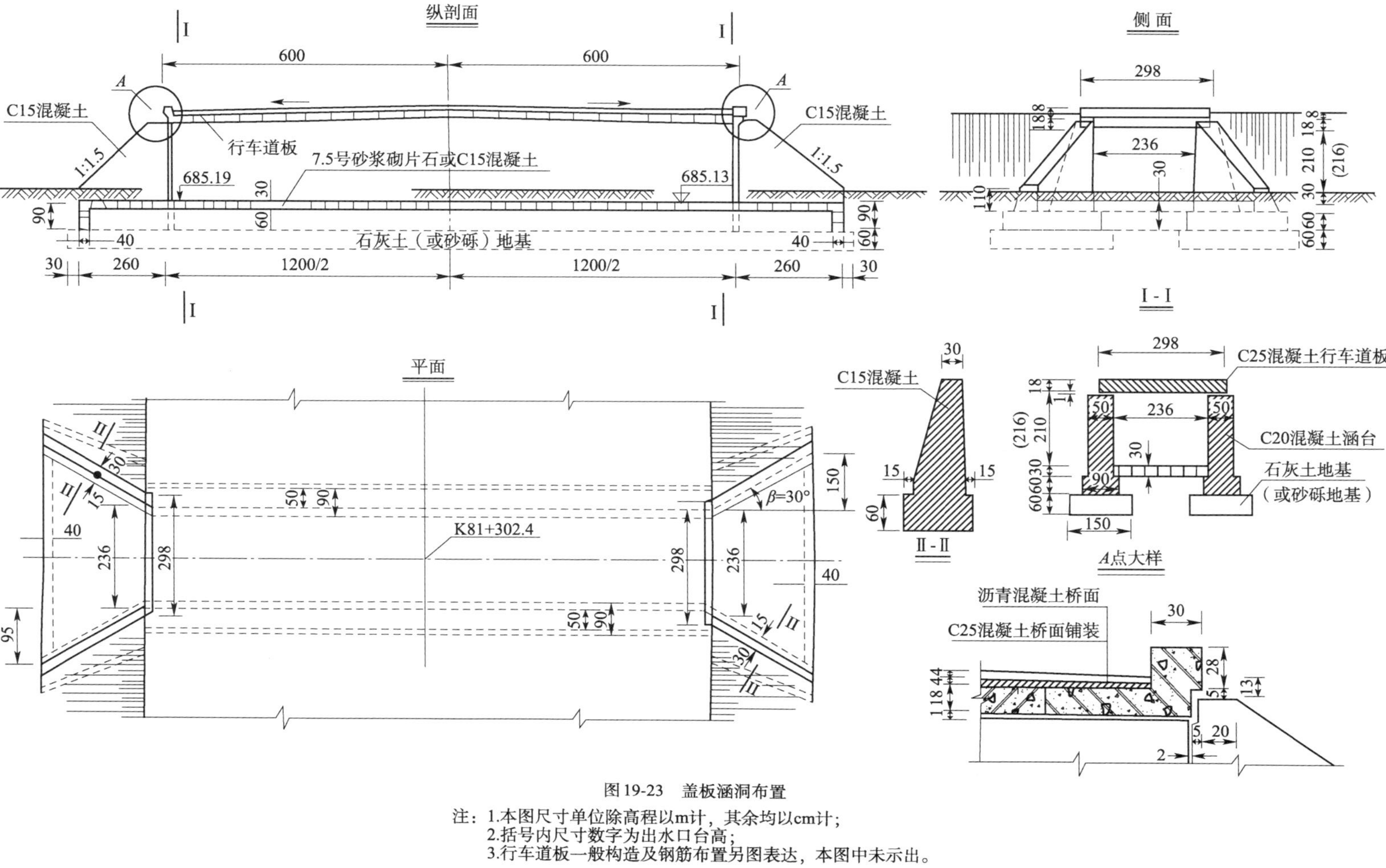

图19-23　盖板涵洞布置

注：1.本图尺寸单位除高程以m计，其余均以cm计；
2.括号内尺寸数字为出水口台高；
3.行车道板一般构造及钢筋布置另图表达，本图中未示出。

2. 平面图

平面图采用断裂线截掉涵身两侧以外部分，画出路肩边缘及示坡线，路线中心线与涵洞轴线的交点即涵洞中心桩号，中心桩号为 K81 +302.4。涵台台身宽 50cm，其水平投影被路堤遮挡，应用虚线表示，台身基础宽 90cm，同样用虚线表示。同样，图中能够反映出涵洞的跨径为 298cm ，加之网侧仃牛道板与涵台台身有 1.0cm 安装预留缝，所以涵洞的标准跨径为 300cm。从平面图中可以清晰地看出进出水口的八字翼墙及其基础投影后的尺寸。为方便施工，对八字墙的 I - I 位置进行剖切，以便放样或制作模板。

3. 侧面图

侧面图即洞口正面图，反映了洞高和净跨径为 236 cm，同时反映出缘石、盖板、八字墙、基础等的相对位置和它们的侧面形状，地面线以下不可见线条以虚线画出。

习题

一、填空题

1. 隧道构造图主要由________、________、________来表达。

2. 隧道洞门的结构形式包括________、________、________、________、________、________。

3. 涵洞是由________、________和________三部分组成的排水构筑物。

4. 单孔________或多孔总长________及圆管、箱涵称涵，否则为桥。

5. 涵洞按构造形式分为________、________、________、________等。

二、简答题

1. 简述隧道避车洞的作用和设置依据。

2. 工程图的分类和组成有哪些？

参考文献

[1] 曹瑞香,吴俊杰.“项目导入、任务驱动”教学法在高职机械制造基础课程中的应用研究:以“机械制图”课程为例[J].南方农机,2024,55(20):193-195.

[2] 柴晓燕.智能制造背景下中职机械制图职业能力的培养研究[J].模具制造,2024,24(11):48-50.

[3] 李启智.岗课赛证融通的机械制图课程教学改革研究[J].模具制造,2024,24(9):108-110.

[4] 丁杰雄,王启美,吕强.机械制图 [M].2版.北京:人民邮电出版社,2016.

[5] 路雅麟.机械制图课程的教学方法分析与应用[J].电大理工,2024(3):56-59.

[6] 王贤才,丁国华,温莉敏.机械制图课程思政探索与实践[J].模具制造,2024,24(9):71-73.

[7] 张秀妹,李林,黄玲,等.“机械制图”课程“竞赛+项目”驱动教学模式探究[J].南方农机,2024,55(19):184-186.

[8] 李红双,马宁,张猛.构建具有航空特色机械制图类课程思政教学探索[C]//哈尔滨工业大学,中国宇航学会,教育部高等学校航空航天类专业教学指导委员会.第四届全国航空航天类课程思政教学改革论坛论文集.北京:北京航空航天大学出版社,2023.

[9] 武爽,张成梁,韩青,等.机械制图课程知识图谱的构建及其在混合式教学中的应用[C]//山东颗粒学会.2024山东颗粒学会年会论文集.济南:[出版者不详],2024.

[10] 张学炯.如何在机械制图教学中提升中职学生空间想象力[C]//重庆市创新教育学会.新视域下教育教学创新发展论坛论文集(二).重庆:[出版者不详],2023.

[11] 陈杰峰.机械制图[M].重庆:重庆大学出版社,2017.

[12] 陈英,李富梅,赵娜.机械制图[M].成都:电子科技大学出版社,2020.

[13] 曹雪梅,王海春.道路工程制图与识图[M].3版.重庆:重庆大学出版社,2023.

[14] 丁业升.机械制图[M].北京:北京理工大学出版社,2020.

[15] 樊培利,樊振旺.工程制图[M].北京:中国水利水电出版社,2016.

[16] 高慧.数字化机械制图及应用[M].重庆:重庆大学出版社,2023.

[17] 韩冰.道路工程制图与识图[M].哈尔滨:哈尔滨工业大学出版社,2016.

[18] 何铭新,李怀健.土木工程制图[M].5版.武汉:武汉理工大学出版社,2020.

[19] 何培斌.土木工程制图[M].重庆:重庆大学出版社,2021.

[20] 侯涛.机械识图[M].北京:人民交通出版社股份有限公司,2019.

[21] 刘强.机械制图[M].重庆:重庆大学出版社,2014.

[22] 王晨曦.机械制图 [M].北京:北京邮电大学出版社,2017.

[23] 汪纪锋.机械制图[M].重庆:重庆大学出版社,2015.

[24] 孙瑞霞,机械制图[M].北京:北京理工大学出版社,2019.

[25] 佟莹,赵学科,叶勇.机械制图[M].重庆:重庆大学出版社,2021.

[26] 武晨光,蔡晓光. 机械制图[M]. 长沙:国防科技大学出版社,2008.

[27] 于春艳,陈光任. 机械制图[M]. 北京:化学工业出版社,2017.

[28] 中华人民共和国国家质量监督检验检疫总局,中国国家标准化管理委员会. 技术制图 图纸幅面和格式:GB/T 14689—2008[S]. 北京:中国标准出版社,2008.

[29] 中华人民共和国国家质量监督检验检疫总局,中国国家标准化管理委员会. 技术制图:GB/T 10609—2008[S]. 北京:中国标准出版社,2008.

[30] 中华人民共和国住房和城乡建设部,中华人民共和国国家质量监督检验检疫总局. 建筑制图标准:GB/T 50104—2010[S]. 北京:中国建筑工业出版社,2011.

[31] 中华人民共和国住房和城乡建设部,中华人民共和国国家质量监督检验检疫总局. 总图制图标准:GB/T 50103—2010[S]. 北京:中国建筑工业出版社,2011.

[32] 中华人民共和国住房和城乡建设部. 房屋建筑制图统一标准:GB/T 50001—2017[S]. 北京:中国建筑工业出版社,2017.

[33] 中华人民共和国住房和城乡建设部,中华人民共和国国家质量监督检验检疫总局. 建筑给水排水制图标准:GB/T 50106—2010[S]. 北京:中国建筑工业出版社,2011.

[34] 中华人民共和国住房和城乡建设部,中华人民共和国国家质量监督检验检疫总局. 建筑结构制图标准:GB/T 50105—2010[S]. 北京:中国建筑工业出版社,2011.

[35] 中华人民共和国住房和城乡建设部. 城市道路交通标志和标线设置规范:GB 51038—2015[M]. 北京:中国计划出版社,2015.

[36] 中华人民共和国国家市场监督管理总局,中华人民共和国标准化管理委员会. 道路交通标志和标线 第2部分:道路交通标志:GB 5768.2—2022[S]. 北京:中国标准出版社,2022.